U0425957

“十三五”国家重点图书出版规划项目

排序与调度丛书

工艺规划与车间调度的智能算法

高亮 李新宇 文龙 著

清華大学出版社
北京

内容简介

工艺规划与车间调度是排序与调度领域的关键问题之一，有着广泛的工程应用背景。然而，该问题为典型的NP-难问题，求解难度大。智能算法以其高效的优化性能，是近年发展起来的前沿研究热点，在工艺规划与车间调度等问题上有着广泛的应用。本书主要讨论了遗传算法、遗传规划、蜜蜂交配优化算法、Memetic 算法、和声搜索算法、布谷鸟算法、类电磁机制算法、人工蜂群算法、入侵性杂草优化算法、粒子群优化算法、基因表达式编程算法、遗传变邻域搜索算法等智能算法在工艺规划、装配序列规划、车间调度、集成式工艺规划与车间调度等问题上的应用研究成果。

本书理论联系实际，案例丰富，为广大研究人员采用智能算法解决工艺规划与车间调度问题提供了有效的技术手段。本书可供机械工程、管理科学与工程、工业工程、控制理论与控制工程等相关学科的教师、学生或研究人员参考使用。

图书在版编目(CIP)数据

工艺规划与车间调度的智能算法/高亮，李新宇，文龙著. —北京：清华大学出版社，2019(2024.8重印)
(排序与调度丛书)
ISBN 978-7-302-51964-5

Ⅰ. ①工… Ⅱ. ①高… ②李… ③文… Ⅲ. ①机械制造工艺—算法理论 ②车间调度—算法理论 Ⅳ. ①TH16 ②F406.2

中国版本图书馆 CIP 数据核字(2018)第 300382 号

责任编辑：汪 操
封面设计：常雪影
责任校对：刘玉霞
责任印制：丛怀宇

出版发行：清华大学出版社
网 址：https://www.tup.com.cn，https://www.wqxuetang.com
地 址：北京清华大学学研大厦 A 座 **邮 编**：100084
社 总 机：010-83470000 **邮 购**：010-62786544
投稿与读者服务：010-62776969，c-service@tup.tsinghua.edu.cn
质量反馈：010-62772015，zhiliang@tup.tsinghua.edu.cn
印 装 者：三河市龙大印装有限公司
经 销：全国新华书店
开 本：170mm×240mm **印 张**：19.5 **字 数**：350 千字
版 次：2019 年 7 月第 1 版 **印 次**：2024 年 8 月第 2 次印刷
定 价：120.00 元

产品编号：077747-02

《排序与调度丛书》编辑委员会

（2019 年 5 月）

丛书序言

我知道排序问题是从 20 世纪 50 年代出版的一本书名为 *Operations Research*(可能是 1957 年出版)的书开始的。书中讲到了 Johnson 的同顺序两台机器的排序问题并给出了解法。Johnson 的这一结果给了我深刻的印象。第一,这个问题是从实际生活中来的。第二,这个问题有一定的难度,Johnson 给出了完整的解答。第三,这个问题显然包含着许多可能的推广,因此蕴含了广阔的前景。在 1960 年左右,我在《英国运筹学(季刊)》(当时这是一份带有科普性质的刊物)上看到一篇文章,内容谈到三台机器的排序问题,但只涉及四个工件如何排序。这篇文章虽然很简单,但从中我也受到一些启发。我写了一篇讲稿,在中国科学院数学与系统科学研究所里做了一次通俗报告。之后我就到安徽参加"四清"工作。不意所里将这份报告打印出来并寄了几份给我。我寄了一份给华罗庚教授。他对这方面的研究表现出很大的支持。这是 20 世纪 60 年代前期的事,接下来便开始了文化大革命,倏忽十年。20 世纪 70 年代初我从"五七"干校回京,发现国外在排序问题方面已做了不少工作,并曾在 1966 年开了一次国际排序问题会议,出版了一本论文集 *Theory of Scheduling*。我与韩继业教授一道共同做了一些工作,也算得上是排序问题在我国的一个开始。想不到在秦裕瑗、林诒勋、唐国春以及许多教授的努力下,随着国际的潮流,排序问题的理论和应用在我国得到了如此蓬勃的发展,真是可喜可贺!

众所周知,在计算机如此普及的今天,一门数学分支的发展必须与生产实际相结合,才称得上走上健康的道路。一种复杂的工具从设计到生产,一项巨大复杂的工程从开始施工到完工后的处理,无不牵扯到排序问题。因此,我认为排序理论的发展是没有止境的。我很少看小说,但近来我对一本名叫《约翰·克里斯托夫》的作品很感兴趣。这是罗曼·罗兰写的一本名著,实际上它是以贝多芬为背景的一本传记体小说。这里面提到贝多芬的祖父和父亲都是宫廷乐队指挥,当他的父亲发现他在音乐方面是个天才的时候,便想将他培养成一个优秀的钢琴师,让他到各处去表演,可以名利双收,所以强迫他勤学苦练。但贝多芬非常反感,他认为这样的作品显示不出人的气质。由于贝多芬的如此感受,他才能谱出如《英雄交响乐》《第九交响乐》等深具人性的伟大诗篇(乐章)。

我想数学也是一样。只有在人类生产中体现它的威力的时候,才能显示出数学这门学科的光辉,也才能显示出我们作为一个数学家的骄傲。

任何一门学科,尤其是一门与生产实际有密切联系的学科,在其发展初期,那些引发它成长的问题必然是相互分离的,甚至是互不相干的。但只要它继续向前发展,一些问题便会综合趋于统一,处理问题的方法也会发展壮大、深入细致,所谓根深叶茂、蔚然成林。我们的这套丛书现在有数册正在撰写之中,主题纷呈,蔚为壮观。相信在不久以后会有不少新的著作出现,使我们的学科呈现一片欣欣向荣、繁花似锦的局面,则是鄙人所厚望于诸君者矣。

越民义

中国科学院数学与系统科学研究院

2019年4月

前　言

2015年，国家开始实施《中国制造2025》以全面提升中国制造业的发展水平。智能制造是主攻方向，而制造过程的智能化是实现智能制造的核心技术之一。制造过程的智能工艺规划与车间调度技术对于优化企业生产流程、提高效率、降低成本等具有重要意义，是实现制造过程智能化的关键。在实际生产中，工艺规划与车间调度问题呈现出规模大、目标多、约束复杂、不可导及解空间复杂等特性，导致数学精确方法难以求解。近年来，智能算法在上述问题中表现出了高效的求解性能，是智能制造领域学术界和工业界备受关注的前沿研究热点。

本书在作者团队多年研究、教学和工程实践的基础上，结合生产实际需求，首先对柔性工艺规划、装配序列规划、车间调度等问题进行了系统阐述和分类，在已有智能算法研究成果的基础上，总结了面向工艺规划与车间调度问题的遗传算法、遗传规划、蜜蜂交配优化算法、Memetic算法、和声搜索算法、布谷鸟算法、类电磁机制算法、人工蜂群算法、入侵性杂草优化算法、粒子群优化算法、基因表达式编程算法与遗传变邻域搜索算法等智能算法。以作者近年来在上述问题及方法的研究成果为主，系统地阐述了工艺规划与车间调度问题的智能算法的设计思路与过程，为广大研究人员采用智能算法解决实际工程问题提供了有效的技术手段与参考。

全书共包含13章：第1章绪论；第2章遗传算法及其在柔性工艺规划中的应用；第3章遗传规划及其在柔性工艺规划中的应用；第4章蜜蜂交配优化算法及其在柔性工艺规划中的应用；第5章Memetic算法及其在装配序列规划中的应用；第6章和声搜索算法及其在装配序列规划中的应用；第7章布谷鸟算法及其在流水车间调度中的应用；第8章类电磁机制算法及其在流水车间调度中的应用；第9章人工蜂群算法及其在批量流流水车间调度中的应用；第10章入侵性杂草算法及其在批量流流水车间调度中的应用；第11章粒子群优化算法及其在柔性作业车间调度中的应用；第12章基因表达式编程及其在车间动态调度中的应用和第13章遗传变邻域搜索算法及其在IPPS中的应用。

本书所涉及的研究成果得到了作者主持或参与的国家杰出青年科学基金

项目(51825502)、国家自然科学基金重点项目(51435009)、国家自然科学基金项目(51375004、51421062、60973086、51005088、50305008、51775216)、国家科技支撑计划(2015BAF01B04)、新世纪优秀人才支持计划(NCET-08-0232)和国家“863”计划(2006AA04Z131)等项目的资助。本书部分内容引用了国内外同行专家的研究成果,在此表示诚挚的谢意。感谢《排序与调度丛书》编委会专家在本书撰写中所提出的宝贵意见,感谢张洁、潘全科在本书审稿中所做出的细致严谨的工作,感谢清华大学出版社编辑汪操在本书出版中所付出的辛勤劳动,感谢华中科技大学机械科学与工程学院、数字制造装备与技术国家重点实验室各位同仁的大力支持。此外,华中科技大学机械科学与工程学院的聂黎、桑红燕、文笑雨、张春江、卢超、曾冰、石杨、黄继达、万亮、钱卫荣等研究生也参与了相关研究工作,在此一并表示感谢。

由于作者水平有限,加之时间仓促,本书难免存在疏漏甚至错误之处,许多内容有待完善和深入研究,敬请广大读者批评指正。

作　者

华中科技大学

2018 年 11 月

目　录

第二部分 车间调度的智能算法

第三部分 集成式工艺规划与车间调度的智能算法

第1章 绪 论

数字化制造是制造技术、计算机技术、网络技术与管理科学的交叉、融合、发展和应用的结果。数字化快速工艺准备是数字化制造的关键技术之一。工艺规划是数字化快速工艺准备的核心内容之一,为迅速组织产品的生产和提高制造业的快速响应能力提供了相应的理论与技术基础。同时,在制造成本中,装配成本占很大的比重。据不完全统计,装配成本占产品制造总成本的40%,装配所用时间占产品制造总时间的20%~70%。

随着全球市场竞争的日益激烈,客户需求也越来越多样化,"多品种小批量"的生产方式已成为大量制造企业的主要生产模式。在该模式下,必须同步提升制造车间的生产管理水平。车间调度是生产管理的一个重要环节,高效的车间调度优化技术对提高生产效率、缩短生产周期、提高市场响应速度、降低生产成本具有重要的意义。

可见,对工艺规划、装配序列规划以及车间调度的优化技术进行研究是十分必要的。

1.1 工艺规划与车间调度问题

1.1.1 工艺规划

工艺规划是优化配置工艺资源、合理编排工艺流程的一门技术。它是生产准备工作的第一步,也是连接产品设计与产品制造的桥梁(许焕敏 等,2008)。以文件形式确定下来的工艺规程是工装制造和零件加工的主要依据。工艺规划是数字化快速工艺准备的关键性工作,对组织生产、保证产品质量、提高生产率、降低成本、缩短生产周期及改善劳动条件等都有直接的影响。工艺规划决定了产品的加工方法,是生产准备中最重要的任务之一,也是一切生产活动的基础。工业界和学术界都对工艺规划做了许多研究工作。

工艺规划的定义有很多种,总结如下(许焕敏 等,2008):

(1) 工艺规划是产品设计与制造的桥梁,将产品设计数据转化为制造信息(Mahmood,1998)。换言之,工艺规划是连接设计功能与制造功能的一个重要活动,其指定产品零部件的加工策略与步骤。

(2) 工艺规划是一个包含许多任务的复杂过程,这个过程要求工艺设计人员具有较深厚的产品设计与制造的知识(Ramesh,2002)。这些任务包括零件编码、特征识别、加工方法与特征之间的映射、内外排序、装夹规划、中间件建模、加工设备工具及相应参数选择、过程优化、成本评估、公差分析、检测计划、路径规划、数控程序等。

(3) 工艺规划是制定将原材料转化成最终零件的详细操作的活动,或为零件加工与装配的过程准备详细文档的活动(Chang et al.,1985)。

(4) 工艺规划系统地确定了详细的制造过程,在可用资源及其能力范围内满足设计规格的要求(Deb et al.,2006)。

上述定义从不同的工程技术角度,对工艺规划进行了描述。这些定义可以总结为:工艺规划是连接产品设计与制造的桥梁,是在车间或工厂制造资源的限制下,将制造工艺知识与具体设计相结合准备其具体操作说明的活动。传统上,工艺规划由人工基于经验来完成,导致了如下问题:①经验丰富人员的短缺;②指定工艺路线的低效率;③工艺人员经验与判断的差异而造成的工艺路线的不一致性;④对实际制造环境的动态变化反应不及时等。

工艺路线的优化是工艺规划的核心问题。经过证明,该问题是NP-难问题,仅仅利用传统的梯度下降法、图论法和仿真方法等很难实现工艺路线的优化。为了更好地解决该问题,国内外大量学者采用智能算法来研究和求解该问题,主要包括遗传算法、禁忌搜索、模拟退火等方法。

1.1.2 装配序列规划

装配是产品全生命周期的重要组成部分,是实现产品功能的最后一个操作。通常,产品功能无法通过单独的零件来实现,而是需要通过将一些零件按照一定的关系组合在一起,成为一个统一的整体来实现产品的功能,且产品的性能很大程度上取决于产品的装配质量。产品装配序列是影响产品装配成本和装配质量的关键因素之一。一旦产品的装配序列确定下来,产品的装配线布置完毕后,如果产品的装配序列需要改变,那么产品的装配线也需要进行相应的调整,这会导致成本的大大增加;并且,当产品比较复杂时,产品可行装配序列的数量与产品零部件的数量呈指数增长关系,所以复杂产品的装配序列规划存在组合爆炸问题(Wang et al.,2009)。

传统上,工程师需要花大量的时间来确定产品的最终装配序列,但所得的最终装配序列不一定是可行的或最优的。因此,装配序列规划在产品制造过程中占有很重要的地位。装配序列规划是基于装配体中各个零部件之间的几何和工程约束信息，求得一个满足这些约束要求的最优装配序列。装配序列规划是一个典型的组合优化问题，其实质是在多种几何约束条件和工艺约束条件的制约下求得性能优良的装配序列的过程。

一般优化方法难以求解复杂产品的最优装配序列。20世纪末以来，计算机技术的快速发展为软计算方法奠定了坚实的硬件基础，广大研究者开始将智能算法应用到装配序列规划领域，如遗传算法(Lazzerini et al.,2000)、文化基因算法(Gao et al.,2010)、蚁群算法(Su et al.,2013)等，并取得了很多的研究成果。

1.1.3 车间调度

车间调度问题通常定义如下：在一定的约束条件下，把有限的资源在时间上按照一定的顺序分配给若干个任务，以满足或优化一个或多个性能指标(高亮 等,2012)。由此可见，车间调度的目的不仅是要对任务排序，还要获得各个任务的开始和结束时间。通常假设每个任务都按照其最早开工时间开始加工，那么任务的一个排序就可以确定一个调度方案。

经典的车间调度问题可表示为：n个工件在m台机器上加工，一个工件可以有多道加工工序，每道工序可在一台或若干台机器上加工，但须按照可行的工艺路线进行加工。车间调度问题的基本要素主要有3种：

(1) 工件和机器信息。调度所涉及的工件和机器的基本信息，如工件的数量、工件的释放时间、工件中各种工序的加工时间、机器的数量、机器和工件的交货期等。

(2) 约束条件。在各类调度中应满足的限制，如加工不可中断约束、机器适配约束、工件加工路径约束等工艺约束以及原料和机器约束等资源约束。

(3) 调度性能指标。调度问题中的优化目标，如最小化最大完工时间、最小化总延误、最小化能源消耗和最大化瓶颈机器利用率等。

车间调度问题的分类方法有很多。根据工件和机器构成不同，车间调度问题可分为：

(1) 单机调度问题。该问题中加工系统只有一台机床，待加工的工件有且仅有一道工序，所有工件都在该台机床上进行加工。该问题是最简单的车间调度问题，当生产车间出现瓶颈机床时的调度可以视为该调度问题。

(2) 并行机调度问题。该问题中加工系统中有多台同类型的机床，每个工件只有一道工序，工件可在任意一台机床上进行加工。

(3) 开放车间调度问题。该问题中每个工件的工序之间没有先后次序约束(如产品检测车间等)，工件的加工可以从任何一道工序开始，在任何一道工序结束。

（4）流水车间调度问题。该问题中加工系统有一组功能不同的机床，待加工的工件包含多道工序，每道工序在一台机床上加工，所有工件的工艺路线是相同的。

（5）作业车间调度问题。该问题中加工系统有一组功能不同的机床，待加工的工件包含多道工序，每道工序在一台机床上加工，工件的加工路线互不相同，每个工件工序之间有先后顺序约束。

此外，基于机器加工环境的车间调度问题还有：流水车间与并行机混合的柔性流水车间（也称作混合流水车间）、作业车间与并行机混合的柔性作业车间等。鉴于流水车间和作业车间的特殊性和典型性，通常将它们称为基本车间调度问题。

车间调度是一类非常复杂的组合优化问题，要考虑任务、环境、目标等多方面的要求，通常车间调度问题具有以下几个特点（王凌，2003）：

（1）复杂性。车间调度问题要综合考虑加工工艺、加工机器、加工任务以及生产环境等多方面的因素，本身就是一个复杂的优化问题，随着车间调度问题规模的增加，求解车间调度问题所消耗的时间呈指数级增长，车间调度问题已被证明是NP-完全问题。

（2）不确定性/动态性。在实际车间调度中有很多随机因素，如工件到达时间的不确定性，工件的加工时间随着不同的加工机器也有一定的不确定性。而且，系统中常有突发事件，如紧急订单插入、订单取消、原材料紧缺、交货期变更、设备发生故障等。

（3）离散型。车间生产系统是典型的离散系统，其调度问题是离散优化问题。工件的开始加工时间、任务的到达、订单的变更以及设备的增添或故障都是离散事件。可以利用数学规划、离散系统建模与仿真、排序理论等方法对车间调度问题进行研究。

（4）多约束性。在通常情况下，工件的工艺路线是已知的，并且受到严格的工艺约束，使得各道工序在加工顺序上具有先后约束关系。同时，工件的加工机器集是已知的，工件必须按照工序顺序在可以选择的机床上进行加工。

（5）多目标性。车间调度问题往往要考虑加工方和客户方的多个优化目标，如最小化最大完工时间、最小提前/拖期惩罚、最小加工费用、最大化客户满意度、最大化资源利用率等，这些目标之间可能存在冲突，导致难以同时优化多个目标，需要综合考虑和权衡。

1.2 优化算法

针对工艺规划、装配序列规划、车间调度等问题，学者提出了很多种不同的优化方法。这些方法主要可以分为两类：精确方法(exact methods)和近似方法(approximation methods)(李新宇，2009)。精确方法包括数学规划方法和部分枚举等，能保证得到全局最优解，但是通常只能求解较小规模的问题。近似方法能很快地获得问题的解，但不能保证得到的解是最优的。然而，近似方法对大规模问题是非常合适的，可以较好地满足实际问题的需求。

1.2.1 精确方法

精确方法主要包括数学规划方法和分支定界法。这类方法虽然从理论上能求得最优解，但是由于计算复杂、运算量大和能解决问题规模有限等原因，在实际应用中受到了限制(高亮等，2012)。

1. 数学规划方法

数学规划(mathematical programming)方法是较早用于求解车间调度问题的方法。20世纪60年代，研究人员倾向于设计具有多项式时间复杂度的确定性方法，以获取车间调度问题的最优解。整数规划(integer programming)方法是常用的求解调度问题的数学方法，该方法的缺点是在运算中计算时间会随着问题规模增大呈指数增长。所以，有研究人员认为使用整数规划方法求解调度问题在计算上是不可行的。

用于求解调度问题比较成功的数学方法还包括：拉格朗日松弛法(Lagrangian relaxation)和分解方法(decomposition methods)。拉格朗日松弛法用非负拉格朗日乘子将工艺约束和资源约束进行松弛，最后将惩罚函数加入目标函数中，在有限时间里求出复杂问题的次优解。分解方法通过将原问题分解为多个易于求解的子问题，将子问题求出最优，该方法也已用于求解调度问题。

2. 部分枚举法

分支定界法(branch & bound)是一种主要的部分枚举法。它用动态结构分支来描述所有的可行解空间，这些分支隐含有要被搜索的可行解。这个方法可以用公式和规则来描述，在对最优解搜索过程中，它允许把大部分的分支从搜索过程中去掉。这种方法从诞生之日起，就十分流行，适合求解总工序数 N

小于 250 的调度问题。对于求解大规模问题，该方法需要巨大的计算时间，这限制了它的使用范围。目前，该方法被大量的用于求解车间调度问题。1989 年，Carlier 提出的分支定界法第一次证明了著名的车间调度基准实例中 FT10 问题的最优解是 930。

1.2.2 近似方法

从对工艺规划与车间调度问题复杂性的研究发现，仅有极少数特殊实例可以在多项式时间内得到解决。由于精确方法难以求解该问题，因此近似方法成为一种可行的选择。近似方法能在合理的时间内产生比较满意的次优解，广泛应用于较大规模的问题(李新宇，2009)。

1. 构造性方法

最早开发的近似方法是构造性方法(constructive methods)，主要包括优先分配规则、基于瓶颈的启发式方法以及插入方法等。

优先分配规则(priority dispatch rules，PDR) 是最早提出的近似方法。该方法是分配一个优先权给所有待加工的工序，然后选择优先权最高的加工工序先加工，接下来按优先权次序依次进行排序。该方法具有容易实现和较小时间复杂性的特点，是在实际应用中解决调度问题的常用方法。目前许多优先规则被提出，常用的规则包括：LRPT(longest remaining processing time)、SRPT(shortest remaining processing time)、LOR(least operations remaining)、SIRO(service in random order)、FCFS(first coming first serving)、SPT(smallest processing time)、LPT(longest processing time)、SQNO(shortest queue at the next operation)、LQNO(longest queue at the next operation)(高亮 等，2012)。优先分配规则虽然速度非常快，但却短视。它只考虑机器的当前状态和解的质量等级等因素，而不能全面考虑该问题的属性和特点。

基于瓶颈的启发式方法(bottleneck based heuristics) 包括瓶颈移动(shifting bottleneck procedure，SBP)方法等。SBP 方法是按照解的大小顺序对所有机器进行排序，有着最大下界的机器被确定为瓶颈机器。SBP 方法对瓶颈机器排序，留下被忽视的未被排序的机器，固定已排序的机器。当每次瓶颈机器排序后，每个先前被排定的有接受改进能力的机器，通过解决单一机器问题的方法再次被局部重新最优化，而单一机器问题的排序是用 Carlier(1982)提出的方法迭代解决。SBP 方法虽然能比 PDR 提供质量更好的解，但是计算时间较长，算法实施比较复杂。

2. 人工智能方法

人工智能(artificial intelligence,AI)　是求解工艺规划与车间调度问题的重要方法。该类方法是利用人工智能的原理和技术进行搜索,譬如将优化过程转化为智能系统动态的演化过程,基于系统动态的演化来实现优化。该方法主要包括:约束满足技术、神经网络、专家系统、多代理系统、混沌搜索以及后来通过模拟某些自然现象、过程和规律而发展的元启发式算法(如:进化算法、免疫算法、蚁群算法和粒子群优化算法等)。下面对流行的智能算法进行简要介绍(张超勇,2006)。

约束满足技术(constraint satisfaction,CS)　通过运用约束减少搜索空间的有效规模。这些约束限制了选择变量的次序和分配到每个变量可能值的排序。当一个值被分配给一个变量后,不一致的情况将被剔除,去掉不一致的过程称为一致性检查,但是也需要进行回访修正,当所有的变量都得到了分配的值并且并不违背约束条件时,约束满足问题就得到了解决。

神经网络(neural networks,NN)　指由大量简单神经元互联而构成的一种计算结构,它在某种程度上可以模拟生物神经系统的工作过程。该方法较早地被用来求解调度问题,目前应用最多的是BP网络和Hopfield网络。由于神经网络通过训练和学习来寻找输入和输出的关系,随着问题的规模增大,网络的规模也急剧地增大。因此,目前的NN方法仅能解决规模较小的问题。

专家系统(expert system,ES)　是一种模拟人类专家解决领域问题的计算机程序系统,主要由知识库和推理机两部分组成。它将传统的调度方法与基于知识的调度评价相结合,根据系统当前的状态和给定的优化目标,对知识库进行有效的启发式搜索和并行模糊推理,避免繁琐的计算,并选择最优的调度策略,为在线决策提供支持。该方法的不足之处在于开发周期长,成本昂贵,需要丰富的调度经验和知识,而且对新环境的适应性差等。

多代理系统(multi-agent system,MAS)　代理是一种具有自治能力的、能够与其他代理进行协调交互,并对环境变化做出响应和基于目的采取行动的问题求解实体。MAS则是由多个代理协调组成的自组织系统。MAS立足于每个代理的局部信息和目标,遵循代理间的依赖关系和约束,在有限的资源和信息的基础上通过代理间的信息交互完成系统目标。代理的自主性和协调性使得MAS在解决复杂系统时具有分布性、适应性和开放性的特点。MAS和专家系统一样,都需要丰富的调度经验和知识,这是MAS的瓶颈问题。

遗传算法(genetic algorithm,GA) 是在1975年由美国密歇根大学的J. Holland教授受生物进化论的启迪提出的(Holland,1975)。到目前为止,GA有很多种变型或改进,但其基于生物遗传进化的思想实现优化过程的机制没变。区别于传统优化算法,GA的优越性主要表现在:算法进行全空间并行搜索,并将搜索重点集中于高质量解的部分,从而能够提高搜索效率且不易陷入局部极小;算法具有隐含并行性,遗传操作可同时处理大量模式。

遗传规划(genetic programming,GP,也称为遗传编程) 是由美国斯坦福大学Koza博士在1990年提出的。它是利用达尔文生物进化思想设计的一种进化算法,与遗传算法在进化结构上有类似之处(Koza,1992)。从本质上讲,遗传规划是一种搜索寻优的非解析算法,它的搜索是一种有指导的自适应搜索,效率很高,而且在工程上得到了成功的应用,如优化控制、寻求博弈策略和进化自发行为等。

蜜蜂交配优化(honey bees mating optimization,HBMO) 是Abass基于蜜蜂繁殖行为在2001年提出的算法,他将HBMO应用于求解命题可满足性问题(propositional satisfiabiltiy problems)取得了良好的效果(Abbass,2001)。HBMO算法自提出以来,被广泛应用于求解各种不同类型的组合优化问题,并且都显示了良好的性能。

和声搜索(harmony search,HS) 算法是2001年韩国学者Geem等人提出的一种新颖的智能优化算法(Geem et al.,2001)。该算法模拟了音乐演奏中乐师们凭借自己的记忆,通过反复调整乐队中各乐器的音调,最终达到一个美妙和声状态的过程。和声搜索算法具有如下优点:不依赖于问题信息,参数易确定;原理简单,容易实现;群体搜索,具有记忆个体最优解的能力;协同搜索,具有利用个体局部信息和群体全局信息指导算法进一步搜索的能力;易于与其他算法混合,构造出具有更优性能的算法。

文化基因算法(memetic algorithm,MA) 由Moscato和Norman等在1992年正式提出,并成功解决了传统的旅行商问题(Moscato et al.,1992)。该算法是一种基于人类文化进化思想的群体智能优化算法,从本质上来说就是遗传算法与局部搜索策略的结合,它充分吸收了遗传算法和局部搜索策略的优点,因此又被称为"混合遗传算法"或"遗传局部搜索算法"。

布谷鸟算法(cuckoo search,CS) 是由英国学者Xin-She Yang和Suash Deb于2009年在群体智能理论的基础上提出的一种新型自然元启发式算法(Yang et al.,2009)。该算法的思想是基于布谷鸟的巢寄生行为以及鸟类的Lévy飞行行为。在算法中,利用Lévy飞行更新解,这样算法具有非常强的全局搜索能力,同时,根据巢寄生行为原巢主发现布谷鸟卵的思想,对一部分解进行丢弃并更新。布谷鸟算法自提出之后引起了许多学者的关注,并在许多优化问题上得到了应用。

类电磁机制(electromagnetism-like mechanism,EM) 算法由 Ş. İ. Birbil 和 S. C. Fang 在 2003 年提出。它是一种多点随机搜索算法(Birbil et al. ,2003),通过模拟电磁场中的吸引-排斥机制,来实现对全局最优解的搜索,故称之为类电磁机制算法。到目前为止,EM 算法已经在一些优化领域得到了成功应用。通过将 EM 算法与其他算法进行比较,可知它是一种搜索能力强大的全局优化算法。与遗传算法等其他元启发式算法相比,EM 算法的收敛性已经得到了证明,这也是 EM 算法的优势之一。

人工蜂群算法(artificial bee colony,ABC) 是基于群体智能理论的一种新型元启发式算法(Karaboga et al. ,2007)。该算法通过蜜蜂个体根据各自的分工进行不同的活动,并进行信息的交流与共享,从而找到问题的最优解。由于算法具有较强的通用性、结构简单、鲁棒性强和收敛性好等优点,已引起研究者的广泛关注。ABC 已被成功地应用于无约束和带约束的函数优化、约束优化、车间调度等问题。

入侵性杂草优化算法(invasive weed optimization algorithm,IWO) 是 Mehrabian 和 Lucas 在 2006 年提出的一种新型元启发式算法,由自然界中杂草入侵原理演化而来(Mehrabian et al. ,2006)。它模仿了杂草入侵的生长繁殖、种子空间扩散和竞争性消亡的基本过程,具有很强的鲁棒性和适应性。IWO 充分利用种群中的优秀个体来指导群体的进化,在进化过程中子代个体以正态分布的方式分布在父代个体周围。正态分布的标准差随着进化代数动态的调整变化,兼顾了选择力度和种群的多样性,能够有效克服算法早熟收敛的现象。由于 IWO 结构简单而且鲁棒性较好,因此目前已成功应用于数值优化、图像聚类分析、无人机任务分配和天线设计配置优化等工程领域。

粒子群优化(particle swarm optimization,PSO)算法 是一种基于群体智能理论的优化算法,它由 Kennedy 和 Eberhart 于 1995 年提出,并得到众多学者的广泛研究,目前已成功应用于函数优化、神经网络训练及模糊控制系统等领域(Kennedy et al. ,1995)。

基因表达式编程(gene expression programming,GEP) 是 2001 年由 Ferreira 在 GA 和 GP 基础上提出的一种新的进化算法,与 GA 和 GP 一样是以"优胜劣汰、适者生存"为基本原则、人工模拟自然界生物进化过程求解问题的优化技术(Ferreira,2001)。GEP 成功地综合了 GA 和 GP 的优点,克服了两者的缺陷,在解决复杂问题的时候显现出强大的解决问题能力和广大的发展空间。

变邻域搜索遗传算法(genetic algorithm variable neighborhood search,GAVNS) GA是求解组合优化问题的高效智能算法,而变邻域搜索(variable neighborhood search,VNS)是求解车间调度问题最有效的局部搜索算法之一。VNS算法原理简单、参数少、实现容易,在求解复杂的组合优化问题时优势十分明显。GAVNS基于GA的基本思想,结合VNS算法,提高算法的局部搜索能力,使得算法能够有效跳出局部最优,提高求解质量。

免疫算法(immunity algorithm,IA) 是模仿生物免疫学和基因进化机理,通过人工方式构造的一类仿生优化搜索算法,它是一种确定性和随机性选择相结合并具有勘探与开采能力的启发式随机搜索算法,该算法也常常被用来求解规划与调度问题(Castro et al.,2002)。

蚁群优化(ant colony optimization,ACO)算法 是意大利学者Dorigo等在20世纪90年代初期提出的(Dorigo et al.,1996)。ACO算法是通过模仿蚁群中的蚂蚁以"外激素"为媒介,以实现间接的、异步的联系方式的特点的优化算法。ACO算法最初成功应用于求解TSP问题,此后,也用于求解其他NP-难的组合优化问题,该算法也被用于求解规划与调度问题。初步的研究表明该算法具有较强的发现较好解的能力,同时也存在一些缺点,如容易出现停滞现象、收敛速度慢等。

模拟退火(simulated annealing,SA)算法 由Metropolis等于1953年提出。它是一种启发式随机搜索方法,在搜索策略上与传统的随机搜索方法不同。它不仅引入了适当的随机因素,还引入了物理系统退火过程的自然机理(Kirkpatrick et al.,1983),在迭代过程中不仅接受使目标函数值变"好"的点,还以一定的概率接受使目标函数值变"差"的点,接受概率随着温度的下降逐渐减小。由于在整个解的邻域范围内取值的随机性,可使算法跳出局部优解而获得全局最优解,有利于提高全局最优解的可行性。

禁忌搜索(tabu search,TS)算法 最早由Glover在1986年提出,它的实质是对局部邻域搜索的一种拓展(Cvijovicacute et al.,1995)。TS算法通过模拟人类智能的记忆机制,采用禁忌策略限制搜索过程陷入局部最优来避免迂回搜索。同时引入特赦/破禁准则来释放一些被禁忌的优良状态,以保证搜索过程的有效性和多样性。TS算法是一种具有不同于遗传和模拟退火等算法特点的智能随机算法,可以克服搜索过程易于早熟收敛的缺陷而达到全局优化。

除了上述的主要研究方法外,还有很多的方法可以用来求解工艺规划、装配序列规划以及车间调度问题,每种算法都有其自身的优点和缺点,如何取长补短,让它们能更好地去求解以上问题是未来的研究热点之一。

1.3 本书主要内容

本书总共分为三个部分。第一部分介绍工艺规划(含装配序列规划)的智能算法,包含第2～6章;第二部分介绍车间调度的智能算法,包含第7～12章;第三部分介绍集成式工艺规划与车间调度的智能算法,为第13章。本书各章节的主要内容如下:

第2章从遗传算法的基本原理、实现流程以及算法特点三个方面介绍基本遗传算法,并在此基础上对柔性工艺规划问题的求解方法进行深入研究,提出改进遗传算法,然后重点研究改进遗传算法求解柔性工艺规划问题,主要的创新工作包括:提出针对柔性工艺规划问题的多部分编码方式;提出新的交叉方法,并且针对编码特点,设计相应的变异算子。

第3章首先从遗传规划的研究现状、解的表达形式和遗传算子以及算法实现步骤三个方面介绍遗传规划算法。然后,针对柔性工艺规划问题,从编码、解码以及种群初始化、复制、交叉和变异操作几个方面详细介绍遗传规划方法在柔性工艺规划问题中的应用。最后,通过实例测试,验证遗传规划可有效地解决柔性工艺规划问题。

第4章主要介绍蜜蜂交配优化算法的基本原理以及操作流程,其次介绍柔性工艺规划问题,并从编码、种群初始化以及幼蜂生成和工蜂培育幼蜂等方面介绍HBMO算法在柔性工艺规划问题中的应用,最后用HBMO算法分别求解以总加工时间最小以及总加工成本最小为目标的柔性工艺规划问题。

第5章介绍Memetic算法的基本原理,此外针对装配序列规划这一NP-难的组合优化问题,提出一种基于Memetic算法的装配序列规划方法。首先利用干涉矩阵进行装配序列几何可行性的判断和推导零部件的可行装配方向,其次引入基于方向改变次数的引导式局部搜索提高算法的搜索效率,同时减少装配序列中装配方向的改变次数,优化装配序列,然后根据染色体的编码方式和装配模型设计适应度函数进行评价。通过实例计算表明Memetic算法在解决装配序列规划问题上相较于传统遗传算法效果更优。

第6章提出针对装配序列规划问题的改进和声搜索算法。首先提出一种面向装配序列规划问题的和声编码方式,然后引入LPV规则实现了和声向装配序列的转化,成功地将和声搜索算法引入到装配序列规划领域,接着对传统和声搜索算法进行改进,提高算法的全局搜索能力和局部搜索能力。最后,通过实例验证装配建模的正确性和可靠性以及改进和声搜索算法的有效性和优越性。

第7章主要介绍布谷鸟算法的基本原理以及其解的更新机制，其次提出基于教学优化机制的改进布谷鸟算法。最后，采用提出的布谷鸟算法求解置换流水车间调度问题。结果表明本章提出的TLCS算法在置换流水车间调度问题的搜索效率和稳定性方面均要优于GA和NEH算法。

第8章首先阐述EM算法的基本原理及分布式置换流水车间调度问题(DPFSP)，然后采用改进的EM算法对DPFSP进行求解，提出基于离散编码的EM算法。在该算法中，定义新的距离计算公式、粒子移动方式以及电量和合力的计算。最后利用Naderia标准实例库和Taillard标准实例库，对算法的性能进行测试分析。结果表明：在Naderia的720个标准实例中，可以找到151个更好解。

第9章首先介绍ABC以及四种类型的批量流流水车间调度问题，然后采用改进的ABC来求解这些批量流流水车间调度问题，提出DABC来优化ELFSP的总流经时间指标。在改进的DABC中，依次对个体矢量编码、解码、初始化、雇佣蜂阶段、观察蜂阶段、侦察蜂阶段、局部搜索算法这几个方面进行改善。最后，还针对四种不同的ELPSP，对DABC进行测试，实验结果表明改进的DABC可以有效地求解这四类ELPSP。

第10章主要介绍运用IWO算法来求解批量流流水车间调度问题。在第9章中求解的四种批量流流水车间调度问题上，加入求解批量流流水车间集成调度方法。此外，结合六种不同类型的批量流流水车间调度问题对DIWO算法的性能进行了实验分析。

第11章首先介绍基本PSO算法，并将PSO与元胞自动机结合提出CPSO-inner和CPSO-outer。接着，针对柔性作业车间调度问题，应用CPSO-outer的思想，采用分段的整数编码方法，将速度更新为粒子当前速度与其个体最优值及全局最优值进行交叉运算，将位置更新为粒子的当前位置和更新的速度的交叉，同时还引入每个粒子关键路径上的邻域结构和自适应调整搜索步长的禁忌搜索来产生邻居并确定粒子的转移规则。最后，用具体实例证明CPSO算法在求解FJSP问题中的可行性和有效性。

第12章首先对基于GEP的车间动态调度方法进行简单的阐述。根据车间动态调度问题的特点，提出基于GEP的车间动态调度框架。在该框架中，为了有效地克服直接编码中存在的不足，提出一种将调度规则编码为GEP串行染色体的间接编码方式。为了克服复杂调度问题先验知识获取困难的问题，提出一种适用于非监督学习的适应度函数。实验结果表明，GEP能够同时为柔性作业车间动态调度问题构造高效的机器指派规则和工件派遣规则。

第13章在改进遗传算法的基础上，嵌入局部搜索能力较强的VNS，形成新的混合 GAVNS 算法。混合 GAVNS 算法兼具全局搜索能力和局部搜索能力，弥补两种单一算法的劣势，使其在求解复杂的集成式工艺规划与车间调度(integrated process planning and scheduling，IPPS)问题中变得更加高效。为了提高 VNS 的局部搜索能力，对算法的邻域结构进行合理的设计。同时，在设计算法的流程时，结合 IPPS 问题的特性，将 VNS 算法合理的嵌入到改进遗传算法中，构成新的混合 GAVNS 算法。实验结果表明混合 GAVNS 算法对求解复杂 IPPS 问题具有更好的效果。

参考文献

Abbass H A, 2001. A monogamous MBO approach to satisfiability[C]. Proceeding of the international conference on computational intelligence for modelling, control and automation, CIMCA.

Birbil S I, Fang S C, 2003. An electromagnetism-like mechanism for global optimization [J]. Journal of Global Optimization, 25(3): 263-282.

Carlier J, 1982. The one-machine sequencing problem[J]. European Journal of Operational Research, 11: 42-47.

Castro L N, Timmis J, 2002. Artificial immune system: a new computational intelligence approach [M]. New York: Springer-Verlag.

Chang T C, Wysk R A, 1985. An Introduction to Automated Process Planning Systems [M]. New Jersey: Prentice Hall.

Cvijovicacute D, Klinowski J, 1995. Taboo search: anapproach to the multiple minima problem[J]. Science, 267(5198): 664-666.

Deb S, Ghosh K, Paul S, 2006. A Neural Network based Methodology for Machining Operations Selection in Computer Aided Process Planning for Rotationally Symmetrical Parts [J]. Journal of Intelligent Manufacturing, 17: 557-569.

Dorigo M, Maniezzo V, Colorni A, 1996. Optimization by a colony of cooperation agents [J]. IEEE Transactions on Systems, Man and Cybernetics, 26(1): 29-41.

Ferreira C, 2001. Gene expression programming: a new adaptive algorithm for solving problems [J]. Complex Systems, 13(2): 87-129.

Gao L, Qian W, Li X, et al., 2010. Application of memetic algorithm in assembly sequence planning [J]. The International Journal of Advanced Manufacturing Technology, 49(9-12): 1175-1184.

Geem Z W, Kim J H, Loganathan G V, 2001. A new heuristic optimization algorithm: harmonysearch [J]. Simulation, 76(2): 60-68.

Holland J H, 1975. Adaptation in natural and artificial systems [M]. Ann Arbor: the University of Michigan Press.

Karaboga D, Basturk B, 2007. A powerful and efficient algorithm for numerical function optimization: artificial bee colony algorithm [J]. Journal of Global Optimization,39(3): 459-471.

Kennedy J, Eberhart R, 1995. Particle swarm optimization [C]. Proc. of the IEEE International conference on Neural Networks, Piscataway: IEEE Service Center, 1942-1948.

Kirkpatrick S, Gelatt C D, Vecchi M P, 1983. Optimization by simulated annealing [J]. Science,220(4598): 671-680.

Koza J R,1992. Genetic programming: on the programming of computers by means of natural selection [M]. MA: MIT Press.

Lazzerini B, Marcelloni F, 2000. A genetic algorithm for generating optimal assembly plans [J]. Artificial Intelligence in Engineering,14(4): 319-329.

Mahmood F,1998. Computer-aided process planning for wire electrical discharge machining[M]. Pittsburgh: University of Pittsburgh.

Mehrabian A R, Lucas C, 2006. A novel numerical optimization algorithm inspired from weedcolonization [J]. Ecological Informatics,1(4): 355-366.

Moscato P, Norman M G, 1992. A memetic approach for the traveling salesman problem implementation of a computational ecology for combinatorial optimization on message-passing systems[J]. Parallel computing and transputer applications,1: 177-186.

Ramesh M M, 2002. Feature based methods for machining process planning of automotive powertrain components [D]. Michigan: Univeristy of Michigan.

Su Y Y, Dong Y, Liang D, 2013. Assembly sequence planning based on connector structure and ant colony algorithm [J]. Advanced Materials Research,712: 2482-2486.

Wang Y, Liu J H, Li L S, 2009. Assembly sequences merging based on assembly unit partitioning [J]. The International Journal of Advanced Manufacturing Technology, 45(7): 808-820.

Yang X S, Deb S, 2009. Cuckoo search via Le'vy flights[C]. Proceedings of world congress on nature and biologically inspired computing (NaBIC 2009), IEEE Publications, USA: 210-214.

高亮,张国辉,王晓娟,2012. 柔性作业车间调度智能算法及其应用[M]. 武汉: 华中科技大学出版社.

李新宇,2009. 工艺规划与车间调度集成问题的求解方法研究[D]. 武汉: 华中科技大学.

王凌,2003. 车间调度及其遗传算法[M]. 北京: 清华大学出版社.

许焕敏,李东波,2008. 工艺规划研究综述与展望[J]. 制造业自动化,30(3): 1-7.

张超勇,2006. 基于自然启发式算法的作业车间调度问题理论与应用研究[D]. 武汉: 华中科技大学.

第一部分

工艺规划的智能算法

第2章　遗传算法及其在柔性工艺规划中的应用

2.1　遗传算法基本原理

2.1.1　遗传算法

遗传算法(genetic algorithm,GA)是在1975年由美国密歇根大学的J. Holland教授受生物进化论的启迪提出的(Holland,1975)。同年,De Jong基于GA思想完成了大量的纯数值函数优化计算实验的博士论文,为GA及其应用打下了坚实的基础。1989年,Goldberg对GA作了系统全面的总结与论述。

GA是基于“物竞天择、适者生存”原理的一种高度并行、随机和自适应优化算法,它将问题的求解表示成“染色体”(chromosome)适者生存的进化过程,通过种群(population)的一代代不断进化,通过选择(selection)、交叉(crossover)和变异(mutation)等操作,最终收敛到“最适应环境”的个体,从而求得问题的最优解或满意解。Michalewicz(1994)总结了GA的五个基本要素:编码和解码、种群初始设计、适应度函数设计、遗传算子设计(主要包括选择、交叉、变异等)和遗传参数设置(种群规模、遗传算子的概率等),这五个要素构成了GA的核心内容。

2.1.2　遗传算法基本框架

一般GA的流程框图如图2-1所示,步骤如下。

步骤1:设置gen=0,按照一定的初始化方法产生初始种群$P(0)$。

步骤2:评价种群$P(\text{gen})$,计算种群中各个个体的适应度值。

步骤3:判断是否满足算法的终止条件,若满足则输出优化结果;否则转到步骤4。

步骤4:执行遗传操作,利用选择、交叉和变异算子产生新一代种群$P(\text{gen})$。

步骤5:转到步骤2,gen=gen+1。

到目前为止,GA有很多种变型或改进,但其基于生物遗传进化的思想实现

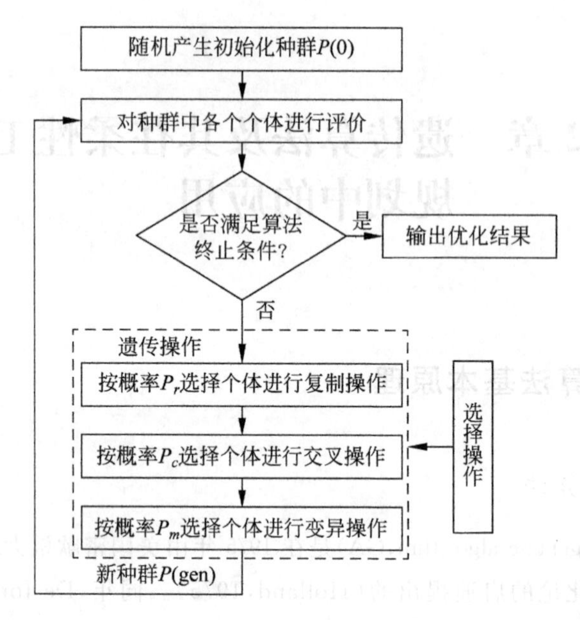

图 2-1 遗传算法的流程图

优化过程的机制没变。区别于传统优化算法，它具有以下特点(王凌，2003)：

(1) GA 对问题参数编码成“染色体”后进行进化操作，而不是针对参数本身，这使得 GA 不受函数约束条件的限制，如连续性、可导性等；

(2) GA 的搜索过程是从问题解的一个群体开始的，而不是从单个个体开始的，具有隐含并行搜索特性，在提高了搜索效率的同时极大减小了陷入局部极小的可能；

(3) GA 使用的遗传操作均为随机操作，同时 GA 根据个体的适应度值进行搜索，而无需其他信息，如导数信息等；

(4) GA 具有全局搜索能力，善于搜索复杂问题和非线性问题。

GA 的优越性(王凌，2003)主要表现在：(1)算法进行全空间并行搜索，并将搜索重点集中于性能高的部分，从而能够提高搜索效率且不易陷入局部极小；(2)算法具有固有的并行性，通过对种群的遗传处理可处理大量的模式，并且容易并行实现。虽然 GA 具有以上的优势，但如何利用 GA 高效求解柔性工艺规划问题，一直是一个具有挑战意义的课题。

2.2 基于遗传算法的柔性工艺规划方法

本章基于遗传算法对柔性工艺规划问题的求解方法进行了深入研究。传统的工艺规划系统为零件生成单一、固定的工艺路线，而不考虑车间的动态信息和资源状态，这使得工艺规划在实际生产中的柔性和可执行性大大降低。为了适应车间的动态环境和资源状态，工艺规划系统须为每个零件生成大量、柔性的工艺路线，并根据车间状态进行优化与选择。因此，柔性工艺路线的优化与选择是工艺规划系统的主要研究方向之一。

2.2.1　柔性工艺规划问题描述

1. 工艺柔性及其表示方法

零件的工艺柔性主要有三种：加工次序柔性、加工柔性和工序柔性。加工次序柔性指零件的几个加工特征之间次序可以互换，主要原因是由于被加工零件具有多个加工特征，这些加工特征之间存在加工次序约束，但不是所有的特征之间存在很严格的次序约束，所以同一个零件存在多种加工次序；加工柔性指零件的同一加工特征可以选用不同的加工工艺，主要原因是各个制造特征可能存在多种加工方案，每种加工方案中包含的加工方法不同；工序柔性是指零件的每一道工序可以在不同的设备上进行加工。

柔性工艺路线的表示方法有很多种，比较有代表性的有：Petri 网(Lee et al.,1994)、AND/OR 图和网状图(Ho et al.,1996)。本章综合利用 AND/OR 图和网状图来表示零件的柔性工艺路线(Sormaz et al.,2003)。例如：对一个零件的柔性工艺路线表示如图 2-2 所示。此网状图是一种非循环单向图，具有 3 类节点，有向边描述节点间的优先关系，图 2-2 中 S 点表示开始节点，E 表示结束节点，其中 S 和 E 节点是虚拟节点，方框表示加工任务节点，分别用 1，2，…表示各加工工序，具体的表示内容如图 2-2 所示。箭头表示工序的加工顺序。OR 表示的是加工柔性，即此特征可以由不同的工艺进行加工，如果一个节点的后续路线是由一个 OR 所连接的话，那么只需要通过一条 OR 路线就行。OR 路线表示的是一个加工路径，它从 OR 开始到 JOIN 结束。如果路线不是由 OR 所连接，那么就必须要完成此路线上的所有工序。比如图 2-2 展示了一个零件的柔性工艺路线网状图。在该网状图中，路径{11}，{12，13}和{12，14}由三个 OR 连接路径组成，而有些 OR 路径下面也可包含另外的 OR 路径，例如路径{6，7}和{8}。表 2-1 所示为另一种零件柔性工艺的表示方式(没有表示特征之间的次序约束，后续表格会表示)。综上所述，一个加工零件特别是复杂零件的柔性工艺路线数目是非常巨大的，因此，对柔性工艺规划问题的求解是十分困难的。

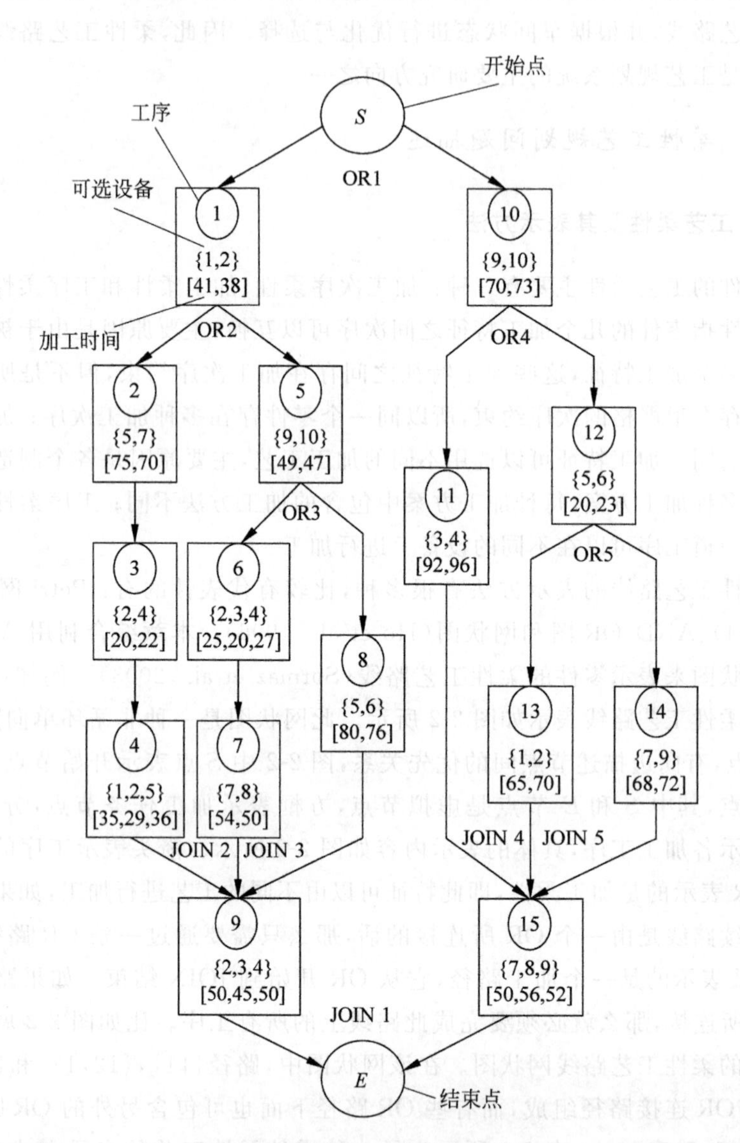

图 2-2 零件柔性工艺路线网状图

表 2-1　零件的柔性工艺

特征	可选工序	可选机器	可选机器对应的加工时间/s
F_1	车削(Oper1)	M_1,M_2	41,38
F_1	车削(Oper11)	M_3,M_4	92,96
F_1	车削(Oper12)	M_5,M_6	20,23
	精车(Oper13)	M_1,M_2	65,70
F_1	车削(Oper12)	M_5,M_6	20,23
	磨削(Oper14)	M_7,M_9	68,72
F_2	钻孔(Oper3)	M_2,M_4	20,22
	铰孔(Oper4)	M_1,M_2,M_5	35,29,36
	钻孔(Oper9)	M_2,M_3,M_4	50,45,50
F_2	钻孔(Oper6)	M_2,M_3,M_4	25,20,27
	铰孔(Oper7)	M_7,M_8	54,50
	钻孔(Oper9)	M_2,M_3,M_4	50,45,50
F_2	铰孔(Oper8)	M_5,M_6	80,76
	钻孔(Oper9)	M_2,M_3,M_4	50,45,50
F_2	铰孔(Oper15)	M_7,M_8,M_9	50,56,52
F_3	车削(Oper2)	M_5,M_7	75,70
F_3	铣削(Oper5)	M_9,M_{10}	49,47
F_3	铣削(Oper10)	M_9,M_{10}	70,73

2. 柔性工艺规划问题的数学模型

柔性工艺规划问题一般描述为：每个被加工零件有多条工艺路线，该问题就是如何选出一条工艺路线，使得某种或某些指标最优。为了更好地描述该问题的数学模型，作以下假设：

(1) 每台机器同一时刻只能处理一道工序；

(2) 从零时刻开始，所有的机器都是可行的；

(3) 当零件的一道工序完工后，立即运送到下一台机器处理其下一道工序，传输时间忽略不计；

(4) 一个零件的不同工序不能一起加工。

根据以上假设，在建立模型之前，首先需要对用到的一些符号作如下定义和说明：

N——工件的数量；

M——机器的数量；

G_i——第 i 个零件的柔性工艺路线数目；

o_{ijl}——零件 i 的第 l 条工艺路线上的第 j 个工序；

P_{il}——零件 i 的第 l 条工艺路线的工序数目；

k——工序 o_{ijl} 所对应的可选加工机器；

$\mathrm{TW}(i,j,l,k)$——工序 o_{ijl} 在可选加工机器 k 上的加工时间；

$\mathrm{TS}(i,j,l,k)$——工序 o_{ijl} 在可选加工机器 k 上的开始时间；

$\mathrm{TT}(i,l,(j,k_1),(j+1,k_2))$——工序 o_{ijl} 在可选机器 k_1 到工序 $o_{i(j+1)l}$ 在可选机器 k_2 上的传送时间；

$\mathrm{TP}(i)$——零件 i 的总加工时间；

$\mathrm{CW}(k)$——第 k 个机器加工的单位时间成本；

$\mathrm{CM}(i)$——零件 i 的加工机器成本；

$\mathrm{CMC}(i)$——零件 i 的机器变换成本；

CMCI——机器变换一次的成本；

$\mathrm{NMC}(i)$——零件 i 的机器变换次数；

$\mathrm{CP}(i)$——零件 i 的总加工成本；

$$\Omega(x,y)=\begin{cases}1, & x\neq y,\\ 0, & x=y;\end{cases}$$

$$X_{il}=\begin{cases}1, & \text{若工件 } i \text{ 选择的是第 } l \text{ 条工艺路线},\\ 0, & \text{否则};\end{cases}$$

$$Z_{ijlk}=\begin{cases}1, & \text{若工序 } o_{ijl} \text{ 选择的是机器 } k,\\ 0, & \text{否则}。\end{cases}$$

建立的柔性工艺规划模型如下：

(1) 目标函数

① 总加工时间最小

$$\mathrm{Min}\ \mathrm{TP}(i)=\sum_{j=1}^{P_{il}}(t_{ijlk}\times X_{il}\times Z_{ijlk}),\quad i\in[1,N],l\in[1,G_{il}],k\in[1,M];\tag{2-1}$$

② 总加工成本最小

零件 i 的加工机器成本：

$$\mathrm{CM}(i)=\sum_{j=1}^{P_{il}}(t_{ijlk}\times \mathrm{CW}(k)\times X_{il}\times Z_{ijlk}),\tag{2-2}$$

零件 i 的机器变换次数：

$$\mathrm{NMC}(i)=\sum_{j=1}^{P_{il}-1}\Omega(o_{ijl}\_k,o_{i(j+1)l}\_k_1),$$

o_{ijl}_k—— 表示加工工序 o_{ijl} 的机器号 k。 (2-3)

零件 i 的机器变换成本：

$$\mathrm{CMC}(i)=\sum_{b}^{\mathrm{NWC}(i)}\mathrm{CMCI}, \tag{2-4}$$

零件 i 的总加工成本最小：

$$\mathrm{Min\ CP}(i)=\mathrm{CM}(i)+\mathrm{CMC}(i),\quad i\in[1,N],l\in[1,G_{il}],k\in[1,M]。 \tag{2-5}$$

(2) 约束条件($i\in[1,N],j,j_1,j_2\in[1,P_{il}],l\in[1,G_i],k,k_1,k_2\in[1,M]$)

① 机器约束，即一台机器一个时刻只能加工一道工序：

$$s_{ij_2lk}\times X_{il}\times Z_{ij_2lk}-s_{ij_1lk}\times X_{il}\times Z_{ij_1lk}\geqslant t_{ij_1lk}\times X_{il}\times Z_{ij_1lk}; \tag{2-6}$$

② 工件工序约束，即一个工件的不同工序不能同时被加工：

$$s_{i(j+1)lk_2}\times X_{il}\times Z_{i(j+1)lk_2}-s_{ijlk_1}\times X_{il}\times Z_{ijlk_1}\geqslant t_{ijlk_1}\times X_{il}\times Z_{ijlk_1}; \tag{2-7}$$

③ 一个工件只有一条柔性工艺路线可以被选中：

$$\sum X_{il}=1; \tag{2-8}$$

④ 一道工序只有一台可选机器可以被选中：

$$\sum Z_{ijlk}=1。 \tag{2-9}$$

式(2-1)和式(2-5)分别是总加工时间最小和总加工成本最小这两个目标函数。式(2-6)～式(2-9)是问题的约束：式(2-6)是机器约束，表示一台机器在同一时刻只能加工一道工序；式(2-7)是工序约束，表示一个工件的不同工序不能同时被加工；式(2-8)表示一个工件只能有一条柔性工艺路线能够被选中；式(2-9)表示针对一道工序只能有一台可选机器被选中。

2.2.2 遗传算法求解柔性工艺规划问题

柔性工艺规划问题是一个NP-完全问题(王忠宾等，2004；Li et al.，2008)，当问题达到一定规模时，用精确算法无法在合理时间内找到满意解。因此，本章采用近似算法中具有较强搜索能力的改进遗传算法(improved GA，IGA)来求解该问题。

1. 编码、解码和初始化

(1) 柔性工艺规划问题的编码

编码是将问题的解用一种数学符号来表示，从而将问题的解空间和GA的码空间相对应，这很大程度上依赖于问题的性质，并将影响遗传操作的设计(王凌，2003)。编码是应用GA时要解决的首要问题，也是设计GA时的一个关键步骤。编码方法除了决定个体的染色体排列形式之外，还决定了个体从搜索空间的基因型变换到解空间的表现型时的解码方法。同时，编码方法也应考虑交叉算子、变异算子等遗传算子的运算方法。一个好的编码方法，可以使交叉运算、变异运算等遗传操作简单地实现和执行；而一个差的编码方法，却有可能使得遗传操作难以实现，也有可能产生很多不可行解。所以编码对算法的求解速度、计算精度有重要的影响(周明 等，1999)。

针对柔性工艺规划问题一般采用的是集成编码方法(吴伏家 等，2001；Li et al.，2004；Ma et al.，2000)。集成编码方法中的基因一般表示为(j,k)，其中j表示工序号，k表示所选择的加工机器号，染色体的总长度是工件工序的总和。这种方法的优点是易于表达、直观和解码方式简单，但是由于一个基因包含的信息过多，造成遗传操作较为复杂，也影响遗传操作的效率，进而影响算法的效率。

为了提高算法的运行效率，本章提出了一种多部分编码方法，该方法的优点是遗传操作简单、算法的运算效率高，但也存在解码方法较复杂的缺点。在算法的运行过程中，影响运算效率最主要的因素是遗传操作的计算效率，所以本章提出的多部分编码方法比集成编码方法的运算效率要高。本章提出的多部分编码方法由三部分组成，分别是特征串、可选工艺串和可选机器串。它将加工特征、可选工艺、可选加工机器的信息进行分开处理，它们分别代表柔性工艺规划问题的三个子问题。

为了描述得更加清楚，本章通过案例来描述该编码方法的三个部分，某零件的柔性工艺表示成如表 2-2 所示，图 2-3 是该零件的一个可行编码方案。

表 2-2　零件的柔性工艺路线

特征	工序	可选机器	可选机器对应的加工时间	特征之间的次序约束
F_1	O_1	M_3,M_8	8,13	在 F_2,F_3 之前
F_2	$O_2—O_3$	$M_5,M_6,M_8/M_2$	16,12,13/21	在 F_3 之前
	$O_4—O_5$	$M_1,M_5,M_{10}/M_9$	13,16,18/17	
F_3	O_6	M_5,M_8	46,47	
F_4	O_7	M_3,M_7,M_{13}	44,48,49	在 F_5,F_6,F_7 之前
F_5	O_8	M_5,M_6,M_{13}	17,14,10	在 F_6,F_7 之前
	O_9	M_5,M_{15}	16,13	
F_6	O_{10}	M_3,M_{11},M_{15}	28,27,30	在 F_7 之前

续表

特征	工序	可选机器	可选机器对应的加工时间	特征之间的次序约束
F_7	O_{11}	M_{10}，M_{13}	48，50	
F_8	O_{12}	M_5，M_{13}，M_{15}	31，32，36	在 F_9，F_{10}，F_{11} 之前
F_9	O_{13}	M_3，M_6，M_9	30，28，26	在 F_{10}，F_{11} 之前
	O_{14}—O_{15}	M_2/M_1，M_{14}	11/16，18	
F_{10}	O_{16}	M_4，M_{15}	18，19	在 F_{11} 之前
F_{11}	O_{17}	M_3，M_{10}，M_{14}	36，32，35	

特征号

特征串：| 1 | 4 | 5 | 8 | 6 | 7 | 9 | 10 | 2 | 3 | 11 |

可选工艺串：| 1 | 2 | 1 | 1 | 2 | 1 | 1 | 1 | 2 | 1 | 1 |

可选机器串：| 1 | 3 | 1 | 2 | 1 | 1 | 3 | 2 | 2 | 3 | 2 | 2 | 2 | 1 | 1 | 2 | 1 |

对应特征所选择的可选工序号

对应工序所选择的可选机器号

图 2-3　柔性工艺规划问题的多部分编码方案

特征串：该部分染色体长度为该零件加工特征的总和。每个基因位上的数字所表示的是一个特征号，各个基因位上的数字不能相同。该串是所有特征号在满足特征约束条件下的一个排列。如表 2-2 和图 2-3 所示，该零件的特征总数是 11，所以，该特征串的长度是 11。该特征串是满足特征之间次序约束的前提下，一个 1 到 11 的排列，其特征的加工顺序是：F_1—F_4—F_5—F_8—F_6—F_7—F_9—F_{10}—F_2—F_3—F_{11}。

可选工艺串：该部分染色体长度与特征串的长度相同，也是等于特征的总和，每个基因位用整数表示，依次按照工件的特征顺序进行排列，每个整数表示当前特征所选择的工艺在该特征所对应的可选工艺集中的顺序，并不是对应的可选工艺号。该编码方式保证了后续交叉、变异等操作之后仍然是可行解。同时，它对特征可选工艺的多少没有要求，长度确定，操作方便。如表 2-2 和图 2-3 所示，由于该零件的特征总数是 11，所以，该可选工艺串的长度是 11。其依次是特征 1(F_1)到特征 11(F_{11})所选择的可选工艺，如第 2 个基因位上的数字是 2，表示特征 2(F_2)所选择的是其可选工艺集中的第 2 条工艺，即 O_4—O_5；第 5 个基因位上的数字是 2，表示特征 5(F_5)所选择的是其可选工艺集中的第 2 条工艺，即 O_9。

可选机器串：该部分的编码方式和可选工艺串相同，但是该部分染色体长度等于零件所有加工工序的总和(包括可能不被选中的工序)。每个基因位用整数表示，依次按照工件的工序顺序进行排列，每个整数表示当前工序所选择的机器在该特征所对应的可选机器集中的顺序，并不是对应的可选机器号。该编码方式保证了后续交叉、变异等操作之后仍然是可行解。同时，它对工序可选机器的多少没有要求，长度确定，操作方便。如表 2-2 和图 2-3 所示，由于该零件的工序总数是 17，所以，该可选机器串的长度是 17。其依次是工序 1(O_1)到工序 17(O_{17})所选择的可选机器，如第 2 个基因位上的数字是 3，表示工序 2(O_2)所选择的是其可选机器集中的第 3 台机器，即 M_8；第 7 个基因位上的数字是 3，表示工序 7(O_7)所选择的是其可选机器集中的第 3 台机器，即 M_{13}；第 17 个基因位上的数字是 1，表示工序 17(O_{17})所选择的是其可选机器集中的第 1 台机器，即 M_3。

(2) 柔性工艺规划问题的解码

解码方法就是将在编码方法中产生的用于遗传操作的码转化成问题的解。本问题的编码方式比较直观，所以解码方法也比较简单，具体的步骤如下。

步骤 1：首先对可选工艺串进行解码，从左到右依次可以得到各个特征所选择的可选工艺。如表 2-2 和图 2-3 所示，可以得到各个特征所选择的可选工艺是：$F_1(O_1)$，$F_2(O_4—O_5)$，$F_3(O_6)$，$F_4(O_7)$，$F_5(O_9)$，$F_6(O_{10})$，$F_7(O_{11})$，$F_8(O_{12})$，$F_9(O_{14}—O_{15})$，$F_{10}(O_{16})$，$F_{11}(O_{17})$。

步骤 2：然后对特征串进行解码，该串表示的就是特征的加工顺序。如表 2-2 和图 2-3 所示，可以得到各个特征的加工顺序是：$F_1—F_4—F_5—F_8—F_6—F_7—F_9—F_{10}—F_2—F_3—F_{11}$。然后从步骤 1 中所得到的结果，可以得到各个工序的加工顺序：$O_1—O_7—O_9—O_{12}—O_{10}—O_{11}—O_{14}—O_{15}—O_{16}—O_4—O_5—O_6—O_{17}$。由此可知，并不是所有的 17 个工序都被选中，其中有一些是不需要用的工序，比如：O_2，O_3，O_8，O_{13} 等，这就体现了加工工序柔性。

步骤 3：接着对可选机器串进行解码，从左到右依次可以得到各个工序所选择的加工机器。如表 2-2 和图 2-3 所示，可以得到各个工序说选择的加工机器是：$O_1(M_3)$，$O_2(M_8)$，$O_3(M_2)$，$O_4(M_5)$，$O_5(M_9)$，$O_6(M_5)$，$O_7(M_{13})$，$O_8(M_6)$，$O_9(M_{15})$，$O_{10}(M_{15})$，$O_{11}(M_{13})$，$O_{12}(M_{13})$，$O_{13}(M_6)$，$O_{14}(M_2)$，$O_{15}(M_1)$，$O_{16}(M_{15})$，$O_{17}(M_3)$，同时得到每个工序加工所需要的时间。

步骤 4：根据步骤 2 和步骤 3 得到的结果，确定最后该工件的工艺路线，以及各个工序所对应的加工机器和加工时间。如表 2-2 和图 2-3 所示，该编码方案解码所得的工艺路线是：$O_1(M_3)—O_7(M_{13})—O_9(M_{15})—O_{12}(M_{13})—O_{10}(M_{15})—O_{11}(M_{13})—O_{14}(M_2)—O_{15}(M_1)—O_{16}(M_{15})—O_4(M_5)—O_5(M_9)—O_6(M_5)—O_{17}(M_3)$。各个工序所对应的加工时间可以由表 2-2 得到。到此就得到了该工件的一条可行的加工工艺路线，然后可以计算此工艺路线所对应的目标值(如总加工时间等),并用该值对该解进行评价。

(3) 种群初始化

种群初始化是遗传算法中一个较重要的问题,针对以上提出的编码方法,本章采用随机初始化的方法。针对特征串,随机生成一个 1 到 n(n 表示该工件的总特征数)的序列,在随机初始化的过程中,可能会产生非法解,本章将采用约束调整算法(第 5 节)将其转化成合法解;针对可选工艺串,从每一个特征对应的可选工艺集中随机选择一个作为该特征的工艺;针对可选机器串,从每一个工艺对应的可选机器集中随机选择一个作为该工艺的机器。

2. 选择操作

选择操作能避免有效基因的损失,使适应度较高的个体以更大的概率生存,从而提高全局收敛性和计算效率。最常用的方法是比例(或轮盘赌)选择(fitness proportional model)、基于排名的选择(rank-based model)、最佳个体保存方法(elitist model)和锦标赛选择(tournament selection)(王凌,2003)。

本章采用最佳个体保存方法和锦标赛选择两种方法。最佳个体保存方法就是把种群中适应度值好的个体不进行配对交叉而直接复制到下一代中。在本章改进的遗传算法中,最佳个体保存方法是将父代种群中最优的 $P_r \times$ PopSize(P_r 是复制概率,本章设置为 0.01;PopSize 是种群个数)个个体直接复制到下一代中。锦标赛选择(Sormaz et al.,2003)是从种群中随机选择两个个体,如果随机数(在[0,1]上均匀分布随机变量的抽样值)小于给定概率值 r(r 是一个参数,在本章中设置为 0.8),则选择优的一个,否则选择另一个。

3. 交叉操作

交叉操作是指对两个相互配对的染色体按某种方式相互交换其部分基因,从而形成两个新的个体。交叉操作是 GA 区别于其他进化算法的重要特征,它在 GA 中起着关键作用,是产生新个体的主要方法,同时它也决定了 GA 的全局搜索能力。交叉操作的设计和实现与所研究的问题密切相关,一般要求它既不要太多地破坏个体编码串中表示优良性状的优良模式,又要能够有效地产生出一些较好的新个体模式。所以,一般 GA 交叉操作的设计需要满足以下标准:可行性、特征继承、完全性和非冗余性等。可行性是保证经过交叉操作后的子代都是可行的;特征的有效继承性保证父代中能够将优良信息保留到子代,这两个是交叉操作设计中最重要的两个标准。完全性表明问题空间中的所有点(候选解)都能用 GA 中的个体来表示;非冗余性表明了个体与候选解的一一对应关系。GA 中较常见的交叉操作(周明 等,1999)包括:单点交叉(one-point crossover)、多点交叉(multi-points crossover)、均匀交叉(uniform crossover)、算术交叉(arithmetic crossover)、部分映射交叉(partially mapping crossover)、次序交叉(order crossover)、线性次序交叉(linear order crossover)、基于位置的交叉(position-based crossover)、循环交叉(cycle crossover)等。以往的大部分用于柔性工艺规划问题的交叉操作往往会产生不可行解,都需要采用约束调整算法将不可行解转换成可行解,这影响到算法的求解效率。本章针对柔性工艺规划问题,提出了新的交叉方法,避免了非法解的产生,能有效地提高算法的求解效率。

针对本章提出的三部分分段编码方法,本章提出的交叉方法将对这三个部分分别进行交叉操作,具体的操作步骤如下。

(1) 特征串交叉操作

为了保证交叉后的特征串是满足特征次序约束的可行解,其交叉步骤如下。

步骤1:随机选择两个交叉点,父代的两个染色体被分成左中右三个部分,如图2-4所示,所选择的交叉点是第2位置和第8位置,P_1 和 P_2 被分成左中右三个部分;

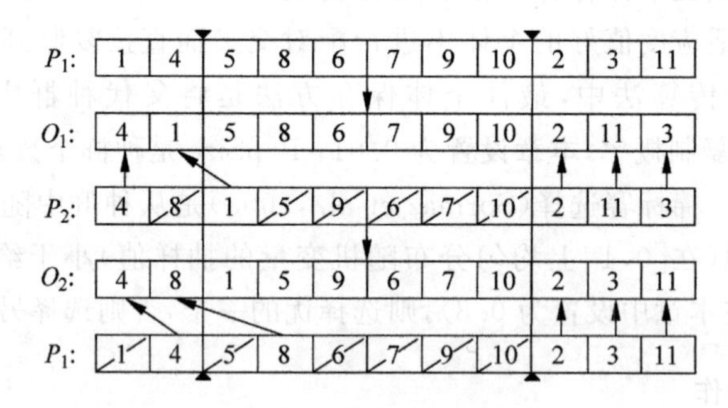

图2-4　特征串交叉操作

步骤2:将父代中,中间部分的基因复制到子代中,如图2-4所示,将 P_1 中从第3位置到第8位置的基因复制到 O_1 中,将 P_2 中从第3位置到第8位置的基因复制到 O_2 中;

步骤3:将父代2中子代1已有的基因删除,然后将父代2中剩余的基因按顺序依次填入到子代1中的空格部分,子代2也可以通过同样的方式得到,如图2-4所示,将 P_2 中的值等于5,8,6,7,9,10的基因删除,然后将剩余的基因按照顺序复制到 O_1 的空格部分,就得到了 O_1;O_2 可以由同样的方法得到。

以上方法是按照特征之间的次序约束进行交叉的,没有打乱特征之间的次序约束,因此,采用以上方法得到的子代特征串是可行的。由于得到的子代都是可行的,所以不需要采用约束调整方法对子代进行调整,这样就不会影响到算法的求解效率。

(2) 可选工艺串交叉操作

此部分必须保证每位基因的先后顺序保持不变，其交叉步骤如下。

步骤 1：随机选择两个交叉点，父代的两个染色体被分成左中右三个部分，本章将其描述为 A,B,C 三部分。如图 2-5 所示，所选择的交叉点是第 3 位置和第 8 位置，P_1 被分成 A_1,B_1,C_1 三部分，P_2 被分成 A_2,B_2,C_2 三部分。

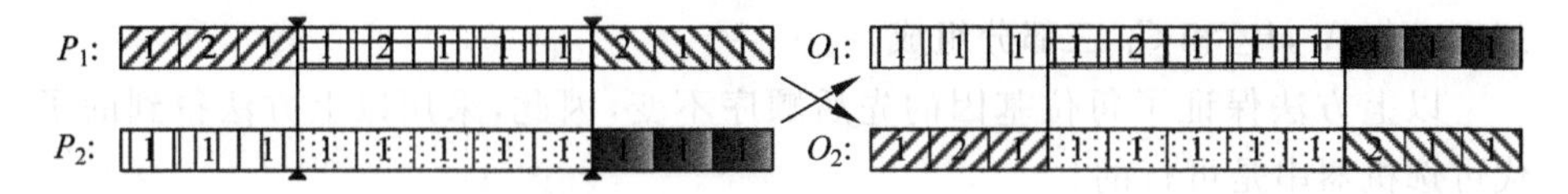

图 2-5　可选工艺串交叉操作

步骤 2：将父代中，中间部分的基因复制到子代中，如图 2-5 所示，将 P_1 中从第 4 位置到第 8 位置的基因，即 B_1 部分的基因复制到 O_1 中，将 P_2 中 B_2 部分的基因复制到 O_2 中。

步骤 3：将父代 2 中 A_2 和 C_2 部分的基因复制到子代 1 中对应的位置，子代 2 也可以通过同样的方式得到，如图 2-5 所示，将 P_2 中的 A_2 和 C_2 部分的基因复制到 O_1 中，则 O_1 由 A_2,B_1 和 C_2 三部分组成；O_2 可以由同样的方法得到，O_2 由 A_1,B_2 和 C_1 三部分组成。

以上方法保证了每位基因的先后顺序不变，因此，采用以上方法得到的子代可选工艺串是可行的。

(3) 可选机器串交叉操作

此部分必须保证每位基因的先后顺序保持不变，所以与可选工艺串的交叉操作类似，其交叉步骤如下。

步骤 1：随机选择两个交叉点，父代的两个染色体被分成左中右三个部分，本章将其描述为 A,B,C 三部分。如图 2-6 所示，所选择的交叉点是第 4 位置和第 12 位置，P_1 被分成 A_1,B_1,C_1 三部分，P_2 被分成 A_2,B_2,C_2 三部分。

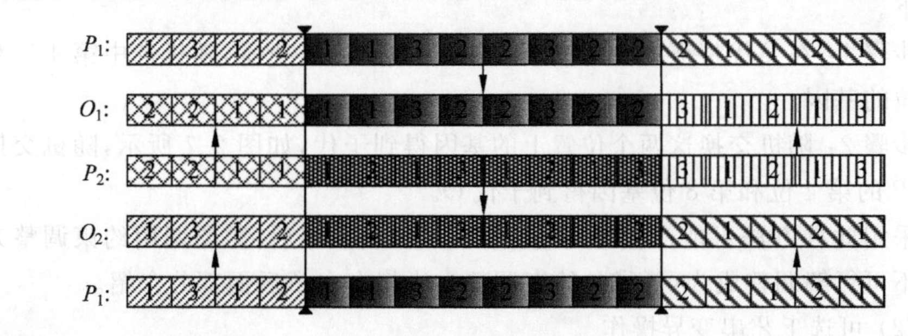

图 2-6　可选机器串交叉操作

步骤 2：将父代中中间部分的基因复制到子代中，如图 2-6 所示，将 P_1 中从第 5 位置到第 12 位置的基因，即 B_1 部分的基因复制到 O_1 中，将 P_2 中 B_2 部分的基因复制到 O_2 中。

步骤 3：将父代 2 中 A_2 和 C_2 部分的基因复制到子代 1 中对应的位置，子代 2 也可以通过同样的方式得到。如图 2-6 所示，将 P_2 中的 A_2 和 C_2 部分的基因复制到 O_1 中，则 O_1 由 A_2，B_1 和 C_2 三部分组成；O_2 可以由同样的方法得到，O_2 由 A_1，B_2 和 C_1 三部分组成。

以上方法保证了每位基因的先后顺序不变，因此，采用以上方法得到的子代可选机器串是可行的。

4. 变异操作

变异操作是对染色体进行较小的扰动操作，以保持种群的多样性。变异操作是 GA 中产生新个体的辅助方法，但它也是必不可少的运算步骤，因为它决定了 GA 跳出局部最优的能力。它与交叉操作相互配合，共同完成对搜索空间的全局搜索和局部搜索，从而使得 GA 能够以良好的搜索性完成最优化问题的寻优过程（Whitley et al.，1994）。GA 中较常见的变异操作包括：基本变异（simple mutation）、均匀变异（uniform mutation）、边界变异（boundary mutation）、非均匀变异（non-uniform mutation）和高斯变异（gaussian mutation）等。在组合优化问题中的主要变异操作（王凌，2003）包括：互换变异（SWAP）、逆序变异（INV）和插入操作（INS）等。

本章针对柔性工艺规划问题，设计了相应的变异操作。针对本章提出的三部分分段编码方法，本章提出的变异方法将对这三个部分分别进行变异操作，具体的操作步骤如下。

(1) 特征串变异操作

本章设计的特征串变异操作是随机选择两点进行交换（swapping），具体步骤如下。

步骤 1：在父代特征串中随机选择两点，如图 2-7 所示，随机选中第 4 位和第 8 位的基因。

步骤 2：随机交换这两个位置上的基因得到子代，如图 2-7 所示，随机交换父代 P 的第 4 位和第 8 位基因得到子代 O。

采用此种方法可能产生不可行解，故在完成步骤后，需要调用约束调整方法将不可行解调整成为可行解，约束调整方法将在本章后面部分介绍。

(2) 可选工艺串变异操作

该变异操作的主要作用是让特征可以选择其他的可选工艺，其具体操作步

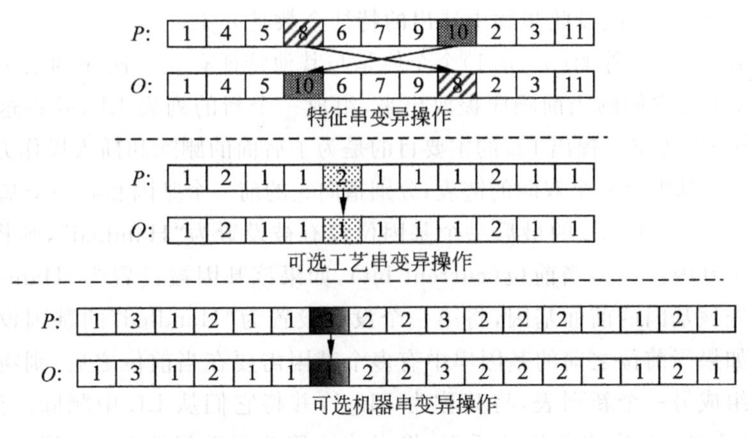

图 2-7 变异操作

骤如下。

步骤 1：随机选择可选工艺串上的一个基因位，如图 2-7 所示，随机选中了父代 P 中的第 5 个基因位。

步骤 2：从此特征的可选工艺集中随机选择一个来替代当前的可选工艺，从而得到子代。如图 2-7 所示，从第 5 个特征的可选工艺集中，选择第 1 个可选工艺来替代当前的第 2 个可选工艺，该基因位上的值从 2 变为 1。

(3) 可选机器串变异操作

可选机器串的变异操作和可选工艺串的变异操作类似，该变异操作的主要作用是让工序可以选择其他的可选机器，其具体操作步骤如下。

步骤 1：随机选择可选机器串上的一个基因位，如图 2-7 所示，随机选中了父代 P 中的第 7 个基因位。

步骤 2：从此工序的可选机器集中随机选择一个来替代当前的可选机器，从而得到子代。如图 2-7 所示，从第 7 个工序的可选机器集中，选择第 1 个可选机器来替代当前的第 3 个可选机器，该基因位上的值从 3 变为 1。

5. 约束调整方法

本章采用的随机初始化方法以及针对特征串的变异算法都有可能产生不可行解，针对不可行解的操作有很多种方法，主要包括：搜索空间限定法、罚函数法和可行解变换法(周明 等，1999)。本章采用的约束调整算法(constraint adjustment method)(Li et al.，2002)是可行解变换法的一种，主要作用是将不可行解调整成可行解。本节将重点介绍约束调整算法，而且该方法主要是针对特征串，其步骤如下(Li et al.，2002)。

步骤 1：选择特征串(feature list，FL)中与其他特征没有关系的特征，它们的位置保持不变,假设此步骤中选出的特征个数是 n_1。

步骤 2:将另外的 $(n-n\_1)$ 个个体是与其他特征有先后次序约束关系的特征从 FL 中按它们的当前顺序提取出来,组成一个新的列表 LL,并将这些位置在 FL 中设置为空。提出 LL 的主要目的是为了后面的删除和插入操作方便。在 LL 中,各个基因是一个双向的链表,分别指向它的前一个基因和后一个基因。

步骤 3:如果 LL 的最后一个基因位没有被设置为"Handled",则将 LL 的最后一个基因位设为当前位(current bit),如果该基因被设置为"Handled",则依次检查该基因的前面基因,将第一个没有设置为"Handled"的基因设置为当前位。如果当前位之前的基因串中有多个基因需要在当前位之后,则将这些基因提出组成另一个新列表,将其称为 LL_1,并将它们从 LL 中删除。然后,将 LL_1 插入到 LL 中当前位的后面,将当前位移动到更新的 LL 的尾部,并将刚才操作的那个点设置为"Handled"。重复步骤 3,直到 LL 上的所有基因被设置为"Handled"。

步骤 4:经过步骤 3 的操作,LL 中的所有基因都满足特征之间的次序约束,然后将 LL 中的基因按顺序一个一个的填入到 FL 中的空位置中,则得到的 FL 将是满足特征次序约束的可行解。

本章将举例说明该约束调整算法,由于本章前面的例子的特征之间都有次序约束,所以这里将引用 Li(2002)中的例子来讲解约束调整算法,如表 2-3 和图 2-8 所示,其步骤如下。

步骤 1:选择 FL 中与其他特征没有关系的特征,它们的位置保持不变,在例子中选择的是特征 14,4,11,13,6,1,它们的长度是 $n\_1=6$。

步骤 2:将另外的 8 个个体从 FL 中按它们的当前顺序提取出来,组成一个新的列表 LL(如图 2-8 所示),并将这些位置在 FL 中设置为空,则 LL 是由 7—2—10—9—12—3—5—8 组成,在 LL 中,各个基因是一个双向的链表,分别指向它的前一个基因和后一个基因。

步骤 3:将当前位指向 LL 的尾部基因 8。在 LL 中,需要在 8 之后的特征包括 9,3 和 5,于是将它们从 LL 中提出组成新的列表 LL_1,并将它们从 LL 中删除。然后,将 LL_1 插入到 LL 中 8 的后面,将当前位移动到更新的 LL 的尾部(特征 5),并将 8 设置为"Handled"。重复步骤 3,直到 LL 上的所有基因被设置为"Handled"。

步骤 4:经过步骤 3 的操作,LL 中的所有基因都满足特征之间的次序约束,然后将 LL 中的基因按顺序一个一个的填入到 FL 的空位置中,则得到的 FL(10—14—12—8—4—11—9—3—5—13—6—7—2—1)是满足特征次序约束的可行解。

表 2-3　例子的 1 个特征串及其 4 个约束(Li 等,2002)

初始特征串	$F_7—F_{14}—F_2—F_{10}—F_4—F_{11}—F_9—F_{12}—F_3—F_{13}—F_6—F_5—F_8—F_1$
约束 1	F_5,F_9 在 F_2,F_7 之前
约束 2	F_{12},F_8 在 F_3,F_5,F_9 之前
约束 3	F_3 在 F_5 之前
约束 4	F_{10} 在 F_7 之前

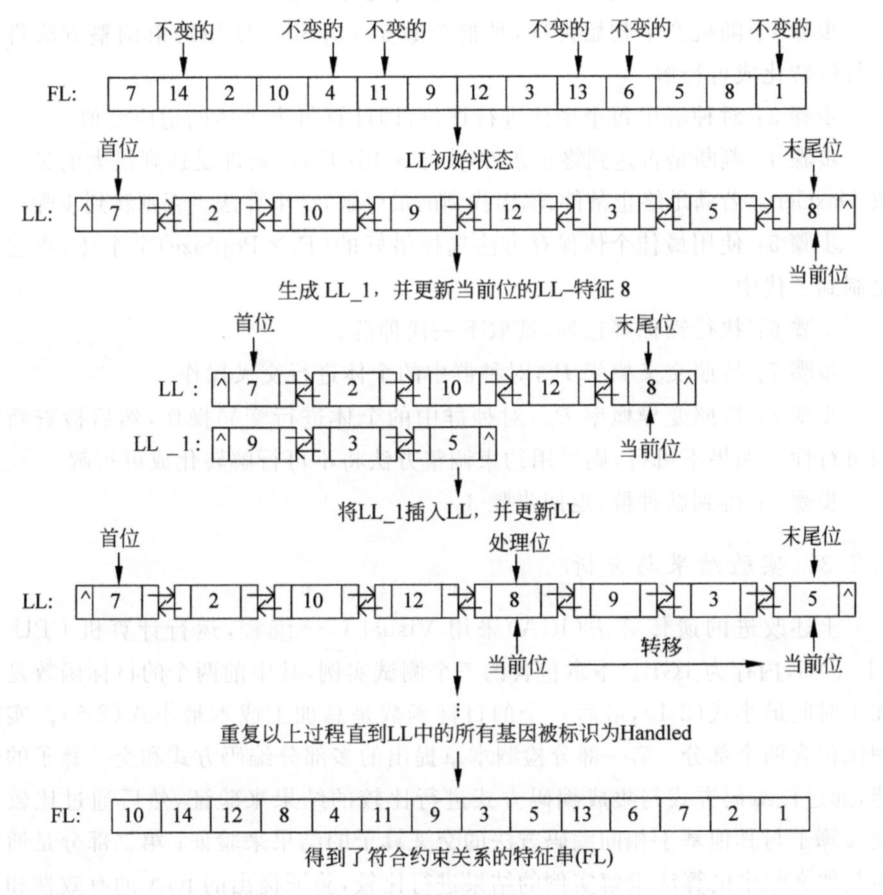

图 2-8　约束调整方法

6. 适应度函数

适应度函数用于对染色体个体进行评价,它通常可直接利用目标函数变换构成。适应度函数是算法优化过程发展的依据,其定义的好坏直接影响到 GA 优化能力的发挥(Sormaz et al.,2003)。在 GA 中,适应度好的个体将获得更多的生存机会。本章直接选用目标函数作为改进 GA 的适应度函数。

7. 改进遗传算法(improved genetic algorithm,IGA)求解步骤

结合本章提出的柔性工艺规划问题的多部分编码方式,新的交叉方法以及设计的变异算子,用于求解柔性工艺规划问题的改进遗传算法的求解步骤如下。

步骤1:参数设置,包括种群规模PopSize、最大的进化代数MaxGen、复制概率P_r、交叉概率P_c、变异概率P_m、锦标赛选择参数r。

步骤2:随机产生初始种群,种群个数是PopSize,使用约束调整方法将不可行解转化成可行解。

步骤3:对种群中每个个体进行评价,即计算每个个体的适应度值。

步骤4:判断是否达到终止条件,本章采用的终止条件是达到最大的进化代数MaxGen。若满足终止条件,输出找到的最好解,结束算法。否则转到步骤5。

步骤5:使用最佳个体保存方法选择最好的($P_r \times$PopSize)个个体,将它们复制到子代中。

步骤6:执行锦标赛选择,选取下一代种群。

步骤7:按照交叉概率P_c,对种群中的个体进行交叉操作。

步骤8:按照变异概率P_m,对种群中的个体进行变异操作,然后检查新解的可行性。如果不可行,则采用约束调整方法将不可行解转化成可行解。

步骤9:得到新种群,返回步骤3。

2.2.3 实验结果与分析

上述改进的遗传算法(IGA)采用Visual C++编程,运行计算机CPU为P4 2.4G,内存为1GB。本章包含的三个测试实例,其中前两个的目标函数是总加工时间最小式(2-1),最后一个的目标函数是总加工成本最小式(2-5)。实验测试包含两个部分:第一部分检测本章提出的多部分编码方式和交叉算子的性能,通过该编码方式与集成编码方式进行比较的结果来验证,然后通过比较该交叉算子与其他基于相同编码方法的交叉算子的结果来验证;第二部分是通过与其他文献中的算法求解实例的结果进行比较,验证提出的IGA的有效性和优越性。

1. 参数设置

目前,针对GA最优参数的设定也是一个公开的问题,一般采用实验或者经验确定参数,也有采用自适应的方法动态调整GA的参数等方法(王凌,2003)。本章针对遗传算法参数的设置都是采用实验和经验相结合的方法,即通过大量实验并结合经验设置较适合求解问题的参数。本章遗传算法的参数设置如下：种群规模(PopSize)设为 100，最大进化代数(MaxGen)设为 100，复制概率(P_r)设为 0.01，交叉概率(P_c)设为 0.8，变异概率(P_m)设为 0.1。

2. 实例一

本章提出了针对柔性工艺规划问题的多部分编码方式，为了检测该编码方式的性能，将提出的编码方式和集成编码方法进行比较。本次选用的实例如表 2-2 所示，算法参数见上节，每种编码方式运行 20 次，具体测试结果如表 2-4 所示。

表 2-4 实例运行结果

编码方式	最好解	平均最优解	平均收敛代数	平均运算时间/s
多部分编码方式	320	320	23.5	2.65
集成编码方式	320	320	42.6	3.24
最好的工艺路线	$O_{12}(M_5)—O_1(M_3)—O_7(M_3)—O_8(M_{13})—O_{13}(M_9)—O_4(M_1)—O_5(M_9)—O_{16}(M_4)—O_6(M_5)—O_{10}(M_{11})—O_{17}(M_{10})—O_{11}(M_{10})$			

从结果表 2-4 可以看出基于多部分编码方式和集成编码方式都能找到该实例的最好解，但是从平均收敛代数和平均时间上可以看出，基于多部分编码方式的 GA 运行效率比基于集成编码方式的 GA 运行效率高。主要原因是在集成编码方式中一个基因包含的信息过多，造成遗传操作较复杂，从而影响算法的效率；而多部分编码方式将加工特征、可选工艺和可选加工机器的信息进行分开处理，遗传操作简单，所以算法的运行效率高。由此可以证明本章提出的基于多部分编码方式的 IGA 运行效率高。表 2-4 给出了求得的最好工艺路线，图 2-9 给出了基于多部分编码方式的 IGA 的平均适应度收敛曲线图。

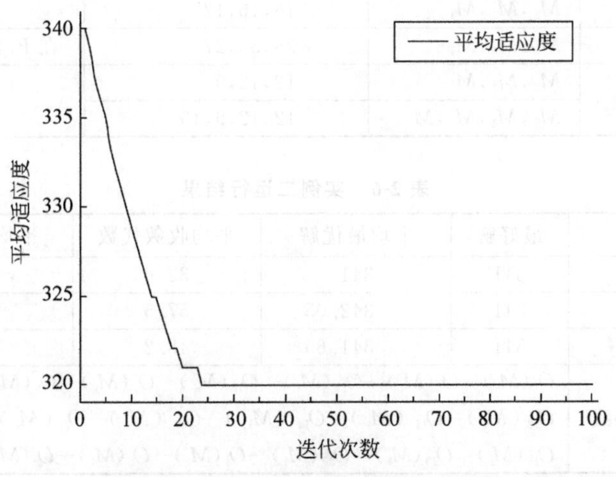

图 2-9 实例一平均适应度收敛曲线图

3. 实例二

本章提出了新的交叉方法，为了检测该交叉操作的性能，将提出的交叉操作和其他基于相同编码方法的单点和多点交叉操作进行比较。以IGA为平台，代码除了交叉外都一样，本次选用的实例来源于Li(2007)，如表2-5所示，本章没有考虑可选工具和TAD。算法参数见上节，为了排除变异的干扰，将变异概率(P_m)设为0，每种编码方式运行20次，具体测试结果如表2-6所示。

表2-5 实例二中零件的柔性工艺路线

特征	工序	可选机器	可选机器对应的加工时间	特征之间的次序约束
F_1	O_1	M_2,M_3,M_4	40,40,30	在所有特征之前
F_2	O_2	M_2,M_3,M_4	40,40,30	在 F_{10},F_{11} 之前
F_3	O_3	M_2,M_3,M_4	20,20,15	
F_4	O_4	M_1,M_2,M_3,M_4	12,10,10,8	
F_5	O_5	M_2,M_3,M_4	35,35,27	在 F_4,F_7 之前
F_6	O_6	M_2,M_3,M_4	15,15,12	在 F_{10} 之前
F_7	O_7	M_2,M_3,M_4	30,30,23	在 F_8 之前
F_8	$O_8—O_9—O_{10}$	M_1,M_2,M_3,M_4	22,18,18,14	
		M_2,M_3,M_4	10,10,8	
		M_2,M_3,M_4,M_5	10,10,8,12	
F_9	O_{11}	M_2,M_3,M_4	15,15,12	在 F_{10} 之前
F_{10}	$O_{12}—O_{13}—O_{14}$	M_1,M_2,M_3,M_4	48,40,40,30	在 F_{11},F_{14} 之前
		M_2,M_3,M_4	25,25,19	
		M_2,M_3,M_4,M_5	25,25,19,30	
F_{11}	$O_{15}—O_{16}$	M_1,M_2,M_3,M_4	27,22,22,17	
		M_2,M_3,M_4	20,20,15	
F_{12}	O_{17}	M_2,M_3,M_4	16,16,12	
F_{13}	O_{18}	M_2,M_3,M_4	35,35,27	在 F_4,F_{12} 之前
F_{14}	$O_{19}—O_{20}$	M_2,M_3,M_4	12,12,9	
		M_2,M_3,M_4,M_5	12,12,9,15	

表2-6 实例二运行结果

交叉方式	最好解	平均最优解	平均收敛代数	平均运算时间/s
本章提出的	341	341	32.6	3.35
单点交叉	341	342.05	57.5	4.32
两点交叉	341	341.65	48.2	4.08
最好的工艺路线	$O_1(M_4)—O_2(M_4)—O_{11}(M_4)—O_{18}(M_4)—O_3(M_4)—O_6(M_4)—O_5(M_4)—O_{12}(M_4)—O_{13}(M_4)—O_{14}(M_{11})—O_{17}(M_4)—O_7(M_4)—O_{15}(M_4)—O_{16}(M_4)—O_{19}(M_4)—O_{20}(M_4)—O_4(M_4)—O_8(M_4)—O_9(M_4)—O_{10}(M_4)$			

从结果表 2-6 可以看出各种交叉操作都能找到该实例的最好解，但是从平均收敛代数和平均运算时间上可以看出，本章提出的交叉操作运行效率比单点交叉和两点交叉的效率都要高。这主要是因为单点交叉和两点交叉都会产生不可行解，都需要采用约束处理方法处理那些不可行解，这些都影响到算法的求解效率。本章针对柔性工艺规划问题，提出了新的交叉操作，避免了非法解的产生，能有效地提高算法的求解效率，由此证明了基于本章提出的交叉操作的 IGA 运行效率高，并能很好地避免不可行解的产生。表 2-6 给出了求得的最好工艺路线。

4. 实例三

本章提出了求解柔性工艺规划问题的 IGA，为了检测该算法的性能，将提出的 IGA 和其他文献提出的 SA（Ma 等，2000）算法进行比较。本次选用的实例来源于 Ma（2000），如图 2-10 和表 2-7 所示。本章没有考虑可选工具和 TAD，由于该文献考虑的是总生产成本最小，故实例三的适应度函数是总生产成本最小式(2-5)。算法参数见上节；SA 参数是：初始温度(T_0)设为 1500，结束温度(T_{lowest})设为 5。每种方法运行 60 次，具体测试结果如表 2-8 所示。

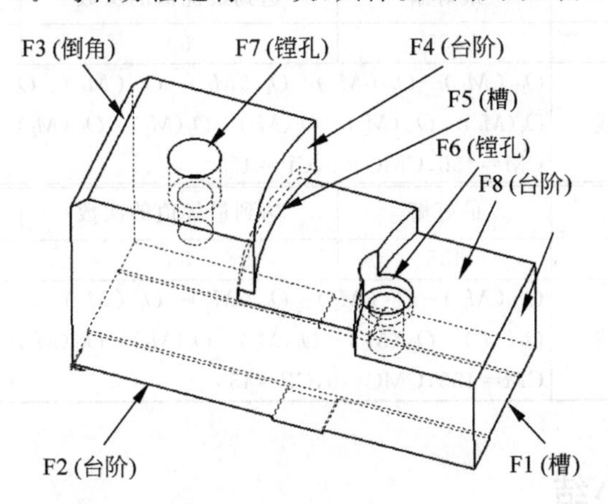

图 2-10　实例三零件图

从结果表 2-8 可以看出 IGA 与 SA 都能找到该实例的最好解，但是运行 60 次，IGA 都能找到最好解，而 SA 只有 55 次找到最好解，从这点看，本章提出的 IGA 在计算效果上比 SA 好。从平均运算时间上看，IGA 的运算时间也比 SA 的运算时间要少，说明 IGA 比 SA 的运行效率高。表 2-8 给出了求得的最好工艺路线。通过上述实验结果不难看出，与 SA 相比，本章提出的 IGA 具有更强的搜索能力和更高的求解效率。

表 2-7 实例三中零件的柔性工艺路线

特征	工序	工序	可选机器	特征之间的次序约束	各个参数
F_1	O_1	铣削	M_1,M_2,M_4,M_5	在 F_6 之前	CW(1)=70
F_2	O_2	铣削	M_1,M_2,M_4,M_5	在 F_1 之前	CW(2)=35
F_3	O_3	铣削	M_1,M_2,M_4,M_5		CW(3)=10
F_4	O_4	铣削	M_1,M_2	在 F_5,F_6 之前	CW(4)=40
F_5	O_5	铣削	M_1,M_2	在 F_8 之前	CW(5)=85
	O_6	中心钻削	M_1,M_2,M_3,M_4,M_5		注：此处给出的 CW(k)是第 k 个机器加工一次的成本
F_6	O_7	钻削	M_1,M_2,M_3,M_5		
	O_8	铣削	M_1,M_2		
	O_9	中心钻削	M_1,M_2,M_3,M_4,M_5		
F_7	O_{10}	钻削	M_1,M_2		
	O_{11}	铣削	M_1,M_2		
F_8	O_{12}	铣削	M_1,M_2		CMCI=150
F_9	O_{13}	铣削	M_1,M_2,M_4,M_5	在 F_1 之前	

表 2-8 实例三运行结果

算法	最好解	达到最优值的次数	平均运算时间/s
IGA	455	60	2.45
最好的工艺路线	$O_{13}(M_2)$—$O_2(M_2)$—$O_1(M_2)$—$O_3(M_2)$—$O_4(M_2)$—$O_9(M_2)$—$O_6(M_2)$—$O_{10}(M_2)$—$O_7(M_2)$—$O_8(M_2)$—$O_{12}(M_2)$—$O_{11}(M_2)$—$O_5(M_2)$ CM=455,CMC=0,CP=455		
算法	最好解	达到最优值的次数	平均运算时间/s
SA	455	55	3.02
最好的工艺路线	$O_{13}(M_2)$—$O_2(M_2)$—$O_1(M_2)$—$O_4(M_2)$—$O_5(M_2)$—$O_9(M_2)$—$O_6(M_2)$—$O_{10}(M_2)$—$O_7(M_2)$—$O_8(M_2)$—$O_{11}(M_2)$—$O_{12}(M_2)$—$O_3(M_2)$ CM=455,CMC=0,CP=455		

2.3 本章小结

本章从遗传算法的基本原理、实现流程以及算法特点等三个方面介绍了基本遗传算法，并在此基础上对柔性工艺规划问题的求解方法进行了深入研究，提出了改进遗传算法；然后重点研究了用改进遗传算法求解柔性工艺规划问题。主要的创新工作包括：提出了针对柔性工艺规划问题的多部分编码方式；提出了新的交叉方法，并且针对编码特点，设计了相应的变异算子；最后通过三个实例测试，证明了改进遗传算法的多部分编码方式相对于集成编码方式运行效率更高，其交叉操作算子相对于多点交叉操作能更好地避免不可行解的产生，改进遗传算法相对于模拟退火算法有更强的搜索能力和更高的求解效率。

参考文献

De Jong K, 1975. An analysis of the behavior of a class of genetic adaptive systems[D]. Michigan: University of Michigan.

Glodberg D E, 1989. Genetic algorithms in search optimization and machine learning[J]. Addison Wesley, xiii(7): 2104-2116.

Holland J H, 1975. Adaptation in natural and artificial systems[M]. Ann Arbor: The University of Michigan Press.

Li W D, McMahon C, 2007. A Simulated annealing-based optimization approach for integrated process planning and scheduling[J]. International Journal of Computer Integrated Manufacturing, 20 (1): 80-95.

Li W D, Ong S K, Nee A Y C, 2002. Hybrid genetic algorithm and simulated annealing approach for the optimization of process plans for prismatic parts[J]. International Journal of Production Research, 40(8): 1899-1922.

Li W D, Ong S K, Nee A Y C, 2004. Optimization of process plans using a constraint-based tabu search approach[J]. International Journal of Production Research, 42(10): 1955-1985.

Li X Y, Shao X Y, Gao L, 2008. Optimization of flexible process planning by genetic programming[J]. International Journal of Advanced Manufacturing Technology, 38(1): 143-153.

Ma G H, Zhang Y F, Nee A Y C, 2000. A simulated annealing based optimization algorithm for process planning[J]. International Journal of Production Research, 38(12): 2671-2687.

Michalewicz Z, 1994. Genetic algorithm + data structures = evolution programs[M]. New York: Springer-Verlag.

Sormaz D, Khoshnevis B, 2003. Generation of alternative process plans in integrated manufacturing systems[J]. Journal of Intelligent Manufacturing, 14(6): 509-526.

Whitley D, Gordon V S, Mathias K, 1994. Lamarckian evolution, the Baldwin effect and function optimization[C]. International Conference on Parallel Problem Solving from Nature, Springer Berlin Heidelberg: 5-15.

王凌，2003. 车间调度及其遗传算法[M]. 北京：清华大学出版社.

王忠宾，王宁生，陈禹六，2004. 基于遗传算法的工艺路线优化决策[J]. 清华大学学报，44(7)：988-992.

吴伏家，王感苍，2001. CAPP的研究和发展[J]. 华北工学院学报，22(6)：426-429.

周明，孙树栋，1999. 遗传算法原理及应用[M]. 北京：国防工业出版社.

第3章 遗传规划及其在柔性工艺规划中的应用

3.1 遗传规划的基本原理

3.1.1 遗传规划

进化算法是以达尔文进化论为基础，借鉴优胜劣汰的自然生存法则而设计基于种群进化的算法，其框架主要包括：个体基因编码、基因重组（交叉、变异等）、适应度选择等。进化算法主要包括遗传算法、遗传规划等方向（Yao，1999）。

利用计算机自动化地解决问题一直以来是人工智能、机器学习和图灵创造的"机器智能"（Koza，1992）的核心研究内容。机器学习的先驱人物 Arthur Samuel 在 *AI: Where It Has Been and Where It Is Going*（Samuel，1983）一文中一开始就描述了机器学习和人工智能的研究目标："*to get machines to exhibit behavior, which if done by humans, would be assumed to involve the use of intelligence.*"（译：机器所展示的这些动作假如由人完成，那将会认为包含了某种智能。）

遗传规划（genetic programming，GP，也可以称为遗传编程）是进化计算领域的重要技术之一。它是由美国斯坦福大学 Koza 博士在 1990 年提出的，是利用达尔文生物进化思想设计的一种进化算法（Koza，1990；Koza，1992；Koza，1994；Koza，1999），与遗传算法在进化结构上有类似之处。从本质上讲，遗传规划是一种搜索寻优的非解析算法，它的搜索是一种有指导的自适应搜索，效率很高，在工程上得到了成功的应用，如优化控制、寻求博弈策略和进化自发行为等。

利用遗传规划，计算机可以自动化地解决问题，而不需要用户额外提供任何关于解的形式的信息。在 1964 年，Lawrence J. Fogel 开始利用进化算法解决优先自动机问题，这也正是遗传规划诞生之时（Fogel et al.，1964）。随后，遗传规划开始发展到解决学习分类系统和用来描述马尔可夫过程的方向。1985

年，基于树状结构的遗传规划被 Nichael L. Cramer 发明之后，遗传规划作为进化算法的重要方向之一，开始被普遍接受(Cramer，1985)。之后，John R. Koza 极大程度地发展了遗传规划，并系统编著了关于遗传规划的书籍(Koza，1990)，遗传规划开始被广泛用于自动编程和数值组合优化问题。2008 年，Riccardo Poli 等人系统地整理了遗传规划从诞生到当时最新状况为止的发展历程(Poli et al.，2008)。

遗传规划的研究在近年来取得很大的进步。自 1994 年以来，IEEE 进化计算国际会议就设置了"遗传规划"的专题，在遗传规划算法研究方面，包括问题约束、个体表示、适应度定义、选择策略和遗传算子等具体过程，以及与此相关的算法设计、结构描述和数学的形式化建模，并把具体问题和实际相结合加以研究；在理论研究方面，包括借助适应度状态图和模式定理等遗传规划的自适应机理分析，以及可进化性的分析；在数据结构研究方面，Koza 采用 LISP 实现遗传规划工作的主要数据结构是树，但后来研究者提出了线性结构、网状结构等数据结构，如 Perkis 提出基于堆栈技术的遗传规划，增加了实现的有效性和简洁性(云庆夏，2000；Perkis，1994；王小平 等，2002)。

目前，遗传规划在解决人工智能、机器学习、控制学等领域问题时效果尤其显著。近几年来，遗传规划在应用方面成果累累。如林龄等(2013)提出一种多特征图像的排序算法，通过遗传规划算法对多特征图像排序问题进行建模，所提出的算法能够有效地对图像的多种特征进行融合，在兼顾多样性的同时显著提高了图像排序结果的准确性。2010 年 Espejo 等针对遗传规划及应用分类进行综述，详细概括了遗传规划的发展及应用领域。

综上所述，虽然遗传规划已经被成功应用到各个领域的优化问题中，但是遗传规划很少应用于解决工艺规划与车间调度问题。近几年，在研究启发式算法方面，Jakobovic 等(2012)针对一些给定环境下的调度策略，应用遗传规划对其优先功能进行进化，从而提出自动的调度启发式算法。Park 等(2013)将遗传规划应用于优化订单接收和调度问题。对于作业车间调度问题，Nguyen 等(2014)提出了合作型协同进化的遗传规划(multi-objective genetic programming-based hyperheuristic，MO-GPHH)算法，该算法结合了相关的调度规则，并结合了三个搜索策略，取得良好的效果。进而，他们还提出了两种遗传规划方法(Nguyen et al.，2014)用于带有交货期的车间调度模型进行求解。因此，遗传规划提出以来，已经被成功应用到各个领域的优化问题中，它可以求解许多优化问题，也可以用来求解调度领域的问题。

3.1.2 遗传规划符号及算子

遗传规划仿效生物进化的思想，随机产生初始种群，种群中的每个个体采用层次的结构化语言进行表达，计算每个个体的适应度值，依据优胜劣汰的原则，经过复制、交叉、变异等遗传操作，使问题经过多次迭代逐渐逼近最优解或近似最优解。由于采用了类似于计算机程序的结构化语言来表达可行解，因此产生的染色体长度动态可变，能够很好解决邻域搜索问题，加快搜索速度。

1. 函数集和终端集

遗传规划主要采用结构层次可变的形式来表达可行解。表达式主要由函数集(functions set)和终端集(terminals set)两类组成。函数集表示对值的处理方式，终端集表示终端值。

函数集 F 包含 N_f 个函数：

$$F=\{f_1,f_2,\cdots,f_i,\cdots,f_{N_f}\}, \tag{3-1}$$

其中：$1\leqslant i\leqslant N_f$。

函数集内的函数 f_i 可以是算术运算符(如+，−，×等)、标准数学函数(如sin，cos，exp，log 等)、布尔运算符(如 and，or，not 等)和迭代函数(如 do—while 等)。F 中还有可能出现算子“%”，它表示保护性除法，除以 0 将产生 0 结果而不会出错。函数集必须满足闭合性和充分性。

终端集 T 包含 N_t 个终端符：

$$T=\{t_1,t_2,\cdots,t_l,\cdots,t_{N_t}\}, \tag{3-2}$$

其中：$1\leqslant l\leqslant N_t$。

终端集内的终端符 t_l 可以是常量，也可以是变量。如图 3-1 中的 x，y，2 等就是终端符。

遗传规划一般采用二叉树来表达一个个体，如图 3-1 所示二叉树中的非终端节点为函数集 F 中的元素，而其终端节点(也称为叶子)为终端集 T 中的元素。图 3-1 表示函数：$f(x,y)=2-x/y+y^2$。

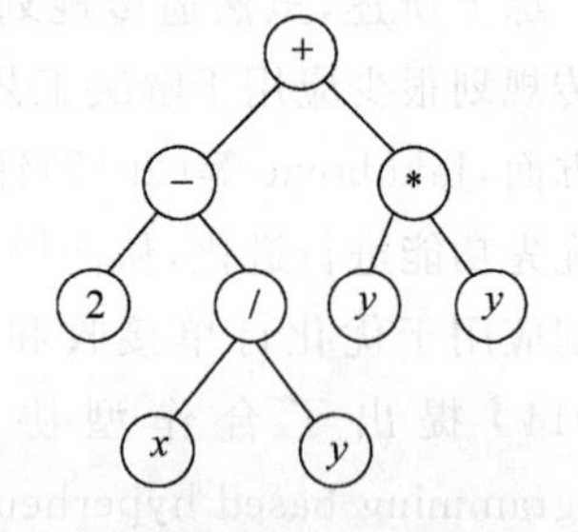

图 3-1 遗传规划个体表示示意图

2. 遗传算子

遗传规划如同标准的遗传算法一样，主要有复制(reproduction)、交叉(crossover)和变异(mutation)三个遗传算子，但是由于其为树型结构，因此它的交叉和变异操作又不同于标准遗传算子。

(1) 复制

复制操作的目的是把当前群体中适应度较高的个体按照某种规则遗传到下一代群体中。一般个体的适应度越高，被选择复制的机会就越大。适应度的选择方法主要有轮盘赌选择法(roulette wheel selection)、随机遍历抽样法(stochastic universal sampling)、局部选择法(local selection)、锦标赛选择法(tournament selection)等。轮盘赌选择法是最基本也是最常用的选择方法。

(2) 交叉

交叉操作的目的是增加群体中的新个体，从而扩大群体的搜索空间。交叉时，每个父代个体随机选择一个交换点，于是产生一棵以交换点为根的子树，该子树包括交换点以下的所有子树，此子树称为交换段。有时一个交换段是一片叶子。将第一个父代个体删除其交换段后，再把第二个父代个体的交换段插入到它的交换点处，这样就产生了第一个子代个体，同样操作产生第二个子代个体。

(3) 变异

变异的目的是维持群体的多样性，但是遗传规划中变异算子是次要算子。由于一个个体由函数集和终端集组成，因此变异也分为函数变异和终端符变异两种形式。

3.1.3　遗传规划基本框架

遗传规划的框架如下所示：在算法图 3-2 中，输入是种群大小和适应度函数评估的次数，输出是具有最高适应度值的个体。在遗传规划初始阶段，初始化一个设定大小的种群，评估每个个体的适应度函数，之后，根据概率选择个体进行交叉和变异操作。评估每一个新产生的个体，满足条件后，返回最优个体，否则，得到新的父代群体并继续上述操作。整个算法的步骤如下。

步骤 1：确定个体的函数表达式，具体表现为确定函数集和终端集；

步骤 2：随机产生初始群体；

步骤 3：计算群体中各个体的适应度；

步骤 4：执行遗传操作，包括选择、复制、交叉、变异等；

步骤 5：循环执行步骤 3、步骤 4，直至满足终止条件。

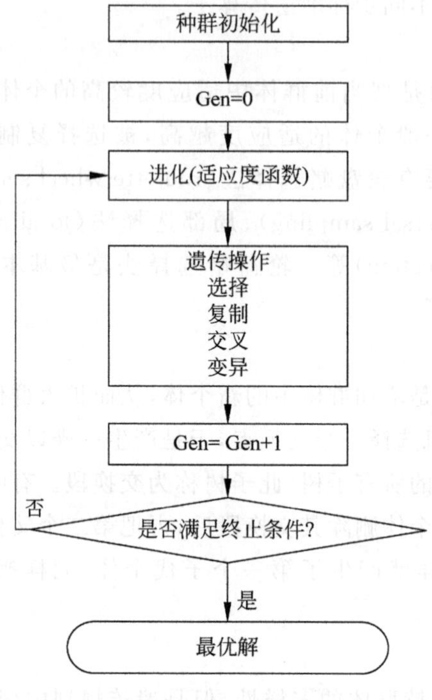

图 3-2 遗传规划基本流程

3.2 基于遗传规划的柔性工艺规划方法

3.2.1 基于遗传规划的柔性工艺规划算法

柔性工艺规划问题是一个 NP-完全问题(王忠宾 等,2004; Li et al., 2008),如果问题达到一定规模,那么用精确算法无法在合适时间内找到满意解。柔性工艺规划问题的描述见 2.2.1 节,此处不再赘述。基于遗传规划的柔性工艺规划求解方法流程图如图 3-2 所示。步骤如 3.1.3 节所述,问题的编码、解码、遗传算子等部分在下文中进行详细介绍。

1. 网状图转换成树结构

图 2-2 采用网状图来描述柔性工艺规划问题,而传统 GP 算法主要是对树结构的操作。因此,将网状图转换成树结构是编码方式的关键。为了实现这一过程转换,首先删除网状图的结束点,然后将 JOIN 连接点分开,最后是增加位于连接点之后的中间节点,该节点连接 JOIN 连接点以及被 JOIN 连接的每个

OR 连接点的末端。下面举一个例子详细描述如何将网状图转换成树结构，如图 3-3 所示。

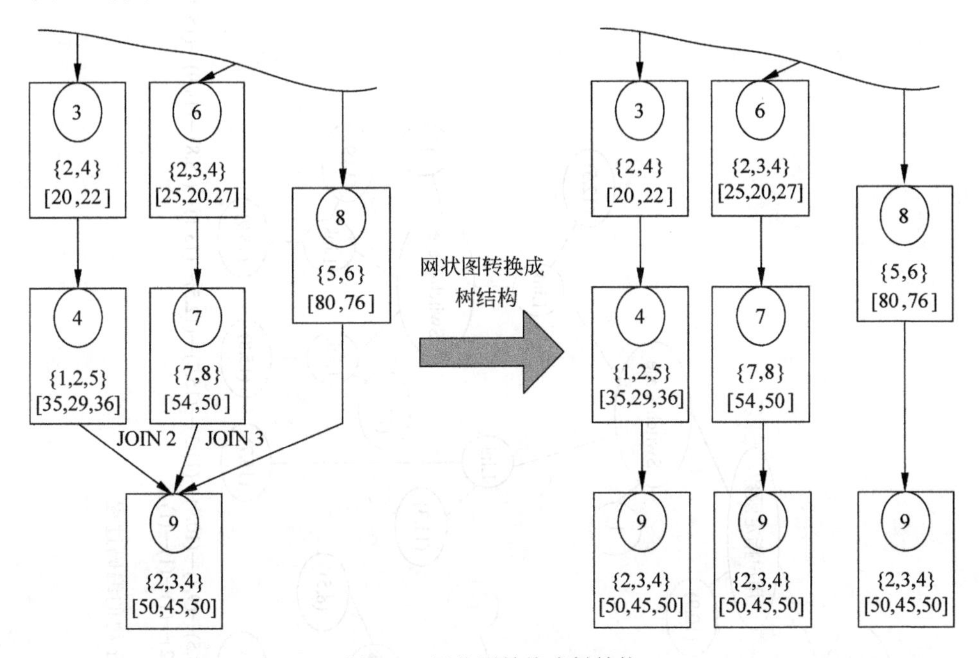

图 3-3　网状图转换成树结构

步骤 1：删除结束点；

步骤 2：拆开 JOIN2 和 JOIN3 连接点；

步骤 3：增加工序 9 作为连接节点(工序 9 是 JOIN2 和 JOIN3 的下一个连接点)，分别连接路{3，4}，{6，7}和{8}的终点(OR 由 JOIN2 和 JOIN3 连接)。

2. 编码和解码

遗传规划的编码主要采用树的形式，而非传统的线性编码方式。遗传规划的编码是通过特定规则，将多个子树共同连接到一个根节点来进行的。考虑到柔性工艺规划问题的特性，每个个体的树结构由函数集 $F=\{$控制结构，连接$\}$和终端集 $T=\{$判别值，基因$\}$组成。控制结构是指条件表达式，而连接是一个用户自定义函数，它将节点连接在一起，并且输出一个列表，字符串的顺序是从上到下。判别值以十进制整数编码，它与控制结构一致并且用来确定选择哪一条 OR 连接。每个基因由两部分组成，第一个数代表工序，第二个数表示可选的机器集。基于树的编码方式实际上是一个列表，它由两部分构成，第一部分是基因，第二部分由判别值组成。

图 3-4 展示一个编码实例。以基因(2，5)为例，2 代表工件的工序，5 是指可

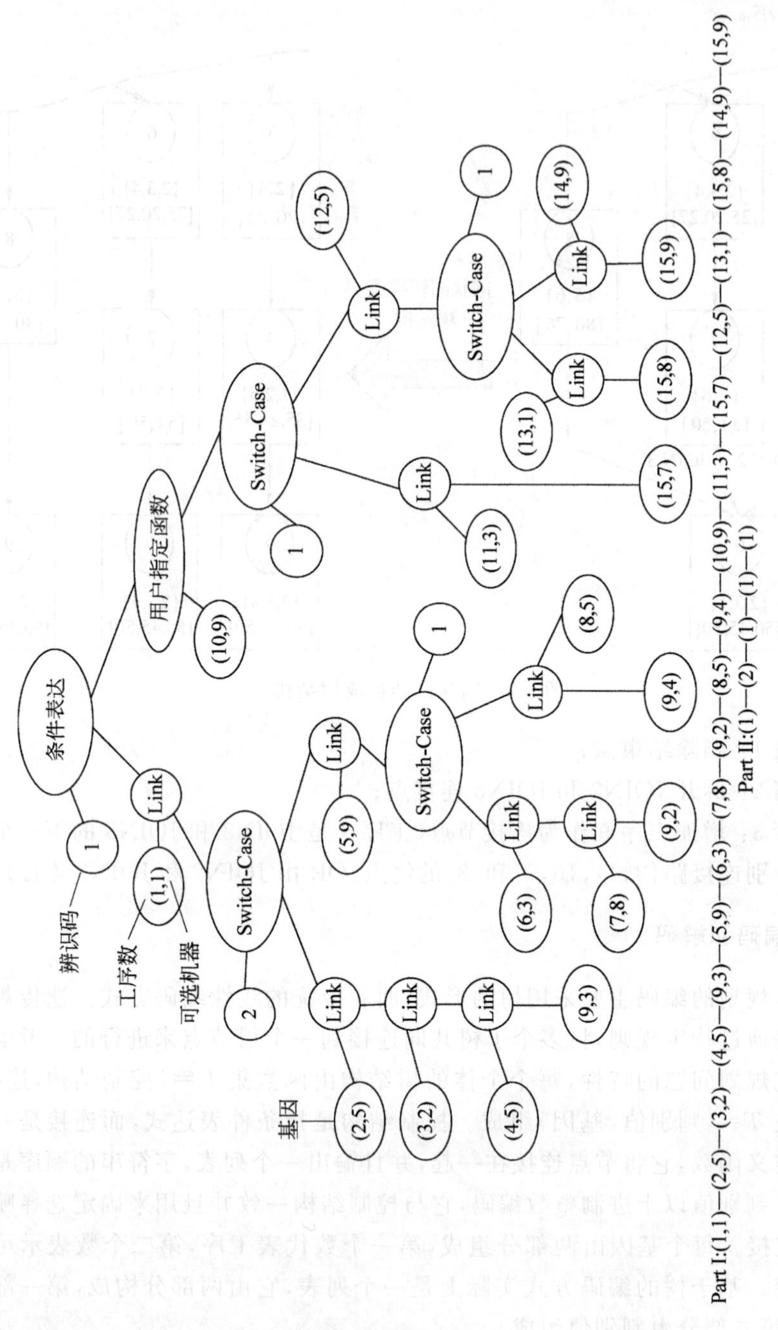

图 3-4　基于树的编码过程

选的机器，对应工序 2。编码机制如图 3-4 所示，第一部分是由 19 个基因组成，第二部分由 5 个判别值组成。编码方案最后被直接解码，OR 路径的选择包括工序的选择和由第二部分编码机制确定的机器的选择。根据上述介绍的例子，该编码方案对应的工序和相应工序的所选机器方案为(1,1)—(5,9)—(6,3)—(7,8)—(9,2)。

3. 种群初始化

遗传规划通常采用随机初始化方法，但针对柔性工艺规划问题的特殊性，产生的初始化个体需要考虑工艺规划中的工序顺序是否可行，也就是说编码生成的排列顺序需满足工序的优先级(Kim et al.,2003)。因此，本章采用了一种新的初始化方法，它可以随机产生满足工序约束的个体。方法的具体操作步骤如下。

步骤 1：个体的第一部分包含所有可选的工序集，工序的顺序固定；

步骤 2：个体的第一部分的第二个值被随机产生，它代表该工序被分配到相应的机器数；

步骤 3：个体的第二部分代表 OR 连接路径，由随机生成的十进制整数产生，每一个判别值的选择范围是由 OR 连接树的数量决定，例如有 3 条 OR 连接树，那么该判别值的选择范围为[1,3]。

4. 适应度评价

柔性工艺规划问题的目标函数是最小化生产时间(包括加工时间和传送时间)，调整后的目标函数作为适应度评价函数，如公式(3-3)所示。

$$\max f(i,t)=\frac{1}{\mathrm{TP}(i,t)},\tag{3-3}$$

式中：t——1,2,3,…, T_m 迭代代数；

T_m——最大迭代次数；

$\mathrm{TP}(i,t)$——工件 i 在第 t 代的生产时间。

5. 复制操作

复制操作的目的是把当前群体中适应度较高的个体按照某种规则遗传到下一代群体中。一般个体的适应度越高，被选择复制的概率越大。带有自定义概率的锦标赛选择法作为本章的选择策略(何霆 等,2000)。该方法是靠调整锦标赛的规模来改变选择压力。首先根据指定的锦标赛规模从种群中随机选择满足大小的个体放入一个集合。然后复制该集合中最优秀的个体进入下一代，依次应用锦标赛选择机制对其他个体进行选择操作。

6. 交叉操作

交叉操作的目的是增加群体中的新个体，从而扩大群体的搜索空间。交叉时，本章采用交换子树的交叉操作方法。在此操作中，采用带有自定义交叉概率的适应度比率选择机制。该交叉操作可以产生满足工序优先关系约束的可行个体，避免重复或遗漏某些工序，以致产生不可行解。交叉时，每个父代个体随机选择一个交换点，于是产生一棵以交换点为根的子树，该子树包括交换点以下的所有子树，此子树称为交换段，有时一个交换段是一片叶子。将第一个父代个体删除其交换段后，再把第二个父代个体的交换段插入到它的交换点处，这样就产生了第一个子代个体，同样操作产生第二个子代个体。交叉操作如图 3-5 所示，灰点表示交叉点。

7. 变异操作

变异的目的是维持群体的多样性，但是遗传规划中变异算子是次要算子。由于一个个体由函数集和终端集组成，因此变异也分函数变异和终端符变异两种形式。在本章中，采用两种变异操作，一种是单点变异操作，另外一种是自定义概率的变异操作。首先单点变异的目的是改变子树基因中的可选机器，随机从所选的个体中选择一个基因片段，然后改变基因中的第二个数值，这将使可选机器发生变化。另外一种操作是靠改变 OR 连接路径，这与树的第二部分编码机制有关，从选择的个体中随机选择一个判别值，然后在判别值可选的范围内改变该数值。该操作如图 3-6 所示，灰色代表变异点，在该例子中基因(5,9)变成(5,10)，而判别值从 1 改变为 2。

3.2.2　实验结果与分析

本章首先采用几个实例对提出遗传规划的适应性和优越性进行验证，然后与常用的遗传算法进行性能对比，从而测试遗传规划求解柔性工艺规划问题的性能。

1. 实验测试

为了验证提出算法的有效性，本章采用两个带有柔性工艺路线的工件(工件 1、工件 2)分别进行实例测试，如图 2-2 所示。在该车间有 10 台机器，工件 2 的机器号与工件 1 相同，唯一不同在于工件 2 中假设在当前车间状态下，机器 2 出现故障。机器间的传送时间如表 3-1 所示。目标函数如公式(3-3)所示。

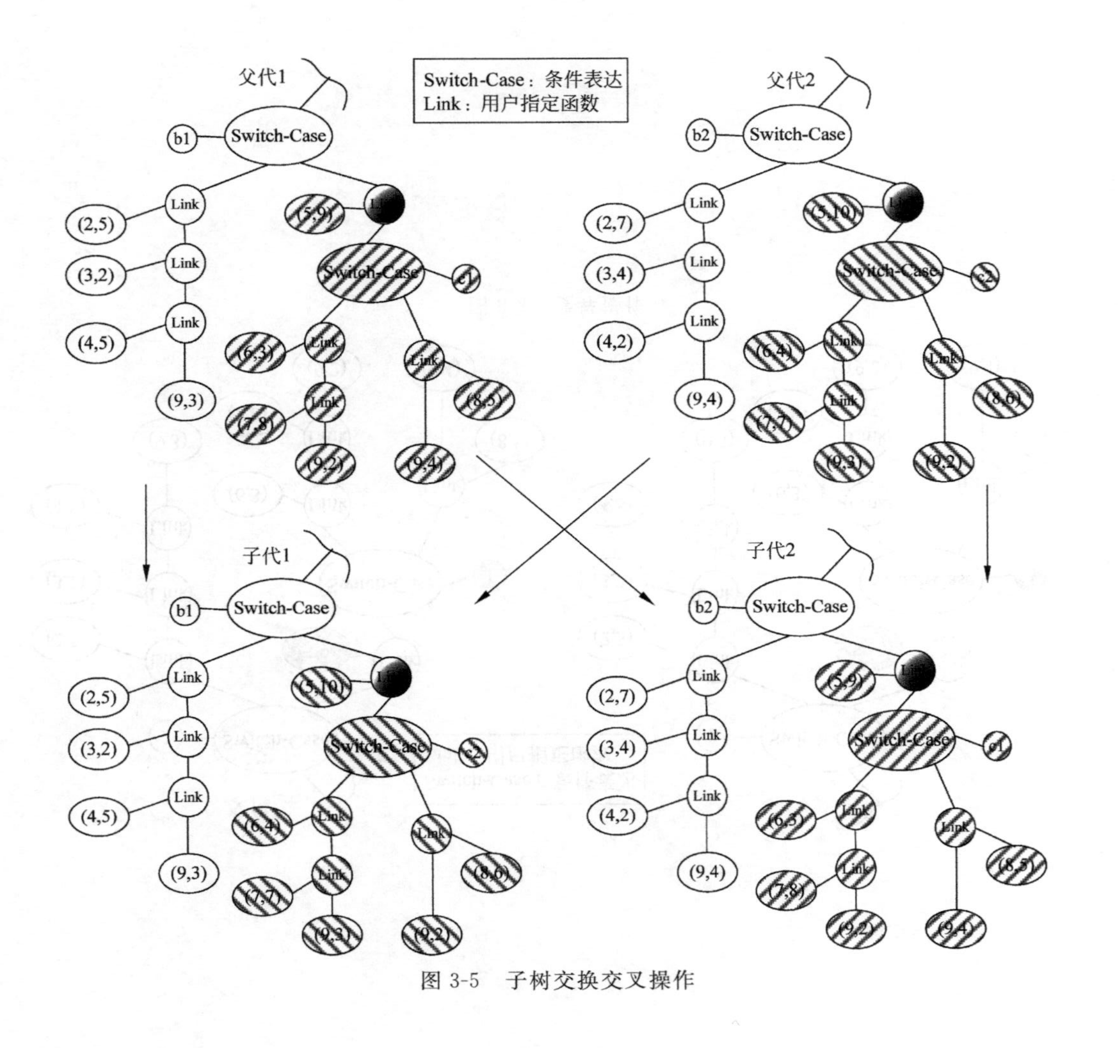

图 3-5　子树交换交叉操作

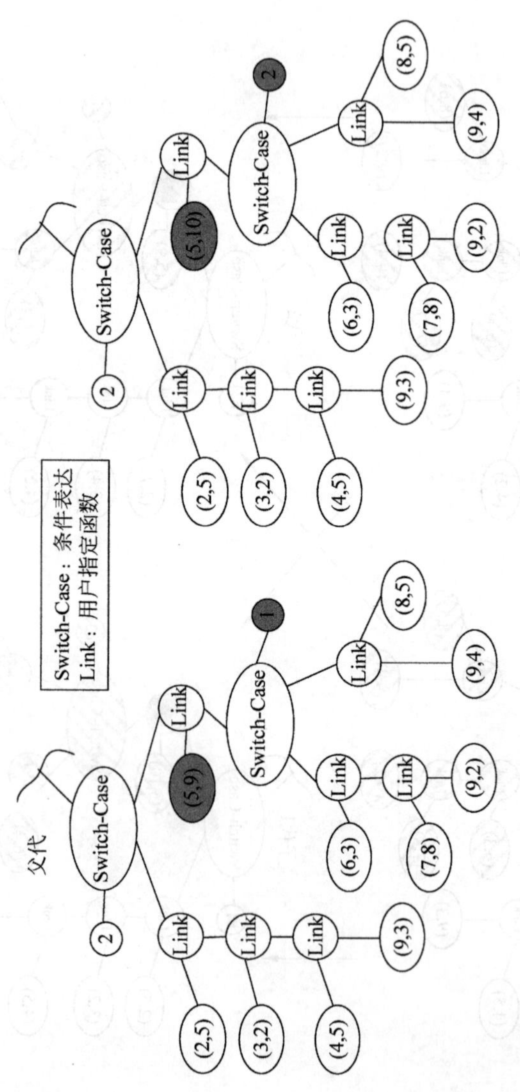
父代
Switch-Case：条件表达
Link：用户指定函数
2
Switch-Case
Link
(5,9)
1
(2,5)
(3,2)
(4,5)
(9,3)
(6,3)
(7,8)
(9,2)
(9,4)
(8,5)
(5,10)

图 3-6 变异操作

表 3-1　机器间的传送时间

机器号	1	2	3	4	5	6	7	8	9	10
1	0	5	8	12	15	4	6	10	13	18
2	5	0	3	7	10	6	4	6	10	13
3	8	3	0	4	7	10	6	4	6	10
4	12	7	4	0	3	14	10	6	4	6
5	15	10	7	3	0	18	12	10	6	4
6	4	6	10	14	18	0	5	8	12	15
7	6	4	6	10	12	5	0	3	7	10
8	10	6	4	6	10	8	3	0	4	8
9	13	10	6	4	6	12	7	4	0	4
10	18	13	10	6	4	15	10	8	4	0

上述提出的遗传规划算法采用 Visual C++编程，运行计算机 CPU 为 P4 2.4GB，内存为 1GB。相关参数设置如表 3-2 所示。

表 3-2　相关参数

参　　数	遗传规划		遗传算法	
	工件 1	工件 2	工件 1	工件 2
种群大小 S	400	400	400	400
迭代次数 M	30	30	60	60
复制概率 P_r	0.05	0.05	0.05	0.05
交叉概率 P_c	0.50	0.50	0.50	0.50
变异概率 P_m	0.05	0.05	0.05	0.05
锦标赛规模 b	2	2	2	2

本章的优化目标是最小化生产时间。工件 2 的具体测试结果如表 3-3 所示，表中展示了最好个体适应度值(BIF)、种群平均适应度值的最大值(MPAF)以及计算时间(CPU)。表 3-4 给出了每个工件最优的工艺路线。图 3-7 给出了遗传规划方法的收敛曲线图，该图展示了算法的搜索能力和收敛速度。

表 3-3　实验结果

工件	BIF	MPAF	CPU 时间/s
1	0.00467289	0.00444361	113.6
2	0.00444444	0.00437222	130.9

表 3-4　每个工件最优工艺路线

工件	最优工艺路线	生产时间
1	(1,2)—(2,7)—(3,2)—(4,2)—(9,3)	213
2	(10,9)—(11,3)—(15,7)	224

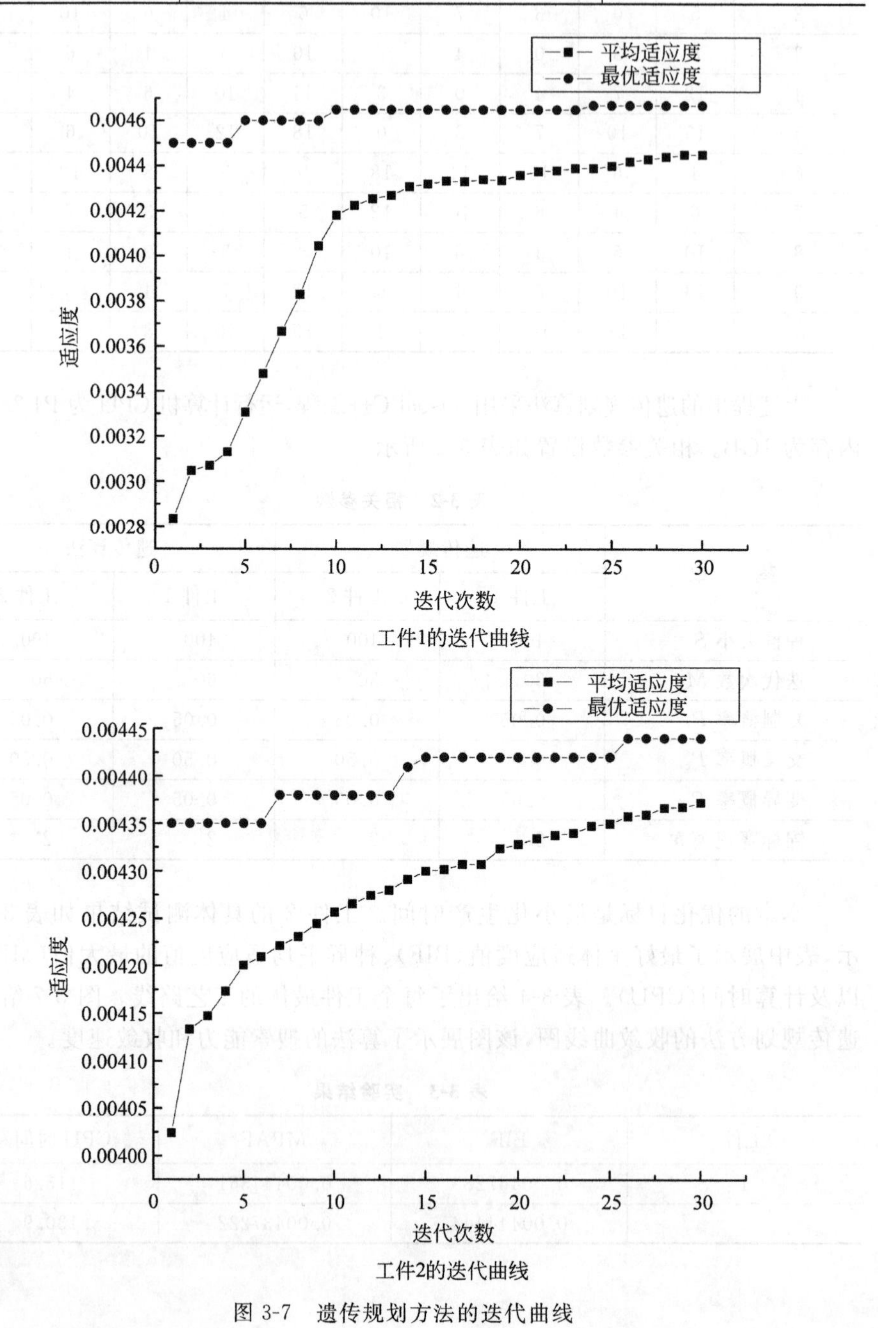

图 3-7　遗传规划方法的迭代曲线

从上述表 3-4 中可以看出，工件 1 和工件 2 进行比较，两者之间不同之处在于工件 2 中假设机器 2 出现故障。从结果中可发现两者的最优工艺路线完全不同，这表明，生产车间中若出现突发事件，那么工件的工艺路线也会随着发生变化。因此，在加工环境发生变化的情况下如何快速优化工艺路线将变得至关重要。本章所提出的遗传规划算法将会对柔性工艺路线进行优化，从收敛曲线中可以发现通过遗传规划可以较快找到最优解。因此，提出的遗传规划方法可以有效地解决柔性工艺规划问题。

2. 算法比较

为了更好地验证提出的遗传规划的效果，本章采用遗传算法进行比较。为了公平验证，本章在相同的实验环境中进行测试，GA 的参数在表 3-2 中给出。图 3-8 给出了两个算法得到的两个工件的收敛曲线。从图中可以看出两个算法均能得到较好的结果，然而遗传规划算法能在较快的时间内找到好的解(30 代)，而遗传算法较前者要慢一些(大约在 60 代)。实验结果表明，遗传规划算法能有效求解柔性工艺规划问题。

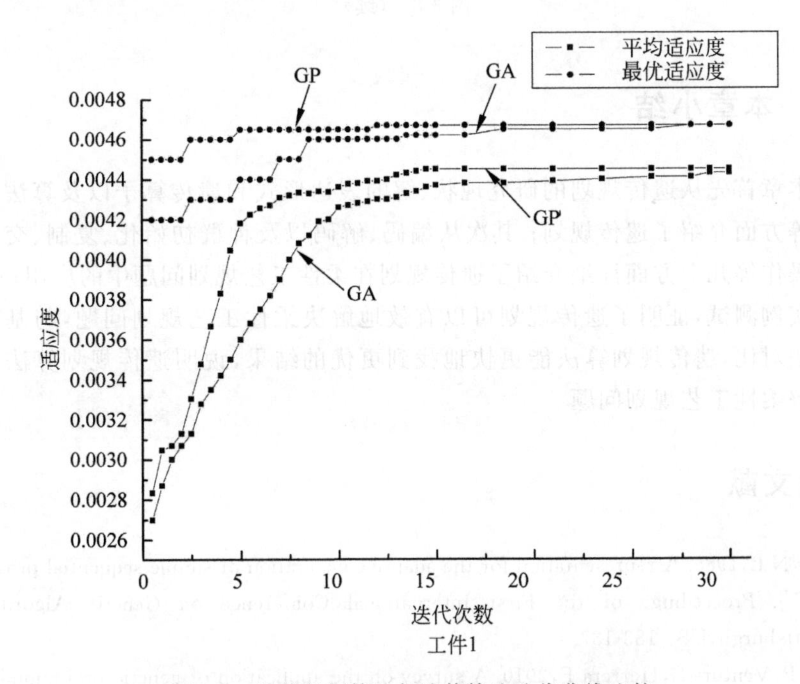

图 3-8 遗传规划算法与遗传算法迭代曲线比较

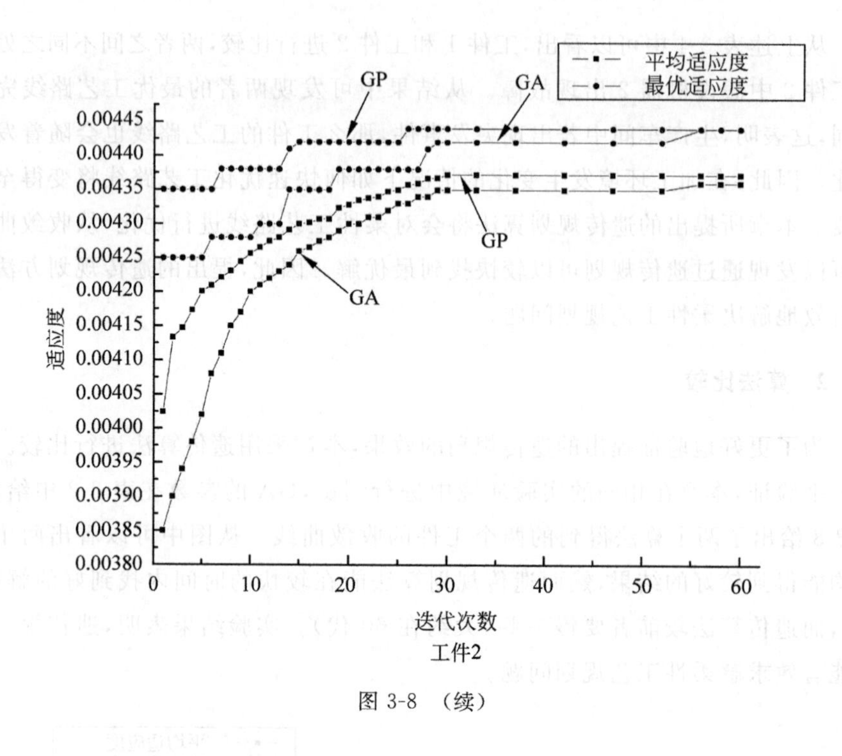

图 3-8 （续）

3.3 本章小结

本章首先从遗传规划的研究现状、解的表达形式和遗传算子以及算法实现步骤等方面介绍了遗传规划；其次从编码、解码以及种群初始化、复制、交叉和变异操作等几个方面详细介绍了遗传规划在柔性工艺规划问题中的应用；最后通过实例测试，证明了遗传规划可以有效地解决柔性工艺规划问题，与基本遗传算法对比，遗传规划算法能更快地找到更优的结果，说明遗传规划算法能有效求解柔性工艺规划问题。

参考文献

Cramer N L，1985. A representation for the adaptive generation of simple sequential programs [C]. Proceedings of the First International Conference on Genetic Algorithms，Pittsburgh，US：183-187.

Espejo P，Ventura S，Herrera F，2010. A survey on the application of genetic programming to classification. Systems [J]. IEEE Transactions on Man，and Cybernetics，Part C：Applications and Reviews，40(2)：121-144.

Fogel L J, Owens A J, Walsh M J, 1964. On the Evolution of Artificial Intelligence[C]. Proceedings of the Fifth National Symposium on Human Factors in Electronics, IEEE, San Diego: 63-76.

Ho Y C, Moodie C L, 1996. Solving cell formation problems in a manufacturing environment with flexible processing and routing capabilities[J]. International Journal of Production Research, 34(10): 2901-2923.

Jakobovic D, Marasovic K, 2012. Evolving priority scheduling heuristics with genetic programming[J]. Applied Soft Computing, 12(9): 2781-2789.

Kim Y K, Park K, Ko J, 2003. A symbiotic evolutionary algorithm for the integration of process planning and job shop scheduling[J]. Computers & Operations Research, 30(8): 1151-1171.

Koza J R, 1990. Genetic programming: A paradigm for genetically breeding populations of computer programs to solve problems[D]. Palo Alto: Stanford University, Department of Computer Science.

Koza J R, 1992. Genetic Programming: On the Programming of Computers by Natural Selection[M]. MA: MIT Press.

Koza J R, 1994. Genetic Programming Ⅱ: Automatic Discovery of Reusable Programs[M]. MA: MIT Press.

Koza J R, 1999. Genetic Programming Ⅲ: Darwinian Invention and Problem Solving[M]. CA: Morgan Kaufmann Publishers.

Lee K H, Junq M Y, 1994. Petri net application in flexible process planning [J]. Computers & Industrial Engineering, 27(1-4): 505-508.

Li X Y, Shao X Y, Gao L, 2008. Optimization of flexible process planning by genetic programming[J]. International Journal of Advanced Manufacturing Technology, 38(1): 143-153.

Nguyen S, Zhang M J, Johnston M, 2014. Genetic programming for evolving due-date assignmentModels in job shop environments[J]. Evolutionary Computation, 22(1): 105-138.

Nguyen S, Zhang M J, Johnston M, et al., 2014. Automatic design of scheduling policies for dynamic multi-objective job shop scheduling via cooperative evolution genetic programming[J]. IEEE Transactions on Evolutionary Computation, 18(2): 193-208.

Park J, Nguyen S, Zhang M, et al., 2013. Genetic programming for order acceptance and scheduling[C]. IEEE Congress on Evolutionary Computation: 1005-1012.

Perkis T, 1994. Stack-based genetic programming[C]. IEEE Conference on Evolutionary Computation-Proceedings, New Jersey: USA: 148-153.

Poli R, Langdon W, McPhee N, 2008. A field guide to genetic programming[M]. London: Lulu Enterprises Uk Ltd.

Samuel A L, 1983. AI: Where it has been and where it is going[C]. IJCAI: 1152-1157.

Sormaz D, Khoshnevis B, 2003. Generation of alternative process plans in integrated manufacturing systems[J]. Journal of Intelligent Manufacturing, 14(6): 509-526.

Yao X, 1999. Evolutionary computation: theory and applications [M]. Singapore: World Scientific Publishing Company Incorporated.

何霆,刘飞,马玉林,等,2000. 车间调度问题研究[J]. 机械工程学报,36(5):97-102.

林龄,潘峰,2013. 一种基于遗传规划的多特征图像排序算法[J]. 计算机应用与软件,30(12):190-193.

王小平,曹立明,2002. 遗传算法——理论、应用与软件实现[M]. 西安:西安交通大学出版社.

王忠宾,王宁生,陈禹六,2004. 基于遗传算法的工艺路线优化决策[J]. 清华大学学报,44(7):988-992.

云庆夏,2000. 进化算法[M]. 北京:冶金出版社.

第4章 蜜蜂交配优化算法及其在柔性工艺规划中的应用

4.1 蜜蜂交配优化算法基本原理

近年来,模仿自然界生物行为而提出的群体智能优化算法已经成为求解优化问题的一种有效方法。蜂群算法是一种新兴的群体智能优化算法,近些年来受到研究者的广泛关注(张超群 等,2011)。模拟蜜蜂社会行为的不同,蜂群算法可以分为基于蜜蜂繁殖行为的算法和基于蜜蜂觅食行为的算法。其中,最常见的基于蜜蜂繁殖行为的蜂群算法是 Abbass(2001)提出的蜜蜂交配优化(honey bees mating optimization,HBMO)算法。

自 HBMO 算法提出之后,它被广泛应用于求解各种类型的组合优化问题。Haddad(2006)将改进的 HBMO 算法应用于单一水库优化调度问题; Chang(2006)改进了 HBMO 算法用来求解随机动态规划问题; Amiri(2007)将自组织映射和 HBMO 算法结合用于市场细分问题; Marinakis(2008)提出了基于 HBMO 和贪婪自适应随机搜索过程(greedy randomized adaptive search procedure,GRASP)的混合算法求解车辆路径规划问题,随后他又提出了结合扩展邻域搜索、GRASP 和 HBMO 的混合算法求解旅行商问题(Marinakis et al.,2011)。HBMO 算法还被应用于图像阈值分割(Horng,2011)、配水网络设计(Mohan et al.,2010)、财务分层(Marinaki et al.,2010)、图像矢量量化(Horng et al.,2011)、配电网重构(Taher,2011)等问题。

一个完整的蜂群一般由蜂王、雄蜂、工蜂三种蜜蜂组成,三种类型的蜜蜂在蜂群中的职责各不相同(Horng et al.,2011)。蜂王是蜂群中唯一具有生殖功能的蜜蜂,在蜂群中负责与雄蜂交配产下幼蜂; 工蜂负责照顾和培养幼蜂; 雄蜂负责与蜂王交配。HBMO 算法的优化流程模拟的是蜂群中蜜蜂的繁殖行为。首先,蜂王从蜂巢中飞出跳舞,一群雄蜂追随蜂王; 然后,蜂王选择不同的雄蜂与之交配,将雄蜂的精子存储至蜂王的受精囊中; 最后,蜂王飞回蜂巢产下幼蜂,由工蜂照顾产下的幼蜂。蜂王可以进行多次交配,但是雄蜂在交配之后就会死亡。蜂王在开始飞行前会被赋予一定的能量值和速度值,每次与雄蜂进行交配之后，蜂王的速度值和能量值会有一定的衰减；当蜂王的速度值和能量值低于一定的阈值或当蜂王的受精囊填满之后，蜂王会飞回蜂巢产卵。雄蜂依照一定的概率值与蜂王进行交配，当满足以下函数时，雄蜂能够与蜂王进行交配(Abbass,2001)：

$$\mathrm{prob}(Q,D)=\mathrm{e}^{-\frac{\Delta(f)}{\mathrm{speed}(t)}}。\tag{4-1}$$

其中，$\mathrm{prob}(Q,D)$是雄蜂(D)能够与蜂王(Q)交配的概率，$\Delta(f)$是雄蜂与蜂王适应度值差值的绝对值，$\mathrm{speed}(t)$是蜂王在时刻t的飞行速度。根据式(4-1)可知，在蜂王飞行的初始阶段，有较高的概率蜂王会与雄蜂进行交配；当雄蜂与蜂王的适应度值差别比较大时，雄蜂与蜂王交配的可能性也会增加。

在蜂王交配飞行当中，蜂王的速度和能量按照下述公式进行更新：

$$\mathrm{speed}(t+1)=\alpha\times\mathrm{speed}(t),\tag{4-2}$$

$$\mathrm{energy}(t+1)=\alpha\times\mathrm{energy}(t),\tag{4-3}$$

其中，$\alpha\in(0,1)$，即在蜂王的交配飞行过程中，蜂王的速度和能量是逐渐衰减的。在交配飞行之后，蜂王利用受精囊中雄蜂的基因型产卵，生成幼蜂，幼蜂中包含有不同雄蜂的基因型，因此，蜂王的交配飞行过程具有较好的全局搜索能力。

类比工蜂在蜂群中负责照顾幼蜂的行为，在HBMO算法中，工蜂类比为启发式的局部搜索策略，用以改善幼蜂的基因型。工蜂由两部分构成，一部分为单独的局部搜索策略，一部分为组合的局部搜索策略。每一个幼蜂随机选择一个工蜂对其进行改进，如果幼蜂的适应度值比蜂王的适应度值好，则此幼蜂取代原始的蜂王成为新的蜂王。在蜂群不断的繁殖进化过程当中，蜂王能够不断地被具有更好的适应度值的幼蜂所取代，这一过程可以类比进化算法的进化过程，当蜂群进化完成之后，最终的蜂王就是寻优过程找到的问题最优解。

根据上述蜜蜂繁殖行为的特征，可以得出HBMO算法的主要步骤：

(1) 蜂王婚飞阶段：雄蜂以一定的概率与蜂王进行交配。

(2) 幼蜂生成阶段：蜂王利用受精囊中雄蜂的基因型交叉产卵，生成一定数量的幼蜂。

(3) 工蜂培育幼蜂阶段：幼蜂随机选择一个工蜂对其自身的基因型进行改进。

4.2 基于HBMO算法的柔性工艺规划方法

4.2.1 柔性工艺规划问题

柔性工艺规划问题可以描述为：被加工零件具有若干加工特征，每道加工特征具有可选的加工工艺，每道加工工艺具有可选的刀具和可选刀具进给方向(tool approach direction，TAD)，并且可以在若干台可选机器上进行加工。被加工零件的不同加工特征之间具有一定的次序约束关系。柔性工艺规划的目的就是在已有加工资源和加工约束的情况下，确定被加工零件的工艺路线，从而使得某项指标达到最优。本章的柔性工艺规划问题相比于第 2、3 章增加考虑了可选刀具和可选刀具进给方向，因此，本章该问题的优化目标(时间与加工成本)比第 2 章的目标考虑的因素更多，会在下面详细介绍上述目标的计算方法，该问题模型的其余部分可参考第 2 章。

为了形象地描述所研究的柔性工艺规划问题，表 4-1 给出了某零件的柔性加工工艺信息表。某零件包含有 6 个加工特征，有 5 台机器可供选择对零件不同的工序进行加工，图 4-1 给出了零件的一条可行的工艺路线。该工艺路线的工序加工顺序为 $O_1—O_7—O_{12}—O_{11}—O_{10}—O_5—O_6$，每道工序的加工机器、可选刀具和 TAD 都是确定的，以工序 O_7 为例，确定的加工机器是 M_4，刀具是 T_2，TAD 为 $-y$。

表 4-1　某零件的柔性加工工艺信息表

加工特征	可选加工工艺	可选机器	可选刀具	可选 TAD	特征之间的次序约束
F_1	O_1	M_1,M_2,M_3	T_5	$+x,+y$	在 F_2,F_3 之前
	$O_2—O_3$	$M_2,M_3/M_1,M_2$	$T_1/T_3,T_6$	$+y/+y,+z$	
F_2	O_4	M_2,M_3,M_4	T_2,T_3	$-x,+z$	
	$O_5—O_6$	$M_3,M_5/M_3,M_4$	$T_4,T_7/T_5$	$+z,-z/-y$	
F_3	O_7	M_1,M_4	T_2,T_6	$-y$	在 F_4 之前
F_4	$O_8—O_9$	$M_3,M_5/M_1,M_5$	$T_2,T_6/T_1$	$-x,-y\ +z/-y$	
	O_{10}	M_4,M_5	T_3,T_6	$-y,+z$	
F_5	O_{11}	M_1,M_3,M_4,M_5	T_2,T_3	$+z,-z$	
F_6	O_{12}	M_1,M_4,M_5	T_3,T_5	$+y,+z$	

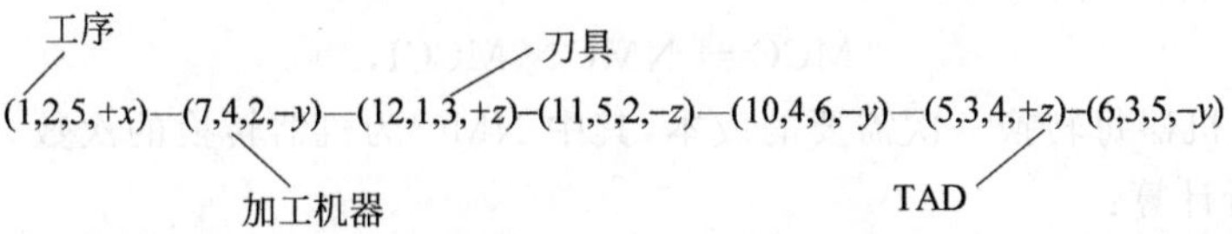

工序　刀具

(1,2,5,+x)—(7,4,2,−y)—(12,1,3,+z)—(11,5,2,−z)—(10,4,6,−y)—(5,3,4,+z)—(6,3,5,−y)

加工机器　TAD

图 4-1　零件的一条可行工艺路线

基于上述问题描述，本章所研究的柔性工艺规划问题的优化目标如下所示(李新宇，2009；Li et al.，2007)。

1. 基于加工时间的优化目标

零件的工序加工时间(PT)：

$$\mathrm{PT} = \sum_{i=1}^{n} \mathrm{PT}_i, \tag{4-4}$$

PT_i 为工艺路线中第 i 道工序的加工时间，n 为零件的工艺路线中包含的工序数目。

零件的机器转换时间(CT)：

$$\mathrm{CT} = \sum_{i=1}^{n-1} \mathrm{CT}_{M_i, M_{i+1}} \times \Omega(M_i, M_{i+1})。 \tag{4-5}$$

如果零件相连的两道工序在不同的机器上进行加工，则需要一定的机器转换时间。CT 为零件的机器转换加工时间，$\mathrm{CT}_{M_i, M_{i+1}}$ 为从工艺路线中第 i 道工序的加工机器 M_i 转换到第 $i+1$ 道工序的加工机器 M_{i+1} 所需要的转换时间，

$$\Omega(M_i, M_{i+1}) = \begin{cases} 1, & M_i \neq M_{i+1}, \\ 0, & M_i = M_{i+1}, \end{cases} \tag{4-6}$$

则基于加工时间的优化目标为总加工时间最小：

$$\min \quad \mathrm{TPT} = \mathrm{PT} + \mathrm{CT}。 \tag{4-7}$$

2. 基于加工成本的优化目标

零件的加工机器成本(MC)：

$$\mathrm{MC} = \sum_{i=1}^{n} \mathrm{MCI}_i, \tag{4-8}$$

MCI_i 为工艺路线中第 i 道工序的加工机器成本。

零件的加工刀具成本(TC)：

$$\mathrm{TC} = \sum_{i=1}^{n} \mathrm{TCI}_i, \tag{4-9}$$

TCI_i 为工艺路线中第 i 道工序的加工刀具成本。

机器转换成本(MCC)：

$$\mathrm{MCC} = \mathrm{NMC} \times \mathrm{MCCI}, \tag{4-10}$$

MCCI 为机器每转换一次需要的成本，其中 NMC 为机器转换的次数，根据如下公式进行计算：

$$\mathrm{NMC} = \sum_{i=1}^{n-1} \Omega(M_i, M_{i+1})。 \tag{4-11}$$

启动转换成本(SCC)：

$$\mathrm{SCC} = (\mathrm{NSC} + 1) \times \mathrm{SCCI}。 \tag{4-12}$$

如果零件相连的两道工序不在同一台机器上使用同一刀具和同一进给方向进行加工，则需要进行一次启动转换。SCCI为每次启动转换需要的成本，NSC为启动的次数，根据如下公式进行计算：

$$\mathrm{NSC} = \sum_{i=1}^{n-1} \Omega_2(\Omega_1(M_i, M_{i+1}), \Omega_1(\mathrm{TAD}_i, \mathrm{TAD}_{i+1})), \tag{4-13}$$

其中，TAD_i 是零件的工艺路线中第 i 道工序的刀具进给方向，

$$\Omega_1(X,Y) = \begin{cases} 1, & X \neq Y, \\ 0, & X = Y。\end{cases} \tag{4-14}$$

$$\Omega_2(X,Y) = \begin{cases} 0, & X = Y = 0, \\ 1, & 其他。\end{cases} \tag{4-15}$$

刀具转换成本(TCC)：

$$\mathrm{TCC} = \mathrm{NTC} \times \mathrm{TCCI}。\tag{4-16}$$

如果零件相连的两道工序不在同一台机器上使用同一刀具进行加工，则需要进行一次刀具转换。TCCI为每次刀具转换需要的成本，NTC为刀具转换的次数，根据如下公式进行计算：

$$\mathrm{NTC} = \sum_{i=1}^{n-1} \Omega_2(\Omega_1(M_i, M_{i+1}), \Omega_1(T_i, T_{i+1})), \tag{4-17}$$

则基于加工成本的优化目标为总加权成本最小：

$$\min \quad \mathrm{TWC} = w_1 \times \mathrm{MC} + w_2 \times \mathrm{TC} + w_3 \times \mathrm{SCC} + w_4 \times \mathrm{MCC} + w_5 \times \mathrm{TCC}。\tag{4-18}$$

4.2.2 编码和解码

本章的柔性工艺规划问题需要考虑待加工零件的加工特征顺序、可选工艺、可选机器、可选刀具以及可选TAD等多方面的柔性信息。本章对文献(李新宇，2009)和文献(Li et al.，2013)提出的多部分编码方法(见第2章)进行了改进，考虑了可选刀具和可选TAD。该编码方法不仅能够综合考虑工艺规划问题中的各种柔性信息，且能够更容易实现HBMO算法的各部分操作。

本章的编码方法包含五个序列，分别为特征顺序序列、可选工艺序列、可选机器序列、可选刀具序列以及可选TAD序列。五个序列相对独立，又共同决定了零件的工艺路线。在算法的运行过程当中，可以对五个序列分别进行操作，序列之间不会相互影响，只需要在解码过程中将其包含的信息对应起来进行解码即获得零件的可行工艺路线。

为了更好地描述本章的编码方法，以表4-1所示的零件柔性加工工艺信息表为例，给出该零件的一个可行编码方案，如图4-2所示。特征顺序序列以及可

选工艺序列的长度等于该零件的加工特征数目，表 4-1 所示零件一共有 6 个特征，因此图 4-2 中特征顺序序列和可选工艺序列的长度均为 6。可选机器序列、可选刀具序列和可选 TAD 序列的长度等于该零件的总工序数目，该零件一共有 12 道工序，因此图 4-2 中这三个序列的长度均为 12。特征顺序序列是零件所有特征值在满足特征约束条件下的一个排列，图 4-2 中的特征序列即代表零件的特征加工顺序为 F_1—F_3—F_4—F_2—F_6—F_5。可选工艺序列上第 n 位的数字 m，代表零件第 n 个特征采用第 m 种可选工艺进行加工。根据表 4-1 可知，该零件第四个特征 F_4 一共有两种可选的加工工艺，第一种为 O_8-O_9，第二种为 O_{10}；在图 4-2 中，可选工艺序列的第四位为数字 2，则代表零件的特征 F_4 使用它的第二种可选加工工艺 O_{10}。可选机器序列、可选刀具序列和可选 TAD 序列上第 n 位的数字 m，代表零件第 n 道工序采用第 m 个可选机器、可选刀具和可选 TAD 进行加工。根据表 4-1 可知，该零件第四道工序 O_4 有 3 台可选加工机器 M_2，M_3 和 M_4，两种可选刀具 T_2 和 T_3 以及两种可选 TAD$-x$ 和$+z$；在图 4-2 中，可选机器序列、可选刀具序列和可选 TAD 序列上的第四位数字分别为 3，1，1，则代表零件的工序 O_4 使用它的第三台可选机器 M_4、第一种可选刀具 T_2 和第一种可选 TAD$-x$ 进行加工。

特征顺序序列：	1	3	4	2	6	5						
可选工艺序列：	1	2	1	2	1	1						
可选机器序列：	3	1	2	3	2	1	1	2	1	1	4	3
可选刀具序列：	1	1	2	1	2	1	2	1	1	1	2	1
可选TAD序列：	1	1	2	1	2	1	1	3	1	2	1	2

图 4-2　某零件柔性工艺规划问题的编码方案

在上述编码方法基础上，可以很容易实现解码操作。以图 4-2 中的编码方案为例，首先根据特征顺序序列，可以获得零件的不同加工特征的操作顺序为 F_1—F_3—F_4—F_2—F_6—F_5；然后，根据加工工序序列，能够获得零件的不同加工特征所选择的加工工艺，将其按照已经确定的加工特征的顺序进行排列，可以得到零件具体的加工工序序列为 O_1—O_5—O_6—O_7—O_{10}—O_{11}—O_{12}；最后，根据可选机器序列、可选刀具序列和可选 TAD 序列确定上一步骤中选定工序的具体加工机器、刀具和 TAD，从而确定该零件最终的工艺路线，如图 4-3 所示。根据解码后获得的工艺路线，即可计算出该条工艺路线对应的总加工时间或总加工成本等指标。

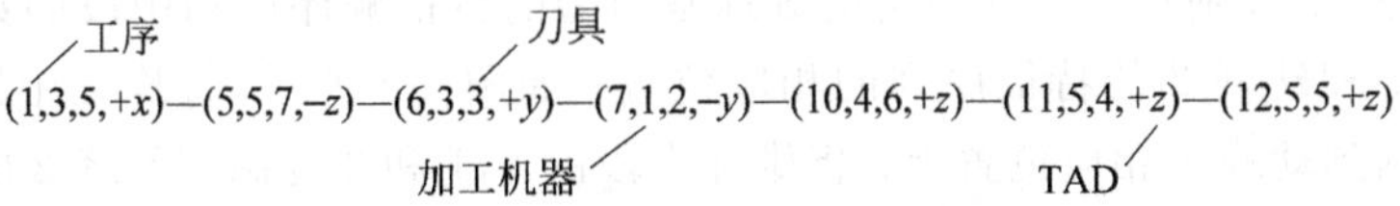

工序　刀具

$(1,3,5,+x)—(5,5,7,-z)—(6,3,3,+y)—(7,1,2,-y)—(10,4,6,+z)—(11,5,4,+z)—(12,5,5,+z)$

加工机器　TAD

图 4-3　解码后获得的工艺路线

4.2.3　蜂群初始化

蜂群代表柔性工艺规划问题的解空间，蜂群中的每一个蜜蜂代表零件的一种柔性工艺规划方案。按照编码操作，每一个蜜蜂包含五个序列。对特征顺序序列进行初始化时，首先随机挑选零件 n 个特征的一种全排列序列；由于不同特征之间存在先后约束关系，所以随机挑选的一种全排列序列有可能是不可行的，本章使用文献(Li et al.，2004)和第 2 章中的约束处理方法对特征顺序序列进行调整，将不可行序列转换为可行序列。对可选工艺序列、可选加工机器序列、可选刀具序列和可选 TAD 序列进行初始化时，若零件第 n 道工序的可选工艺(机器、刀具和 TAD)有 m 种，则随机生成 $1\sim m$ 中的一个整数，填入相应序列的第 n 位，这种初始化方法能够保证生成的可选工艺序列、可选加工机器序列、可选刀具序列和可选 TAD 序列均为可行的。

对蜂群中每个蜜蜂的五个序列进行初始化操作之后，使用解码操作对其进行解码，获得具体的柔性工艺路线；根据具体的柔性工艺路线，计算工艺路线的目标函数值，将目标函数值直接作为该蜜蜂的适应度值；挑选出适应度值最好的一个蜜蜂作为蜂王，其他的蜜蜂作为雄蜂。

4.2.4　幼蜂生成阶段

蜂王交配飞行阶段后，蜂王的受精囊中保存了不同雄蜂的基因型。对蜂王和蜂王受精囊中的基因型使用文献(李新宇，2009)提出的交叉操作来产生新的幼蜂。每一个蜜蜂包含有五个序列，需要分别对这五个序列使用交叉操作生成幼蜂中相应的序列。在这五个序列当中，可选加工工艺序列、可选加工机器序列、可选刀具序列以及可选 TAD 序列具有相同的特性，可以采用同一种交叉操作。因此接下来只对特征顺序序列的交叉操作和可选加工工艺的交叉操作进行详细介绍，其他三个序列的交叉操作可以类比可选加工工艺序列的交叉操作。

1. 特征顺序序列的交叉操作

步骤 1：从蜂王的受精囊中挑选出一个雄蜂的基因型，从该基因型的特征顺序序列和蜂王的特征顺序序列中随机挑选两个交叉点，如图 4-4 所示。

步骤 2：分别将蜂王和挑选的雄蜂基因型的特征顺序序列中段的数值复制到幼蜂 1 和幼蜂 2 的特征序列的相应位置；如图 4-4 所示，将蜂王中段的 3,4 和 2 复制到幼蜂 1 相应位置上；将雄蜂中段的 6,1 和 2 复制到幼蜂 2 的相应位置上。

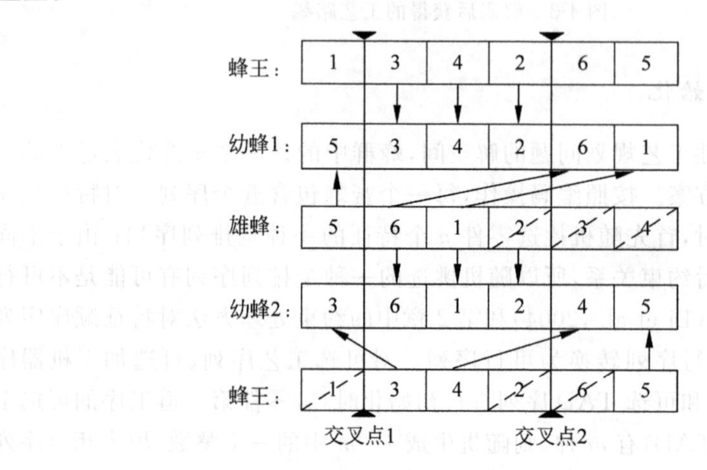

图 4-4　特征顺序序列交叉操作

步骤 3：分别删除雄蜂和蜂王中幼蜂 1 和幼蜂 2 中已经有的特征数值，将雄蜂和蜂王中剩余的特征数值按顺序依次填入到幼蜂 1 和幼蜂 2 的空位置中；如图 4-4 所示，幼蜂 1 中已经有了特征数值 2,3 和 4，因此删除掉雄蜂中的特征数值 2,3 和 4，保留特征数值 5,6 和 1，按照相应的顺序依次填入幼蜂 1 特征顺序序列中第 1,5 和 6 的位置；使用相同的方法可以获得幼蜂 2 的特征顺序序列。

2. 可选工艺序列的交叉操作

步骤 1：从蜂王的受精囊中挑选出一个雄蜂的基因型，从该基因型的可选工艺序列和蜂王的可选工艺序列中随机挑选两个交叉点，如图 4-5 所示，该序列被分成首部、中部和尾部三部分。

步骤 2：分别将蜂王和挑选的雄蜂基因型的可选工艺序列中段的数值复制到幼蜂 1 和幼蜂 2 的可选工艺序列的相应位置；如图 4-5 所示，将蜂王中段的 1 和 2 复制到幼蜂 1 相应位置上；将雄蜂中段的 1 和 1 复制到幼蜂 2 的相应位置上。

步骤 3：分别将雄蜂和蜂王首部和尾部的数值复制到幼蜂 1 和幼蜂 2 的相应位置上；如图 4-5 所示，将雄蜂首部的 2,1 和尾部的 1,1 复制到幼蜂 1 的相应位置上；将蜂王首部的 1,2 和尾部的 1,1 复制到幼蜂 2 的相应位置上。

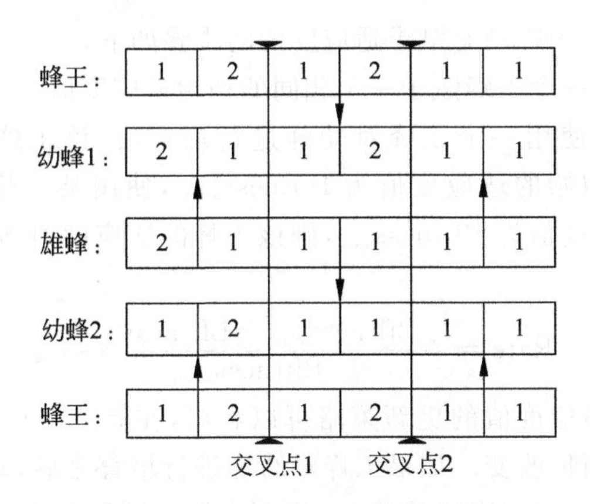

图4-5　可选工艺序列的交叉操作

4.2.5　工蜂培育幼蜂阶段

在提出的HBMO算法中，每一个工蜂相当于一种局部搜索策略。因此，工蜂照顾幼蜂阶段即相当于使用局部搜索策略对幼蜂进行更新。基于本章所使用的编码方法，设计了交换操作（$N1$，swap）、插入操作（$N2$，insert）和变异操作（$N3$，mutation）这三种常用的邻域结构来构成工蜂。具体操作如下所示。

$N1$：随机选择幼蜂中特征顺序序列上不同的两个位置，并将这两个位置上的数值进行交换；

$N2$：随机选择幼蜂中特征顺序序列的一个位置，并将这个位置上的数值插入到该序列的任意其他位置；

$N3$：随机选择幼蜂中可选工艺序列、可选加工机器序列、可选刀具序列以及可选TAD序列中的一个位置，根据其可选加工资源情况，选择另外一种加工资源。

工蜂可以是单独的一种局部搜索策略，也可以是一种组合的局部搜索策略。在本章中，工蜂数量为5个，分别代表的局部搜索策略为$N1$，$N2$，$N3$，$N1+N3$以及$N2+N3$。需要注意的是，当采用$N1$和$N2$这两种邻域结构生成新的幼蜂时，新的幼蜂的特征顺序序列有可能是不可行的，因此在使用$N1$和$N2$这两种邻域结构后需要使用第2章和文献（Li等，2004）中的约束处理方法将不可行解转换为可行解。

为了增加工蜂对幼蜂的改进能力，本章为每个工蜂动态赋予了一定的适应度值，根据工蜂动态变化的适应度值来选择合适的工蜂对幼蜂培育。每个工蜂的适应度值代表了它对幼蜂的培育能力，在选择工蜂对幼蜂培育时，采用轮盘赌的选择方法对工蜂进行选择。因此，适应度值越大的工蜂有更大的概率被选中用来培育幼蜂。工蜂动态赋予适应度值的步骤如下。

步骤1：为每一个工蜂赋予一个相同的初始适应度值。

步骤2：每次使用一个工蜂对幼蜂进行培育后，该工蜂的适应度值增加Rate。假设幼蜂初始的适应度值为$\text{Bfitness}_{\text{before}}$，使用某工蜂对幼蜂进行培育后，该幼蜂的适应度值为$\text{Bfitness}_{\text{after}}$，则该工蜂的适应度值增量Rate按照如下公式进行计算：

$$\text{Rate}=\frac{|\text{Bfitness}_{\text{after}}-\text{Bfitness}_{\text{before}}|}{\text{Bfitness}_{\text{before}}}。\tag{4-19}$$

从上述工蜂适应度值的更新策略可以看出，在算法的搜索过程当中，工蜂的适应度值会不断地改变。如果工蜂对幼蜂进行培育之后，幼蜂的适应度值变化越大，则该工蜂的适应度值就越大；在下次培育过程中，该工蜂被选中的概率也更大。

基于上述策略，工蜂培育幼蜂可以类比为算法的局部搜索过程，详细步骤如下所示。

步骤1：设定工蜂培育幼蜂的最大迭代次数$\text{LS}_{\max}$，令$t=1$。

步骤2：使用轮盘赌策略从可选工蜂集中选择一个工蜂w_i，其中$i\in\{1,2,\cdots,5\}$；使用w_i对幼蜂τ进行培育，获得新的幼蜂τ'。

步骤3：如果幼蜂τ'的适应度值比幼蜂τ的适应度值更好，则使用幼蜂τ'替代幼蜂τ。

步骤4：使用式(4-19)对w_i的适应度值进行更新。

步骤5：令$t=t+1$，如果$t<\text{LS}_{\max}$，跳转到步骤2；否则，终止培育过程。

4.2.6 HBMO算法求解柔性工艺规划问题的流程

本章提出的HBMO算法求解柔性工艺规划问题的流程图如图4-6所示。主要包含以下步骤。

步骤1：初始化HBMO算法的参数，包括算法迭代次数$\text{Gen}_{\max}$、蜂王速度和能量的衰减系数α、蜂王飞行时的能量阈值threshold、蜂王受精囊的容量SperSize、蜂群数目PopSize、幼蜂数目BroodSize、工蜂数目WorkerSize、工蜂培育幼蜂的迭代次数$L_{\max}$。

步骤2：按照4.2.3节的初始化方法生成PopSize个蜜蜂，计算蜂群中每个蜜蜂的适应度值，挑选出适应度值最好的蜜蜂作为蜂王，其他蜜蜂作为雄蜂，令Gen=0。

步骤3：蜂王婚飞阶段。初始化蜂王的速度和能量，清空蜂王的受精囊。设a代表蜂王受精囊中雄蜂基因型的个数，令$a=0$。设t代表蜂王的飞行次数，令$t=0$。如果蜂王的能量$\text{energy}(t)>\text{threshold}$且$a<\text{SperSize}$，那么重复

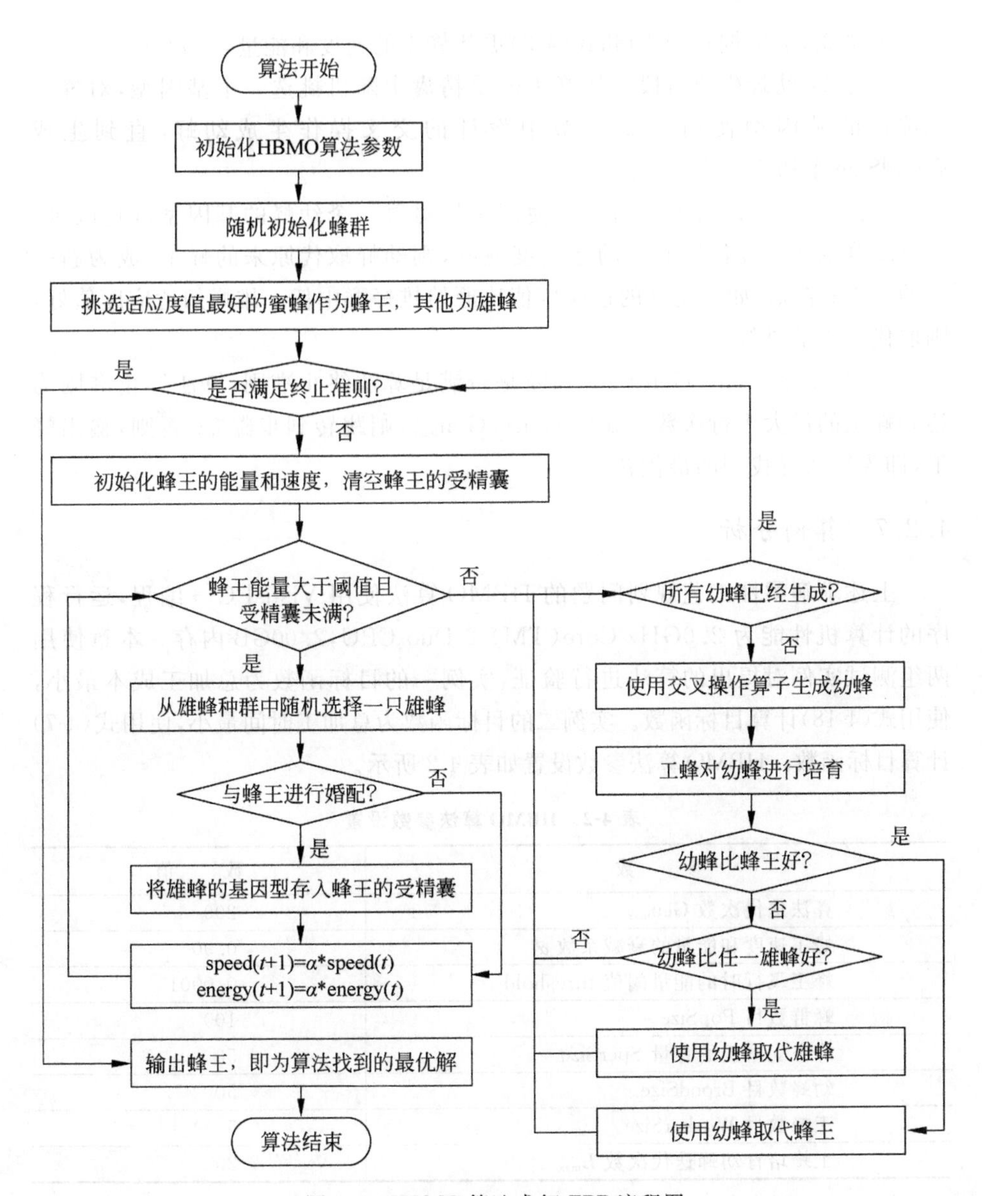

图 4-6　HBMO 算法求解 FPP 流程图

以下步骤。

步骤 3.1：从蜂群中随机选择一只雄蜂。

步骤 3.2：依据式(4-1)计算该雄蜂与蜂王交配的概率值，以[0,1]均匀分布的方式产生随机数，如果该实数小于式(4-1)的计算结果，则将该雄蜂的基因型存入蜂王的受精囊中，将该雄蜂从雄蜂群中删除，并令 $a=a+1$；否则，不进行操作。

步骤 3.3：依据式(4-2)和式(4-3)更新蜂王的速度和能量，令 $t=t+1$。

步骤 4：幼蜂生成阶段。从蜂王的受精囊中随机挑选一个基因型，对蜂王和选择的基因型使用 4.2.4 节中设计的交叉操作生成幼蜂，直到生成 BroodSize 个幼蜂为止。

步骤 5：工蜂培育幼蜂阶段。使用工蜂对每一个幼蜂的基因型进行改进，如果幼蜂的适应度值比蜂王的适应度值好，则幼蜂取代原来的蜂王，成为新一代的蜂王；否则，如果幼蜂的适应度值比原始雄蜂群中任一雄蜂的适应度值好，则取代原来的雄蜂。

步骤 6：令 Gen＝Gen＋1。判断是否满足算法终止准则，算法终止准则为达到蜂王的最大飞行次数。如果 $Gen<Gen_{max}$，则跳转到步骤 3；否则，输出蜂王，即为算法寻找到的最优解。

4.2.7 算例分析

上述求解柔性工艺规划问题的 HBMO 算法使用 Visual C++编程，运行程序的计算机性能为 2.0GHz Core(TM) 2 Duo CPU，2.00GB 内存。本章使用两组测试实例对提出的算法进行验证，实例一的目标函数为总加工成本最小，使用式(4-18)计算目标函数。实例二的目标函数为总加工时间最小，使用式(4-7)计算目标函数。HBMO 算法参数设置如表 4-2 所示。

表 4-2 HBMO 算法参数设置

参数	数值
算法迭代次数 Gen_{max}	200
蜂王速度和能量的衰减系数 α	0.90
蜂王飞行时的能量阈值 threshold	0.0001
蜂群数目 PopSize	100
蜂王受精囊的容量 SperSize	50
幼蜂数目 BroodSize	50
工蜂数目 WorkerSize	5
工蜂培育幼蜂迭代次数 L_{max}	20

1. 实例一

实例一包含 3 个不同的零件，零件 1 和零件 2 来源于 Li(2004)，零件 3 来源于 Ma(2000)，3 个零件的具体柔性加工信息可以从文献(Li et al.，2004)和文献(Ma et al.，2000)中获得。

针对零件 1，分别在三种不同的加工情况下进行研究。为了与文献中的计算结果进行对比，本章使用提出的算法在三种不同的加工情况下分别运行 50 次，统计获得的最小值、最大值以及平均值。三种加工情况下的计算结果以及与其他算法计算结果的对比如表 4-3 所示。

表 4-3　零件 1 计算结果

求解算法	总加工成本	HBMO	SA(Li et al.,2004)	TS(Li et al.,2004)	GA(Li et al.,2004)	HGA(Huang et al.,2012)
加工情况(a)	平均值	**2543.5**	2668.5	2609.6	2796.0	—
	最大值	**2557.0**	2829.0	2690.0	2885.0	—
	最小值	**2525.0**	2535.0	2527.0	2667.0	2527
加工情况(b)	平均值	**2098.0**	2287.0	2208.0	2370.0	—
	最大值	**2120.0**	2380.0	2390.0	2580.0	—
	最小值	**2090.0**	2120.0	2120.0	2220.0	2120
加工情况(c)	平均值	**2592.4**	2630.0	2630.0	2705.0	—
	最大值	**2600.0**	2740.0	2740.0	2840.0	—
	最小值	**2590.0**	2590.0	2580.0	2600.0	2590

表 4-3 中加粗的数值代表与其他四种算法对比 HBMO 算法获得的更好的结果。可以看出，在加工情况(a)和加工情况(b)时，HBMO 算法获得的总加工成本平均值、最大值和最小值比 SA，TS，GA 算法要更小；最小值比 HGA 算法更小。在加工情况(c)时，HBMO 算法获得的总加工成本平均值和最大值比 SA，TS 和 GA 算法更小；最小值比 GA 更小，与 SA 和 HGA 算法相同。虽然 HBMO 算法获得的最小值比 TS 算法获得的最小值要差一些，但是 HBMO 算法取得了更好的平均效果。因此，与 SA，TS，GA 和 HGA 这四种算法相比，在求解零件 1 的最优工艺路线时，HBMO 算法体现出了更好的稳定性和更优的性能。

针对零件 2，分别在两种不同的加工情况下进行研究。使用提出的算法在两种不同的加工情况下分别运行 50 次，统计计算获得的最小值、最大值以及平均值。两种加工情况下的计算结果以及与其他算法计算结果的对比如表 4-4 所示。表 4-4 中加粗的数值代表与其他四种算法对比 HBMO 算法获得了更好或者一样的结果。从表 4-4 的计算结果可知，HBMO 算法每次运行均能够获得最优解，比其他四种算法求解性能更优，稳定性更好。

针对零件 3，分别在两种不同的加工情况下进行研究，使用 HBMO 算法在两种加工情况下分别运行 50 次，两种加工情况下的最优计算结果与已有文献中的结果对比如表 4-5 所示。从表 4-5 可以看出，HBMO 算法能够获得更优的计算结果。

表 4-4　零件 2 计算结果

求解算法	总加工成本	HBMO	SA(Li et al. ,2004)	TS(Li et al. ,2004)	GA(Li et al. ,2004)	ACO(Liu et al. ,2013)
加工情况(a)	平均值	**1328.0**	1373.5	1342.0	1611.0	1329.5
	最大值	**1328.0**	1518.0	1378.0	1778.0	1343.0
	最小值	**1328.0**	1328.0	1328.0	1478.0	1328.0
加工情况(b)	平均值	**1170.0**	1217.0	1194.0	1482.0	1170.0
	最大值	**1170.0**	1345.0	1290.0	1650.0	1170.0
	最小值	**1170.0**	1170.0	1170.0	1410.0	1170.0

表 4-5　零件 3 计算结果

求解算法	HBMO	SA(Ma et al. ,2000)	GA(Ma et al. ,2000)
加工情况(a)	**743.0**	833.0	833.0
加工情况(b)	**1198.0**	1288.0	1288.0

2. 实例二

实例二包含的三个不同的零件均来自 Li(2013)，零件图如图 4-7、图 4-8 和图 4-9 所示。零件具体的加工信息如表 4-6、表 4-7 和表 4-8 所示，零件在不同机器之间的转换时间如表 4-9 所示，这里不考虑零件的可选刀具和可选 TAD。实例二的优化目标为零件工艺路线的总加工时间，根据式(4-7)进行计算。

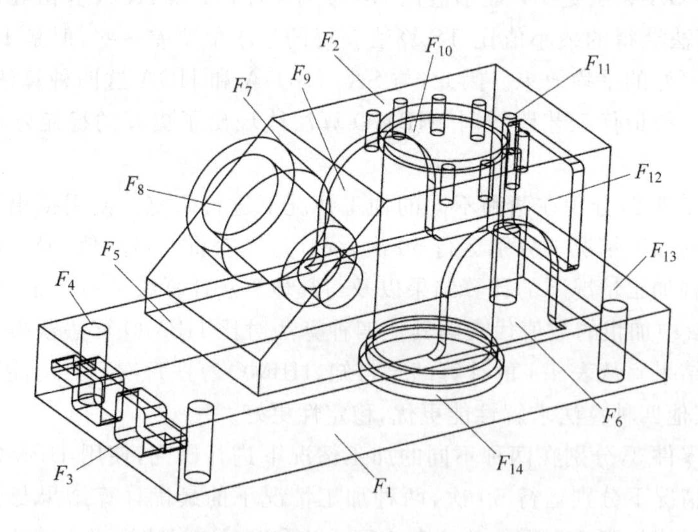

图 4-7　实例二中零件 1 的加工图

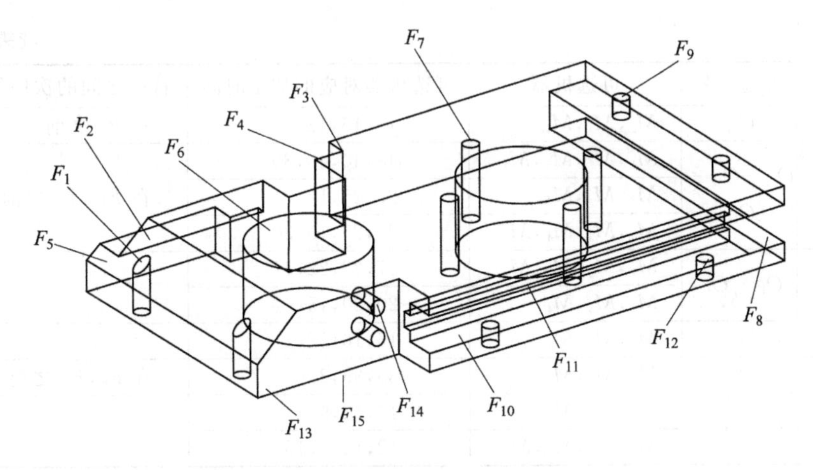

图 4-8 实例二中零件 2 的加工图

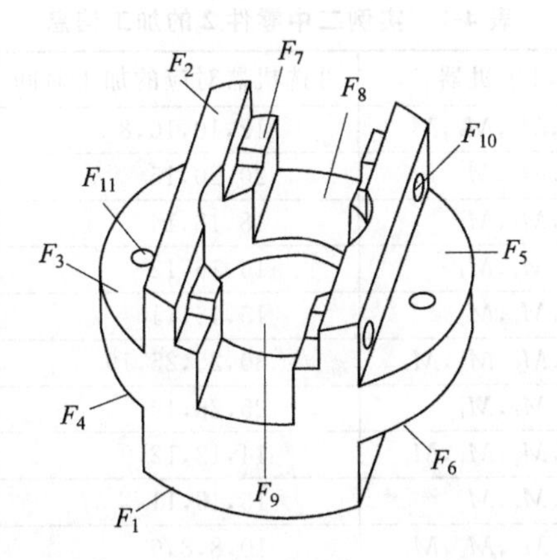

图 4-9 实例二中零件 3 的加工图

表 4-6 实例二中零件 1 的加工信息

特征	可选工艺	可选机器	可选机器对应的加工时间	特征之间的次序约束
F_1	O_1	M_2, M_3, M_4	40,40,30	在所有特征之前
F_2	O_2	M_2, M_3, M_4	40,40,30	在 F_{10}, F_{11} 之前
F_3	O_3	M_2, M_3, M_4	20,20,15	
F_4	O_4	M_1, M_2, M_3, M_4	12,10,10,8	
F_5	O_5	M_2, M_3, M_4	35,35,27	在 F_4, F_7 之前
F_6	O_6	M_2, M_3, M_4	15,15,12	在 F_{10} 之前
F_7	O_7	M_2, M_3, M_4	30,30,23	在 F_8 之前
F_8	O_8—O_9—O_{10}	M_1, M_2, M_3, M_4	22,18,18,14	
		M_2, M_3, M_4	10,10,8	
		M_2, M_3, M_4, M_5	10,10,8,12	

续表

特征	可选工艺	可选机器	可选机器对应的加工时间	特征之间的次序约束
F_9	O_{11}	M_2,M_3,M_4	15,15,12	在 F_{10}之前
F_{10}	O_{12}—O_{13}—O_{14}	M_1,M_2,M_3,M_4	48,40,40,30	在 F_{11},F_{14}之前
		M_2,M_3,M_4	25,25,19	
		M_2,M_3,M_4,M_5	25,25,19,30	
F_{11}	O_{15}—O_{16}	M_1,M_2,M_3,M_4	27,22,22,17	
		M_2,M_3,M_4	20,20,15	
F_{12}	O_{17}	M_2,M_3,M_4	16,16,12	
F_{13}	O_{18}	M_2,M_3,M_4	35,35,27	在 F_4,F_{12}之前
F_{14}	O_{19}—O_{20}	M_2,M_3,M_4	12,12,9	
		M_2,M_3,M_4,M_5	12,12,9,15	

表 4-7 实例二中零件 2 的加工信息

特征	可选工艺	可选机器	可选机器对应的加工时间	特征之间的次序约束
F_1	O_1	M_1,M_2,M_3,M_4	12,10,10,8	在 F_2 之前
F_2	O_2	M_2,M_3,M_4	20,20,15	
F_3	O_3	M_2,M_3,M_4	18,18,14	在 F_4 之前
F_4	O_4	M_2,M_3,M_4	16,16,12	
F_5	O_5	M_2,M_3,M_4	15,15,11	
F_6	O_6—O_7	M_1,M_2,M_3,M_4	30,25,25,19	在 F_7 之前
		M_2,M_3,M_4	25,25,19	
F_7	O_8	M_1,M_2,M_3,M_4	14,12,12,9	
F_8	O_9	M_2,M_3,M_4	15,15,11	在 F_7 之前
F_9	O_{10}	M_1,M_2,M_3,M_4	10,8,8,6	
F_{10}	O_{11}	M_2,M_3,M_4	10,10,8	在 F_{11}之前
F_{11}	O_{12}	M_2,M_3,M_4	10,10,8	在 F_9 之前
F_{12}	O_{13}	M_1,M_2,M_3,M_4	10,8,8,6	
F_{13}	O_{14}	M_2,M_3,M_4	16,16,12	在 F_{14}之前
F_{14}	O_{15}	M_1,M_2,M_3,M_4	10,8,8,6	
F_{15}	O_{16}	M_1,M_2,M_3,M_4	36,30,30,23	在所有特征之前

表 4-8 实例二中零件 3 的加工信息

特征	可选工艺	可选机器	可选机器对应加工时间	特征之间的次序约束
F_1	O_1	M_2,M_3,M_4	20,20,15	在所有特征之前
F_2	O_2	M_2,M_3,M_4	20,20,15	在 F_3—F_{11}之前
F_3	O_3	M_2,M_3,M_4	15,15,11	在 F_{10},F_{11}之前
F_4	O_4	M_1,M_2,M_3,M_4	15,15,11,18	在 F_{10},F_{11}之前
F_5	O_5	M_2,M_3,M_4	15,15,11	在 F_{10},F_{11}之前

续表

特征	可选工艺	可选机器	可选机器对应加工时间	特征之间的次序约束
F_6	O_6	M_2, M_3, M_4	15,15,11	在 F_{10}, F_{11} 之前
F_7	O_7	M_2, M_3, M_4	15,15,11	
F_8	O_8	M_2, M_3, M_4	25,25,19	
F_9	O_9—O_{10}—O_{11}	M_1, M_2, M_3, M_4	30,25,25,19	在 F_7, F_8 之前
		M_2, M_3 M_4	20,20,15	
		M_2, M_3, M_4, M_5	20,20,15,24	
F_{10}	O_{12}—O_{13}	M_1, M_2, M_3, M_4	10,8,8,6	
		M_2, M_3, M_4	8,8,6	
F_{11}	O_{14}	M_1, M_2, M_3, M_4	6,5,5,4	

表 4-9　工件在不同机器之间的转换时间

机器	1	2	3	4	5
1	0	5	7	9	10
2	5	0	3	4	5
3	7	3	0	6	5
4	9	4	6	0	4
5	10	5	5	4	0

为了与已有文献中的计算结果进行对比，使用提出的 HBMO 算法针对 3 个零件分别运行 20 次，统计 20 次运行中获得的最好值、平均值以及平均收敛代数，具体计算结果以及与其他算法的对比如表 4-10 所示，SA，GA 和 MPSO 算法的结果均来自文献(Li et al.，2013)。从表 4-10 中可以看出，HBMO 算法 20 次运行每次都能够找到最优解。针对零件 1，HBMO 算法的计算结果优于 SA 和 GA，与 MPSO 算法的计算结果相同。针对零件 2 和零件 3，四种算法的计算结果相同，但是与 SA，GA 和 MPSO 算法相比，HBMO 算法的平均收敛代数大大减少。因此，通过实例二可以证明 HBMO 算法具有更好的稳定性和更高的求解效率。

表 4-10　实例二的计算结果

零件	算法	最好值	平均值	平均收敛代数
1	SA	342	344.6	51.2
	GA	342	343.8	46.2
	MPSO	341	341.5	34.2
	HBMO	**341**	**341**	**9.7**
	HBMO 获得的最优工艺路线	$O_1(M_4)$—$O_3(M_4)$—$O_5(M_4)$—$O_6(M_4)$—$O_{11}(M_4)$—$O_2(M_4)$—$O_{12}(M_4)$—$O_{13}(M_4)$—$O_{14}(M_4)$—$O_{15}(M_4)$—$O_{16}(M_4)$—$O_{19}(M_4)$—$O_{20}(M_4)$—$O_7(M_4)$—$O_8(M_4)$—$O_9(M_4)$—$O_{10}(M_4)$—$O_{18}(M_4)$—$O_{17}(M_4)$		

续表

零件	算法	最好值	平均值	平均收敛代数
2	SA	187	190.2	46.3
	GA	187	188.5	41.1
	MPSO	187	187	33.1
	HBMO	**187**	**187**	**12.9**
	HBMO 获得的最优工艺路线	$O_{16}(M_4)—O_1(M_4)—O_{13}(M_4)—O_{11}(M_4)—O_{12}(M_4)—O_{10}(M_4)—O_2(M_4)—O_9(M_4)—O_{14}(M_4)—O_{15}(M_4)—O_3(M_4)—O_6(M_4)—O_7(M_4)—O_8(M_4)—O_4(M_4)$		
3	SA	176	179.2	55.8
	GA	176	177.5	50.6
	MPSO	176	176	39.5
	HBMO	**176**	**176**	**22.5**
	HBMO 获得的最优工艺路线	$O_1(M_4)—O_2(M_4)—O_9(M_4)—O_{10}(M_4)—O_{11}(M_4)—O_6(M_4)—O_3(M_4)—O_8(M_4)—O_5(M_4)—O_7(M_4)—O_4(M_4)—OZ_{14}(M_4)—O_{12}(M_4)—O_{13}(M_4)$		

不管是以总加工成本为目标的实例一，还是以总加工时间为目标的实例二，与其他已有文献中的算法相比，本章提出的 HBMO 算法都体现了更高的计算效率和更好的稳定性。HBMO 算法中蜂王婚飞阶段和幼蜂生成阶段保证了算法的全局搜索能力。HBMO 算法的子代由蜂王和与蜂王适应度值相差比较小的雄蜂使用交叉操作生成，与遗传算法选择父代生成子代的操作相比，HBMO 算法能够迅速定位问题空间的最优区域；而算法中工蜂对幼蜂的培育阶段，则能够保证算法的局部搜索能力。多个工蜂代表不同的邻域结构，有一定的变邻域搜索算法的思想体现在工蜂培育幼蜂的阶段，这种操作能够避免算法过早收敛陷入局部最优。因此，HBMO 算法能够兼顾全局搜索与局部搜索，在求解柔性工艺规划问题时体现出了良好的计算效率和稳定性。

4.3　本章小结

本章主要介绍了蜜蜂交配优化算法的基本原理以及操作流程；其次介绍了柔性工艺规划问题，并从编码、种群初始化以及幼蜂生成和工蜂培育幼蜂等方面介绍了 HBMO 算法在柔性工艺规划问题中的应用；最后用 HBMO 算法分别求解了以总加工成本最小以及总加工时间最小为目标的柔性工艺规划问题，实验结果表明不管是以总加工成本为目标，还是以总加工时间为目标，与其他已有文献中的算法相比，本章提出的 HBMO 算法都体现了更高的计算效率和更好的稳定性。

参考文献

Abbass H A，2001. A monogamous MBO approach to satisfiability[C]. Proceeding of the international conference on computational intelligence for modelling，control and automation，CIMCA.

Amiri B，Fathian M，2007. Integration of self-organizing feature maps and honey bee mating optimization algorithm for market segmentation[J]. Journal of Theoretical and Applied Information Technology，3(3)：70-86.

Chang H，2006. Converging Marriage in Honey-Bees Optimization and Application to Stochastic Dynamic Programming[J]. Journal of Global Optimization，35(3)：423-441.

Haddad O B，Afshar A，Marino M A，2006. Honey-bees mating optimization (HBMO) algorithm：a new heuristic approach for water resources optimization [J]. Water Resources Management，20(5)：661-680.

Horng M H，2010. A multilevel image thresholding using the honey bee mating optimization [J]. Applied Mathematics and Computation，215(9)：3302-3310.

Horng M，Jiang T，2011. Image vector quantization algorithm via honey bee mating optimization[J]. Expert Systems with Applications，38(3)：1382-1392.

Huang W，Hu Y，Cai L，2012. An effective hybrid graph and genetic algorithm approach to process planning optimization for prismatic parts[J]. International Journal of Advanced Manufacturing Technology，62(9)：1219-1232.

Li W D，Mcmahon C A，2007. A simulated annealing-based optimization approach for integrated process planning and scheduling [J]. International Journal of Computer Integrated Manufacturing，20(1)：80-95.

Li W D，Ong S K，Nee A，2004. Optimization of process plans using a constraint-based tabu search approach[J]. International Journal of Production Research，42(10)：1955-1985.

Li X Y，Gao L，Wen X Y，2013. Application of an efficient modified particle swarm optimization algorithm for process planning [J]. International Journal of Advanced Manufacturing Technology，67(5-8)：1355-1369.

Liu X，Yi H，Ni Z，2013. Application of ant colony optimization algorithm in process planning optimization[J]. Journal of Intelligent Manufacturing，24(1)：1-13.

Ma G H，Zhang Y F，Nee A，2000. A simulated annealing-based optimization algorithm for process planning[J]. International Journal of Production Research，38(12)：2671-2687.

Marinaki M，Marinakis Y，Zopounidis C，2010. Honey Bees Mating Optimization algorithm for financial classification problems[J]. Applied Soft Computing，10(3)：806-812.

Marinakis Y，Marinaki M，Dounias G，2008. Honey Bees Mating Optimization Algorithm for the Vehicle Routing Problem. In：Studies in Computational Intelligence[M]. New York：springer-Verlag.

Marinakis Y，Marinaki M，Dounias G，2011. Honey bees mating optimization algorithm for the Euclidean traveling salesman problem[J]. Information Sciences，181(20)：4684-4698.

Mohan S, Babu K S, 2010. Optimal water distribution network design with honey-bee mating optimization[J]. Journal of Computing in Civil Engineering, 3(26): 267-280.

Taher N, 2011. An efficient multi-objective HBMO algorithm for distribution feeder reconfiguration[J]. Expert Systems with Applications, 38(3): 2878-2887.

李新宇，2009. 工艺规划与车间调度集成问题的求解方法研究[D]. 武汉：华中科技大学.

张超群，郑建国，王翔，2011. 蜂群算法研究综述[J]. 计算机应用研究，28(9): 3201-3205.

第5章　Memetic算法及其在装配序列规划中的应用

5.1　Memetic算法的基本原理

5.1.1　Memetic算法的提出

Memetic算法是近年发展起来的一种新的全局优化算法，它借用了人类文化进化的思想，通过个体信息的选择、信息的加工和改造等作用机制，实现人类信息的传播。因此，该算法也被称为"文化基因算法"。该算法是一种基于人类文化进化策略的群体智能优化算法，从本质上说就是遗传算法与局部搜索策略的混合，它充分吸收了遗传算法和局部搜索策略的优点，因此又被称为"混合遗传算法"或"遗传局部搜索算法"。

英国学者里查德·道金斯(Richard Dawkins)在其著作《自私的基因》(*The Selfish Gene*)(Dawkins,1989)中，提出了一个新的概念——Meme，一个文化传播或模仿单位，这是一个与Gene相对应的单词，它用来表示人们交流时传播的信息单元，可直译为"文化遗传因子"或"文化基因"。Meme在传播中往往会因个人的思想和理解而改变，因此父代传递给子代时信息可以改变，表现在算法上就有了局部搜索的过程。Moscato等(1992)借鉴了人类文化进化理论的精华和思想，提出了Memetic算法，并使用该算法求解了旅行商问题(traveling salesman problem,TSP)。Hart等(2005)给出了Memetic算法的完整定义：Memetic算法是一种进化算法加上局部搜索的随机全局搜索算法。目前，Memetic算法已经越来越受到学者的重视，算法研究的内容和应用的领域在不断地深化和扩大。

5.1.2　Memetic算法的基本概念

考虑到Memetic算法与遗传算法有一定的相似性，为了便于理解算法的基本操作，首先定义几个基本概念。

1. 染色体

染色体由若干个基因所组成,代表了所需要求解优化问题的解,可以有线形、树形、图等结构形式,这取决于所需要求解的优化问题解的表达形式。在基因中所存储的内容可以是数字、字符等。与染色体密切相关的概念有编码和解码。编码是指将问题的可行解从其解空间转化到算法所能够处理的搜索空间。解码是指将问题的可行解从搜索空间重新转化到问题的解空间,它是编码的逆操作。

2. 适应度函数

适应度函数由问题的优化目标决定,用于评价个体的性能,是进行选择操作的基础,它促使算法向着更优的方向进化。从求解问题的角度看,适应度函数提供了候选方案之间进行比较的度量。

3. 种群

种群是染色体的集合,代表了问题所有可能的解。种群的多样性是问题解的数量的度量,通常使用种群中不同的染色体适应度值的个数来表示种群的多样性。当算法停止迭代时,适应度值最优的染色体所代表的解就是问题所求得的最优解。

4. 选择

选择操作包括两类操作:父代选择操作,该操作主要是从种群中选择染色体作为父代参加遗传操作,这类选择方式有锦标赛选择、轮盘赌选择等;子代选择操作又被称作更新操作,该操作主要是选择子代替换父代,这类选择方式有基于适应度值的选择等。

5. 交叉

交叉是按照一定的概率从种群中随机选择两条染色体,然后按照一定的方式对染色体中基因进行互换,从而形成两个新的染色体的过程。

6. 变异

变异是按照一定的概率,采用一定的方式变换染色体上的一些基因位,从而形成新染色体的过程。

7. 局部搜索

局部搜索是指通过检查当前解的邻域，如果找到一个更优的解，则替换当前解。在算法中引入局部搜索可以改变染色体的某些基因位，剔除不良解。在Memetic算法中局部搜索非常关键，它直接影响到算法的效率和性能。

Memetic算法首先初始化种群，生成一组代表解空间的染色体，然后，通过不断的迭代求得最优解，在每一次的迭代操作过程中执行交叉、变异、局部搜索等操作。图5-1为Memetic算法的基本流程图，从图中可以发现，Memetic算法的基本框架和遗传算法的框架是一致的，所不同的是Memetic算法引入了局部搜索。通常，局部搜索需要根据问题的特点来进行设计。引入局部搜索增强了算法的局部搜索能力，改善了种群的构成，提高了算法的求解效率。

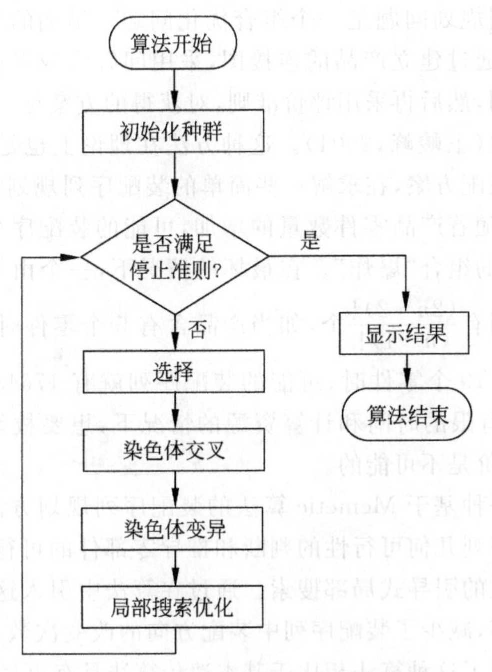

图5-1　Memetic算法的基本流程图

5.2　基于Memetic算法的装配序列规划方法

5.2.1　装配序列规划

任何一个产品的功能都不可能由单个零件来实现，而是通过将众多的零部件组装到一起，各个零部件之间相互依赖、相互制约，形成一个统一的整体来实现，即产品的功能是通过装配体来实现的。因此，装配作为产品功能实现的主要过程，装配质量的好坏对产品的性能有着直接的影响。在产品的装配过程中，同一个产品可以有不同的装配顺序，这些不同的装配顺序形成了不同的装配序列。但是，按照某些装配序列可以很轻松地装配产品，并且得到的产品性能也非常可靠；按照某些装配序列进行装配，各个零部件之间会出现严重的干涉情况，部分零部件无法顺利地装配到一起，装配工人需要频繁地更换装配方向、装配工具等，导致最终产品的性能和质量不可靠。因此，装配序列影响着产品的装配质量，对产品各零部件的装配先后顺序必须进行规划。装配序列规划(assembly sequence planning，ASP)就是在给定产品设计的条件下，找出那些合理的、可行的装配序列，并按照这样的序列可以达到指定的装配目标(石淼等，1994)。

产品装配序列规划问题是一个组合优化问题。早期的装配序列规划方法主要采用枚举法，通过建立产品的连接图，采用问答法或者割集法来推理出所有可能的装配序列，然后再采用评价准则，对获得的方案逐一进行评价，从中获得最优的装配方案(王峻峰，2004)。这种方法在理论上也是可行的，并且肯定能够获得最优的装配方案，在求解一些简单的装配序列规划系统中这种方法得到了应用。但是，随着产品零件数量的增加，可能的装配序列数量会呈现指数的增长，产生序列的组合"爆炸"。在最坏的情况下，一个由 n 个零件组成的产品可能的排列序列有 $\frac{(2n-2)!}{(n-1)!}$ 个，如当产品含有 5 个零件时，装配序列可能有 1680 个，而当含有 10 个零件时，可能的装配序列就有 17643225600 种(De Lit et al.，2001)。在有限的时间和计算资源的情况下，想要枚举出所有的装配序列，并逐一进行评价是不可能的。

本章提出了一种基于 Memetic 算法的装配序列规划方法。该方法使用干涉矩阵进行装配序列几何可行性的判断和推导零部件的可行装配方向，采用了基于方向改变次数的引导式局部搜索。通过在算法中引入这种局部搜索，提高了算法的搜索效率，减少了装配序列中装配方向的改变次数，优化了装配序列。采用实例计算证明了这种算法相比于基本遗传算法具有更优的效果。

5.2.2　基于 Memetic 算法的装配序列规划算法设计

1. 装配序列编码

编码是使用 Memetic 算法求解问题的第一步，是设计 Memetic 算法的关键。编码方式决定了染色体的组成形式，对后续的交叉、变异、局部搜索以及解码等操作都有重要的影响。一个好的编码方式可以使得交叉、变异、局部搜索和解码等操作简单、高效；而一个差的编码方式会使得这些操作实现较为复杂、效率低下，且在进化的过程中会产生许多不可行解。

编码要针对具体问题进行设计，没有一种通用的编码方式可以使用。如何根据实际的问题设计优秀的编码方式，一直是 Memetic 算法的重要研究方向之一。二进制编码方式是一种常用的编码方式，使用 0,1 组成的字符序列来表示染色体，这种编码方式便于计算机的实现，但是由于只使用了 0,1 两个字符，要表示复杂的信息有些困难，同时，这种方式通常也需要设置一定的解码规则，才能够得到用户可以理解的结果，如对于求解函数优化问题就必须将二进制转化成十进制，这样的结果才便于人们理解。

本章中采用的装配序列规划的编码基于装配模型的研究(孙禄，2011)。染色体中的基因表示一个装配操作单元，由于在稳定性权重连接图中，可以很方便地获得产品中零部件的编号，通过干涉矩阵可以得到零部件的可行装配方向，因此根据干涉矩阵推导装配方向的步骤如下(周开俊 等，2006)。

步骤 1：假设在零件 P_i 之前已经装配了 $\{P_1, P_2, \cdots, P_m\}$ 这些零件。

步骤 2：定义公式

$$V(P_i) = \sum_{j=1}^{m} C_{P_j P_i d} \text{。} \tag{5-1}$$

若在装配方向 d 上零件 j 和 i 不干涉，则 $C_{P_j P_i d} = 0$；若在装配方向 d 上零件 j 和 i 干涉，则 $C_{P_j P_i d} = 1$。

步骤 3：如果 $V(P_i) = 0$，则方向 d 是可行的装配方向；反之，则不是。

该基因(也就是装配操作单元)包含的信息是：零部件编号和零部件的装配方向。图 5-2 表示的是染色体中的一个基因，这个基因中零部件编号为 1，装配方向为 $+X$。

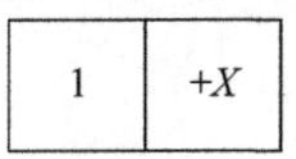

图 5-2　基因

数据结构如下：

```
enum Direction {  + X, - X, + Y, - Y, + Z, - Z };
typedef Gene-TAG
{
   Direction direc; 代表装配操作方向。
    int component_no; 代表零部件编号。
} Gene;
```

这种数据结构的设计与装配模型中装配序列表达方式中的装配操作单元的表示方式相对应。基因直接映射为装配序列中某一个操作。

图 5-3 是一个染色体，表示一个装配序列，基因在染色体中的位置代表该装配操作在装配序列中的优先顺序，对于这个染色体可以发现编号为 0 的零部件的装配方向是 $+X$ 方向，同时，这个零部件必须第一个装配。编号为 9 的零部件则是最后一个装配的零部件，同时，装配方向是 $-Z$。需要注意的是零部件的编号不能够重复出现，即使这些零部件是完全相同的。因为如果出现零部件编

号相同的情况，那么染色体所代表的装配序列就会出现循环装配的含义。这样的装配在实际中是不可能存在的。使用这种染色体构成方式，每一条染色体直接代表一个装配序列，不需要进行解码操作，降低了算法实现的难度。

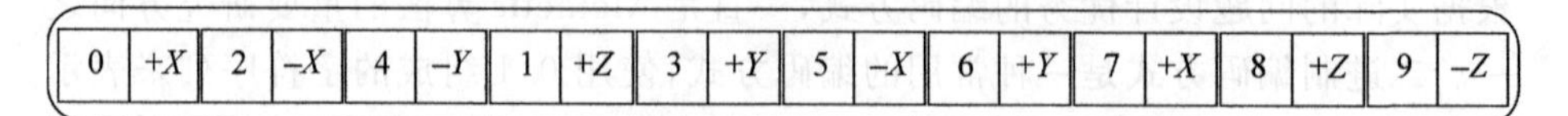

图 5-3　染色体

2. 选择操作

选择操作主要是按照某种准则从种群中选择染色体作为父代进行交叉、变异操作。本章中所采用的选择算子是锦标赛选择方式：随机地从种群中挑选一定数量的染色体，比较染色体的适应度值，选择最好的作为父代，重复这个过程进行个体的选择(王小平 等，2002)。图 5-4 为该选择算子的示意图(这里选择的染色体的总数是 2，假设第一条染色体的适应度值较大)。

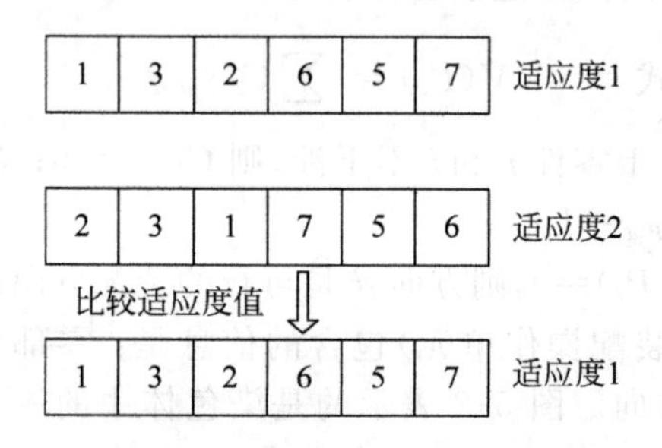

图 5-4　锦标赛选择操作示意图

3. 交叉操作

交叉操作是把两个父代个体的部分结构加以替换重组，生成新个体的操作。交叉操作是 Memetic 算法的重要操作，是产生新个体的主要方法。交叉操作的设计与实现与所研究的问题密切相关，对于交叉操作，要求在进化的过程中能够尽量的保存父代的优良模式，同时，产生的新染色体又尽可能减少出现不可行解的情况。

本章中的染色体编码方式采用的是基于装配操作单元的，在基因中包含零部件编号和装配操作方向。在染色体中出现零部件编号相同的基因是不允许的。根据这种编码情况，本章采用部分映射交叉操作(partially matched crossover，PMX)(Haupt et al.，2004)，这种交叉操作方式可以保证在进化的过程中不会出现零部件编号重复的基因。PMX 的操作步骤如下。

步骤 1：从种群中选择两条染色体进行交叉操作，本章中的选择操作是锦标赛选择；

步骤 2：随机产生一个交叉点和交叉的基因块的长度；

步骤 3：交换两个父代的两个基因块，产生两个临时染色体；

步骤 4：删除原来染色体中与交换的基因块零部件编号相同的基因。

图 5-5 为 PMX 操作执行的示意图。

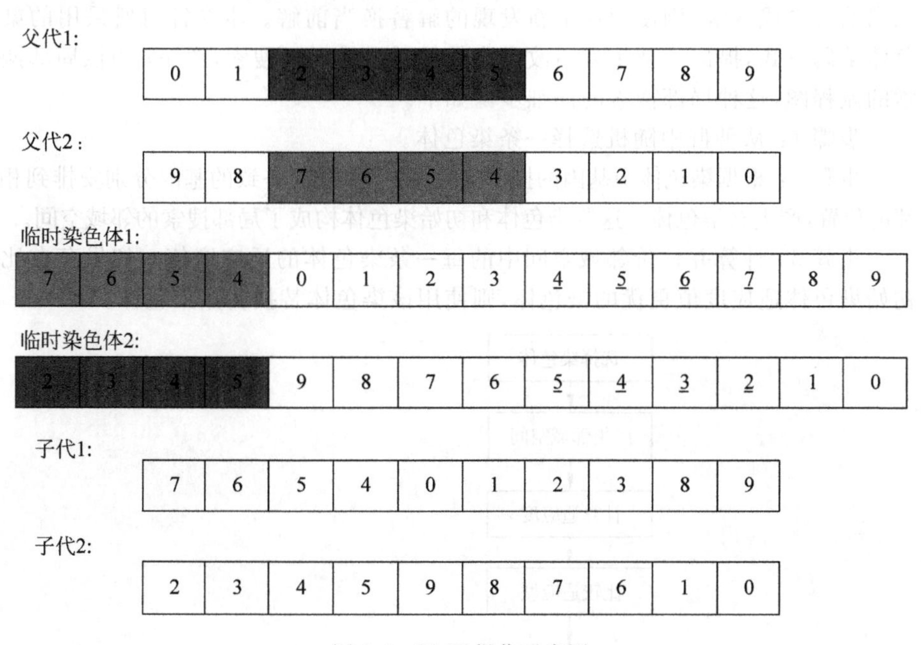

图 5-5　PMX 操作示意图

4. 变异操作

在 Memetic 算法中，变异操作主要是将单个染色体中某些基因进行改变。在 Memetic 算法中引入变异操作的主要目的是维持种群的多样性，防止算法出现早熟的情况。本章根据染色体编码的情况，采用交换变异操作，使用这种变异操作可以防止出现包含相同零部件编号的基因，该变异操作的过程为：随机产生两个位置，交换这两个位置上的基因，图 5-6 为交换变异的操作示意图。

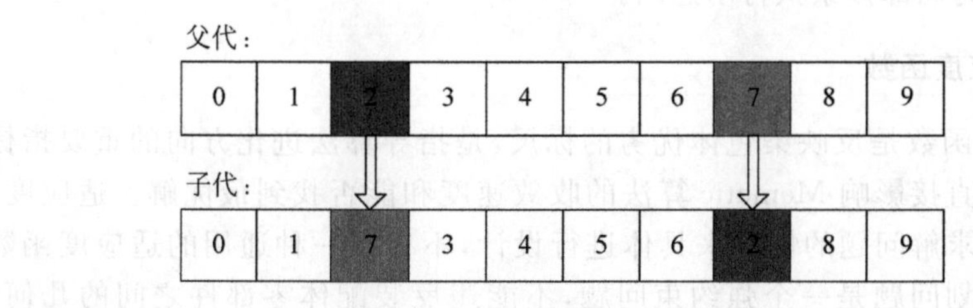

图 5-6　交换变异操作示意图

5. 引导式局部搜索

局部搜索是 Memetic 算法的重要组成部分，是 Memetic 算法区别于传统进化算法的重要标志。局部搜索是指对当前解周围的邻域空间进行探索，如发现比当前解更优的解，则使用这个新发现的解替换当前解。本章针对所采用的染色体编码方式，提出了基于方向改变次数的引导式局部搜索，图 5-7 为该局部搜索的流程图，这种局部搜索的详细步骤如下。

步骤 1：从种群中随机选择一条染色体。

步骤 2：根据染色体中基因的操作方向，将操作方向一致的基因分别安排到相邻的位置，产生新染色体。这些染色体和初始染色体构成了局部搜索的邻域空间。

步骤 3：计算并评价邻域空间中的每一条染色体的适应度值。如果存在比初始染色体适应度值更优的染色体，则使用该染色体替换初始染色体。

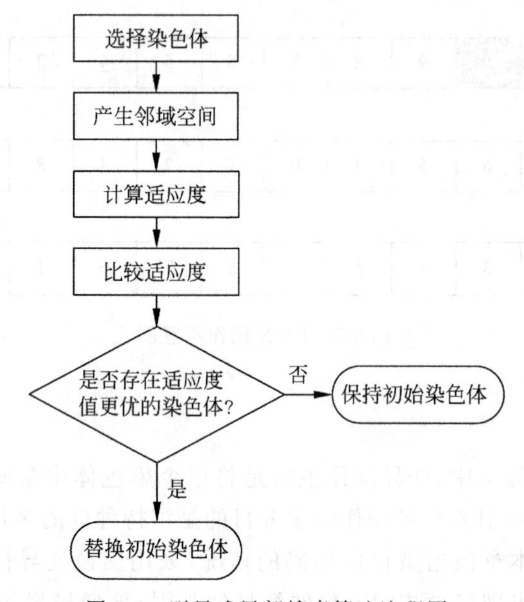

图 5-7 引导式局部搜索算法流程图

图 5-8 为局部搜索执行示意图。

6. 适应度函数

适应度函数是反映染色体优劣的标尺，是指导算法进化方向的重要指标，适应度函数直接影响 Memetic 算法的收敛速度和能否找到最优解。适应度函数需要根据求解问题的情况来具体进行设计，不存在一种通用的适应度函数。装配序列规划问题是一个强约束问题，不能违反装配体零部件之间的几何约束，本章使用的适应度函数根据染色体的编码方式和装配模型进行设计，主要初始染色体：

0(+X)	1(−X)	2(+X)	3(+X)	4(+X)	5(+X)	6(+X)	7(−X)	8(+X)	9(−X)

新染色体1:

0(+X)	2(+X)	4(+X)	8(+X)	1(−X)	3(+X)	5(+X)	6(−X)	7(−X)	9(−X)

新染色体2:

1(−X)	6(−X)	0(+X)	2(+X)	3(+X)	4(+X)	5(+X)	7(−X)	8(+X)	9(−X)

新染色体3:

3(+X)	5(−X)	0(+X)	1(−X)	2(+X)	4(+X)	6(−X)	7(−X)	8(+X)	9(−X)

新染色体4:

7(−X)	9(−X)	0(+X)	1(−X)	2(+X)	3(+X)	4(+X)	5(+X)	6(−X)	8(+X)

图 5-8 引导式局部搜索执行示意图

包括两个部分：第一部分反映装配序列的几何可行性，这是装配序列的基本要求，绝对不能违反；第二部分反映装配序列中零部件装配方向的改变次数，在产品装配过程中，零部件装配方向的改变次数少，则可以减轻工人的操作负担，提高装配的效率。公式(5-2)是适应度函数的计算公式：

$$\max \quad F = w_1 \times f_1 + w_2 \times f_2, \tag{5-2}$$

其中，w_1，w_2 是权重因子，$w_1 + w_2 = 1$，将 w_1，w_2 统一设置为 0.5，f_1 是装配序列几何可行性目标函数，f_2 是装配方向改变次数的目标函数，

$$f_1 = \sum_{i=1}^{n} h_i, \tag{5-3}$$

h_i 反映零部件 i 的装配几何可行性：

$$h_i = \begin{cases} 2, & \text{如果装配操作是可行的,} \\ 0, & \text{其他,} \end{cases} \tag{5-4}$$

$$f_2 = \sum_{i=1}^{n} g_i, \tag{5-5}$$

g_i 反映装配方向改变的次数：

$$g_i = \begin{cases} 1, & \text{如果零部件 } i \text{ 的装配方向和零部件 } i-1 \text{ 的装配方向相同,} \\ 0, & \text{其他。} \end{cases} \tag{5-6}$$

在本章中，将反映装配序列几何可行性的函数值设置得较高，这是因为装

配序列的几何可行性是必须满足的，该适应度函数同样可以通过调整权重因子来调整适应度函数几何可行性和装配方向的改变次数权重，但是必须满足 $w_1 \times f_1 > w_2 \times f_2$，这样才能使得算法进化过程中出现的不满足几何可行性要求的染色体被剔除。

7. 算法求解主要步骤

使用 Memetic 算法求解装配序列规划问题的主要流程如图 5-9 所示，主要步骤如下。

步骤 1：初始化种群，染色体中基因的零部件编号随机产生，装配方向通过干涉矩阵进行推导获得；

步骤 2：采用锦标赛选择方式从种群中选择染色体；

步骤 3：使用 PMX 进行交叉操作，交换变异进行变异操作，采用基于方向的引导式局部搜索。

这里所采用的更新操作是基于代的更新策略。算法的停止准则是：迭代次数为 100 次。

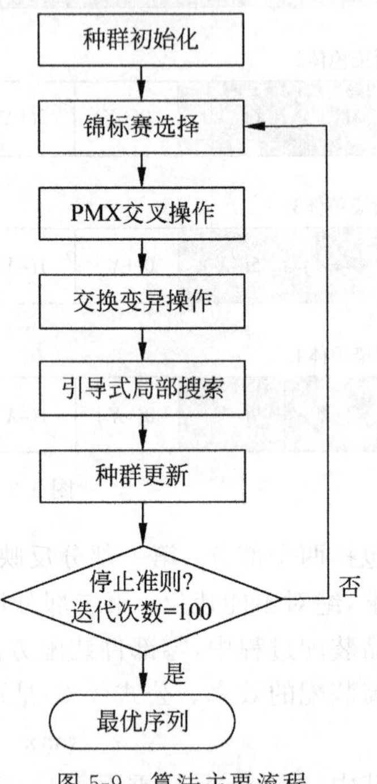

图 5-9　算法主要流程

5.2.3　实例计算与分析

采用图 5-10 所示的装配体验证本章所提出算法的有效性，文献（Wang et al.，2005）使用了蚁群算法进行计算。该装配体包含有 11 个零部件，装配方向有 $+X$，$-X$，$+Y$，$-Y$。

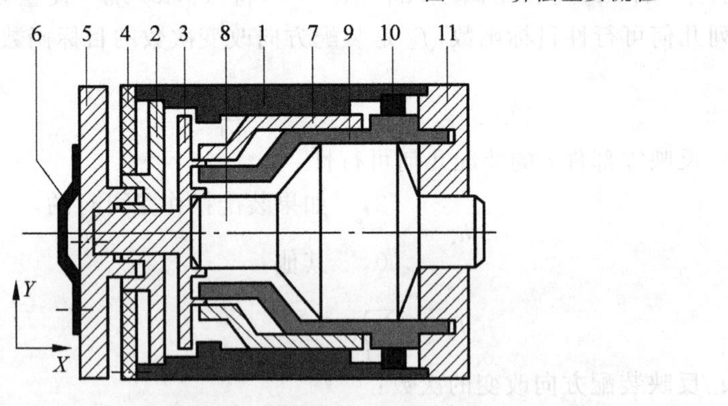

图 5-10　装配体

表 5-1、表 5-2、表 5-3、表 5-4 分别是装配体在 $+X$，$-X$，$+Y$，$-Y$ 方向上的干涉矩阵。

表 5-1　+*X* 方向干涉矩阵

零部件	1	2	3	4	5	6	7	8	9	10	11
1	0	0	0	0	0	0	1	0	0	1	1
2	1	0	1	0	0	0	1	1	1	1	1
3	1	0	0	0	0	0	1	1	1	1	1
4	1	1	1	0	0	0	1	1	1	1	1
5	1	1	1	1	0	0	1	1	1	1	1
6	0	1	1	1	1	0	1	1	1	0	1
7	0	0	0	0	0	0	0	1	1	0	1
8	0	0	0	0	0	0	0	0	0	0	1
9	0	0	0	0	0	0	0	1	0	0	1
10	0	0	0	0	0	0	0	0	0	0	1
11	0	0	0	0	0	0	0	0	0	0	0

表 5-2　−*X* 方向干涉矩阵

零部件	1	2	3	4	5	6	7	8	9	10	11
1	0	1	1	1	1	0	0	0	0	0	0
2	0	0	0	1	1	1	0	0	0	0	0
3	0	1	0	1	1	1	0	0	0	0	0
4	0	0	0	0	1	1	0	0	0	0	0
5	0	0	0	0	0	1	0	0	0	0	0
6	0	0	0	0	0	0	0	0	0	0	0
7	1	1	1	1	1	1	0	0	0	0	0
8	0	1	1	1	1	1	1	0	1	0	0
9	0	1	1	1	1	1	1	0	0	0	0
10	1	1	1	1	1	0	0	0	0	0	0
11	1	1	1	1	1	1	1	1	1	1	0

表 5-3　+*Y* 方向干涉矩阵

零部件	1	2	3	4	5	6	7	8	9	10	11
1	0	1	1	0	0	0	1	1	1	1	1
2	1	0	1	1	1	0	0	0	0	0	0
3	1	1	0	1	1	0	1	1	1	0	0
4	0	1	1	0	1	0	0	0	0	0	0
5	0	1	1	1	0	0	0	0	0	0	0
6	0	0	0	0	0	0	0	0	0	0	0
7	1	0	1	0	0	0	0	1	1	0	0
8	1	0	1	0	0	0	1	0	1	1	1
9	1	0	1	0	0	0	1	1	0	1	1
10	1	0	0	0	0	0	0	1	1	0	0
11	1	0	0	0	0	0	0	1	1	0	0

表 5-4　$-Y$ 方向干涉矩阵

零部件	1	2	3	4	5	6	7	8	9	10	11
1	0	1	1	0	0	0	1	1	1	1	1
2	1	0	1	1	1	0	0	0	0	0	0
3	1	1	0	1	1	0	1	1	1	0	0
4	0	1	1	0	1	0	0	0	0	0	0
5	0	1	1	1	0	0	0	0	0	0	0
6	0	0	0	0	0	0	0	0	0	0	0
7	1	0	1	0	0	0	0	1	1	0	0
8	1	0	1	0	0	0	1	0	1	1	1
9	1	0	1	0	0	0	1	1	0	1	1
10	1	0	0	0	0	0	0	1	1	0	0
11	1	0	0	0	0	0	0	1	1	0	0

算法运行参数如下：交叉概率 0.8，变异概率 0.1，迭代次数 100 次，种群大小 100，经过计算得到的最优装配序列为：1($+X$)→2($+X$)→3($+X$)→4($+X$)→5($+X$)→6($+X$)→7($-X$)→10($-X$)→9($-X$)→8($-X$)→11($-X$)，计算所得的适应度函数值为 14.5。表 5-5 给出了 Memetic 算法与基本遗传算法 GA 的比较。

表 5-5　GA 与 MA 的比较

比较条目	算法	
	GA	MA
最优适应度值	13.5	14.5
平均适应度值	9.82	11.135
平均相同方向次数	6.63	8.95
平均几何可行性	14.68	13.32

从表 5-5 中可以看出，通过引入本章所提出的基于方向的引导式局部搜索，相比于遗传算法，Memetic 算法的求解质量得到了明显的提高，在最优适应度值、平均适应度值、平均相同方向次数这三项指标上明显地优于遗传算法，虽然在平均几何可行性上有所下降，但是并没有影响到所求得的解。这是因为这种引导式局部搜索充分利用了算法所求解邻域空间的相关知识(在这里主要使用了装配方向的知识)，通过局部搜索改善了种群的质量，使得算法向着装配方向改变次数少的方向进化。

Wang 等(2005)使用蚁群优化(ant colony optimization，ACO)算法来求解该装配的装配序列，所使用的目标函数与本章中所使用的适应度函数基本一致,算法的迭代次数也一致。表5-6是GA,MA,ACO所求得的最优装配序列以及它们之间重定向次数的比较。

表5-6　GA,MA,ACO的比较

算法	最优装配序列	重定向次数
GA	1(+X)→2(+X)→3(+X)→4(+X)→7(−X)→9(−X)→8(−X)→10(−X)→5(+X)→6(+X)→11(−X)	3
ACO	11(+X)→8(+X)→9(+X)→7(+X)→10(+X)→1(+X)→2(+X)→3(+X)→4(+X)→5(+X)→6(+X)	0
MA	1(+X)→2(+X)→3(+X)→4(+X)→5(+X)→6(+X)→7(−X)→10(−X)→9(−X)→8(−X)→11(−X)	1

从表5-6可以看出ACO求解的装配序列最优,本章所采用的MA次之,GA求得的装配序列最差,尽管相比Wang的结果,Memetic算法所求得的装配序列重定向次数要多一次,但是,本章所采用Memetic算法有以下的优点:

(1) ACO算法需要采用拆卸操作初始化蚂蚁,对于该装配体初始可行的拆卸操作是:(6,+Y),(11,+X),(6,−X),(6,−Y)。但是对于某些装配体初始可行的拆卸操作很少,这样算法的搜索性能将受到影响,因为ACO算法是一种群体智能优化算法,蚂蚁的数量会对算法的搜索性能产生重大的影响。因此,初始可行拆卸操作的数量将会影响算法的结果,ACO算法的性能受初始可行拆卸操作数量的影响。本章中采用Memetic算法的初始化是随机的,算法性能不受种群初始化的影响。

(2) ACO算法基于产品拆卸序列的逆序就是产品的装配序列,ACO算法通过产生产品的拆卸序列来获得产品的装配序列,这需要反转产品的拆卸序列,但是,有时候反转产品的拆卸序列是非常困难的。本章中采用的Memetic算法直接能够获得产品的装配序列,不需要额外的操作来获得装配序列。

5.3　本章小结

本章首先介绍了Memetic算法的基本原理,针对装配序列规划这个NP-难的组合优化问题,提出了一种基于Memetic算法的装配序列规划方法。利用干涉矩阵进行装配序列几何可行性的判断并推导零部件的可行装配方向;然后引入基于方向改变次数的引导式局部搜索提高算法的搜索效率;同时减少了装配序列中装配方向的改变次数,优化了装配序列;再根据染色体的编码方式和装配模型设计适应度函数进行评价。通过实例计算表明Memetic算法能有效求解装配序列规划问题。

参考文献

Dawkins R,1989. The selfish gene,New ed. [M]. Oxford：Oxford University Press.

De Lit P, Latinne P, Rekiek B, Delchambre A, 2001. Assembly planning with an ordering genetic algorithm[J]. International Journal of Production Research,39(16)：3623-3640.

Hart W E,Krasnogor N,Smith J E,2005. Recent advances in memetic algorithms[M]. New York：Springer-Verlag.

Haupt R L,Haupt S E,2004. Practical genetic algorithms[M]. New York：John Wiley & Sons.

Moscato P, Norman M G, 1992. A memetic approach for the traveling salesman problem implementation of a computational ecology for combinatorial optimization on message-passing systems[J]. Parallel computing and transputer applications,1：177-186.

Wang J F,Liu J H,Zhong Y F,2005. A novel ant colony algorithm for assembly sequence planning[J]. International Journal of Advanced Manufacturing Technology, 25(11)：1137-1143.

石森,唐朔飞,1994. 装配序列规划研究综述[J]. 计算机研究与发展,31(6)：30-34.

孙禄,2011. 基于离散类电磁机制算法的装配序列研究[D]. 武汉：华中科技大学.

王峻峰,2004. 分布环境下的协同装配序列规划[D]. 武汉：华中科技大学.

王小平,曾立明,2002. 遗传算法：理论,应用及软件实现[M]. 西安：西安交通大学出版社.

周开俊,李东波,黄希,2006. 基于遗传算法的装配序列规划研究[J]. 机械设计,23(2)：30-33.

第 6 章　和声搜索算法及其在装配序列规划中的应用

6.1　和声搜索算法的基本原理

6.1.1　和声搜索算法的提出

和声搜索(harmony search,HS)算法是 2001 年韩国学者 Geem 等提出的一种新型元启发式算法(Geem et al.,2001)。算法模拟了音乐演奏中乐师们凭借自己的记忆,通过反复调整乐队中各乐器的音调,最终达到一个美妙的和声状态的过程。乐师们的即兴演奏需要遵循以下三个规则:

(1) 根据记忆演奏一个音;

(2) 演奏一个与记忆临近的音;

(3) 从可行的音高中随机演奏一个音。

类似,HS 算法将乐器声调的和声类比于优化问题的解向量,评价即是各对应的目标函数值。当每个决策变量以 HS 算法选值的时候,遵循以下三个规则:

(1) 从和声记忆库中任选一个值;

(2) 选一个与(1)中的值临近的值,这个过程被定义为 pitch adjustments;

(3) 从可行域中随机选取一个值,被定义为 randomization 随机化选择。

算法引入两个主要参数,即记忆库选择概率(harmony memory considering rate,HMCR)和调整概率(pitch adjusting rate,PAR)。算法首先产生 HMS (harmony memory size,记忆库大小)个初始解(和声)放入和声记忆库 HM (harmony memory)内;然后,在和声记忆库内随机搜索新解,具体做法是:对于每一个和声中的音调,产生[0,1]上均匀分布的随机数 rand,如果 rand< HMCR,则新的音调在 HM 中随机搜索得到,否则在和声记忆库外,变量可能的值域内搜索取值。再以调整概率 PAR 对取自 HM 内的新音调进行局部扰动。最后,判断新和声的目标函数值是否优于 HM 内的最差解,若是,则替换该最差解,并不断迭代,直至达到预定迭代次数 T_{max} 为止。和声搜索算法的流程如图 6-1 所示,计算步骤如下:

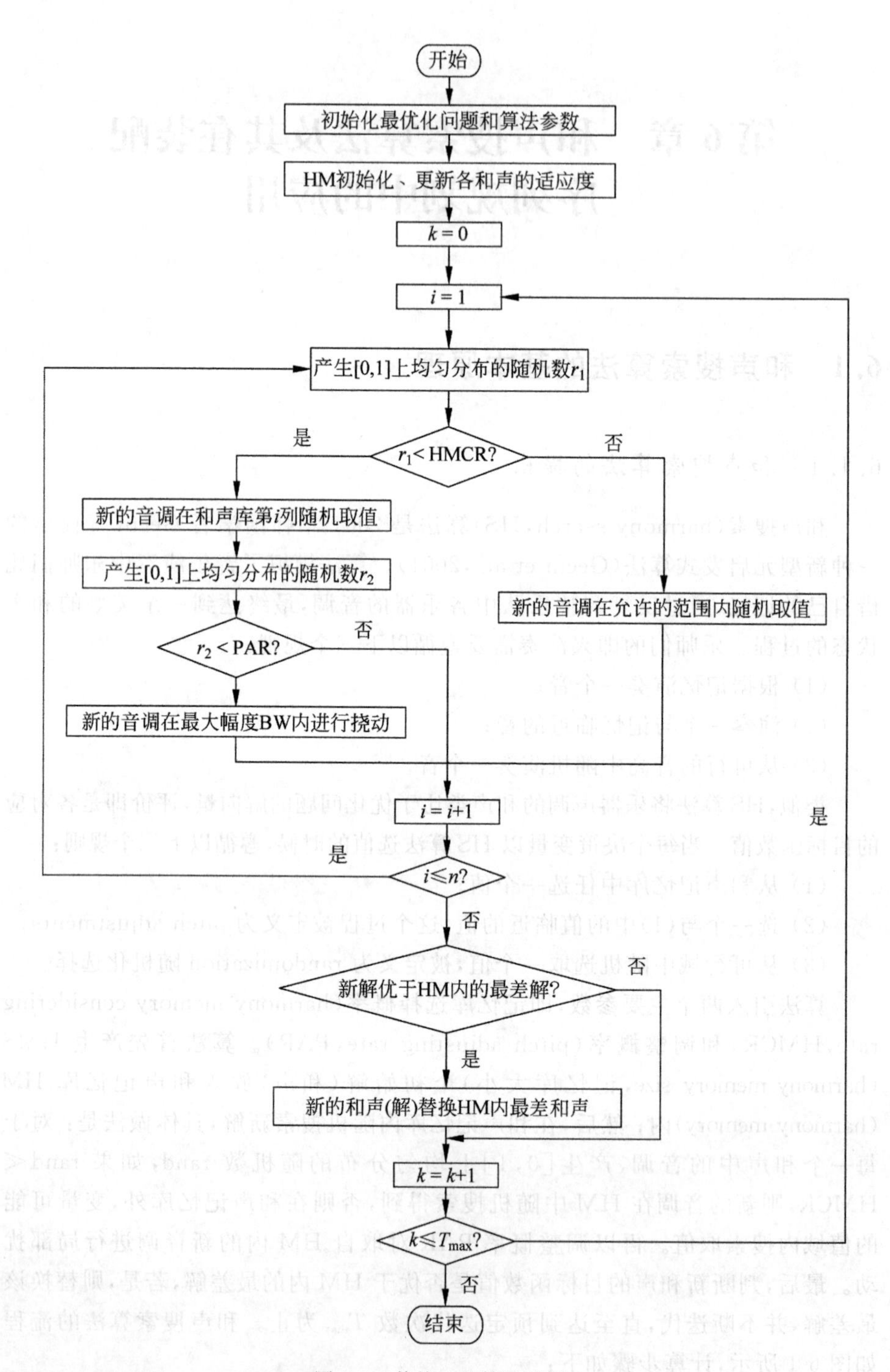

图 6-1　传统 HS 算法流程

步骤 1：初始化最优化问题和算法参数。

首先最优化问题的规定如下：

$$\min\ (\text{or}\ \max)_{\boldsymbol{X}} f(\boldsymbol{X})。\tag{6-1}$$

上式中，$\boldsymbol{X}=(x_1,\cdots,x_n)^{\mathrm{T}}$。

f 是需要优化的标量目标函数，$\boldsymbol{X}$ 是由决策变量组成的解向量，x 是每个决策变量（连续的）的可行域，即 $x_i^{\mathrm{L}}\leqslant x_i\leqslant x_i^{\mathrm{U}}$，$x_i^{\mathrm{L}}$ 和 x_i^{U} 是每个决策变量的最小、最大值，n 是决策变量的个数。另外，和声搜索算法的控制参数也在此步骤中设置：和声记忆库的大小 HMS，即每一次迭代在 HM 中解向量的数量，HMCR，PAR，BW（一个任意的带宽），即兴演奏的次数或者停止运行的迭代次数。

步骤 2：HM 初始化。

在此步骤中，HM 通过在 $[x_i^{\mathrm{L}},x_i^{\mathrm{U}}]$ 内产生一组随机数来初始化，其中 $1\leqslant i\leqslant n$，从而根据下式得到第 j 个解向量的第 i 个变量值：

$$x_i^j = x_i^{\mathrm{L}} + \mathrm{Random}(0,1)\times(x_i^{\mathrm{U}}-x_i^{\mathrm{L}})。\tag{6-2}$$

上式中，$j=1,2,\cdots,\mathrm{HMS}$，Random(0,1)是 0～1 之间的随机数。

步骤 3：新的和声即兴演奏。

在此步骤中，一个新的和声向量由三个规则产生：

(1) 记忆选择；

(2) 随机选择；

(3) 音高调整。

产生一个新的和声被称为即兴演奏，先通过规则(1)和(2)确定是记忆选择还是随机选择，具体如下所示：

$$x_i' \leftarrow \begin{cases} x_i \in \{x_i^1,\cdots,x_i^{\mathrm{HMS}}\}, & \mathrm{rand} < \mathrm{HMCR}, \\ x_i \in \Omega_i, & \text{其他。} \end{cases}\tag{6-3}$$

每个经过记忆选择得到的音调将被进一步检验决定是否需要音高调整，此操作使用 PAR 参数如下。

音高调整决策：

$$x_i' \leftarrow \begin{cases} x_i' \pm \mathrm{Random}(0,1)\times \mathrm{BW}, & \mathrm{rand} < \mathrm{PAR}, \\ x_i', & \text{其他。} \end{cases}\tag{6-4}$$

BW 是一个任意的带宽（标量）。显然步骤 3 是算法中产生潜在最优解的主要步骤，相当于进化算法中的变异。

步骤 4：更新 HM。

依据目标函数值，如果新的和声向量优于 HM 中最差的向量，则新向量取代 HM 中最差的和声向量，否则不操作。这实际就是算法的选择步骤，目标函数是衡量新向量是否存储到记忆库中的标准。

步骤 5：检查是否停止迭代。

如果达到最大迭代次数，计算终止；否则重复步骤 3 与步骤 4。

HS 算法作为一种新型的智能算法，具有以下几方面的优点：

(1) HS 算法的算法框架通用，不依赖于问题信息，参数易确定；

(2) 算法原理简单，容易实现，且采用十进制编码；

(3) 群体搜索，具有记忆个体最优解的能力；

(4) 协同搜索，具有利用个体局部信息和群体全局信息指导算法进一步搜索的能力；

(5) 易于与其他算法混合，构造出具有更优性能的算法。

此外，由于 HS 算法模仿的是音乐家即兴创作时对各种音调的随机选择，通过引入全新的随机变量生成过程，HS 算法较适用于解决含有离散变量的组合优化问题。

6.1.2 和声搜索算法的应用

和声搜索算法自提出以来，在各种领域得到了广泛的应用。

(1) 函数优化。函数优化问题是一类常见的数学优化问题，在实际的工程应用中很多的优化问题都可以转化为函数优化问题来进行求解，目前 HS 算法已经成功地解决了许多工程优化问题。在配水网设计中(Geem，2006)，HS 算法以最小迭代次数计算出了最小花费：其迭代次数是 3373，而 ACO 和 GA 分别是在 7014800000 次迭代之后才达到这个最小花费；在卫星导热管设计中(问题的目标是既要最大化热传导率又要使总的质量最小化)，HS 算法找到了 Pareto 最优解(导热率为 0.381W/mK，总质量为 26.7kg(Geem et al.，2006))，与当时最为先进的 Broyden-Fletcher-Goldfarb-Shanno(BFGS)技术做了比较(导热率为 0.375W/mK，总质量为 26.9kg)，显示了其更理想的优化结果。

(2) 组合优化。组合优化问题的特点是随着问题规模的增大，这类问题的解空间会急剧增大。因此，采用传统的枚举方法很难在有限的时间内求得最优解。对于这类复杂问题通常只能够求得满意解，HS 算法是求得这类问题满意解的有效工具之一，并且相对于其他的智能算法，HS 算法能够得到更为理想的结果。在求解有关公交线路(Geem et al.，2005)(VRP 问题之一)的组合优化问题上，HS 算法找到了关于 20 条不同线路的平均花费是 3998705 美元，而 GA 以相同的线路得到平均花费则是 4095975 美元；在求解水库调度的问题上，HS 算法被应用到多个水坝系统的调度上(通过选择每一个水库的排水量，同时满足水库的排水和蓄水限制条件，从而最大化水电站和灌溉的总利益)，Wardlaw 和 Sharif 用改进的 GA 获得的近优利益是 400.5 个单位，而 Geem(2007)用 HS

算法得到了5个不同的全局最优解，其近优利益是401.3个单位。

6.1.3　和声搜索算法的改进

近年来，广大研究者对标准和声搜索算法进行了各种改进，具体分类如下所示：

(1) 改进HM初始化过程，或者改变HM结构。例如Degertekin(2008)建立了2×HMS个初始和声，但是只选取最佳的HMS个和声到HM中。

(2) 选择新和声时使用动态的参数。例如Mahdavi等(2007)提出音高调节参数随即兴演奏的次数而不同：

$$\mathrm{PAR}(j)=\mathrm{PAR}_{\min}+(\mathrm{PAR}_{\max}-\mathrm{PAR}_{\min})\times\frac{j}{\mathrm{MaxImp}},\tag{6-5}$$

$$\mathrm{BW}(j)=\mathrm{BW}_{\max}\times\exp\left[\ln\left(\frac{\mathrm{BW}_{\min}}{\mathrm{BW}_{\max}}\right)\times\frac{j}{\mathrm{MaxImp}}\right]。\tag{6-6}$$

上式中，$j=1,\cdots,\mathrm{MaxImp}$。

(3) 对即兴演奏过程用新的或者改进的操作。例如李亮等(2007)介绍了一种遗传算法的非均变异操作作为音高调整决策：

$$x'_{\mathrm{new},i}=\begin{cases}x_{\mathrm{new},i}+\Delta(j,x_i^{\mathrm{U}}-x_{\mathrm{new},i}), & \mathrm{Random}(0,1)\leqslant 0.5,\\ x_{\mathrm{new},i}-\Delta(j,x_{\mathrm{new},i}-x_i^{\mathrm{L}}), & \mathrm{Random}(0,1)>0.5,\end{cases}\tag{6-7}$$

其中$\Delta(j,y)=y\times\mathrm{Random}(0,1)\times\left(1-\frac{j}{\mathrm{MaxImp}}\right)^{b}$，Random(0,1)是0和1之间的随机数。

(4) 产生新的和声时处理约束的选择。例如产生一个新和声之后，Erdal等(2008)使用两种方法来处理约束：如果新和声不可行，则丢弃；如果误差很小，则被考虑选进和声记忆库，但是误差接受率随着迭代进行而减小。

(5) 当决定是否将新和声选进和声记忆库时运用不同的标准。例如Gao等(2008)选择新和声需满足三个条件：(a)优于和声记忆库中最差的和声；(b)优于已经存在和声记忆库中类似和声的临界值；(c)其目标函数值优于类似和声的平均目标函数值。

(6) 改进终止标准。例如Cheng等(2007)提出的终止标准是在给定的迭代次数中，最佳目标函数值的改变小于某个范围。

(7) 算法结构的改进。增加或者减少步骤，改变流程的处理顺序。对算法结构的改变可能很小，例如在每次即兴演奏时产生多个和声；改变也可能极大，例如混合和声搜索算法和粒子群算法(李亮等，2006)。

在一些改进算法中只是针对原始和声搜索算法的一个角度进行简单的改变,也有一些改变是用一种复杂的方式来组合。下面是一些改进的和声搜索算法。

1. IHS 算法

为了提高和声搜索算法的性能和消除由于固定值的 HMCR 和 PAR 而带来的缺陷,Mahdavi 提出了一种改进的和声搜索(improved harmony search,IHS)算法,采用一种特殊的方法产生新的解向量,加强了准确性和收敛速度。原始和声搜索算法在迭代过程中设定控制参数 PAR 和 BW 为定值,在 IHS 算法中,PAR 和 BW 在迭代过程中是动态变化的,且 PAR 是线性增加的,BW 是在事先定义的最大最小值之间以指数方式减小的。IHS 算法除了第三步骤与原始和声搜索算法不同,其他步骤完全相同,IHS 动态更新 PAR,与分散粒子群优化方法采用的思想相同,如下式:

$$\mathrm{PAR}(t) \leftarrow \mathrm{PAR}_{\min} + (\mathrm{PAR}_{\max} - \mathrm{PAR}_{\min}) \times \mathrm{grade}。 \tag{6-8}$$

上式中,$\mathrm{PAR}(t)$ 是第 t 次迭代的音高调整概率,$\mathrm{PAR}_{\min}$ 是最小调整概率,$\mathrm{PAR}_{\max}$ 是最大调整概率,t 是迭代次数,grade 的更新依据下式:

$$\mathrm{grade} \leftarrow \frac{F_{\max}(t) - \mathrm{mean}(F)}{F_{\max}(t) - F_{\min}(t)}。 \tag{6-9}$$

上式中,$F_{\max}(t)$ 和 $F_{\min}(t)$ 是第 t 次迭代的最大和最小目标函数值,$\mathrm{mean}(F)$ 是 HM 中目标函数值的平均值。IHS 被证明在一些基准测试问题中比传统和声搜索算法更好(Santos Coelho et al.,2009)。

2. GHS 算法

Omran 和 Mahdavi 尝试通过借鉴全局粒子群优化算法,合并一些思想到和声搜索算法中来提高性能,称为全局最优和声搜索算法(global HS,GHS)(Omran et al.,2008)。GHS 算法修改了和声搜索算法的音高调整步骤,使新的和声向量能够模仿 HM 中的最优向量,因此不需要参数 BW,并给和声搜索算法添加了一个社会维度。从概念上来说,较好的和声向量应该有更高的被选择的可能性,以及更多的新的和声向量在每次迭代中产生,Cheng 等(2008)研究了另外一种改进的和声搜索算法,称为 MHS(modified harmony search algorithm),被证明在土坡稳定性分析方面比原始和声搜索算法更有效。

3. HS-DE 算法

差分进化(differential evolution,DE)算法是 Storn 和 Price 于 1995 年提出的一种元启发式算法,在数值优化中有显著的快速性和鲁棒性,并且更易于找出函数的全局最优解。类似于其他的进化算法,DE 算法需要一个随机的初始种群，通过选择、变异、交叉操作来优化种群。DE控制参数包括交叉控制参数CR、变异因子F和种群大小P。

差分进化的基本原理是产生实验参数向量的方案，在每一个步骤中，差分进化通过增加权值来突变向量，使随机向量有差异，如果实验向量得到的值优于目标，则目标向量在下一代中被实验向量取代。

受启发于差分进化方法的突变操作，在HS-DE算法中，等式如下：

$$x'_i \leftarrow x'_i \pm \alpha \times \gamma \times \mathrm{BW} \times (x'_{P_1} - x'_{P_2})。 \tag{6-10}$$

式(6-10)中，P_1，P_2是互不相等的整数而且不等于下标i，从$\{1,2,\cdots,\mathrm{HMS}\}$中随机选择且均匀分布。在HS-DE算法中，参数$\gamma$，BW代表传统HS算法中的突变向量(Santos Coelho et al.，2009)。

4. DE-OBL-HS算法

对立学习(opposition-based learning，OBL)策略由Tizhoosh提出，是作为一种新的提高机器学习能力的可行方法(Tizhoosh，2005)。OBL策略的主要思想是考虑“对立面”，通过提高解空间的覆盖域来提高精确性或者加速收敛。对于差分进化的一些优化问题，OBL策略已经被证明是一种有效的方法。

在进化算法中种群初始化是十分重要的，因为其能影响收敛速度和最终解的质量。在此部分，OBL概念和DE将被应用到和声搜索算法中来加速收敛速度和加强处理高维优化问题的能力。

Zhao(2010)使用OBL概念来建立初始和声记忆库，能够获得更合适的初始后备解。和声搜索和差分进化交替使用来更新和声记忆库，以此来获取最优信息，同时，提高了HM的多样性，而搜寻能力也得到加强。

6.2　基于和声搜索算法的线性加权装配序列规划方法

6.2.1　和声的编码

利用和声搜索算法求解装配序列规划问题的第一步就是将对应的装配序列解编码转化为算法中的各音调及和声。在本章中，采用装配操作单元模式来表达装配序列。一个音调代表一个装配序列操作单元，由四部分组成：音调值、零部件编号、零部件的装配方向及零部件的装配工具。图6-2表示的是和声记忆库中的一个音调，音调中的音调值为0.2，零部件编号为1，装配方向为

$+X$，使用的装配工具为 T_1。图 6-3 是和声记忆库中的一条和声，音调的改变只是对音调值的改变，而不会改变音调的其他三个元素。所有的和声都有相同的长度。

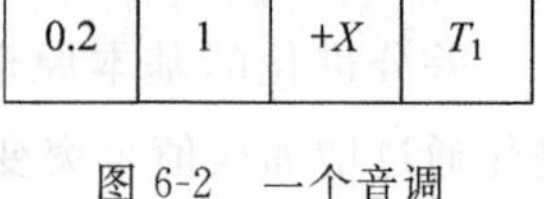

图 6-2　一个音调

上述编码方式不仅能清晰、完整地表达一个装配序列及该序列的相关信息，而且方便算法的实现。

0.3	1	+X	T_1	0.2	3	+X	T_3	0.5	2	−X	T_2	0.6	4	+Y	T_2	0.4	5	−Y	T_4

图 6-3　一个和声

6.2.2　基于 LPV 规则的装配序列转化

传统的和声搜索算法用于求解连续优化问题，而装配序列规划问题是一个典型的离散优化问题，并且装配序列向量的每一维整数值互不相同。因此，在求解装配序列优化问题时，需要对传统的和声搜索算法进行处理，使之能够适用于装配序列规划问题的求解。因此，本章引入 LPV(largest position value)(Pan et al.,2008)规则对和声搜索算法的解进行转化。

LPV 规则的具体实施过程如下。假设 $\boldsymbol{X}_i$ 是一个由 n 个介于 0 和 1 的不重复随机数组成的向量。向量的每一维对应了一个随机数，同时也对应一个装配序列操作的序号。现将 $\boldsymbol{X}_i$ 中的随机数按照非递减顺序重新排列，此序列中的各维数与各随机数的对应关系保持不变。这样就可得到一个新的向量 $\boldsymbol{Y}_i$，$\boldsymbol{Y}_i$ 中维数的排列顺序就可以看作是一个装配序列。这样，LPV 规则实现了从向量 $\boldsymbol{X}_i$ 中的连续值到工件装配序列的转化。表 6-1 和表 6-2 分别显示了初始向量 $\boldsymbol{X}_i$ 和实行 LPV 规则后转化得到的装配序列。

表 6-1　初始向量 $\boldsymbol{X}_i$

x_{ij}	0.23	0.10	0.68	0.09	0.44
维(零件 j)	1	2	3	4	5

表 6-2　实行 LPV 规则得到的装配序列

y_{ij}	0.09	0.10	0.23	0.44	0.68
装配序列	4	2	1	5	3

6.2.3　算法的改进

通过 6.2.1 节的装配序列编码以及 6.2.2 节的基于 LPV 规则的装配序列转化，就可以利用和声搜索算法来进行装配序列规划。但传统的和声搜索算法求解装配序列规划问题的效率不高，为了提高传统和声搜索算法的效率，对传统的和声搜索算法进行了相应的改进，提出了一种面向装配序列规划问题的改进和声搜索(improved harmony search，IHS)算法，主要在以下三个方面进行了改进。

1. 迭代时对每个和声执行邻域搜索策略

邻域搜索的主要搜索机制是对当前周围的邻域空间进行探索，如发现比当前解更优的解，则使用新解替换当前解。邻域搜索已被成功应用于解决一类需要在众多可行解中寻找最优方案的离散优化问题，而装配序列规划恰好属于此类问题。本章针对装配序列规划问题的特点，采用对换和声中两个音调里零件编号的邻域搜索方法。图 6-4 为该邻域搜索方法的流程图，其详细步骤如下。

步骤 1：从种群中选择一条和声(装配序列)；

步骤 2：随机选择两个音调，将两个音调中的零部件编号调换；

步骤 3：评价新产生的邻域和声的适应度值，若比初始序列适应度值更优，则将该序列替换原和声序列，否则不执行任何操作。

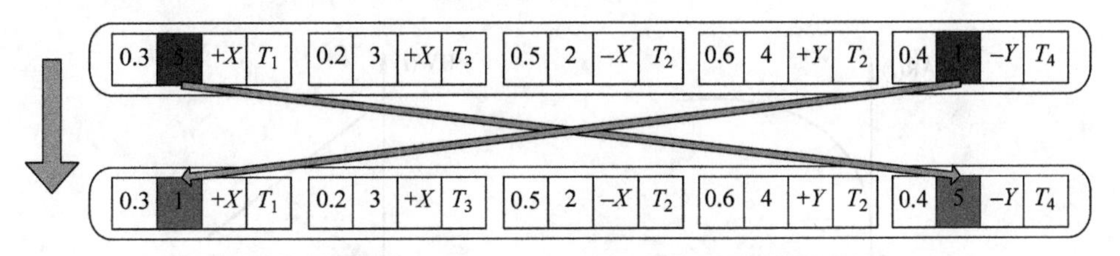

图 6-4　引导式邻域搜索执行示意图

2. 使用 OBL 策略来建立初始和声记忆库

这种方式能够提高初始解在搜索空间的覆盖域，从而提高搜索到全局最优解的概率。假设 $\boldsymbol{P}=(x_1,x_2,\cdots,x_D)$ 是 D 维空间的一个解向量，且 $x_i\in[x_i^{\mathrm{L}},x_i^{\mathrm{U}}]$，$i=1,2,\cdots,D$，对立解向量 $\boldsymbol{OP}=(x_1',x_2',\cdots,x_D')$ 定义如下：

$$x_i'=x_i^{\mathrm{L}}+x_i^{\mathrm{U}}-x_i。\tag{6-11}$$

3. 采用动态变化的调整概率 PAR 和带宽 BW

在和声搜索算法中，HMCR，PAR 和 BW 是 3 个关键控制参数。其中，

HMCR 值越大越有利于算法的局部收缩，值越小越有利于群体的多样性。PAR 值越小越可以增强算法的局部搜索能力，值越大越有利于和声算法围绕和声记忆库调整它的搜索区域，使算法的搜索范围逐渐扩大到整个解空间。BW 值越大越使算法容易跳出局部最优，值越小越有利于算法在局部区域精细搜索。因此，为了进行全解空间的有效搜索，并尽可能将搜索重点集中于性能高的区域，从而提高算法效率，本章采用动态变化的 PAR 和 BW，PAR 的值由小到大变化，BW 的值由大到小变化。具体的变化规律如下：

(1) PAR 的设置

在 HS 算法搜索的初期，采用较小的 PAR 有利于算法快速地搜寻较好区域，而在 HS 算法搜索的后期，采用较大的 PAR 有利于算法跳出局部极值。在本章中，PAR 的取值随迭代次数按式(6-12)变化(如图 6-5 所示)。

$$\mathrm{PAR}(t)=\frac{\mathrm{PAR}_{\max}-\mathrm{PAR}_{\min}}{\frac{\pi}{2}}\arctan t+\mathrm{PAR}_{\min}。\tag{6-12}$$

(2) BW 的设置

在算法搜索初期，采用较大的 BW 有利于算法在较大范围内探测。在算法搜索后期，采用较小的 BW 有利于算法小范围内的精细搜索。因此，本章 BW 按由大到小的规律变化，其取值随迭代次数按式(6-13)变化(如图 6-6 所示)。

$$\mathrm{BW}(t)=\mathrm{BW}_{\max}-\frac{\mathrm{BW}_{\max}-\mathrm{BW}_{\min}}{T_{\max}}\times t。\tag{6-13}$$

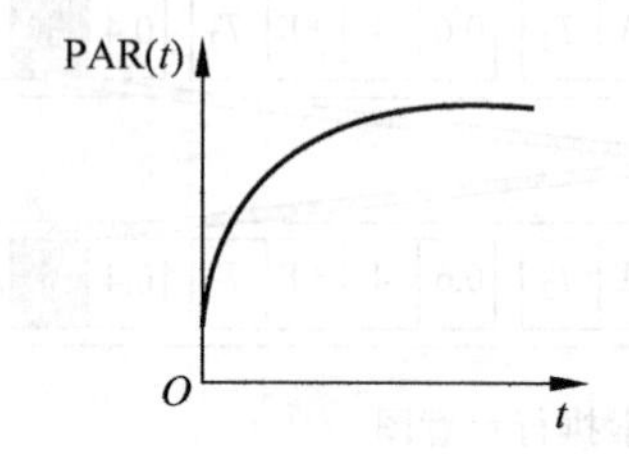

图 6-5　PAR 的反正切曲线变化

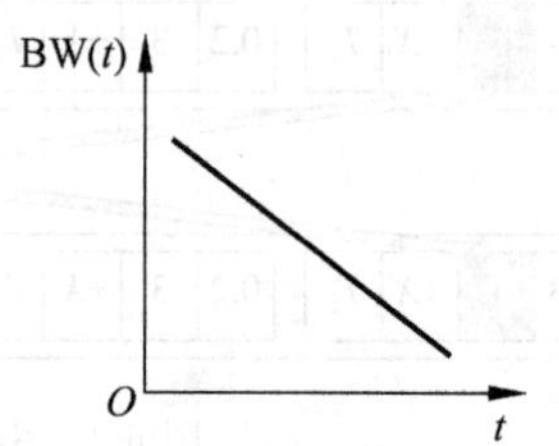

图 6-6　BW 的直线变化

6.2.4　算法的求解步骤

改进和声搜索算法求解装配序列规划问题的流程图如图 6-7 所示，具体步骤如下。

步骤 1：初始化算法参数 HMS，HMCR，确定算法参数 PAR 和 BW 的取值范围。

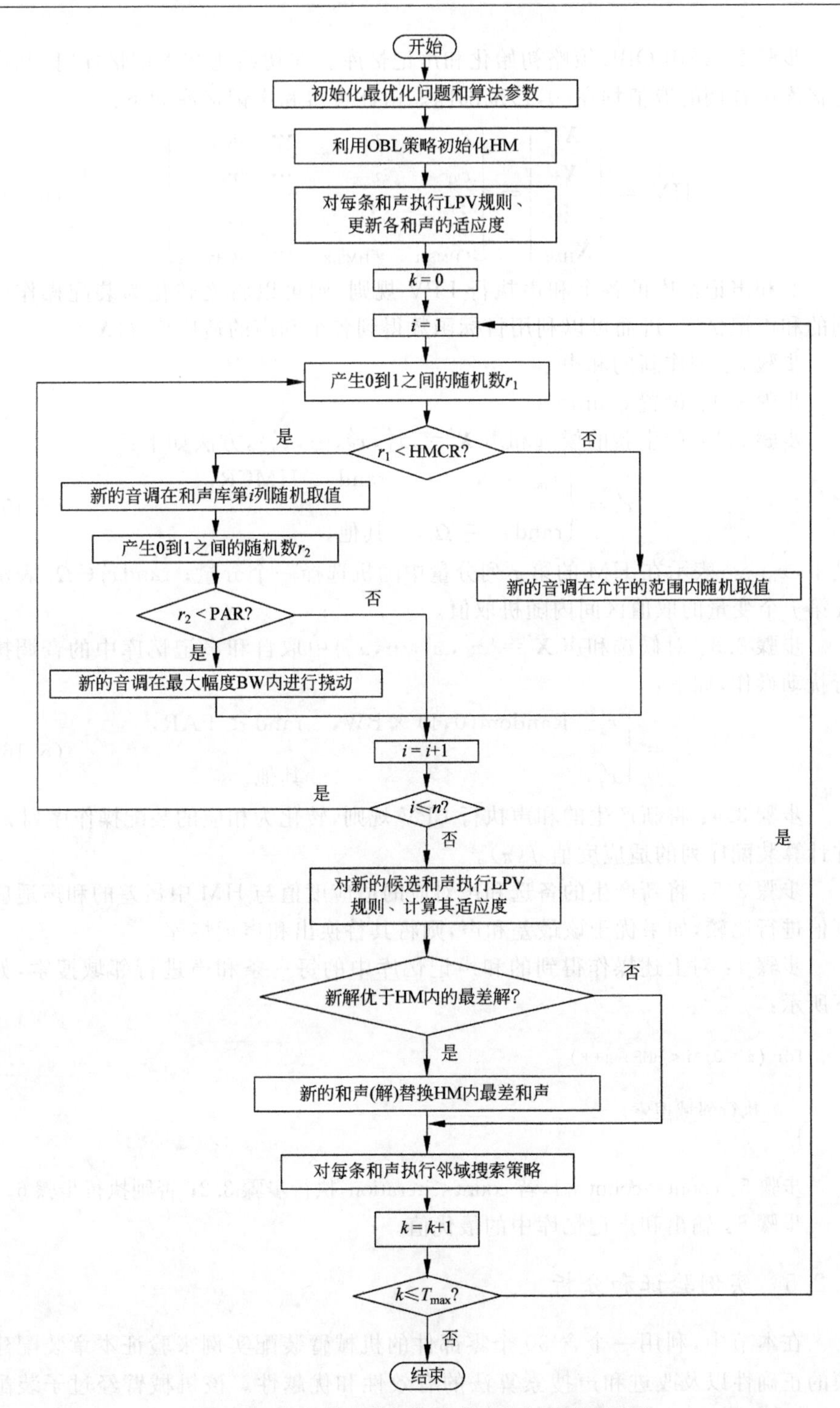

图 6-7　IHS 算法求解装配序列规划问题流程图

步骤 2：采用 OBL 策略初始化和声记忆库。在初始化和声记忆库时，和声记忆库中音调的取值均在[0,1)范围内。由此可得和声记忆库如下：

$$\mathrm{HM}=\begin{bmatrix}\boldsymbol{X}_1\\\boldsymbol{X}_2\\\vdots\\\boldsymbol{X}_{\mathrm{HMS}}\end{bmatrix}=\begin{bmatrix}x_{11} & x_{12} & \cdots & x_{1n}\\x_{21} & x_{22} & \cdots & x_{2n}\\\vdots & \vdots & & \vdots\\x_{\mathrm{HMS},1} & x_{\mathrm{HMS},2} & \cdots & x_{\mathrm{HMS},n}\end{bmatrix}。\tag{6-14}$$

对和声记忆库的各个和声执行 LPV 规则，则可以将之转化为装配操作序列的和声记忆库，进而可以利用目标函数得到各个和声的适应度 $f(\boldsymbol{X}_i)$。

步骤 3：创作新的和声。

步骤 3.1：设置 count=0。

步骤 3.2：产生新的候选和声 $\boldsymbol{X}'=\{x_1',x_2',\cdots,x_n'\}$，方法如下：

$$x_j'=\begin{cases}x_{\mathrm{rand}(i),j}, & \mathrm{rand}<\mathrm{HMCR},\\\mathrm{rand}x_j\in\Omega_j, & 其他。\end{cases}\tag{6-15}$$

其中，$x_{\mathrm{rand}(i),j}$ 表示在 HM 的第 j 列分量中随机选择一个分量；$\mathrm{rand}x_j'\in\Omega_j$ 表示在第 j 个变量的取值区间内随机取值。

步骤 3.3：对候选和声 $\boldsymbol{X}'=\{x_1',x_2',\cdots,x_n'\}$ 中取自和声记忆库中的音调执行扰动操作，如下：

$$x_j'=\begin{cases}x_j'\pm\mathrm{Random}(0,1)\times\mathrm{BW}, & \mathrm{rand}<\mathrm{PAR},\\x_j', & 其他。\end{cases}\tag{6-16}$$

步骤 3.4：将新产生的和声执行 LPV 规则，转化为相应的装配操作序列 π，并计算装配序列的适应度值 $f(\pi)$。

步骤 3.5：将新产生的备选和声对应的适应度值与 HM 中最差的和声适应度值进行比较，如果优于该最差和声，则将其替换出和声记忆库。

步骤 4：对上述操作得到的和声记忆库中的每一条和声进行邻域搜索，如下所示：

```
for (i = 0; i < HMS; i++)
{
    执行邻域搜索;
}
```

步骤 5：count=count+1，若 count<iteration，执行步骤 3.2；否则执行步骤 6。

步骤 6：输出和声记忆库中的最优值。

6.2.5 实例验证和分析

在本节中，利用一个含 30 个零部件的机械臂装配实例来验证本章装配建模的正确性以及改进和声搜索算法的有效性和优越性。该机械臂经过子装配体分解后，分为两个机械臂子装配体。其中第二个子装配体的装配图和爆炸图如图 6-8 和图 6-9 所示。

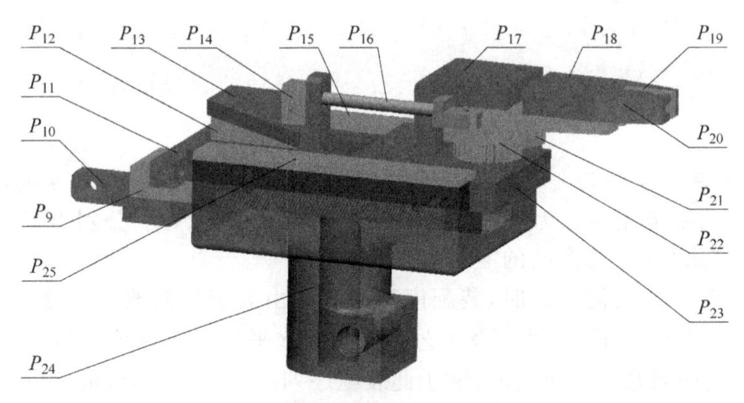

图 6-8　机械臂三维装配示意图

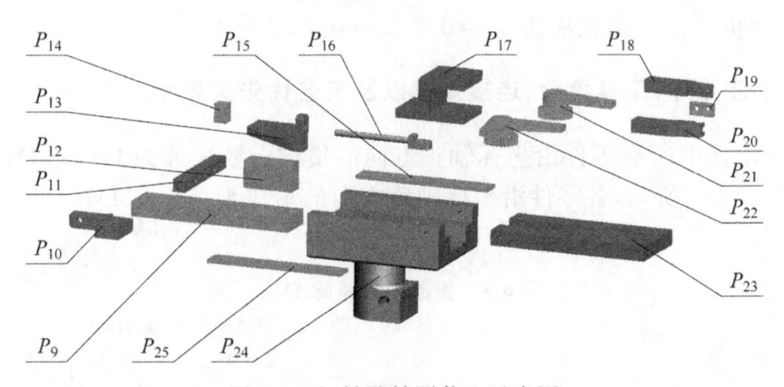

图 6-9　机械臂轴测装配示意图

本章选择第二个子装配体作为实例对 HS 算法的性能进行测试，该子装配体实例包含 17 个零部件，没有把螺栓、螺钉、卡簧等紧固件作为装配序列中的零件，因为这些紧固件的装配是由它们所联接的零部件的装配所决定的，在实际自动化装配中，这些紧固件是采用并行装配的方式，只需将它们在最后的序列中插入正确的位置即可。所以本章不考虑这些紧固件得出的装配序列更接近工程实际情况，特别是对大型复杂装配体的装配。

1. 实验环境

本章的算法程序均是用 C++语言编写。实验时，运行装配序列规划程序的计算机 CPU 型号是 Intel Pentium Dual E2160，CPU 主频 1.8GHz，内存为 2GB，所使用的是 Windows XP 操作系统。

2. 适应度函数

本实验的适应度函数由装配方向改变次数、装配工具变换次数、装配体的稳定性以及工艺优先关系水平 4 个装配序列评价指标加权而成，适应度函数公式如式 6-17 所示：

$$f(q)=\begin{cases}\omega_{\mathrm{d}}V_{\mathrm{d}}+\omega_{\mathrm{t}}V_{\mathrm{t}}+\omega_{\mathrm{s}}(2n-V_{\mathrm{s}}-2)+\omega_{\mathrm{ppr}}V_{\mathrm{ppr}}, & \text{装配序列几何可行,}\\ \dfrac{n^2+7n-8}{2}, & \text{装配序列几何不可行。}\end{cases}\tag{6-17}$$

式中，q 代表装配序列；V_{d} 为装配方向改变次数，V_{t} 为装配工具变换次数，V_{s} 为装配体的稳定性，V_{ppr} 为工艺优先关系水平；$\omega_{\mathrm{d}},\omega_{\mathrm{t}},\omega_{\mathrm{s}},\omega_{\mathrm{ppr}}$ 分别为 $V_{\mathrm{d}},V_{\mathrm{t}},V_{\mathrm{s}},V_{\mathrm{ppr}}$ 的权重系数；n 为产品的零部件总数。

当装配序列几何可行时，装配序列的成本由装配方向改变次数、装配工具变换次数、装配体的稳定性以及工艺优先关系水平这 4 个评价指标的值加权得到；当装配序列几何不可行时，赋予此装配序列一个最大值，该最大值大于任何可行装配序列的适应度，该最大值是各评价指标的极值之和。对于该机械臂装配体，各评价指标权值依次为 $\omega_{\mathrm{d}}=0.2,\omega_{\mathrm{t}}=0.1,\omega_{\mathrm{s}}=0.4,\omega_{\mathrm{ppr}}=0.3$。

3. 干涉矩阵、工具集合、连接矩阵以及工艺优先关系矩阵

该装配体中所有零件沿坐标轴正方向的集成干涉矩阵为 $\mathbf{IM}_{10+}$，$\mathbf{IM}_{10+}$ 的详细取值如表 6-3 所示，各零件沿坐标轴负方向的集成干涉矩阵 $\mathbf{IM}_{10-}$ 可由 $\mathbf{IM}_{10+}$ 转置得到。

表 6-3　集成干涉矩阵 $\mathbf{IM}_{10+}$

	1	2	3	4	5	6	7	8	9	10	11	12	13	14	15	16	17
1	0	0	1	1	1	0	0	0	1	0	0	0	0	0	1	4	0
2	3	0	0	0	0	0	0	0	0	0	0	0	0	0	0	2	0
3	0	0	0	2	0	0	0	0	0	0	0	0	0	0	2	2	0
4	0	0	0	0	1	0	0	0	2	0	0	0	2	2	6	4	4
5	0	0	0	0	0	1	0	7	2	0	0	0	2	2	0	0	0
6	0	0	0	0	2	0	0	7	0	0	0	0	0	2	0	0	0
7	0	0	0	4	0	0	0	0	4	0	0	0	0	0	0	0	4
8	0	0	0	0	5	5	0	0	0	0	0	0	0	0	0	0	0
9	0	0	0	0	0	0	0	4	0	2	2	2	3	3	0	0	4
10	0	0	0	0	0	0	0	0	0	0	6	4	0	0	0	0	0
11	0	0	0	0	0	0	0	0	0	0	0	4	0	0	0	0	0
12	0	0	0	0	0	0	0	0	0	0	0	0	0	0	0	0	0
13	0	0	0	0	0	0	0	4	1	3	2	0	0	6	0	0	0
14	0	0	0	0	0	0	0	5	1	0	0	3	2	0	0	0	0
15	0	0	0	4	1	0	1	0	1	0	0	0	1	1	0	4	1
16	5	0	0	5	1	1	1	1	1	0	0	0	1	1	5	0	1
17	0	0	0	0	1	1	0	1	0	0	0	0	0	1	0	0	0

装配体的装配工具集合如表 6-4 所示，装配体的连接矩阵如表 6-5 所示。

表 6-4　零件装配工具集合

零件编号	装配工具集合	零件编号	装配工具集合
1	T_1, T_2	10	T_1
2	T_1	11	T_1
3	T_1	12	T_1
4	T_1	13	T_1
5	T_1	14	T_1
6	T_1	15	T_1, T_2
7	T_1	16	T_2
8	T_3	17	T_1
9	T_1, T_2		

表 6-5　连接矩阵

	1	2	3	4	5	6	7	8	9	10	11	12	13	14	15	16	17
1	0	2	2	2	0	0	0	0	0	0	0	0	0	0	2	0	0
2	1	0	0	0	0	0	0	0	0	0	0	0	0	0	0	0	0
3	1	0	0	0	0	0	0	0	0	0	0	0	0	0	1	0	0
4	0	0	0	0	2	0	0	0	0	0	0	0	0	0	0	0	0
5	0	0	0	1	0	0	0	2	0	0	0	0	0	0	0	0	0
6	0	0	0	0	0	0	0	1	0	0	0	0	0	0	0	0	0
7	0	0	0	0	0	0	0	0	0	0	0	0	0	0	0	0	0
8	0	0	0	0	0	2	0	0	0	0	0	0	0	0	0	0	0
9	0	0	0	0	0	0	0	0	0	0	0	0	2	2	1	0	0
10	0	0	0	0	0	0	0	0	0	0	2	0	1	0	0	0	0
11	0	0	0	0	0	0	0	0	0	1	0	0	0	0	0	0	0
12	0	0	0	0	0	0	0	0	0	0	0	0	0	1	0	0	0
13	0	0	0	0	0	0	0	0	1	2	0	0	0	0	0	0	0
14	0	0	0	0	0	0	0	2	1	0	0	3	0	0	0	0	0
15	0	0	2	0	0	0	0	0	2	0	0	0	0	0	0	0	0
16	2	0	0	0	0	0	2	0	0	0	0	0	0	0	2	0	2
17	0	0	0	0	0	0	0	0	0	0	0	0	0	0	0	0	0

装配体的工艺优先关系矩阵如表 6-6 所示。

在装配序列规划的软计算方法中，应用最典型的算法是 GA，除了 GA 之外，MA、PSO 算法等也有着较多的应用。本节将 IHS 算法分别与 GA、MA 以及 PSO 算法进行比较，各算法的相关设置如表 6-7 所示。

表 6-6　工艺优先关系矩阵

	1	2	3	4	5	6	7	8	9	10	11	12	13	14	15	16	17
1	0	0	0	0	0	0	0	0	0	0	0	0	0	0	0	0	0
2	0	0	0	0	0	0	0	0	0	0	0	0	0	0	0	0	0
3	0	0	0	0	0	0	0	0	0	0	0	0	0	0	0	0	0
4	1	0	0	0	0	0	0	0	0	0	0	0	0	0	0	0	0
5	1	0	0	1	0	0	0	0	0	0	0	0	0	0	1	0	1
6	0	0	0	0	0	0	0	0	0	0	0	0	0	0	0	0	1
7	1	0	0	0	0	0	0	0	0	0	0	0	0	0	1	0	0
8	0	0	0	0	0	0	0	0	0	0	0	0	0	0	0	0	1
9	0	0	0	0	0	0	0	0	0	0	0	0	0	0	0	0	0
10	0	0	0	0	0	0	0	0	0	0	0	0	1	0	0	0	0
11	0	0	0	0	0	0	0	0	0	0	0	0	0	0	0	0	0
12	0	0	0	0	0	0	0	0	0	0	1	0	0	1	0	0	0
13	0	0	0	0	0	0	0	0	0	0	0	0	0	0	0	0	0
14	0	0	0	0	0	0	0	0	0	0	0	0	0	0	0	0	0
15	1	0	0	0	0	0	0	0	0	0	0	0	0	0	0	0	0
16	0	0	0	0	0	0	0	0	0	0	0	0	0	0	0	0	0
17	1	0	0	0	0	0	0	0	0	0	0	0	0	0	1	0	0

表 6-7　算法的相关设置

算法	GA	MA	PSO	IHS
算法参数设置			$\omega_{max}=0.9$	HMCR$=0.9$
	$p_c=0.9$	$p_c=0.9$	$\omega_{min}=0.1$	$PAR_{min}=0.1$
	$p_m=0.1$	$p_m=0.1$	$c_1=0.9$	$PAR_{max}=0.9$
			$c_2=0.1$	$BW_{min}=0.1$
				$BW_{max}=0.5$
选择机制	二元锦标赛选择	二元锦标赛选择	—	随机选择
种群容量	100	100	100	10
评价次数	20000	20000	20000	20000
独立运行次数	20	20	20	20

表 6-8 为 IHS 算法 20 次程序运行后，所得适应度为 0.7 的任意一条最优装配序列的相关信息。

从表 6-8 可以看出，该最优装配序列的稳定性指标 V_s 达到了最小值 0。装配方向改变次数 V_d 为 2，结合图 6-8、表 6-3 和表 6-4 可以得到：(1)为了使 V_s 达到最小值，16 号零件必须最先装配，9 号零件必须在 13 号和 14 号零件之前装配，14 号零件必须在 8 号零件之前装配；(2)16 号零件先装配好，因此 14 号和 1 号零件的装配方向只能是 Y，$-Y$ 或者 $-Z$ 方向，9 号零件装配好，因此

13 号和 14 号零件中至少有一个零件的装配方向不能与 15 号和 1 号零件的方向相同，而 5 号和 6 号零件的装配方向也不能全和 14 号零件的装配方向相同。所以装配方向改变次数 V_d 的最小值为 2。装配工具改变次数 V_t 为 3，结合图 6-8、表 6-3 和表 6-4 同样可以得到：①为了使 V_s 达到最小值，16 号零件最先装配，它的装配工具只有 T_2；②8 号零件的装配工具只有 T_3，而它不能紧接着 16 号零件装配，也不能最后装配。因此装配工具改变次数 V_t 的最小值为 3。由此可见，0.7 为全局最优适应度。

表 6-8　最优装配序列相关信息

序号	方向	工具	V_d	V_t	V_s	V_{ppr}	f
16	$-Z$	T_2					
1	$-Z$	T_2					
15	$-Z$	T_2					
7	$-Z$	T_1					
4	$-Z$	T_1					
9	$-Z$	T_1					
17	$-Z$	T_1					
13	$-X$	T_1					
14	$-X$	T_1	2	3	0	0	0.7
10	$-X$	T_1					
11	$-X$	T_1					
12	$-X$	T_1					
8	$-X$	T_3					
2	$-X$	T_1					
3	$-X$	T_1					
5	Y	T_1					
6	Y	T_1					

不同算法在 20 次独立运行后，各算法的运行结果如表 6-9 所示，各算法 20 次独立运行后各次最优适应度均值收敛曲线如图 6-10 所示，各次平均适应度均值收敛曲线如图 6-11 所示。

表 6-9　各算法运行结果

算　法	GA	MA	PSO	IHS
平均适应度均值	1.09	0.765	5.5404	0.7
最优适应度均值	1.09	0.765	0.815	0.7
单次运行时间/s	13.2	60.5	78.8	80.2
得到最优装配序列次数	7	17	15	20

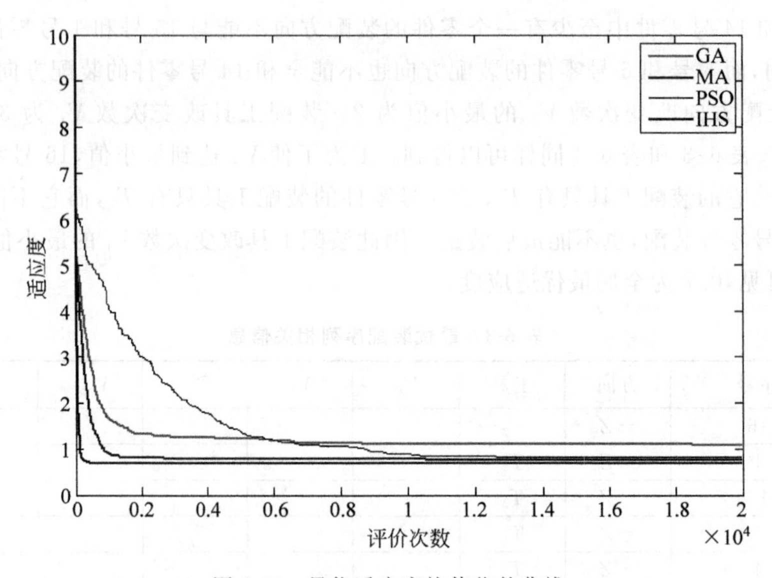

图 6-10　最优适应度均值收敛曲线

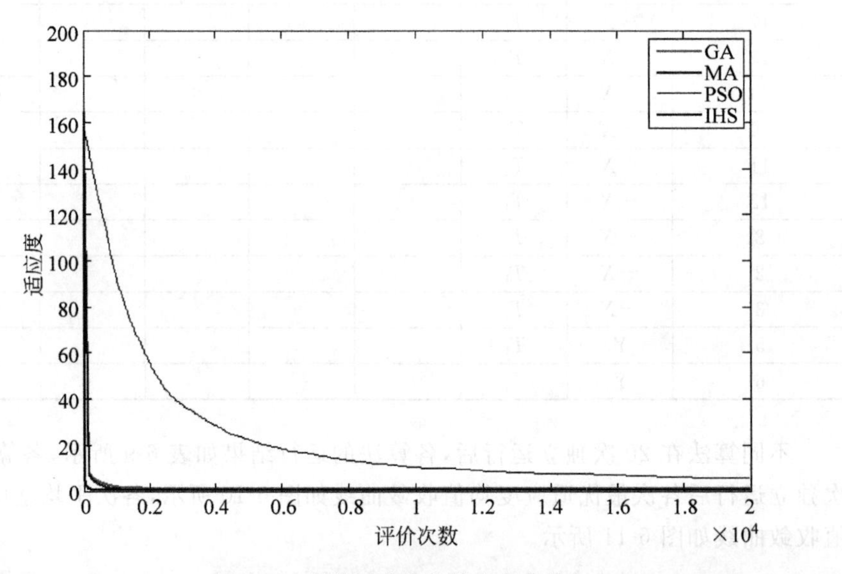

图 6-11　平均适应度均值收敛曲线

从表 6-9 可以看出，20 次算法独立运行后，IHS 算法的平均适应度和最优适应度均值最后都能收敛到最小值 0.7，这意味着，20 次算法独立运行后，每条和声都能收敛到最优位置，因此，可以看出 IHS 算法的全局搜索能力和局部搜索能力均强于 GA、MA 以及 PSO 算法，虽然运行时间稍长一点，但效果明显高出很多，综合看来，IHS 算法的性能明显优于 GA、MA 以及 PSO 算法。

从图 6-10 可以看出，IHS 算法的最优适应度均值在第 466 次评价时就能收敛到全局最优适应度 0.7，而其他算法到第 20000 次评价时都不能收敛到 0.7；从图 6-11 可以看出，IHS 算法的平均适应度均值在第 2493 次评价时就收敛到了最优适应度 0.7，而其他算法的平均适应度均值到第 20000 次评价时都不能收敛到 0.7。因此可见，IHS 算法的收敛速度要明显优于 GA、MA 以及 PSO 算法。

IHS 算法独立运行 20 次后，各次最优装配序列及其适应度如表 6-10 所示。

表 6-10　最优装配序列及其适应度

	1	2	3	4	5	6	7	8	9	10	11	12	13	14	15	16	17	f
1	16	1	15	7	4	9	17	13	2	14	8	3	10	11	12	5	6	0.7
2	16	1	15	7	3	9	4	17	13	2	10	14	11	8	12	5	6	0.7
3	16	1	15	9	3	4	17	7	13	10	14	11	8	12	5	6	2	0.7
4	16	1	3	4	15	17	7	9	13	14	10	11	12	8	5	2	6	0.7
5	16	1	15	9	4	7	13	10	14	17	3	8	11	12	5	2	6	0.7
6	16	1	15	9	17	4	2	13	10	14	11	3	8	12	5	6	7	0.7
7	16	1	15	17	9	2	7	4	13	10	14	11	12	8	3	5	6	0.7
8	16	1	15	3	9	17	4	13	14	10	8	11	12	7	5	2	6	0.7
9	16	1	15	7	9	4	13	14	2	10	17	8	11	3	12	5	6	0.7
10	16	1	15	7	4	9	17	13	14	10	11	12	8	2	3	5	6	0.7
11	16	1	2	15	4	9	13	3	14	17	10	11	8	12	5	6	7	0.7
12	16	1	15	9	13	10	14	11	12	17	7	4	8	5	3	6	2	0.7
13	16	1	4	15	17	9	13	10	14	11	8	3	2	12	5	7	6	0.7
14	16	1	15	2	4	9	17	13	10	14	11	12	8	3	5	7	6	0.7
15	16	1	15	9	13	17	2	10	11	14	12	4	8	7	5	6	3	0.7
16	16	1	15	17	2	9	13	10	14	8	11	12	4	5	7	6	3	0.7
17	16	1	4	15	2	9	13	17	10	11	3	14	12	8	5	7	6	0.7
18	16	1	15	17	9	13	10	14	11	8	12	4	2	5	3	7	6	0.7
19	16	1	15	7	2	4	9	17	13	10	14	8	3	11	12	5	6	0.7
20	16	1	15	9	4	13	14	10	17	11	12	3	2	8	5	6	7	0.7

从表 6-10 可以看出，IHS 算法独立运行 20 次后，都能找到全局最优适应度 0.7。IHS 算法的效果之所以这么突出，是因为它拥有独特的策略，IHS 算法的主要迭代操作是新的和声演奏以及邻域搜索策略，这两种操作的联合作用使得算法有很好的全局搜索能力和局部搜索能力。

6.3　基于和声搜索算法的多目标装配序列规划方法

从上一节可以看出，改进和声搜索算法在求解线性加权装配序列规划问题时，较其他算法有着明显的优势。由于不同企业对不同的目标函数有不同的要求，导致权重各不相同，装配序列规划问题本身是一种多目标优化问题，因此，本章提出一种改进的多目标和声搜索(improved multi-objective optimization harmony search，IMOHS)算法来求解装配序列规划问题。

6.3.1　IMOHS 算法求解步骤

IMOHS 算法的流程图如图 6-12 所示，步骤如下。

步骤 1：在约束范围内初始化和声记忆库。在初始化和声记忆库时，和声记忆库中音调的取值仍在[0,1)范围内。

步骤 2：设置 count = 0，若 count$<T_{\max}$，执行步骤 3；否则执行步骤 5。

步骤 3：创作新的和声：

步骤 3.1：按照 6.2.4 节中的步骤 3.2 产生新的候选和声 $\boldsymbol{X}'=\{x_1',x_2',\cdots,x_n'\}$；

步骤 3.2：按照 6.2.4 节中的步骤 3.3 对候选和声做扰动；

步骤 3.3：将新产生的和声执行 LPV 规则，转化为相应的装配操作序列 π，并评价装配操作序列的秩和拥挤距离；

步骤 3.4：将新产生的备选和声与 HM 进行融合，选出当前非支配解集，当非支配解集数目大于 HMS 时，对其按照拥挤距离从大到小进行排序，删除秩最大且拥挤距离最小的个体，以达到更新和声记忆库的目的；

步骤 4：按照 6.2.4 节中的步骤 4 对和声记忆库中的每个和声进行邻域搜索。

步骤 5：count = count+1，若 count$>T_{\max}$，则输出和声记忆库中的 Pareto 前端及对应的非支配解集；否则执行步骤 3。

6.3.2　实例验证和分析

本节按照上面的步骤利用 IMOHS 算法来求解多目标装配序列规划问题，并通过两个实例将 IMOHS 算法与经典的 MOCell、NSGA-Ⅱ以及 SPEA2 的效果进行了比较。

1. 实例一

实例一仍选择 6.2 节中的机械臂第二个子装配体(含 17 个零部件)，各算法的参数设置如表 6-11 所示。

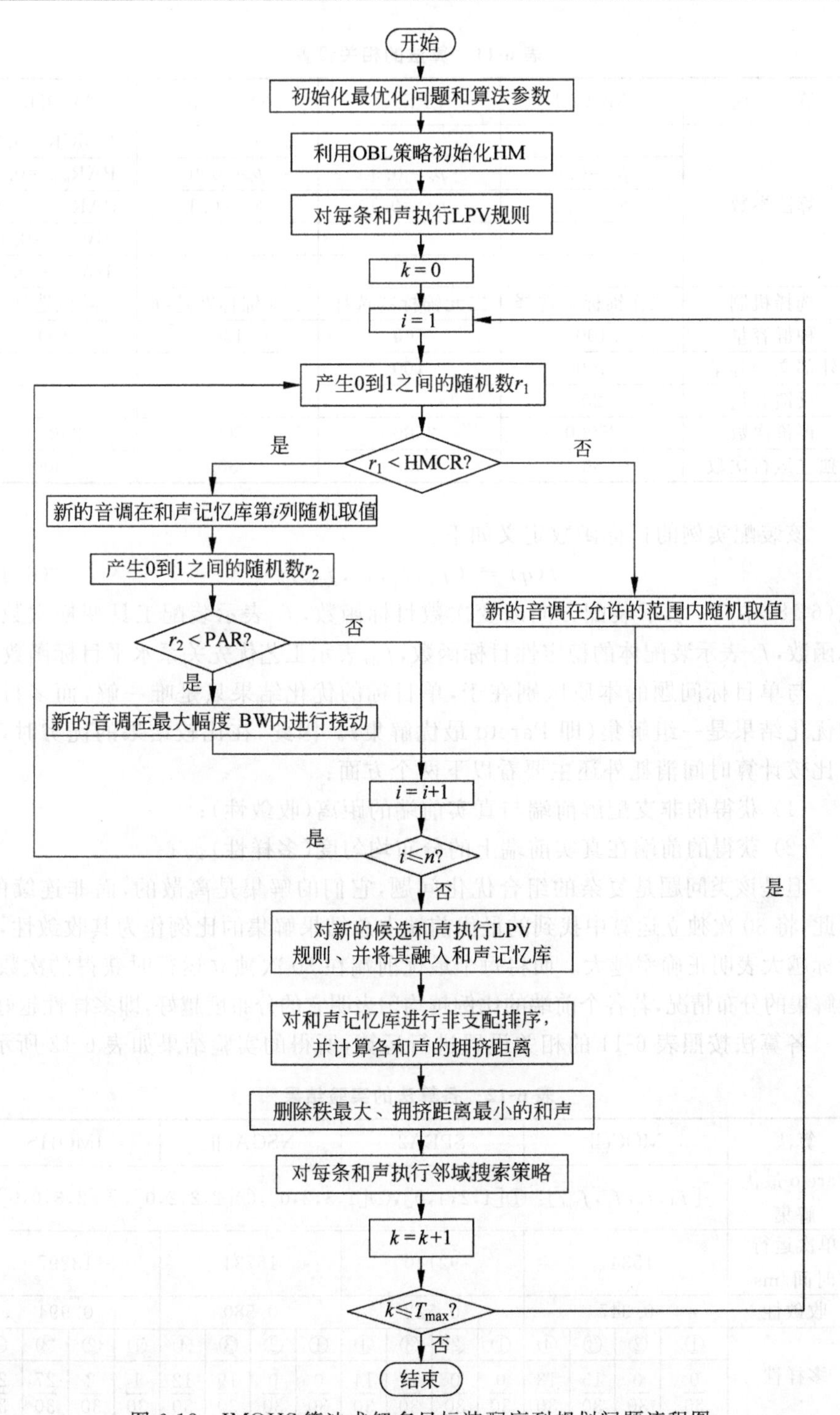

图 6-12　IMOHS 算法求解多目标装配序列规划问题流程图

表 6-11 算法的相关设置

算 法	MOCell	SPEA2	NSGA-Ⅱ	IMOHS
算法参数				HMCR＝0.9
	p_c＝0.9	p_c＝0.9	p_c＝0.9	PAR_{min}＝0.1
	p_m＝0.1	p_m＝0.1	p_m＝0.1	PAR_{max}＝0.9
				BW_{min}＝0.1
				BW_{max}＝0.5
选择机制	二元锦标赛选择	二元锦标赛选择	二元锦标赛选择	随机选择
种群容量	100	100	100	100
外部文档容量	100	100	—	—
反馈容量	20	—	—	—
评价次数	25000	25000	25000	25000
独立运行次数	30	30	30	30

该装配实例的目标函数定义如下：

$$f(q)=(f_{\mathrm{d}},f_{\mathrm{t}},f_{\mathrm{s}},f_{\mathrm{ppr}})。\tag{6-18}$$

式(6-18)中，f_{d} 表示装配方向改变次数目标函数，f_{t} 表示装配工具变换次数目标函数，f_{s} 表示装配体的稳定性目标函数，f_{ppr} 表示工艺优先关系水平目标函数。

与单目标问题的本质区别在于，单目标的优化结果只是唯一解，而多目标的优化结果是一组解集(即 Pareto 最优解集)。因此，在比较结果的优劣时，除了比较计算时间消耗外还主要看以下两个方面：

(1) 获得的非支配解前端与真实前端的距离(收敛性)；

(2) 获得的前端在真实前端上的分布均匀度(多样性)。

但是该类问题是复杂的组合优化问题，它们的解集是离散的，而非连续的。因此，将 30 次独立运算中找到的最优前端占总结果解集的比例作为其收敛性，该指标越大表明正确率越大。而将每个最优前端在 30 次独立运行时获得的次数作为解集的分布情况，若各个前端的比例越均匀表明它的分布度越好，即多样性越好。

各算法按照表 6-11 的相关设置进行运算，所得的实验结果如表 6-12 所示。

表 6-12 各算法的实验结果

算法	MOCell				SPEA2				NSGA-Ⅱ				IMOHS			
Pareto 最优解集	[f_{d},f_{t},f_{s},f_{ppr}]：①[1,2,4,0]，②[1,3,2,0]，③[2,2,2,0]，④[2,3,0,0]															
单次运行时间/ms	15344				92140				15734				13297			
收敛性	0.347				0.522				0.580				0.994			
多样性	①	②	③	④	①	②	③	④	①	②	③	④	①	②	③	④
	$\frac{0}{30}$	$\frac{0}{30}$	$\frac{15}{30}$	$\frac{13}{30}$	$\frac{0}{30}$	$\frac{0}{30}$	$\frac{17}{30}$	$\frac{14}{30}$	$\frac{0}{30}$	$\frac{0}{30}$	$\frac{19}{30}$	$\frac{12}{30}$	$\frac{1}{30}$	$\frac{2}{30}$	$\frac{27}{30}$	$\frac{29}{30}$

从表 6-12 可以看出，显然 IMOHS 算法的收敛性、多样性以及运行效率都要明显好于其他三种多目标优化算法。

2. 实例二

实例二是一个虎钳装配实例，该虎钳的装配图如图 6-13 所示，爆炸图如图 6-14 所示。

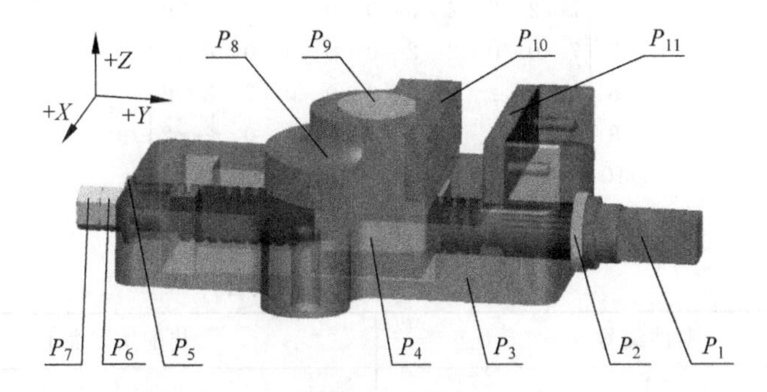

图 6-13　虎钳三维装配示意图

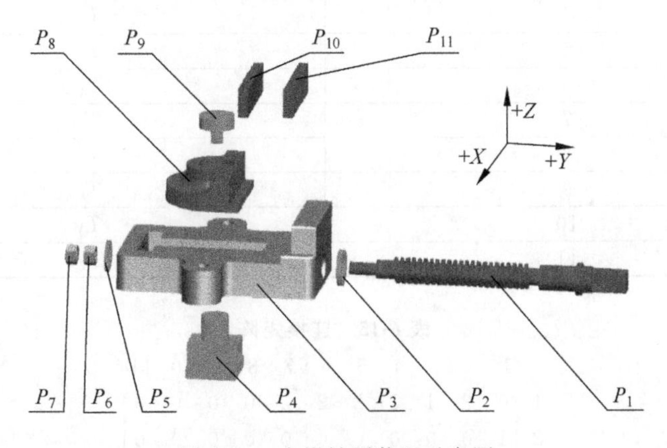

图 6-14　虎钳轴测装配示意图

本实例沿坐标轴正向的集成干涉矩阵 $\mathbf{IM}_{10+}$ 如表 6-13 所示，各零件的装配工具集合如表 6-14 所示，各零件的连接矩阵如表 6-15 所示，工艺优先关系矩阵如表 6-16 所示。

各算法的参数设置仍旧如表 6-11 所示，目标函数仍如式(6-18)所示，所得的实验结果如表 6-17 所示。

表 6-13 集成干涉矩阵

	1	2	3	4	5	6	7	8	9	10	11
1	0	5	5	5	5	5	5	1	1	1	1
2	7	0	0	2	0	0	0	0	0	0	0
3	7	2	0	6	0	0	0	1	1	1	1
4	7	2	0	6	0	0	0	1	1	1	1
5	7	2	7	0	0	0	0	7	7	3	2
6	7	2	2	2	0	0	0	0	0	0	0
7	7	0	0	2	2	0	0	0	0	0	0
8	0	0	2	0	0	0	0	0	7	3	2
9	0	0	2	6	5	5	0	0	0	2	2
10	0	0	2	0	0	0	0	0	0	0	2
11	0	0	2	0	0	0	0	0	0	0	0

表 6-14 零件装配工具集合

零件编号	装配工具集合
1	T_4
2	T_2
3	T_3
4	T_3
5	T_2
6	T_1
7	T_1
8	T_3
9	T_5
10	T_3
11	T_3

表 6-15 连接矩阵

	1	2	3	4	5	6	7	8	9	10	11
1	0	2	1	1	2	2	2	0	0	0	0
2	1	0	0	0	0	0	0	0	0	0	0
3	2	0	0	1	0	0	0	2	0	0	2
4	2	0	2	0	0	0	0	0	2	0	0
5	1	0	0	0	0	0	0	0	0	0	0
6	1	0	0	0	0	0	0	0	0	0	0
7	1	0	0	0	0	0	0	0	0	0	0
8	0	0	0	0	0	0	0	0	2	2	0
9	0	0	0	0	0	0	0	0	0	0	0
10	0	0	0	0	0	0	0	0	0	0	2
11	0	0	0	0	0	0	0	0	0	0	0

表 6-16　工艺优先关系矩阵

	1	2	3	4	5	6	7	8	9	10	11
1	0	0	0	0	0	0	0	0	0	0	0
2	0	0	0	0	0	0	0	0	0	0	0
3	0	0	0	0	0	0	0	0	0	0	0
4	0	0	0	0	0	0	0	0	0	0	0
5	0	0	0	0	0	0	0	0	0	0	0
6	0	0	0	0	0	0	0	0	0	0	0
7	0	0	0	0	0	0	0	0	0	0	0
8	0	0	0	0	0	0	0	0	0	0	0
9	0	0	0	0	0	0	0	0	0	0	0
10	0	0	0	0	0	0	0	0	0	0	0
11	0	0	0	0	0	0	0	0	0	0	0

表 6-17　各算法的实验结果

算法	MOCell			SPEA2			NSGA-Ⅱ			IMOHS		
Pareto 最优解集	$[f_d, f_t, f_s, f_{ppr}]$: ①[1,4,8,0],②[2,4,4,0],③[2,5,2,0]											
单次运行时间/ms	6547			63860			6735			5359		
收敛性	0.597			0.717			0.85			0.914		
多样性	①	②	③	①	②	③	①	②	③	①	②	③
	$\frac{18}{30}$	$\frac{16}{30}$	$\frac{7}{30}$	$\frac{21}{30}$	$\frac{16}{30}$	$\frac{12}{30}$	$\frac{13}{30}$	$\frac{9}{30}$	$\frac{7}{30}$	$\frac{30}{30}$	$\frac{3}{30}$	$\frac{1}{30}$

从表 6-17 可以看出，从多样性来看，IMOHS 算法的多样性较差，但从运行效率和收敛性方面来看，IMOHS 算法的效果要明显好于其他三种经典算法的效果，综合来看，IMOHS 算法的效果最好。

通过以上两个实例证明，在求解多目标装配序列规划问题时，从运行效率、收敛性和多样性三方面综合效果来看，IMOHS 算法要明显好于 MOCell、SPEA2 以及 NSGA-Ⅱ。

6.4　本章小结

本章提出了针对装配序列规划问题的改进和声搜索算法。首先提出一种面向装配序列规划问题的和声编码方式，然后引入 LPV 规则实现了和声向装配序列的转化，成功地将和声搜索算法引入到装配序列规划领域，接着对传统和声搜索算法进行了改进，提高了算法的全局搜索能力和局部搜索能力；最后通过实例验证了装配建模的正确性和可靠性以及改进和声搜索算法的有效性和优越性。在此基础上,针对装配序列规划问题进行多目标优化研究,提出了一种改进的多目标和声搜索(IMOHS)算法。针对装配体的稳定性、装配方向的改变次数、装配工具的变化次数以及装配序列工艺优先关系四个目标函数,利用改进和声搜索算法进行多目标装配序列优化。通过实例证明了 IMOHS 算法在综合收敛性、多样性以及运行效率三个方面,要明显优于其他经典的多目标优化方法——MOCell、SPEA2、NSGA-Ⅱ。

参考文献

Cheng Y M, Li L, Chi S C, 2007. Performance studies on six heuristic global optimization methods in the location of critical slip surface[J]. Computers and Geotechnics, 34(6): 462-484.

Cheng Y M, Li L, Lansivaara T, et al., 2008. An improved harmony search minimization algorithm using different slip surface generation methods for slope stability analysis[J]. Engineering Optimization, 40(2): 95-115.

Degertekin S O, 2008. Optimum design of steel frames using harmony search algorithm[J]. Structural and Multidisciplinary Optimization, 36(4): 393-401.

Erdal F, Saka M P, 2008. Effect of beam spacing in the harmony search based optimum design of grillages[J]. Asian Journal of Civil Engineering, 9(3): 215-228.

Gao X Z, Wang X, Ovaska S J, 2008. Modified harmony search methods for uni-modal and multi-modal optimization[C]. Eighth International Conference on Hybrid Intelligents Systems, IEEE: 65-72.

Geem Z W, Hwangbo H, 2006. Application of harmony search to multi-objective optimization for satellite heat pipe design[C]. Teaneck: Proceedings of 2006 US-Korea Conference on Science, Technology, & Entrepreneurship.

Geem Z W, Kim J H, Loganathan G V, 2001. A new heuristic optimization algorithm: harmony search[J]. Simulation, 76(2): 60-68.

Geem Z W, Lee K S, Park Y, 2005. Application of harmony search to vehicle routing[J]. American Journal of Applied Sciences, 2(12): 1552.

Geem Z W, 2006. Optimal cost design of water distribution networks using harmony search[J]. Engineering Optimization, 38(03): 259-277.

Geem Z W, 2007. Optimal scheduling of multiple dam system using harmony search algorithm[C]. Berlin: International Work Conference on Artifical Neural Networks.

李亮,迟世春,褚雪松,2006. 基于修复策略的改进和声搜索算法求解土坡非圆临界滑动面[J]. 岩土力学,27(10): 1714-1718.

李亮,迟世春,林皋,等,2007. 利用潘家铮极值原理与和声搜索算法进行土坡稳定分析[J]. 岩土力学,28(1): 157-162.

Mahdavi M, Fesanghary M, Damangir E, 2007. An improved harmony search algorithm for solving optimization problems[J]. Applied Mathematics and Computation, 188(2): 1567-1579.

Omran M G H, Mahdavi M, 2008. Global-best harmony search[J]. Applied Mathematics and Computation, 198(2): 643-656.

Pan Q K, Fatih Tasgetiren M F, Liang Y C, 2008. A discrete particle swarm optimization algorithm for the no-wait flowshop scheduling problem[J]. Computers & Operations Research, 2008, 35(9): 2807-2839.

Coelho L D S, Bernert D L D A, Mariani V C, 2009. A Harmony Search Algorithm Combined with Differential Operator Applied to Reliability-Redundancy Optimization [J]. Proceedings of the IEEE International Conference on Systems: 5215-5219.

Santos Coelho L, de Andrade Bernert D L, 2009. An improved harmony search algorithm for synchronization of discrete-time chaotic systems[J]. Chaos, Solitons & Fractals, 41(5): 2526-2532.

Storn R, Price K, 1995. Differential evolution: a simple and efficient adaptive scheme for global optimization over continuous spaces[R]. Tech. Rep. TR-95-012, ICSI, USA.

Tizhoosh H R, 2005. Opposition-based learning: a new scheme for machine intelligence[C]. International Intelligence of Computational Intelligence for Modelling, Control and Automation and International Conference on Intelligent Agents, Web Technologies and Internet Commerce. IEEE, 1: 695-701.

Zhao P J, 2010. A hybrid harmony search algorithm for numerical optimization[C]. 2010 International Conference on Computational Aspects of Social Network, IEEE: 255-258.

第二部分

车间调度的智能算法

第7章 布谷鸟算法及其在流水车间调度中的应用

7.1 布谷鸟算法的基本原理

7.1.1 布谷鸟算法

通过模拟自然界中生物的群体行为来解决计算问题已经成为目前的研究热点,并在此基础上形成了以群体智能为核心的算法理论体系(Kennedy et al.,2001; Bonabeau et al.,1999)。近年来,越来越多的新兴元启发式算法开始出现并被广泛应用于实际优化问题。例如,粒子群优化(particles swarm optimization,PSO)算法是受鸟群的觅食行为启发而提出的(Kennedy,1997);萤火虫算法(Firefly Algorithm,FA)则是受热带萤火虫的闪光模式启发而来(Yang,2008)。这些元启发式算法已经被应用到包括NP-难问题(如旅行商问题)等各类优化问题中(Blum et al.,2003; Kennedy et al.,2001)。

元启发式算法的高效性,源于它们通过模仿自然界中生物群体中个体之间的合作与竞争等复杂行为而产生的群体智能。生物界这些复杂的自然现象是通过长达数百万年经过自然选择进化而来,这些现象的两个重要特点分别是自然选择的优胜劣汰和对环境的适应性。这两个现象可以类比为元启发式算法的两个关键特点:聚集性和多样性。聚集性表现为在最优解附近搜索并选择最佳的候选解,多样性则是确保算法在搜索空间中能有效搜索的特性。

布谷鸟算法(cuckoo search,CS)是由英国学者Yang和Deb于2009年在群体智能技术的基础上提出的一种新型元启发式算法(Yang et al.,2009,2010,2013)。该算法的思想是基于布谷鸟的巢寄生行为以及鸟类的Lévy飞行行为(Pavlyukevich,2007)。为了简单地描述布谷鸟算法,利用以下3条理想化规则对其阐述:

(1) 每只布谷鸟每次随机选择一个巢并产生一个卵;

(2) 具有最高质量卵的巢保留至下一代;

(3) 可选择巢的数量是固定的,并且布谷鸟卵被原巢主鸟发现的概率为

$p_a \in (0,1)$，在这种情况下，原来的鸟将布谷鸟的卵扔掉或者丢弃现有的巢，为了简单起见，假定 n 个巢中 p_a 部分被新的巢(新解)替代。

在布谷鸟算法中，每个巢中的卵代表一个解，布谷鸟的卵代表新解，目标是利用新解或者潜在的优解代替巢中的劣解。算法可以拓展得更加复杂，如一个巢中有多个卵代表一群解。本章中，采用最简单的方式，即一个巢中仅包含一个解。这样，卵、巢以及布谷鸟本质上是一致的概念，都表示算法中的解。

布谷鸟算法自提出之后引起了许多学者的关注，并在许多优化问题上得到了应用：

(1) 在工程设计领域，布谷鸟算法对于一系列连续优化问题如弹簧设计和焊接梁设计等问题有着优于其他算法的性能。Vazquez 利用布谷鸟算法训练脉冲神经网络模型(Vazquez，2011)，Chifu 等人利用布谷鸟算法优化语义 Web 服务组合流程(Chifu et al.，2012)，Bhargava 等人在求解复杂相平衡问题中，用布谷鸟算法获得了可靠的热力学计算(Bhargava et al.，2013)。

(2) 在组合优化问题方面，Tein 和 Ramli 针对护士调度问题提出了离散化的布谷鸟算法(Tein et al.，2010)，布谷鸟算法还成功地应用于软件测试中数据生成程序问题独立路径的产生。Speed 修改了 CS 算法并成功应用于处理大规模问题(Speed，2010)。Moravej 和 Akhlaghi 用 CS 算法研究了分布式网络中的 DG 分配问题(Moravej et al.，2013)。

(3) 对于多目标问题的研究，Yang 和 Deb 针对工程应用提出了多目标 CS 算法(Yang et al.，2013)，Chandrasekaran 和 Simon 则利用 CS 算法针对多目标调度问题取得了很好的效果(Chandrasekaran et al.，2012)。

综上所述，虽然布谷鸟算法于 2009 年才被提出，但已经被成功应用于多个领域的优化问题中，布谷鸟算法可以求解大部分优化问题(或是可以转化为优化问题进行求解的问题)。

7.1.2 Lévy 飞行

Lévy 飞行是一种典型的随机游走机制，它表示一类非高斯随机过程，并且与 Lévy 稳定分布有关。它的平稳增量服从 Lévy 稳定分布。在概率论中，Lévy 稳定分布是一种连续概率分布，最初由法国数学家 Paul Pierre Lévy 提出(Lévy，1937)。Lévy 稳定分布用尺度 σ、特征指数 α、位移 μ 以及偏度参数 β 来表示。可以采用其特征函数 $\varphi(t)$ 的连续傅里叶变换来定义 Lévy 分布(Alexei et al.，2008)：

$$\begin{aligned} p_{\alpha,\beta}(k;\mu,\sigma) = F\{p_{\alpha,\beta}(x;\mu,\sigma)\} &\equiv \int_{-\infty}^{\infty} \mathrm{e}^{\mathrm{i}kx} p_{\alpha,\beta}(x;\mu,\sigma)\mathrm{d}x \\ &= \exp\left[\mathrm{i}\mu k - \sigma^{\alpha} \ |k|^{\alpha}\left(1 - \mathrm{i}\beta \frac{k}{|k|}\bar{\omega}(k,\alpha)\right)\right]。 \end{aligned} \tag{7-1}$$

其中：$\tilde{\omega}(k,\alpha)=\begin{cases}\tan\dfrac{\pi\alpha}{2}, & \alpha\neq 1, 0<\alpha<2,\\ -\dfrac{2}{\pi}\ln|k|, & \alpha=1。\end{cases}$

Lévy 稳定分布的概率密度函数 $p_{\alpha,\beta}(x)$ 没有统一形式，在三种特殊情况下，$p_{\alpha,\beta}(x)$ 可用以下基本函数来表示：

(1) 高斯分布：当 $\alpha=2$ 时，

$$p_2(x)=\frac{1}{\sqrt{4\pi}}\exp\left(-\frac{x^2}{4}\right)。\tag{7-2}$$

因为 $\tan\pi=0$，故高斯分布中 β 与其无关。

(2) 柯西分布：当 $\alpha=1,\beta=0$ 时，

$$p_{1,0}(x)=\frac{1}{\pi(1+x^2)}。\tag{7-3}$$

(3) Lévy 分布：当 $\alpha=\frac{1}{2},\beta=1$ 时，

$$p_{1/2,1}(x)=\begin{cases}\dfrac{1}{\sqrt{2\pi}}x^{-\frac{3}{2}}\exp\left(-\dfrac{1}{2x}\right), & x\geqslant 0,\\ 0, & x<0。\end{cases}\tag{7-4}$$

Lévy 飞行的跳跃步长分布的概率密度函数 $\lambda(x)$ 衰减如下：

$$\lambda(x)\approx|x|^{-1-\alpha},\quad 0<\alpha<2。\tag{7-5}$$

图 7-1 是 Lévy 飞行的运动轨迹示意图。从图 7-1 可以看出，由于 Lévy 飞行的二阶矩发散，因此其运动过程总是在较小聚集情形下发生很大的跳跃(胡超，2011)。

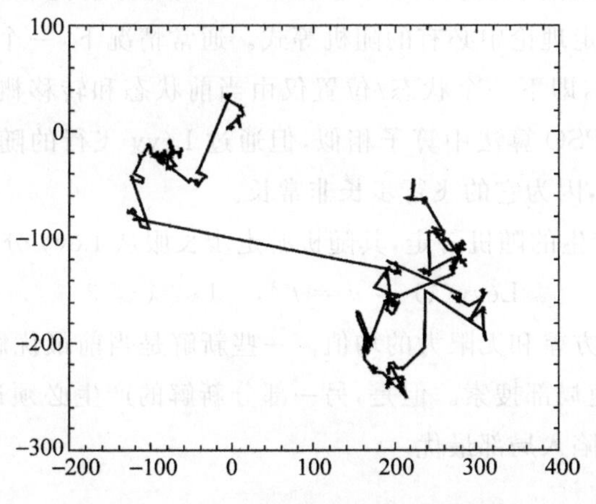

图 7-1　Lévy 飞行的运动轨迹示意图

7.1.3 布谷鸟算法的基本理论框架

布谷鸟算法的基本思想是基于布谷鸟的巢寄生行为以及鸟类的 Lévy 飞行行为，在算法中，利用 Lévy 飞行更新解，这样算法具有非常强的全局搜索能力，同时，根据巢寄生行为原巢主发现布谷鸟蛋的思想，对一部分解进行丢弃并进行更新。算法的伪代码如图 7-2 所示。

```
begin
    目标函数f(x), x = (x1, ··· , xd)^T
    初始化种群，产生n 个巢xi (i = 1, 2, ···, n)
    while(t < 最大迭代次数或终止条件)
        布谷鸟通过Lévy飞行产生一个新解并评价适应度值 fi
        随机选择一个巢j
        if (fi > fj)
            用新解替代 j
        end
        丢弃一部分劣解 (pa) 并建立新解
        保留最优解
        对解进行排序并找到当前最优解
    end while
    结果显示
end
```

图 7-2 布谷鸟算法伪代码

当布谷鸟 i 产生一个新解 x_i^{t+1} 时，执行一次 Lévy 飞行：

$$x_i^{t+1} = x_i^t + \alpha \oplus \text{Lévy}(\lambda), \tag{7-6}$$

其中，α 为步长，根据问题的规模而定，且 $\alpha>0$，大部分情况下，可以取 $\alpha=1$。以上等式是随机游走理论中必有的随机等式。通常情况下，一个随机游走是一个马尔可夫链过程，即下一个状态/位置仅由当前状态和转移概率决定。$\oplus$表示乘法算子，这与 PSO 算法中算子相似，但通过 Lévy 飞行的随机游走来探索搜索空间更加有效，因为它的飞行步长非常长。

Lévy 飞行产生的随机游走，其随机游走步长服从 Lévy 分布：

$$\text{Lévy}(\lambda) \sim u = t^{-\lambda}, \quad 1 < \lambda \leqslant 3。\tag{7-7}$$

它具有无限大的方差和无限大的均值。一些新解是当前最优解通过 Lévy 飞行产生，这可以加速局部搜索。但是，另一部分新解的产生必须远离当前最优解，以保证系统不会陷入局部最优。

7.2 改进的布谷鸟算法

7.2.1 教学优化算法

教学优化(teaching-learning-based optimization,TLBO)算法是由 Rao 等人于 2011 年提出的一种基于教学互动过程的群体智能算法(Rao et al.,2011,2012)。由于 TLBO 算法在整个搜索过程中不需要算法参数,因此,算法的收敛速度较快,但 TLBO 算法在某些难以优化的问题中容易陷入局部最优。

在教学优化算法中,一群学生被假想成一个种群,而不同的设计变量看成是学生所需要学习的不同学科,学生的学习成绩类比成优化问题中的适应度值。在整个种群中,最好的解被看成是这个种群的教师。整个 TLBO 算法分成两个部分:teacher phase 和 learner phase。

1. Teacher phase

这是算法的第一个部分:学生向教师学习的过程。这个过程中,教师尝试将整个班级的平均值提高到他自己的水平(T_A),实际中不可能将整个班级的平均值提高到 T_A,但可以通过他的努力使得班级的平均值从 M_1 增加到 M_2,假设 M_j 为平均值,T_i 为第 i 次迭代过程中的教师。这样新的平均值与原来的平均值之间的差距通过以下公式计算获得:

$$\text{Difference\_Mean}_i = r_i(M_{\text{new}} - T_F M_i), \tag{7-8}$$

其中,r_i 为在 0 和 1 之间的随机数。M_{new} 为教师水平,即 $M_{\text{new}} = T_i$,T_F 是教学因子,决定着平均值的改变,有以下公式决定:

$$T_F = \text{round}[1 + \text{rand}(0,1)\{2-1\}]。\tag{7-9}$$

在 Difference_Mean 的基础上,就可以更新当前解:

$$X_{\text{new},i} = X_{\text{old},i} + \text{Difference\_Mean}_i。\tag{7-10}$$

2. Learner phase

这是算法的第二个部分:学生通过相互之间的交流增加自身的知识。一个学生通过随机选择另外的学生交流并提高自己的知识水平。

在算法的每次迭代过程中,假设第 i 次迭代两个不同的学生 X_i 和 X_j,且 $i \neq j$。

$$\begin{cases} X_{\text{new},i} = X_{\text{old},i} + r_i(X_i - X_j), & f(X_i) < f(X_j), \\ X_{\text{new},i} = X_{\text{old},i} + r_i(X_j - X_i), & f(X_j) < f(X_i)。\end{cases} \tag{7-11}$$

如果 X_{new} 比 X_{old} 好，则接受新解 X_{new}。

TLBO 算法的步骤如下：

步骤 1：初始化种群，确定优化问题的设计变量；

步骤 2：选择当前种群最优解设定为教师，并计算种群的平均值；

步骤 3：根据公式(7-8)计算当前解和最优均值的差距；

步骤 4：根据公式(7-10)更新学生的知识(即当前解)；

步骤 5：根据公式(7-11)更新当前解；

步骤 6：重复步骤 2～步骤 5，直至满足终止规则。

7.2.2 基于教学优化机制的改进布谷鸟算法

布谷鸟算法是在布谷鸟的巢寄生行为基础上，结合 Lévy 飞行理论所提出的新的群体智能算法。Yang 和 Deb(2013)做了一系列数值实验，但他们所做的实验均是小规模实验，不太适用于计算消耗大的优化问题，而且在布谷鸟算法中，算法的搜索完全依靠随机游走，这使得算法在寻优过程中消耗过多的计算量，这样就不能保证算法的快速收敛性。

优化算法的高效性意味着该算法有着很强的全局搜索性能、很快的收敛速度以及适用于求解大部分领域的优化问题。因此，针对布谷鸟算法收敛速度较慢的问题对其进行改进，以提高算法的收敛速度。针对布谷鸟算法和 TLBO 算法各自的特点，在布谷鸟算法的基础上，结合 TLBO 算法的机制，本章提出改进布谷鸟算法，使得算法保持布谷鸟算法原有的全局搜索性能，同时使得算法的收敛速度有所加快。

图 7-3 是提出的 TLCS(teaching-learning-based cuckoo search)算法的伪代码。

首先初始化种群与算法的基本参数，然后根据解的适应度值将种群分成两部分，对其中较好的一部分执行 Lévy 飞行，另外一部分则利用教学优化机制进行更新，接着对种群中一部分劣解根据变异概率进行变异，最后再计算种群中的适应度值，重复以上过程进行迭代直至算法终止。

在算法的整个框架中，算法主要包括两个部分：布谷鸟算法中丢弃的那部分解会通过 Lévy 飞行更新；对于其余的较优解，则通过 TLBO 算法增强局部搜索。这样，算法既保留了布谷鸟算法的强全局搜索性能，同时增强了算法的局部搜索能力，加快了算法的收敛速度。

```
初始化种群中的 n 个解 x_i (i = 1, 2, …, n)
while (t < 最大迭代次数) or (算法终止规则)
    for 劣解种群中的解 do
        对 x_i 执行Lévy flight 并产生新解 x_new,i
        x_i ← x_new,i
        f_i ← f_new,i
    end for
    for 优解种群中的解 do
        X_new,i = X_old,i + r_i(X_teacher - (T_F)Mean)
        Student-Learning-Process
        x_i ← x_new,i
        f_i ← f_new,i
    end for
    部分劣解 (p_a) 被丢弃并产生新解
    寻找种群中最优解
end while
输出最优解
```

图 7-3　TLCS 算法伪代码

7.3　基于 TLCS 的流水车间调度方法

7.3.1　置换流水车间调度问题

车间调度被广泛应用于实际生产，是制造系统中一个非常重要的环节，对车间执行调度优化可以很大程度提高企业的实际效益。调度问题是先进制造系统中常见的优化问题，对该问题的研究具有重要的实际意义。对算法进行有效的构造以求解调度问题的研究，是智能制造领域一直以来的关键研究内容之一。然而，调度问题是非常难以求解的 NP-难的组合优化问题之一（Garey et al.，1976）。

流水车间调度问题（flow-shop scheduling problem，FSP）是一类典型的车间调度问题，该问题是由实际流水线车间调度问题简化而来，是车间调度系统中的一个重要子课题。自 Johnson 于 1954 年发表第一篇关于 FSP 的文章以来，FSP 引起了许多研究者的兴趣，并针对此问题提出了各种各样的求解方法（Jackek et al.，1996；Kolisch et al.，1999）。

本章针对置换流水车间调度问题的特点，引入合适的离散化机制，根据改进布谷鸟算法的基本思想，将 TLCS 算法应用于离散问题的求解，并利用目前一些著名的置换FSP标准测试问题对离散化的TLCS算法进行验证，为置换流水车间调度问题的群体智能求解方法提供了一个新的思路和选择。

流水车间调度问题定义为：m台机器要加工n个工件，每个工件需经过m道工序，且每个工件的工艺路线一样，每道工序要求不同机器，机器上工件的加工时间给定，用$t_{ij}(i=1,2,\cdots,n;\ j=1,2,\cdots,m)$表示。问题目标是确定$n$个工件在每台机器上的最优加工顺序，使从最先加工的工件开始加工到最后完工的工件加工结束时间最小。该问题有以下假设：

(1) 每个工件在机器上加工顺序给定；

(2) 每台机器同时只能加工一个工件；

(3) 一个工件不能同时在不同机器上加工；

(4) 工件之间无优先级；

(5) 工序的准备时间与顺序无关，且包含在加工时间中；

(6) 工件在每台机器上加工顺序相同且确定。

令$c(j_i,k)$表示工件j_i在机器k上加工完工时间，$\{j_1,j_2,\cdots,j_n\}$表示工件调度，n个工件、m台机器的流水车间调度问题的完工时间可表示为

$$c(j_1,1)=t_{j_1,1},\tag{7-12}$$

$$c(j_1,k)=c(j_1,k-1)+t_{j_1,k},\quad k=2,3,\cdots,m\tag{7-13}$$

$$c(j_i,1)=c(j_{i-1},1)+t_{j_i,1},\quad i=2,3,\cdots,n,\tag{7-14}$$

$$c(j_i,k)=\max\{c(j_{i-1},k),c(j_i,k-1)\}+t_{j_i,k},\quad i=2,3,\cdots,n;\ k=2,3,\cdots,m。\tag{7-15}$$

最大完工时间为

$$c_{\max}=c(j_n,m)。\tag{7-16}$$

调度目标就是确定$\{j_1,j_2,\cdots,j_n\}$，使得$c_{\max}$最小。

置换流水车间调度问题(permutation flow shop scheduling problem, PFSP)是流水车间调度问题的一个子问题，在其基础上增加了一个约束条件：每台机器上各工件的加工顺序相同，优化调度的目的是确定一个工件排序及每个工序的开始时间。

7.3.2 随机键的引入

为了便于对解直接进行数学意义上的操作，随机键编码方法被广泛应用到一些离散型的组合优化问题中(Kolisch et al.，1999)。考虑到随机键编码方式的易操作性，本章引入随机键对工件排序进行编码，并在此基础上利用提出的

TLCS 算法求解 PFSP。随机键的编码方式采用一串 0 到 1 之间的随机数来表示工件的顺序，如图 7-4 所示。

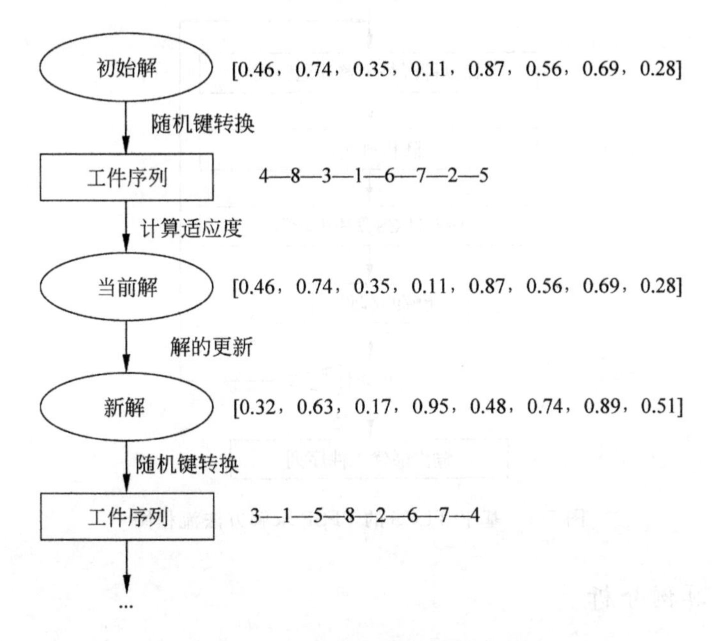

图 7-4　工件序列的随机键编码

如图 7-4 所示，初始解中一个包括有 8 个工件问题的工件序列利用随机数编码为：[0.46，0.74，0.35，0.11，0.87，0.56，0.69，0.28]。随机数序列位置 i 表示第 i 个工件，而位于位置 i 的随机数则表示第 i 个工件在随机数序列中的顺序。若将所有的随机数按照非减排列，得到以下序列：4—8—3—1—6—7—2—5，这种编码方式就可以消除 TLCS 算法在求解过程中的不可行解。

7.3.3　求解 PFSP 的 TLCS 算法流程

对于离散型的工件排序编码问题，采用随机键编码方式将其转换成连续性编码，这样就利于采用 TLCS 算法进行求解。算法搜索过程中，采用最大完工时间作为解的评价标准。

基于 TLCS 的调度问题求解方法流程图如图 7-5 所示。首先是初始化，初始化的过程包括随机初始化种群中全部的解和算法的基本参数，然后计算种群中每个解的适应度。接着采用随机键编码方式进行编码，然后根据 TLCS 机制搜索并对解进行更新，同时评价新解，循环迭代直至算法终止。

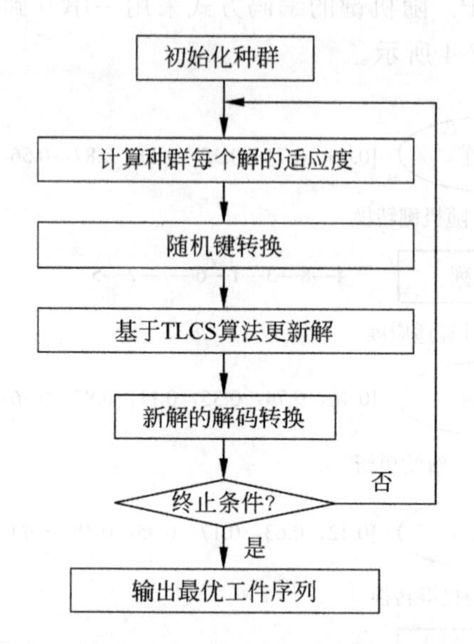

图 7-5 基于 TLCS 的 PFSP 求解方法流程图

7.3.4 算例分析

本章首先采用 29 个被广泛应用的 PFSP 标准测试问题(王晓娟,2007)对提出的 TLCS 算法进行测试,这 29 个问题主要分为两类：Car 问题系列(包括 8 个问题实例)和 Rec 问题系列(包括 21 个问题实例)。

实验中,为了同其他算法进行比较,以验证本章提出算法的性能,这里采用传统的 GA 和 NEH 算法进行比较分析,这里,GA 采用 LOX 交叉,变异概率 0.05,并对各问题独立运行 20 次,然后统计实验结果。

而对于 TLCS 算法,算法的种群数设为 30,算法最终的终止规则为达到 300 次迭代或连续 50 代内解未更新。同样对各问题独立运行 20 次。

这里,为了进行合理的比较,算法每次运行得到的 makespan(最大完工时间)的相对误差 RE 利用公式(7-17)计算：

$$\mathrm{RE}(\%) = 100 \times (\mathrm{makespan} - C^*)/C^*。\tag{7-17}$$

其中,C^* 表示问题实例的已知最优解。

表 7-1 是各算法对这 29 个问题实例进行优化结果统计。

这里 n,m 分别表示工件数和机器数,BRE 表示算法进行 20 次运行得到的相对误差的最小值,ARE 表示算法这 20 次运行得到的平均相对误差。

表 7-1　仿真统计结果比较

问题	n,m	C^*	TLCS 最优值	RE	BRE		ARE	
				NEH	GA	TLCS	GA	TLCS
Car1	11,5	7038	7038	0	0	0	0.27	0
Car2	13,4	7166	7166	2.93	0	0	4.07	1.47
Car3	12,5	7312	7312	1.79	1.19	0	2.9	1.21
Car4	14,4	8003	8003	0.39	0	0	2.36	0.85
Car5	10,6	7720	7720	4.24	0	0	1.46	1.23
Car6	8,9	8505	8505	3.62	0	0	1.86	1.09
Car7	7,7	6590	6590	6.34	0	0	1.57	0.98
Car8	8,8	8366	8366	1.09	0	0	2.59	1.02
Rec01	20,5	1247	1247	8.42	2.81	0	6.96	4.24
Rec03	20,5	1109	1111	6.58	1.89	0.18	4.45	1.85
Rec05	20,5	1242	1245	4.83	1.93	0.24	3.82	1.97
Rec07	20,10	1566	1566	5.36	1.15	0	5.31	3.53
Rec09	20,10	1537	1447	6.77	3.12	0.65	4.73	3.87
Rec11	20,10	1431	1445	8.25	3.91	0.98	7.39	3.90
Rec13	20,15	1930	1937	7.62	3.68	0.36	5.97	4.76
Rec15	20,15	1950	1964	4.92	2.21	0.72	4.29	3.65
Rec17	20,15	1902	1920	7.47	3.15	0.95	6.08	5.42
Rec19	30,10	2093	2140	6.64	4.01	2.25	6.07	5.83
Rec21	30,10	2017	2046	4.56	3.42	1.44	6.07	3.02
Rec23	30,10	2011	2045	10.0	3.83	1.69	7.46	5.85
Rec25	30,15	2513	2545	6.96	4.42	1.27	7.20	5.80
Rec27	30,15	2373	2399	8.51	4.93	1.10	6.85	5.80
Rec29	30,15	2287	2310	5.42	6.21	1.40	8.48	6.99
Rec31	50,10	3045	3131	10.28	6.17	2.50	8.02	6.34
Rec33	50,10	3114	3140	4.57	3.08	0.83	5.12	3.65
Rec35	50,10	3277	3277	5.01	1.46	0	3.30	2.28
Rec37	75,20	4890	5073	7.80	6.56	3.75	8.72	8.12
Rec39	72,20	5043	5171	7.71	6.39	2.54	7.57	7.14
Rec41	75,20	4910	5200	9.58	7.42	5.91	8.92	8.35

从表 7-1 可以看出，使用 TLCS 算法求解 Car 系列问题实例时，算法可以全部搜索到 makespan 目前的已知最优解。在求解 Rec01-Rec41 问题时，对于问题 Rec07 和 Rec35，算法也可以搜索到目前已知的最优 makespan，而对于其他的 Rec 问题实例，算法搜索到的最优 makespan 要大于目前已知最优解。

与 GA 和 NEH 算法相比，对于所有问题实例，TLCS 算法搜索到的最优 makespan 要优于 GA 搜索得到的解，同时，TLCS 算法对于绝大部分问题要优于 NEH 算法，这表明本章提出的 TLCS 算法对于 PFSP 的搜索效率和稳定性方面均要优于 GA 和 NEH 算法。

为了进一步验证 TLCS 算法的有效性，本章选取了 Taillard 标准问题集对提出的 TLCS 算法进行测试。同时为了同其他算法进行比较，利用%IOO 和时间作为评价算法优劣的评价标准，这里，通过公式(7-18)计算。

$$IOO(\%) = (Heu_{sol} - Opt_{sol})/Opt_{sol} \times 100, \quad (7\text{-}18)$$

其中，Heu_{sol} 表示算法对某问题实例的求解结果，Opt_{sol} 则表示求解问题实例的最优 makespan。IOO 表示算法运行的解同求解问题实例的最优 makespan 的相对偏差(Ruiz et al.，2005)。运行算法的计算机配置情况：处理器为 Intel(R) Core(TM)2，主频是 1.66G，内存是 2GB。

表 7-2 展示了 TLCS 算法的测试结果与其他方法的对比结果。表中给出了 Taillard 标准问题集中 9 个实例的平均值，其中 t 表示算法求解时间，以秒为单位。

表 7-2 不同算法对 Taillard 实例测试结果比较

问题	NEH	GAChen		GAReev		TLCS	
	IOO	IOO	t(s)	IOO	t(s)	IOO	t(s)
20×5	3.35	3.82	<0.5	0.70	1.08	0.70	0.31
20×10	5.02	4.89	<0.5	1.92	1.17	1.37	0.38
20×20	3.73	4.17	0.60	1.53	1.35	0.98	0.45
50×5	0.84	2.09	0.77	0.26	1.82	0.21	0.52
50×10	5.12	6.60	1.00	2.58	2.08	2.43	0.96
50×20	6.20	8.03	1.45	3.76	2.53	3.22	1.40
100×5	0.46	1.32	1.79	0.18	3.97	0.18	0.98
100×10	2.13	3.75	2.26	1.08	4.49	0.96	1.76
100×20	5.11	7.94	3.24	3.94	5.54	3.79	2.91

表 7-2 中，GAChen(Chen et al.，1995)和 GAReev(Reeves et al.，1998)分别表示已有文献中的求解方法。从表 7-2 可以看出，基于 TLCS 的流水车间调度算法比 NEH 求解的相对误差小，计算时间也要小于 NEH 算法和另外两种基于 GA 的调度算法，同时算法运行优化的结果也要优于这两种算法。图 7-6 给出了以上几种不同算法对于 Taillard 问题实例集的搜索解的相对误差性能的比较。

从图 7-6 可以看出，基于 TLCS 的流水车间调度算法求解结果要优于 NEH，GAChen 和 GAReev 算法。同时也可以看出基于 TLCS 的调度算法对于规模较小的问题的优化结果较好，而当问题规模增大时，算法运行得到的最优 makespan 则要比目前已知最优解差一些，同时算法的运行时间也要增多，这说明了基于随机键编码方式还有进一步改进空间。

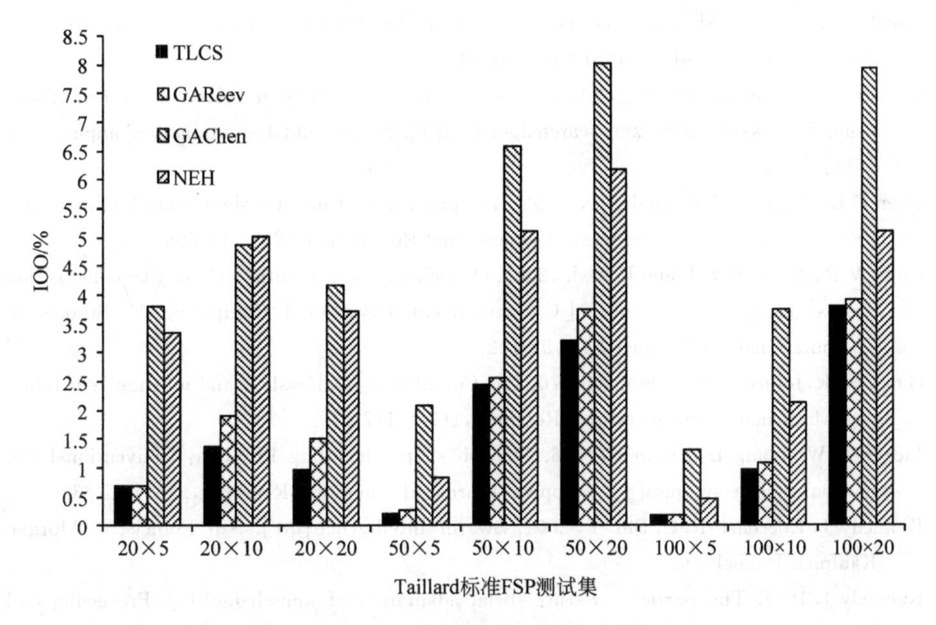

图 7-6 不同算法求解的相对误差性能比较

7.4 本章小结

本章主要介绍了布谷鸟算法的基本原理以及其解的更新机制,其次提出基于教学优化机制的改进布谷鸟算法。该算法既保留了布谷鸟算法的强全局搜索性能,也增强了算法的局部搜索能力,加快了算法的收敛速度。最后,在提出的改进布谷鸟算法的基础上,针对置换流水车间调度问题的特点,引入合适的离散化机制,将TLCS算法应用于离散问题的求解,并利用目前一些著名的流水车间调度标准测试问题对离散化的TLCS算法进行验证,结果表明本章提出的TLCS算法能有效求解置换流水车间调度问题。

参考文献

Alexei V C, Ralf M, Joseph K, et al., 2008. Introduction to the Theory of Lévy Flights[J]. Anomalous Transport: Foundations and Applications: 3-4.

Bhargava V, Fateen S, 2013. Cuckoo search: a new nature-inspired optimization method for phaseequilibrium calculations[J]. Fluid Phase Equilibria, 337: 191-200.

Blum C, Roli A, 2003. Metaheuristics in combinatorial optimization: Overview and conceptual comparison[J]. ACM Computing Surveys, 35(3): 268-308.

Bonabeau E, Dorigo M, Theraulaz G, 1999. Swarm Intelligence: From Natural to Artificial Systems[M]. Oxford: Oxford University Press.

Chandrasekaran K, Simon S P, 2012. Multi-objective scheduling problem: hybrid approach using fuzzy assisted cuckoo searchalgorithm[J]. Swarm and Evolutionary Computation, 5(1): 1-16.

Chen C L, Vempati V S, Aljaber N, 1995. An application of genetic algorithms for flow shop problems[J]. European Journal of Operational Research, 80(2): 389-396.

Chifu V R, Pop C B, Salomie I, et al., 2012. Optimizing the semantic web service composition process using cuckoo search [C]. Intelligent Distributed Computing V. Studies in Computational Intelligence, 382: 93-102.

Garey M R, Johnson D S, Sethi R, 1976. The Complexity of flowshop and jobshop scheduling [J]. Mathematics of Operations Research, 1(2): 117-129.

Jackek B, Wolfgang D, Erwin P, 1996. The job shop scheduling Problem: Conventional and new solution techniques[J]. European Journal of Operation Research, 93(1): 1-33.

Kennedy J, Eberhart R C, Shi Y, 2001. Swarm Intelligence[M]. San Francisco: Morgan Kaufman Publishers.

Kennedy J, 1997. The particle swarm: social adaptation of knowledge[C]. Proceedings of IEEE International Conference on Evolutionary Computation, Indianapolis, Indiana: 303-308.

Kolisch R, Hartmann S, 1999. Heuristic algorithms for solving the resourceconstrained project scheduling problem: classification and computational analysis[M]. Boston: Kluwer Academic Publishers.

Lévy P, 1937. Theorie de l'Addition des Variables Aléatoires[M]. Paris: Gauthier-Villars.

Moravej Z, Akhlaghi A, 2013. A novel approach based on cuckoo search for DG allocation in distribution network[J]. International Journal of Electrical Power & Energy Systems, 44(1): 672-679.

Pavlyukevich I, 2007. Lévy flights, non-local search and simulated annealing[J]. Journal of Computational Physics, 226(2): 1830-1844.

Rao R V, Savsani V J, Vakharia D P, 2011. Teaching-learning-based optimization: a novel method for constrained mechanical design optimization problems[J]. Computer Aided Design, 43(3): 303-315.

Rao R, Savsani V J, Vakharia D P, 2012. Teaching-learning-based optimization: an optimization method for continuous non-linear large scale problems[J]. Information Sciences, 183(1): 1-15.

Reeves C, Yamada T, 1998. Genetic algorithms, path relinking, and the flowshop sequencing problem[J]. Evolutionary Computation, 6(1): 45-60.

Ruiz R, Maroto C, 2005. A comprehensive review and evaluation of permutation flowshop heuristic[J]. European Journal of Operational Research, 165(2): 479-494.

Speed E R, 2010. Evolving a Mario agent using cuckoo search and softmax heuristics[C]. Games innovations conference (ICE-GIC): 1-7.

Tein L H, Ramli R, 2010. Recent advancements of nurse scheduling models and a potential path[C]. Proceedings of 6th IMT-GT conference on mathematics, statistics and its applications (ICMSA 2010): 395-409.

Vazquez R A, 2011. Training spiking neural models using cuckoo search algorithm[C]. IEEE congress on evolutionary computation (CEC2011): 679-686.

Yang X S, Deb S, 2009. Cuckoo search via Le'vy flights[C]. Proceedings of world congress on nature and biologically inspired computing (NaBIC 2009): 210-214.

Yang X S, Deb S, 2010. Engineering optimization by cuckoo search[J]. International Journal of Mathematical Modelling and Numerical Optimisation, 1(4): 330-343.

Yang X S, Deb S, 2013. Multiobjective cuckoo search for design optimization[J]. Computers & Operations Research, 40(6): 1616-1624.

Yang X S, 2008. Nature-Inspired Metaheuristic Algorithms[M]. Beckington: Luniver Press.

何霆，马玉林，杨海，2000. 车间生产调度问题研究[J]. 机械工程学报，36 (5)：97-102.

胡超，2011. 基于 Lévy Flight 的地震搜救模拟研究[D]. 北京：北京交通大学.

王晓娟，2007. 类电磁机制算法及其若干应用研究[D]. 武汉：华中科技大学.

第8章　类电磁机制算法及其在流水车间调度中的应用

8.1　类电磁机制算法的基本原理

8.1.1　类电磁机制算法

类电磁机制(electromagnetism-like mechanism,EM)算法由 Birbil 和 Fang 于 2003 年提出,是一种基于种群的元启发式全局优化算法(Birbil et al.,2003),起初用于求解无约束函数优化问题。该算法的基本思想是模拟电磁场中的吸引-排斥机制,较优的解吸引较差的解,较差的解排斥较优的解,促使所有解都朝比自己优的位置移动。这种思想来源于电磁理论中吸引与排斥机制,但两者又不完全相同,因此称之为类电磁机制算法。类电磁机制算法的原理简单,全局搜索能力较强,收敛性也已得到证明(Birbil et al.,2004)。

EM 算法既适合科学研究,又适合工程应用,从算法产生至今得到了迅速的推广。EM 算法从最初仅应用于函数优化,逐步拓展到其他优化领域。国际上已有学者将 EM 算法成功应用于项目管理(Tareghian et al.,2007)、电机设计(Tusar et al.,2007)、方程组求解(Birbil et al.,2003)、分式规划(Wu et al.,2008)、响应时间变动性(Garcia-Villori et al.,2010)、神经网络训练(Wu et al.,2004; Wu et al.,2005)等问题。

目前,EM 算法的应用已从连续优化扩展到离散优化问题,如旅行商问题、车辆路径规划、护士排班、集合覆盖、特征选择、调度等问题。Javadian 等(2008)提出了一种离散的二进制型 EM 算法,用于求解旅行商问题。Yurtkuran 等(2010)将 EM 算法用于求解车辆路径问题。Broos 等(2007)将 EM 算法用于求解护士排班问题。Su 等(2011)将 EM 算法与最近邻分类算法相结合用于特征选择与聚类。Chen 等(2007)将 EM 算法和遗传算法结合,并采用随机键编码方式,用于求解单机调度问题。Naderi 等(2010)将 EM 算法和模拟退火算法结合,成功地解决了流水车间调度问题。

可见，EM 算法在优化方面的应用日益显现，得到了国内外较多学者的关注。本章中将介绍一种离散化的 EM 算法，并将其应用于分布式置换流水车间调度问题。

8.1.2　类电磁机制算法的步骤

下面以非线性、无约束（变量有界）的最小化函数优化问题（min $f(x)$）为例，具体介绍 EM 算法的步骤。EM 算法由四个阶段构成，即粒子的初始化、计算每个粒子上的合力、沿合力方向移动粒子以及局部搜索。EM 算法流程图如图 8-1 所示。

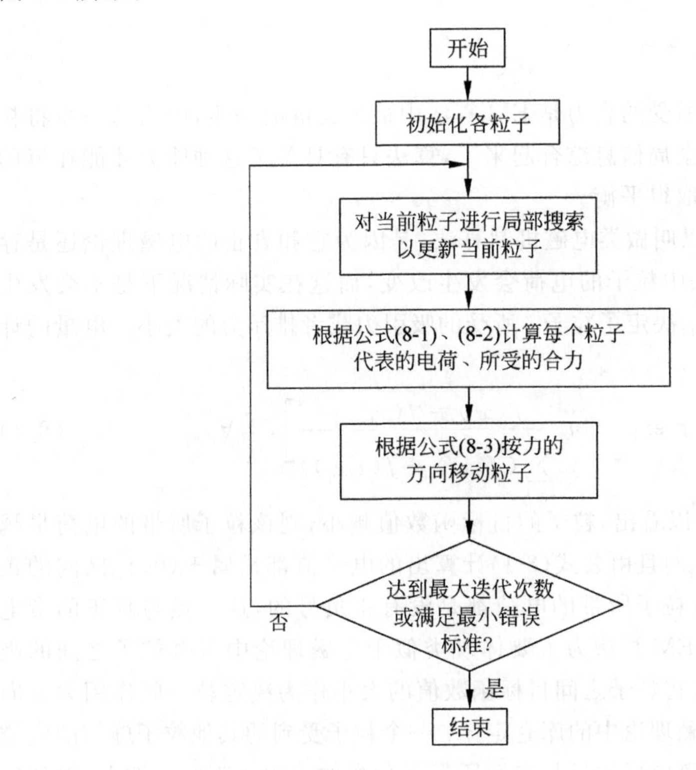

图 8-1　EM 算法的流程图

1. 初始化

初始化就是从已知可行域中随机取一定数量的点，然后在后面的步骤中以这些点为基础来进行更进一步的搜索。在这里，将初始粒子随机均匀地分布在可行域里，然后计算出每个粒子的目标函数值，并将目标函数值最优的粒子记为 x_{best}。

2. 局部搜索

局部搜索是用来改进种群已搜索到的解，在绝大多数随机搜索算法中，局部搜索都能为整个种群提供非常有效的局部信息。因此，对于 EM 算法来说，局部搜索起着很重要的作用，这样也能使算法达到最佳求泛（exploration）和求精（exploitation）能力的组合。

标准 EM 算法使用的局部搜索是最简单的线性搜索，对种群当前最优粒子 x_{best} 的每一维按照一定的步长进行搜索，一旦找到一个更好的解，则更新当前最优粒子。

3. 计算电量和合力

计算每个粒子所受的合力是 EM 算法中最为关键的一步，因为这一步将粒子所获得的局部与全局信息综合起来了，算法只有具备了这种能力才能在解的质量和求解时间上取得平衡。

EM 算法之所以叫做类电磁机制算法，是因为它和真正的电磁理论还是存在一定区别的，算法中粒子的电荷会发生改变，而这在实际情况下是不会发生的。粒子 i 的电量 q_i 决定了粒子 i 所受的吸引力或者排斥力的大小。电量的计算公式如下：

$$q_i = \exp\left[-n\frac{f(x_i)-f(x_{\text{best}})}{\sum_{k=1}^{m}(f(x_k)-f(x_{\text{best}}))}\right],\quad \forall i。\tag{8-1}$$

由公式(8-1)可以看出，粒子的目标函数值越小，则该粒子所带的电荷量越大，吸引力也越强。而且由公式(8-1)计算出的电量值都是属于(0,1]区间的正数，即算法种群中各粒子所带的电荷都是没有正负号的，这一点与真正的带电粒子有所不同。而 EM 算法为了要体现类似于电磁理论中带电粒子之间的吸引与排斥作用，算法将粒子之间目标函数值的大小作为决定粒子间作用力方向的标准。又根据电磁理论中的库仑定律：一个粒子受到的其他粒子施加的电磁力与粒子之间的距离成反比且与它们所带电荷数的乘积成正比。综上，得到作用在粒子 i 上的合力 F_i 的计算公式如下：

$$F_i = \sum_{j\neq i}^{m}\begin{cases}(x_i - x_j)\dfrac{q_i q_j}{\| x_i - x_j \|^2}, & f(x_j) < f(x_i),\\[2ex] (x_j - x_i)\dfrac{q_i q_j}{\| x_j - x_i \|^2}, & f(x_j) \geqslant f(x_i),\end{cases}\quad \forall i。\tag{8-2}$$

根据公式(8-2)，对于两个粒子而言，目标函数值较优的粒子将吸引另一个粒子，反之，目标函数值较差的粒子将排斥另一个粒子。也就是说在种群之中，任意两个粒子之间作用力的方向总是指向目标函数值较优的粒子。当前粒子所受合力的方向则是其他粒子对当前粒子所有的各个作用力的矢量和的方向。由于 x_{best} 是种群中目标函数值最小的粒子,因此它吸引着种群中的其他所有粒子,同时被其他所有粒子排斥。

4. 移动粒子

计算完合力向量 $\boldsymbol{F}_i$ 后,粒子 i 将沿着合力的方向以一个随机步长(如公式(8-3)中给出的)移动。该步长 λ 在[0,1]上均匀分布。

在公式(8-3)中,RNG 为一个向量,其分(向)量表示对应的朝上边界 u_k 或者下边界 l_k 移动的可行步长。另外,作用在每个粒子上的力都被“归一化”了,从而保证了移动的可行性。因此,粒子每一步移动的公式为

$$x_i = x_i + \lambda \frac{F_i}{\| \boldsymbol{F}_i \|}(\text{RNG}), \quad \forall i。 \tag{8-3}$$

这样每个粒子的位置就得到了更新,也就完成了 EM 算法的一次迭代。

8.2 基于离散 EM 算法的分布式置换流水车间调度方法

在第 7 章中,采用了随机键的方式将布谷鸟算法离散化,简单快捷,操作性强。但是这种转换方式也有缺点,它使离散空间的一个解将对应连续空间的无穷多个解,扩大了搜索空间,降低了算法效率。在本章中,将不再采用随机键的编码方式,而是直接采用离散序列的方式来编码,通过重新设计距离的计算方式和移动的方式对 EM 算法进行离散化,该方法可以使 EM 算法能更好地解决组合优化问题。本章中的离散化 EM 算法被应用来求解分布式置换流水车间问题。

8.2.1 分布式置换流水车间调度问题

分布式置换流水车间调度问题(distributed permutation flowshop scheduling problem,DPFSP)首先由 Naderi 和 Ruiz 于 2010 年提出。DPFSP 的定义如下:一个有 n 个加工流程相同的工件的集合在 F 个拥有 m 个机器的车间中进行加工,在满足 DPFSP 模型的相关假设的前提下,要找到一个优化某个特定指标(比如总生产时间、延迟工件、总延迟时间以及总加工时间等)的生产工件的车间分配以及车间内部工件生产的序列。DPFSP 模型的相关假设如下:

(1) 各个车间内具有相同的 m 台机器的集合,不同车间相同机器加工各个零件的加工时间相同;

(2) 同一工件在不同车间中的生产流程相同；

(3) 各个工件的生产流程相同；

(4) 各个工件一个时刻只能在一台机器上加工；

(5) 一个机器一个时刻只能加工一个工件；

(6) 所有工件被认定为非优先替代的(non-preemptive)，即当一个工件加工一旦开始，不会出现中途中断后生产其他工件的情况；

(7) 生产准备时间被算入工件的加工时间中，做调度决策时不考虑生产准备时间；

(8) 不限制存储量；

(9) 工件在每台机器上的加工顺序相同。

DPFSP 其实是一般化的 PFSP。考虑到当车间数为 1 的时候，分布式流水车间就变成了一般意义上的流水车间，分布式流水车间调度问题的可行解为

$$f_1(n,F) = \binom{n+F-1}{n+F} n!。$$

这里，只考虑以最大完工时间最小化为目标的 DPFSP。这样，最大完工时间的计算方法如下：

步骤 1：计算车间 k 的最大完工时间 $C_{\max}(k)$；

步骤 2：找出所有车间中最大的最大完工时间，即为 DPFSP 的目标函数值，如式(8-4)所示，

$$C_{\max} = \max\{C_{\max}(k) \mid k = 1,2,\cdots,F\}, \tag{8-4}$$

其中，$C_{\max}(k)$为车间 k 的最大完工时间，F 为总的车间数。

针对 DPFSP，文献(Naderi et al.,2010)在 Talliard 算例的基础上，提出了 DPFSP 的算例。本节将利用该算例进行测试和研究。

8.2.2 基于 path-relinking 的离散 EM 算法

1. 编码方式

在本节中的离散 EM 算法中将直接采用离散序列编码。例如，对于一个有 n 个工件 F 个工厂的 DPFSP，在迭代次数为 t 的第 i 个粒子可以表示为以下序列：

$$X(i,t) = \{x(1,t),\cdots,x(j,t),\cdots,x(n,t),x(n+1,t),\cdots,x(n+F-1,t)\},$$
$$1 \leqslant x(j,t) \leqslant n+F-1, x(j,t) \in \mathbf{Z},$$

且如果 $j \neq k$，则 $x(j,t) \neq x(k,t)$。$\mathbf{Z}$ 为整数集合。在这种编码表示中，$x(j,t)$

表示：当 $x(j,t)<n+1$ 时，$x(j,t)$ 个工件被分配在第 j 个位置上；当 $x(j,t)>n$ 时，$x(j,t)$ 表示不同工厂的分割点。以下示例将很好的说明这种编码方式。

给定一个5个工件、2个工厂的DPFSP的实例，其中一个解可表示为{1,2,6,3,5,4}。因为 $n=5$，第3个位置的值6表示这是一个不同工厂的分割点，这意味着工件1,2被分配到第一个工厂，而工件3,4,5被分配到第二个工厂。并且，与置换流水车间调度问题类似，在第一个工厂的工件加工顺序为1—2；在第二个工厂工件的加工顺序为3—5—4。其甘特图如图8-2所示。

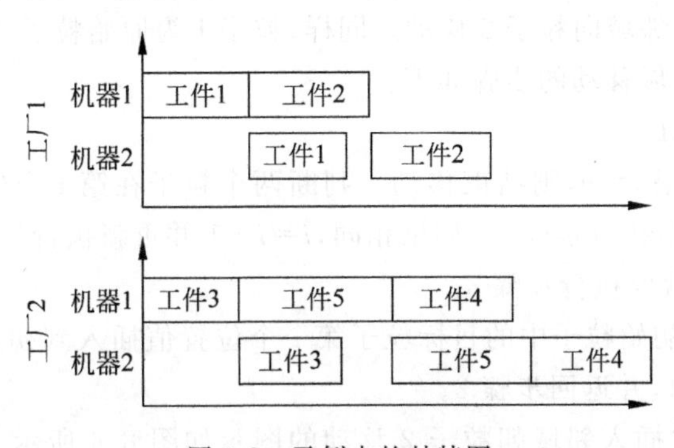

图8-2　示例中的甘特图

2. 在离散搜索空间的距离和移动

在该离散EM算法中，采用离散序列直接表示一个解。在原始EM算法中，一个粒子根据电磁力来进行移动。而两个粒子之间电磁力的大小由粒子的电量和距离决定。在离散空间中，需要定义新的距离计算方式与粒子移动的方式。

将两个粒子之间的距离定义为两个序列中位置相同值不同的位置个数。举例如下，有两个粒子，粒子1：{1,2,3,4,5}，粒子2：{1,3,4,5,2}。显然，在2,3,4,5位置上的值不同，故这两个粒子之间的距离为4。

从一个粒子向另一个粒子的移动操作是通过某种邻域结构来减少两个粒子之间的距离。在本节中讨论了两种邻域结构：插入邻域和交换邻域。这两种邻域将通过示例的方式介绍如下。

例如，有两个粒子，粒子1：{1,2,3,4,5}和粒子2：{1,3,4,5,2}。假定粒子1朝粒子2移动，我们将粒子1定义为初始粒子，粒子2定义为目标粒子。粒子1通过交换邻域朝粒子2移动的步骤如下：

步骤1：$i=1$。

步骤2：如果 $i=n$，则结束移动。判断两个粒子在第 i 个位置上的值是否相同。如果不同，执行步骤3；如果相同，$i=i+1$ 并重新执行步骤2。在该实例中，当 $i=2$ 时，将要执行步骤 3。

步骤 3：将初始粒子中第 i 个位置和目标粒子第 i 个位置值在初始粒子中的位置上两个值交换。$i=i+1$，并返回步骤 2。

粒子 1 通过交换邻域朝粒子 2 移动的图示如图 8-3 所示。左边为初始粒子 1，右边为目标粒子 2。经过 3 次交换后，粒子 1 和粒子 2 之间的距离变为 0，即粒子 1 和粒子 2 完全相同了。

又例如，有两个粒子，粒子 1：{1,2,3,4,5}和粒子 2：{5,3,2,1,4}。假定粒子 1 通过插入邻域向粒子 2 移动。同样，粒子 1 为原始粒子，粒子 2 为目标粒子。通过插入邻域移动的步骤如下：

步骤 1：$i=1$。

步骤 2：如果 $i=n$，则结束移动。判断两个粒子在第 i 个位置上的值是否相同。如果不同，执行步骤 3；如果相同，$i=i+1$ 并重新执行步骤 2。在该实例中，当 $i=1$ 时，就要执行步骤 3。

步骤 3：将初始粒子中的目标粒子第 i 个位置值插入到初始粒子中第 i 个位置上。$i=i+1$，并返回步骤 2。

粒子 1 通过插入邻域朝粒子 2 移动的图示如图 8-4 所示。左边为初始粒子 1，右边为目标粒子 2。经过 3 次插入后，粒子 1 和粒子 2 之间的距离变为 0，即粒子 1 和粒子 2 完全相同了。

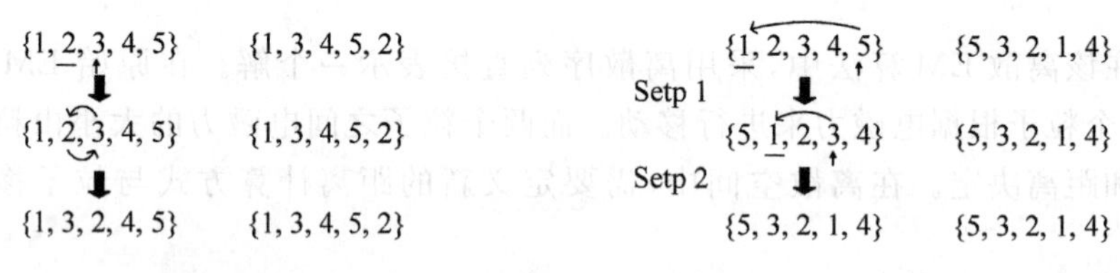

图 8-3 交换邻域移动图示　　图 8-4 插入邻域移动图示

3. 电量和合力的计算

在原始 EM 算法中，驱使粒子在搜索空间移动的力是由多个分力合成的合力。然而，在该离散 EM 算法中，不存在合力，而是粒子之间的分力直接驱使粒子移动。分力的计算也根据库仑定律，计算分力之前也需先计算电量。

在该离散 EM 算法中，将每个粒子 i 曾经获得过的最优解存储在它的记忆粒子 best_personal_memory 之中。电量的计算公式如下所示：

$$q^i = \mathrm{UP} \cdot \exp\left(-\frac{f(X^i) - f(\mathrm{best\_personal\_memory})}{f(\mathrm{best\_personal\_memory})}\right), \tag{8-5}$$

其中 $f(X^i)$是粒子 i 的目标函数值，$f(\text{best_personal_memory})$是最优记忆解的目标函数值，UP是用户设定的常数。上式保证了有较优目标函数值的粒子有较大的电量。

类似的，个体记忆解的电量值计算如下：

$$q_m^i = \text{UP} \cdot \exp\left(-\frac{f(\text{personal\_memory}^i) - f(\text{best\_personal\_memory})}{f(\text{best\_personal\_memory})}\right)。\tag{8-6}$$

其中 $f(\text{personal_memory}^i)$为个体记忆粒子 i 的目标函数值。

计算电量之后，粒子 j 对粒子 i 的作用力计算如下：

$$F = q^i q^j \frac{\text{Dis}-1}{\text{Dis}}。\tag{8-7}$$

其中，Dis 表示粒子 i 与粒子 j 之间的距离。

类似地，粒子 i 与其记忆粒子 i 之间的作用力计算如下：

$$F = q^i q_m^i \frac{\text{Dis}-1}{\text{Dis}}。\tag{8-8}$$

其中，Dis 表示粒子 i 与记忆粒子 i 之间的距离。

4. 算法构架

在图8-5的伪代码中，POP是粒子的总数。Move_fast(快速移动)和 Move_

```
初始化各粒子和个体记忆解
While 终止准则没有满足
 For i=1:POP
 For j=1:POP
   计算出粒子 i 和粒子 j 之间的距离
   计算出粒子 j 作用在粒子 i 上的力
   Move_fast(粒子 i、粒子 j、合力、距离)
   计算粒子 i 和个体记忆解 i 之间的距离
   计算个体记忆粒子 i 作用在粒子 i 上的力
   Move_slow(粒子 i、个体记忆解 i、合力、距离)
  End For
  If rand()<PROBMU
  If rand()>0.5
   Mutation_1(粒子 i)
  Else
   Mutation_2(粒子 i)
 End for
 评价每个粒子的目标值
 在最优个体记忆粒子上进行Local search
End while
```

图8-5　离散EM算法伪代码

slow(慢速移动)是两种基于交换移动和插入移动的算子。Mutation_1 为随机按交换两个位置的值,Mutation_2 将随机产生两个位置之间的所有值逆转。在最优个体记忆解上执行的 Local search 将采用变邻域搜索(VNS)算法。

5. Move_fast 和 Move_slow 的伪代码

移动是减少两个粒子之间的距离的一种操作,也就是使一个粒子向另一个粒子靠近。在改进离散化 EM 算法中,采取两种基于 path-relinking 的移动方式:Move_fast 和 Move_slow。Move_fast 在当前粒子和种群中其他粒子中进行,在移动的过程中不计算适应度值;而 Move_slow 在当前粒子与它的记忆粒子中进行,每移动一步就计算一次适应度值,如果适应度值有改进则接受该移动,否则拒绝此次移动,最后将改进后的解存储在记忆粒子中。

Move_fast 的伪代码如图 8-6。

```
Move_fast(粒子 i, 粒子 j, 合力, 距离)
 If rand()>0.5
  For cound=1:distance
   If RAND<force
    基于交换移动从粒子 i 到粒子 j 移动一步
   End if
  End for
Else
For count=1:distance
 If RAND<force
  基于插入移动从粒子 i 到粒子 j 移动一步
 End if
End for
End if
```

图 8-6 Move_fast 的伪代码

Move_slow 的伪代码如图 8-7。

6. 局部搜索

为了提高离散 EM 算法的精度,在每一次迭代中对最优记忆粒子采用了一种变邻域搜索(VNS)的局部搜索方法。

在介绍基于变邻域搜索的局部搜索之前,需要介绍一下 DPFSP 中的关键工厂。在以最小化 makespan 的 DPFSP 中,每个工厂都有一个 makespan 来处理分配到该工厂的所有工件,该 makespan 被定义为 sub-makespan。DPFSP 的总

makespan 由有最大 sub-makespan 的工厂确定，该工厂就被定义为关键工厂。注意有可能存在多个关键工厂。基于关键工厂的存在，设计了邻域 1 和邻域 2。

```
If rand()>0.5
 For count=1:distance
  基于交换移动从粒子 i 到粒子 j 移动一步
  评价粒子 i
  If 粒子 i 的目标值得到了提高
   If 粒子 i 的目标值优于个体记忆解 i 的目标值
    更新个体记忆解 i
   End if
  Else
   取消基于交换移动的最后一步
  End if
 End for
Else
 For count=1:distance
  基于插入移动从粒子 i 到粒子 j 移动一步
  评价粒子 i
  If 粒子 i 的目标值得到了提高
   If 粒子 i 的目标值优于个体记忆解 i 的目标值
    更新个体记忆解 i
   End if
  Else if rand()>THRESHOLD
   取消基于插入移动的最后一步
  End if
 End for
End if
```

图 8-7　Move_slow 的伪代码

邻域 1：在关键工厂中的插入，如图 8-8 所示。

注意，FP 表示关键工厂中的第一个位置，LP 表示关键工厂中的最后一个位置。

邻域 2：在关键工厂中的交换，如图 8-9 所示。

在基于变邻域搜索中的局部搜索中，还采用了以下两种邻域：

邻域 3：插入邻域，如图 8-10 所示。

邻域 4：交换邻域，如图 8-11 所示。

在每一次迭代中，针对最优记忆粒子的基于变邻域局部搜索的伪代码如图 8-12 所示。

```
找到关键工厂
For i=FP:LP
  随机产生一个位置j
  将位置i插入到位置j上
  评价插入后得到的新的排列
  If 如果目标值没有得到提高
    取消插入
  Else
    找到关键工厂
  End if
End for
```

图 8-8 局部搜索邻域 1 的伪代码

```
找到关键工厂
For i=FP:LP
  随机产生一个位置j
  将位置i与位置j交换
  评价交换后得到的新的排列
  If 如果目标值没有得到提高
    取消交换
  Else
    找到关键工厂
  End if
End for
```

图 8-9 局部搜索邻域 2 的伪代码

```
For i=FP:LP
  随机产生一个位置j
  将位置i插入到位置j上
  评价插入后得到的新的排列
  If 如果目标值没有得到提高
    取消插入
  End if
End for
```

图 8-10 局部搜索邻域 3 的伪代码

```
For i=FP:LP
  随机产生一个位置j
  将位置i与位置j交换
  评价交换后得到的新的排列
  If 如果目标值没有得到提高
    取消交换
  End if
End for
```

图 8-11 局部搜索邻域 4 的伪代码

```
While 终止准则没有满足
  最优个体记忆粒子按邻域1执行局部搜索
  最优个体记忆粒子按邻域2执行局部搜索
  最优个体记忆粒子按邻域3执行局部搜索
  最优个体记忆粒子按邻域4执行局部搜索
  随机交换两个位置
End while
```

图 8-12 基于变邻域局部搜索的伪代码

8.2.3 实例验证

选取分布式流水车间调度问题进行了测试，测试数据来自 Naderia 标准实例库和 Taillard 标准实例库。实例结果如表 8-1 和表 8-2 所示。

表 8-1　Naderia 标准实例库测试得到的新解

实例	车间数	工件数	机器数	旧最优解	新最优解	实例	车间数	工件数	机器数	旧最优解	新最优解
Ta001_2	2	20	5	770	761	Ta007_5	5	20	5	445	442
Ta001_3	3	20	5	598	586	Ta008_2	2	20	5	745	740
Ta001_4	4	20	5	528	508	Ta008_3	3	20	5	590	583
Ta001_5	5	20	5	469	451	Ta008_4	4	20	5	499	497
Ta001_6	6	20	5	431	416	Ta008_5	5	20	5	468	459
Ta001_7	7	20	5	415	395	Ta008_6	6	20	5	424	419
Ta002_3	3	20	5	594	590	Ta009_3	3	20	5	594	589
Ta002_4	4	20	5	513	506	Ta009_4	4	20	5	500	419
Ta002_5	5	20	5	460	451	Ta009_5	5	20	5	443	442
Ta002_6	6	20	5	433	416	Ta009_6	6	20	5	413	412
Ta002_7	7	20	5	403	395	Ta009_7	7	20	5	401	387
Ta003_2	2	20	5	676	670	Ta010_2	2	20	5	672	655
Ta003_3	3	20	5	533	531	Ta010_3	3	20	5	531	523
Ta003_4	4	20	5	465	451	Ta010_4	4	20	5	463	447
Ta003_5	5	20	5	432	411	Ta010_6	6	20	5	379	378
Ta003_6	6	20	5	390	383	Ta010_7	7	20	5	368	363
Ta003_7	7	20	5	375	366	Ta011_3	3	20	10	905	901
Ta004_2	2	20	5	803	799	Ta011_4	4	20	10	809	799
Ta004_3	3	20	5	630	624	Ta011_6	6	20	10	710	702
Ta004_4	4	20	5	537	531	Ta011_7	7	20	10	699	683
Ta004_5	5	20	5	487	485	Ta012_2	2	20	10	1145	1143
Ta004_6	6	20	5	460	450	Ta012_3	3	20	10	961	952
Ta004_7	7	20	5	432	418	Ta012_4	4	20	10	881	855
Ta005_2	2	20	5	751	750	Ta012_5	5	20	10	808	792
Ta005_4	4	20	5	510	503	Ta012_6	6	20	10	754	745
Ta005_5	5	20	5	459	458	Ta012_7	7	20	10	724	723
Ta005_6	6	20	5	436	417	Ta013_2	2	20	10	1051	1028
Ta005_7	7	20	5	410	396	Ta013_3	3	20	10	872	862
Ta006_3	3	20	5	574	566	Ta013_4	4	20	10	792	771
Ta006_5	5	20	5	450	439	Ta013_5	5	20	10	731	724
Ta006_6	6	20	5	431	417	Ta013_6	6	20	10	703	700
Ta006_7	7	20	5	396	393	Ta013_7	7	20	10	688	672
Ta007_2	2	20	5	731	730	Ta014_3	3	20	10	796	794
Ta007_3	3	20	5	566	563	Ta014_4	4	20	10	720	700
Ta007_4	4	20	5	497	481	Ta014_5	5	20	10	657	654

续表

实例	车间数	工件数	机器数	旧最优解	新最优解	实例	车间数	工件数	机器数	旧最优解	新最优解
Ta014_7	7	20	10	601	591	Ta021_5	5	20	20	1348	1328
Ta015_2	2	20	10	1013	976	Ta021_6	6	20	20	1296	1281
Ta015_3	3	20	10	835	833	Ta021_7	7	20	20	1263	1257
Ta015_4	4	20	10	754	749	Ta022_3	3	20	20	1441	1395
Ta015_5	5	20	10	706	698	Ta022_4	4	20	20	1321	1319
Ta015_6	6	20	10	670	661	Ta022_5	5	20	20	1261	1259
Ta015_7	7	20	10	637	630	Ta023_2	2	20	20	1773	1760
Ta016_3	3	20	10	783	778	Ta023_3	3	20	20	1576	1538
Ta016_5	5	20	10	657	653	Ta023_4	4	20	20	1443	1436
Ta016_6	6	20	10	638	632	Ta023_5	5	20	20	1390	1365
Ta016_7	7	20	10	615	610	Ta023_6	6	20	20	1328	1324
Ta017_2	2	20	10	1029	1005	Ta024_3	3	20	20	1479	1473
Ta017_3	3	20	10	855	854	Ta024_4	4	20	20	1399	1380
Ta017_4	4	20	10	789	764	Ta024_5	5	20	20	1321	1313
Ta017_5	5	20	10	732	707	Ta024_6	6	20	20	1283	1277
Ta017_6	6	20	10	681	678	Ta025_2	2	20	20	1781	1738
Ta017_7	7	20	10	674	671	Ta025_3	3	20	20	1512	1507
Ta018_2	2	20	10	1083	1060	Ta025_4	4	20	20	1420	1409
Ta018_3	3	20	10	894	893	Ta025_5	5	20	20	1360	1320
Ta018_4	4	20	10	811	800	Ta025_6	6	20	20	1313	1300
Ta018_5	5	20	10	749	733	Ta025_7	7	20	20	1271	1263
Ta018_6	6	20	10	720	700	Ta026_3	3	20	20	1511	1493
Ta018_7	7	20	10	695	692	Ta026_4	4	20	20	1391	1384
Ta019_2	2	20	10	1063	1060	Ta026_5	5	20	20	1339	1314
Ta019_3	3	20	10	899	859	Ta027_2	2	20	20	1733	1714
Ta019_4	4	20	10	784	778	Ta027_3	3	20	20	1505	1499
Ta019_5	5	20	10	737	720	Ta027_4	4	20	20	1389	1380
Ta019_6	6	20	10	704	703	Ta027_5	5	20	20	1339	1318
Ta020_2	2	20	10	1117	1107	Ta027_6	6	20	20	1294	1265
Ta020_3	3	20	10	946	928	Ta028_2	2	20	20	1661	1652
Ta020_4	4	20	10	834	831	Ta028_3	3	20	20	1487	1458
Ta020_6	6	20	10	746	739	Ta028_4	4	20	20	1348	1346
Ta020_7	7	20	10	715	707	Ta028_5	5	20	20	1299	1284
Ta021_3	3	20	20	1509	1500	Ta028_6	6	20	20	1252	1247
Ta021_4	4	20	20	1406	1402	Ta029_2	2	20	20	1694	1688

续表

实例	车间数	工件数	机器数	旧最优解	新最优解	实例	车间数	工件数	机器数	旧最优解	新最优解
Ta029_3	3	20	20	1509	1491	Ta030_5	5	20	20	1289	1278
Ta029_4	4	20	20	1394	1392	Ta030_6	6	20	20	1235	1208
Ta029_5	5	20	20	1339	1330	Ta030_7	7	20	20	1201	1191
Ta029_6	6	20	20	1289	1279	Ta031_2	2	50	5	1436	1418
Ta029_7	7	20	20	1245	1240	Ta061_2	2	100	5	2846	2836
Ta030_4	4	20	20	1345	1329						

表 8-1 是用 Naderia 标准实例库测试的结果，对于这 720 个实例，离散 EM 算法可以找到 151 个更好解。表 8-2 是用 Taillard 标准实例库测试的结果，并将测试结果和基于随机键的 EM 算法进行了比较。表中 min，aver 和 max 分别代表最小相对误差、平均相对误差和最大相对误差。Taver 代表平均 CPU 时间。从表 8-2 可以看出，离散的 EM 算法在计算时间方面比基于随机键的 EM 算法要快，在误差方面也基本上都比基于随机键的 EM 算法要小。

表 8-2　离散 EM 算法和基于随机键的 EM 算法的比较

实例	最优解	n	m	基于随机键的 EM				离散 EM			
				min	aver	max	Taver/s	min	aver	max	Taver/s
Ta001_2	770	20	5	0.649	6.831	12.597	2.464	−1.169	1.338	4.416	1.655
Ta001_3	598	20	5	5.518	10.702	17.893	2.038	−2.007	1.848	5.853	1.437
Ta001_4	528	20	5	2.841	9.356	20.644	2.155	−3.788	0.350	6.629	1.424
Ta001_5	469	20	5	7.249	13.465	23.241	2.283	−3.838	0.725	7.036	1.412
Ta001_6	431	20	5	4.872	13.782	26.914	2.736	−3.480	2.378	9.977	1.431
Ta001_7	415	20	5	−2.169	11.554	22.410	2.576	−4.819	1.048	12.289	1.486
Ta011_2	1071	20	10	6.816	11.886	18.114	2.456	2.241	4.426	8.870	1.869
Ta011_3	905	20	10	7.403	12.243	21.768	2.126	−1.215	2.304	7.624	1.673
Ta011_4	809	20	10	8.282	15.087	21.508	2.381	−1.236	3.449	13.968	1.465
Ta011_5	747	20	10	5.756	14.518	23.427	2.101	0.803	4.578	12.718	1.524
Ta011_6	710	20	10	7.465	14.239	22.394	2.214	−1.127	5.324	10.563	1.461
Ta011_7	699	20	10	6.581	11.974	16.452	2.731	−2.289	3.541	13.448	1.562
Ta021_2	1723	20	20	3.482	7.139	12.072	2.530	−0.232	1.921	7.139	2.055
Ta021_3	1509	20	20	4.440	7.787	12.790	2.363	−0.596	1.806	7.025	1.904
Ta021_4	1406	20	20	3.983	8.318	15.505	2.136	−1.707	1.163	6.686	1.616
Ta021_5	1348	20	20	2.300	7.637	13.947	2.151	−2.003	0.708	2.448	1.612
Ta021_6	1296	20	20	2.392	7.396	14.120	2.653	−1.698	1.582	5.787	1.592

续表

实例	最优解	n	m	基于随机键的 EM				离散 EM			
				min	aver	max	Taver/s	min	aver	max	Taver/s
Ta021_7	1263	20	20	2.534	7.696	13.143	2.896	−0.475	1.702	5.463	1.535
Ta031_2	1436	50	5	11.003	16.410	20.682	5.714	−1.253	2.026	5.084	3.785
Ta031_3	1007	50	5	20.060	28.059	37.537	5.444	0.596	5.641	13.903	4.108
Ta031_4	794	50	5	30.479	38.848	48.741	4.569	4.408	12.481	22.670	4.641
Ta031_5	680	50	5	27.794	39.110	65.735	5.277	4.118	15.515	28.529	4.064
Ta031_6	596	50	5	32.047	46.955	63.255	4.581	13.423	19.270	29.866	5.501
Ta031_7	565	50	5	31.327	40.956	55.398	5.263	8.496	16.681	32.389	4.259
Ta041_2	1823	50	10	8.064	12.600	22.381	7.070	1.700	4.816	7.899	5.367
Ta041_3	1417	50	10	12.985	17.699	24.065	4.935	2.893	6.221	11.291	5.351
Ta041_4	1182	50	10	14.890	23.371	33.587	4.963	4.146	11.591	22.081	4.567
Ta041_5	1048	50	10	16.221	25.000	37.882	4.583	4.866	11.975	25.095	4.514
Ta041_6	959	50	10	15.746	24.416	32.430	5.470	3.754	13.869	26.903	3.626
Ta041_7	881	50	10	21.566	29.274	40.295	4.542	7.037	14.381	24.745	3.362
Ta051_2	2585	50	20	10.329	13.754	17.950	6.184	3.172	5.306	8.317	5.332
Ta051_3	2121	50	20	10.042	9.437	18.859	5.203	2.970	5.736	12.400	5.118
Ta051_4	1883	50	20	11.046	17.153	21.349	4.819	2.762	6.243	12.799	4.914
Ta051_5	1730	50	20	12.775	17.925	24.162	5.152	2.428	7.532	13.353	4.333
Ta051_6	1636	50	20	10.880	18.603	24.144	4.129	2.506	8.771	16.198	4.176
Ta051_7	1553	50	20	10.753	17.836	25.821	6.140	2.640	8.538	18.287	4.085
Ta061_2	2846	100	5	2.811	7.379	14.687	11.210	0.141	1.885	3.970	10.143
Ta061_3	1792	100	5	20.257	24.749	30.469	9.721	11.217	13.996	18.080	9.963
Ta061_4	1505	100	5	17.276	23.864	30.631	10.284	5.449	10.482	20.000	8.485
Ta061_5	1256	100	5	15.764	26.521	40.446	9.374	5.494	12.309	30.494	10.063
Ta061_6	1070	100	5	21.682	36.065	45.794	9.997	7.103	17.346	37.383	9.571
Ta061_7	956	100	5	20.816	37.605	55.439	9.345	10.565	22.474	36.715	9.103
Ta071_2	2846	100	10	21.293	26.602	33.204	11.055	16.690	18.175	20.274	9.302
Ta071_3	1972	100	10	34.483	40.246	44.929	7.909	23.935	27.236	31.389	9.207
Ta071_4	1505	100	10	45.449	52.239	60.199	9.390	32.691	38.615	50.831	8.945
Ta071_5	1256	100	10	55.255	65.478	83.917	8.365	38.854	45.338	56.210	8.374
Ta071_6	1070	100	10	64.019	75.126	87.290	9.242	48.785	58.762	69.252	7.693
Ta071_7	956	100	10	64.958	81.271	107.950	8.534	51.883	65.329	80.649	7.471
Ta081_2	3892	100	20	7.862	12.598	18.885	12.254	4.111	5.874	9.789	9.784
Ta081_3	2985	100	20	14.204	17.441	25.092	9.267	4.422	8.310	16.616	9.688
Ta081_4	2497	100	20	16.540	21.452	31.438	9.089	4.646	10.945	20.985	9.132
Ta081_5	2242	100	20	14.987	22.899	33.051	8.858	8.252	13.437	20.740	9.088
Ta081_6	2031	100	20	17.430	26.054	31.758	8.073	8.666	14.414	22.107	9.226

续表

实例	最优解	n	m	基于随机键的 EM				离散 EM			
				min	aver	max	Taver/s	min	aver	max	Taver/s
Ta081_7	1904	100	20	22.006	30.089	41.439	9.559	9.349	16.163	22.532	8.110
Ta091_2	5721	200	10	4.929	10.614	15.172	15.594	2.674	4.840	6.537	17.464
Ta091_3	3995	200	10	15.144	17.815	22.378	13.928	4.781	7.333	12.766	17.067
Ta091_4	3098	200	10	19.174	24.267	43.028	15.803	8.618	12.878	24.145	16.890
Ta091_5	2568	200	10	20.872	29.852	46.690	18.551	10.202	19.650	34.735	16.571
Ta091_6	2244	200	10	28.387	35.018	47.861	16.532	15.330	22.683	31.417	16.368
Ta091_7	2004	200	10	22.305	37.280	54.541	19.330	14.820	26.040	45.758	16.648
Ta010_2	6406	200	20	9.663	13.511	18.420	21.526	8.664	9.653	10.724	17.618
Ta010_3	4727	200	20	14.132	18.439	23.249	15.773	7.997	10.457	12.080	16.809
Ta010_4	3828	200	20	18.156	22.428	29.990	15.537	13.036	17.846	29.728	16.981
Ta010_5	3302	200	20	16.838	26.628	37.432	17.262	11.781	17.551	27.014	16.727
Ta010_6	2925	200	20	22.120	29.880	39.966	14.279	10.667	22.215	35.179	16.922
Ta010_7	2682	200	20	23.117	36.107	49.963	13.691	12.864	23.024	32.327	16.676
Ta011_2	13968	500	20	9.916	13.665	16.760	25.035	10.130	12.398	13.560	40.263
Ta011_3	9834	500	20	14.308	18.511	24.517	22.891	13.860	17.480	23.703	33.821
Ta011_4	7662	500	20	17.750	25.781	34.273	28.577	15.910	25.346	45.889	31.492
Ta011_5	6402	500	20	22.540	31.753	42.955	27.703	19.275	29.574	42.908	29.229
Ta011_6	5546	500	20	22.773	33.598	52.723	24.611	11.125	32.560	44.464	28.711
Ta011_7	4934	500	20	24.179	38.728	48.946	27.531	23.389	34.582	44.122	27.821

8.3 本章小结

本章首先介绍了 EM 算法的基本原理，然后描述了分布式置换流水车间调度问题。为了求解最大完工时间最小化的 DPFSP，提出了基于离散编码的 EM 算法。在这个算法中，定义了新的距离计算公式、粒子移动方式以及电量和合力的计算。最后利用 Naderia 标准实例库和 Taillard 标准实例库，对算法的性能进行了测试分析。结果表明：在 Naderia 的 720 个标准实例中，可以找到 151 个更好解；而且相比于基于随机键编码的 EM 算法，离散的 EM 算法在计算时间和误差方面都占有优势。

参考文献

Birbil S I, Fang S C, Sheu R L, 2004. On the convergence of a population-based global optimization algorithm[J]. Journal of Global Optimization, 30(2-3): 301-318.

Birbil S I, Fang S C, 2003. An electromagnetism—like mechanism for global optimization[J]. Journal of Global Optimization, 25(3): 263-282.

Birbil S I, Feyzioglu O, 2003. A global optimization method for solving fuzzy relation equations[C]. International Fuzzy Systems Association World Congress: 718-724.

Chen S H, Chang P C, Chan C L, 2007. A hybrid electromagnetism-like algorithm for single machine scheduling problem[J]. Expert Systems with Applications, 36(2): 1259-1267.

Garcia-Villoria A, Moreno R P, 2010. Solving the response time variability problem by means of the electromagnetism-like mechanism [J]. International Journal of Production Research, 48(22): 6701-6714.

Javadian N, Alikhani M G, Tavakkoli-Moghaddam R, 2008. A Discrete Binary Version of the Electromagnetism-Like Heuristic for Solving Traveling Salesman Problem [C]. International Conference on Intelligent Computing: 123-130.

Maenhout B, Vanhoucke M, 2007. An electromagnetic meta-heuristic for the nurse scheduling problem[J]. Journal of Heuristics, 13(4): 359-385.

Naderi B, Ruiz R, 2010. The distributed permutation flowshop scheduling problem [J]. Computers & Operations Research 37(4): 754-768.

Naderi B, Tavakkoli-Moghaddam R, Khalili M, 2010. Electromagnetism-like mechanism and simulated annealing algorithms for flowshop scheduling problems minimizing the total weighted tardiness and makespan[J]. Knowledge-Based Systems, 23(2): 77-85.

Su C T, Lin H C, 2011. Applying electromagnetism-like mechanism for feature selection[J]. Information Sciences, 181(5): 972-986.

Tareghian H R, Taheri S H, 2007. A solution procedure for the discrete time, cost and quality tradeoff problem using electromagnetic scatter search [J]. Applied Mathematics and Computation, 190(2): 1136-1145.

Tusar T, Korosec P, Papa G, et al, 2007. A comparative study of stochastic optimization methods in electric motor design[J]. Applied Intelligence, 27(2): 101-111.

Wu P T, Yang K J, Hung Y Y, 2005. The study of electromagnetism-like mechanism based fuzzy neural network for learning fuzzy if-then rules [C]. International Conference on Knowledge-Based and Intelligent Information and Engineering Systems: 382-388.

Wu P, Yang W, Wei N C, 2004. An electromagnetism algorithm of neural network analysis-an application to textile retail operation[J]. Journal of the Chinese Institute of Industrial Engineers, 21(1): 59-67.

Wu W Y, Sheu R L, Birbil S I, 2008. Solving the sum-of-ratios problem by a stochastic search algorithm[J]. Journal of Global Optimization, 42(1): 91-109.

Yurtkuran A, Emel E, 2010. A new Hybrid Electromagnetism-like Algorithm for capacitated vehicle routing problems[J]. Expert Systems with Applications, 37(4): 3427-3433.

第9章 人工蜂群算法及其在批量流流水车间调度中的应用

9.1 人工蜂群算法的基本原理

人工蜂群(artificial bee colony,ABC)算法是基于群体智能理论的一种新兴智能优化方法,由 Karaboga 在 2007 年首次提出(Karaboga et al. ,2007a),该算法通过不同角色蜜蜂间的交流、转换和协作产生的群体智能指导优化搜索。ABC 算法中蜜蜂个体根据各自的分工进行不同的活动,并进行信息的交流与共享,从而找到问题的最优解,实验结果表明 ABC 算法与遗传算法、差分进化算法、粒子群优化算法相比具有更好的优化性能。

由于 ABC 算法具有较强的通用性、结构简单、鲁棒性强和收敛性好等优点,已引起研究者的广泛关注。ABC 算法已被成功地应用于函数的数值优化和限制性数值优化问题(Basturk et al. ,2006; Karaboga et al. ,2007a,2008)、约束优化(Karaboga et al. ,2007b)、神经网络(Basturk et al. ,2006; Karaboga et al. ,2007; Karaboga et al. ,2007c)、无限冲击响应滤波器(IIR filters)(Karaboga,2009)等问题。

在 ABC 算法中的蜜蜂代表个体,食物源(source)代表了各种可能的解,花蜜数代表解的适应值。蜂群划分为三类群体:雇佣蜂(employed bee)、观察蜂(onlookers)和侦察蜂(scouts)。其中,雇佣蜂和当前被采集的食物源一一对应;观察蜂在蜂巢中等待,通过与雇佣蜂的信息共享选择食物源;侦察蜂随机搜索蜂巢附近新的食物源。个体具有两种行为:为食物源招募(recruit)和放弃(abandon)某个食物源。

9.1.1 人工蜂群算法的基本理论

基本的 ABC 算法流程如下(以最大化优化为例):

步骤 1:随机产生包含 PS 个解(食物源)的初始种群$\{\boldsymbol{X}_1,\boldsymbol{X}_2,\cdots,\boldsymbol{X}_{\mathrm{PS}}\}$。解$\boldsymbol{X}_i(i=1,2,\cdots,\mathrm{PS})$是一个 n 维的实数向量,即 $\boldsymbol{X}_i=\{x_{i1},x_{i2},\cdots,x_{in}\}$,其产生过程见公式(9-1)。

$$x_{ij} = \mathrm{MIN}_j + (\mathrm{MAX}_j - \mathrm{MIN}_j) \times r, \quad j = 1,2,\cdots,n;\ i = 1,2,\cdots,\mathrm{PS}。 \tag{9-1}$$

步骤 2：评价种群$\{\boldsymbol{X}_1,\boldsymbol{X}_2,\cdots,\boldsymbol{X}_{\mathrm{PS}}\}$，计算种群中每个个体的适应值。

步骤 3：判断是否满足终止条件，如果满足则输出结果；否则转步骤 4。

步骤 4：对雇佣蜂执行邻域搜索，并产生新的解。新解与原来的解比较，选择适应值较大的解作为候选解。

雇佣蜂 $\boldsymbol{X}_i$通过对解进行扰动从而在邻域中进行搜索产生新解 $\boldsymbol{X}'_i$($\boldsymbol{X}'_i=\{x'_{i1},x'_{i2},\cdots,x'_{in}\}$)，公式如下：

$$x'_{ij} = x_{ij} + (x_{ij} - x_{kj}) \times r, \quad j = 1,2,\cdots,n;\ i = 1,2,\cdots,\mathrm{PS}。 \tag{9-2}$$

式中，$k\in\{1,2,\cdots,\mathrm{PS}\}\wedge k\neq i$，$r$ 为−1 与 1 之间的随机数，x'_{ij} 的取值如下：

$$x'_{ij} = \begin{cases} x'_{ij}, & x'_{ij} \leqslant \mathrm{MAX}_j \text{ 且 } x'_{ij} \geqslant \mathrm{MIN}_j \\ \mathrm{MAX}_j, & x'_{ij} > \mathrm{MAX}_j, \\ \mathrm{MIN}_j, & x'_{ij} < \mathrm{MIN}_j, \end{cases} \tag{9-3}$$

则候选解：

$$\boldsymbol{X}_i = \begin{cases} \boldsymbol{X}'_i & f(\boldsymbol{X}_i) < f(\boldsymbol{X}'_i), \\ \boldsymbol{X}_i & \text{其他}, \end{cases} \tag{9-4}$$

式中 $f(\boldsymbol{X}_i)$为第 i 个解的适应值。

步骤 5：观察蜂共享雇佣蜂的信息，并按照概率选择食物源。食物源的适应值越高，选择的概率就会越大。第 i 个解的选择概率计算如下：

$$p_i = \frac{f(\boldsymbol{X}_i)}{\sum_{j=1}^{\mathrm{PS}} f(\boldsymbol{X}_j)}。 \tag{9-5}$$

步骤 6：对观察蜂执行邻域搜索，并选择较好的解。其运行过程与步骤 4 邻域搜索过程一致。如果一个解连续 NC 次循环没有得到改进就要抛弃该解，由侦察蜂随机生成一个新解代替。

步骤 7：重复步骤 2～步骤 6，直到满足终止条件。

9.1.2　离散人工蜂群算法

以上基本的人工蜂群算法理论框架是针对连续函数优化问题而提出的。而等量分批批量流流水车间问题(equal sublots lot-streaming flow shop scheduling problems，ELFSP)(夏桂梅 等，2007)的解空间是离散的，采用基本的 ABC 算法无法直接解决此类问题。针对该问题的结构特性，提出了一种离散的 ABC(discrete ABC，DABC)算法来优化 ELFSP 的总流经时间指标。

1. 个体矢量编码

首先建立个体矢量与调度方案之间的映射关系，采用基于工件序列的表达方式(董兴业 等,2008)产生调度序列。根据 ELFSP 的特征,提出正向编码方法。

2. 解码

正向解码从第一个加工批次的第一个转移批量开始调度,依次向后计算其他转移批量的最早开始加工时间和最早完工时间。当第一个加工批次的所有转移批量安排完毕后,再考虑第二个加工批次的所有转移批量、第三个加工批次的所有转移批量等,直到最后一个加工批次的所有转移批量调度完毕,得到一个完整调度方案,求出其最大完工时间。设 $\pi=\{\pi_1,\pi_2,\cdots,\pi_n\}$ 为待处理的加工批次序列,π_k 为序列 π 的第 k 个加工批次,$\mathrm{ST}_{i,j,q}$ 为加工批次 j 在机器 i 上第 q 个转移批量的最早开始加工时间,$\mathrm{CT}_{i,j,q}$ 为加工批次 j 在机器 i 上第 q 个转移批量的最早完工时间,$C_{\max}(\pi)$ 为加工批次序列 π 的最大完工时间。正向解码的计算公式如下:

$$\begin{cases}\mathrm{ST}_{1,\pi_1,1}=0,\\ \mathrm{CT}_{1,\pi_1,1}=p_{1,\pi_1},\\ \mathrm{ST}_{i,\pi_1,1}=\mathrm{CT}_{i-1,\pi_1,1},\\ \mathrm{CT}_{i,\pi_1,1}=\mathrm{ST}_{i,\pi_1,1}+p_{i,\pi_1},\\ i=2,3,\cdots,m,\end{cases}\tag{9-6}$$

$$\begin{cases}\mathrm{ST}_{1,\pi_1,q}=\mathrm{CT}_{1,\pi_1,q-1},\\ \mathrm{CT}_{1,\pi_1,q}=\mathrm{ST}_{1,\pi_1,q}+p_{1,\pi_1},\\ \mathrm{ST}_{i,\pi_1,q}=\max\{\mathrm{CT}_{i-1,\pi_1,q},\mathrm{CT}_{i,\pi_1,q-1}\},\\ \mathrm{CT}_{i,\pi_1,q}=\mathrm{ST}_{i,\pi_1,q}+p_{i,\pi_1},\\ q=2,3,\cdots,l_{\pi_1};\ i=2,3,\cdots,m,\end{cases}\tag{9-7}$$

$$\begin{cases}\mathrm{ST}_{1,\pi_k,1}=\mathrm{CT}_{1,\pi_{k-1},l_{\pi_{k-1}}},\\ \mathrm{CT}_{1,\pi_k,1}=\mathrm{ST}_{1,\pi_k,1}+p_{1,\pi_k},\\ \mathrm{ST}_{i,\pi_k,1}=\max\{\mathrm{CT}_{i-1,\pi_k,1},\mathrm{CT}_{i,\pi_{k-1},l_{\pi_{k-1}}}\},\\ \mathrm{CT}_{i,\pi_k,1}=\mathrm{ST}_{i,\pi_k,1}+p_{i,\pi_k},\\ k=2,3,\cdots,n;\ i=2,3,\cdots,m,\end{cases}\tag{9-8}$$

$$\begin{cases}\mathrm{ST}_{1,\pi_k,q}=\mathrm{CT}_{1,\pi_k,q-1},\\ \mathrm{CT}_{1,\pi_k,q}=\mathrm{ST}_{1,\pi_k,q}+p_{1,\pi_k}\\ \mathrm{ST}_{i,\pi_k,q}=\max\{\mathrm{CT}_{i-1,\pi_k,q},\mathrm{CT}_{i,\pi_k,q-1}\},\\ \mathrm{CT}_{i,\pi_k,q}=\mathrm{ST}_{i,\pi_k,q}+p_{i,\pi_k},\\ k=2,3,\cdots,n;\ q=2,3,\cdots,l_{\pi_k};\ i=2,3,\cdots,m,\end{cases}\tag{9-9}$$

$$C_{\max}(\pi)=\mathrm{CT}_{m,\pi_n,l_{\pi_n}}。\tag{9-10}$$

公式(9-6)的第一行和第三行计算序列 π 中第一个加工批次 π_1 的第一个转移批量的最早开始加工时间,第二和第四行计算该转移批量的最早完工时间。公式(9-7)计算加工批次 π_1 的其他转移批量在各机器上的最早开始加工时间和最早完工时间。公式(9-8)根据当前转移批量在前一台机器上的最早完工时间和前一加工批次最后一个转移批量在当前机器上的最早完工时间计算各机器上加工批次 $\pi_k(k=2,3,\cdots,n)$的第一个转移批量的最早开始加工时间和最早完工时间。公式(9-9)根据当前转移批量在前一台机器上的最早完工时间和当前机器上前一转移批量的最早完工时间计算各机器上加工批次 $\pi_k(k=2,3,\cdots,n)$的其他转移批量的最早开始加工时间和最早完工时间。公式(9-10)计算加工批次序列 π 的最大完工时间。

考虑 3 个加工批次在 3 台机器上根据给定的顺序 $\pi=\{1,2,3\}$进行加工。各数据如下：$[l_j]_{1\times3}=[2,1,2]$,即加工批次 1 和加工批次 3 等分为两个转移批量,加工批次 2 不分批,转移批量数为 1。$[p_{i,j}]_{3\times3}=\begin{bmatrix}4&4&10\\10&4&4\\4&4&4\end{bmatrix}$,则正向解码的过程如下,调度甘特图如图 9-1 所示。

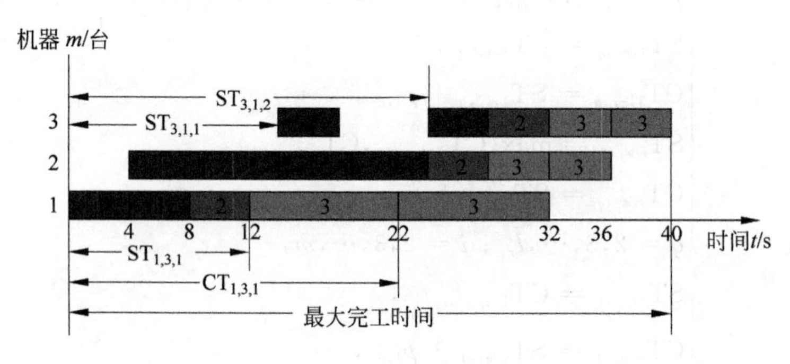

图 9-1 正向解码

$\mathrm{ST}_{1,1,1}=0$， $\mathrm{CT}_{1,1,1}=p_{1,1}=4$，

$\mathrm{ST}_{2,1,1}=\mathrm{CT}_{1,1,1}=p_{1,1}=4$， $\mathrm{CT}_{2,1,1}=\mathrm{ST}_{2,1,1}+p_{2,1}=4+10=14$，

$\mathrm{ST}_{3,1,1}=\mathrm{CT}_{2,1,1}=14$， $\mathrm{CT}_{3,1,1}=\mathrm{ST}_{3,1,1}+p_{3,1}=14+4=18$，

$\mathrm{ST}_{1,1,2}=\mathrm{CT}_{1,1,1}=4$， $\mathrm{CT}_{1,1,2}=\mathrm{ST}_{1,1,2}+p_{1,1}=4+4=8$，

$\mathrm{ST}_{2,1,2}=\max\{\mathrm{CT}_{1,1,2},\mathrm{CT}_{2,1,1}\}=\max\{8,14\}=14$，

$\mathrm{CT}_{2,1,2}=\mathrm{ST}_{2,1,2}+p_{2,1}=14+10=24$，

$\mathrm{ST}_{3,1,2}=\max\{\mathrm{CT}_{2,1,2},\mathrm{CT}_{3,1,1}\}=\max\{24,18\}=24$，

$\mathrm{CT}_{3,1,2}=\mathrm{ST}_{3,1,2}+p_{3,1}=24+4=28$，

$ST_{1,2,1}=CT_{1,1,2}=8$，　$CT_{1,2,1}=ST_{1,2,1}+p_{1,2}=8+4=12$，

$ST_{2,2,1}=\max\{CT_{1,2,1},CT_{2,1,2}\}=\max\{12,24\}=24$，

$CT_{2,2,1}=ST_{2,2,1}+p_{2,2}=24+4=28$，

$ST_{3,2,1}=\max\{CT_{2,2,1},\ CT_{3,1,1}\}=\max\{28,18\}=28$，

$CT_{3,2,1}=ST_{3,2,1}+p_{3,2}=28+4=32$，

$ST_{1,3,1}=CT_{1,2,1}=12$，　$CT_{1,3,1}=ST_{1,3,1}+p_{1,3}=12+10=22$，

$ST_{1,3,2}=CT_{1,3,1}=22$，　$CT_{1,3,2}=ST_{1,3,2}+p_{1,3}=22+10=32$，

$ST_{2,3,1}=\max\{CT_{1,3,1},CT_{2,2,1}\}=\max\{22,28\}=28$，

$CT_{2,3,1}=ST_{2,3,1}+p_{2,3}=28+4=32$，

$ST_{2,3,2}=\max\{CT_{1,3,2},CT_{2,3,1}\}=\max\{32,32\}=32$，

$CT_{2,3,2}=ST_{2,3,2}+p_{2,3}=32+4=36$，

$ST_{3,3,1}=\max\{CT_{2,3,1},CT_{3,2,1}\}=\max\{32,32\}=32$，

$CT_{3,3,1}=ST_{3,3,1}+p_{3,3}=32+4=36$，

$ST_{3,3,2}=\max\{CT_{2,3,2},CT_{3,3,1}\}=\max\{36,36\}=36$，

$CT_{3,3,2}=ST_{3,3,2}+p_{3,3}=36+4=40$，

$C_{\max}=CT_{3,3,2}=40$。

采用以上正向解码方案，将DABC算法的一个个体或食物源解释为一个完整调度。根据该调度中各加工批次的完工时间，采用9.1.2节总流经时间计算公式可得该调度的总流经时间。

3. 初始化

基本ABC算法在解空间中随机产生初始种群。为了使初始种群具备一定的质量和分散度，提高算法的收敛速度和搜索质量，提出了一种有效的初始化方法：

(1) 使用NEH方法产生一个初始解；

(2) 对NEH方法进行修改，首先按照各工件在所有机器上的加工时间和递增的顺序产生初始序列π^0，然后按照NEH方法的步骤2和步骤3产生第二个初始解；

(3) 选择前两个初始解中较好的一个作为当前序列，对当前序列执行两次插入操作，得到第三个初始解；

(4) 将第三个初始解作为初始序列，执行两次插入操作，得到第四个解，……，直到得到前50%的初始解；

（5）剩余50％的初始解在解空间中均匀的随机产生。

经过以上的初始化步骤，可以得到具有一定质量和多样性的初始种群。

4．雇佣蜂阶段

对雇佣蜂执行邻域搜索，通过搜索当前雇佣蜂对应解的邻域得到一个改进的解。基本ABC算法通过对解进行扰动，即增加或减少一定的扰动值来得到邻域解，DABC算法采用一次插入操作生成邻域解，选择原解和邻域解中较好的一个作为候选解。

5．观察蜂阶段

基本ABC算法使用概率选择共享的食物源，而锦标赛选择能够有效避免算法陷入局部最优。锦标赛选择首先随机地在群体中选择几个个体进行比较，适应值最好的个体将被选为下一代的父体，这种选择方式使得适应值好的个体具有较大的“生存”机会。同时，由于它只使用适应值的相对比较作为选择的标准，而与适应值的数值大小不成直接比例，从而有效地避免了超级个体的影响。在一定程度上，这避免了算法过早收敛现象和停滞现象的产生（Subhash，Puneet，2007）。DABC算法采用锦标赛法选择食物源即候选解，并对解执行互换移动产生邻域解，候选解和邻域解中较好一个进入下一代种群。锦标赛选择伪代码如下：

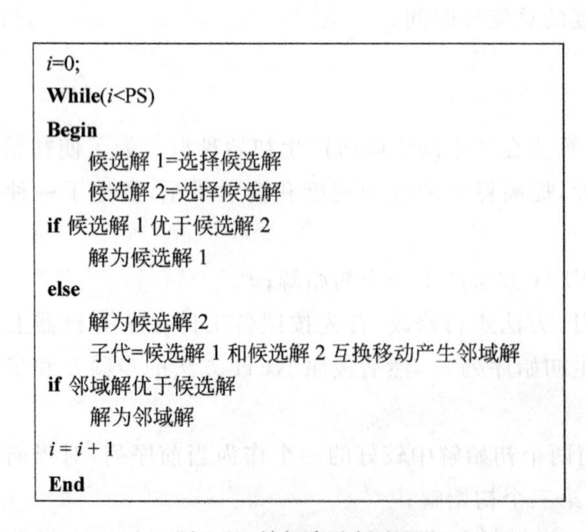
```
i=0;
While(i<PS)
Begin
    候选解 1=选择候选解
    候选解 2=选择候选解
if 候选解 1 优于候选解 2
    解为候选解 1
else
    解为候选解 2
    子代=候选解 1 和候选解 2 互换移动产生邻域解
if 邻域解优于候选解
    解为邻域解
i = i + 1
End
```

图9-2 锦标赛选择流程

6. 侦察蜂阶段

基本 ABC 算法中，由侦察蜂随机生成一个新解代替连续 NC 次循环没有改进的解。随机产生的解一般质量不高，而种群中的最优解往往携带最有价值的信息，合理利用种群中的最优解能够有效地提高算法的性能。因此，DABC 算法采用对种群的最优解执行一次插入移动、一次互换移动产生新解。

7. 局部搜索算法

DABC 算法采用局部搜索算法(Rajendran et al.，1997)来加强局部开发能力。为了避免循环搜索、算法陷入局部最优、平衡算法的效率和求解质量，算法参考当前最优解对雇佣蜂、观察蜂和侦察蜂生成解中的最好个体执行基于插入邻域结构的局部搜索。该局部搜索算法的步骤如下：在邻域搜索时，一个加工批次从它的初始位置取出，然后插入到加工批次序列的其他可能位置，在这个过程中若找到优于初始解的新解，则用新解代替初始解，重复这个过程，直到解不再更新为止。DABC 算法参考当前最好解进行邻域搜索，对种群初始化后的最优加工批次序列执行基于插入邻域的搜索算法，对种群的子代个体则以概率 p_{ls} 执行邻域搜索。以 $\pi=\{\pi_1,\pi_2,\cdots,\pi_n\}$ 作为需要执行邻域搜索的加工批次序列，$\pi^b=\{\pi_1^b,\pi_2^b,\cdots,\pi_n^b\}$ 为当前取得的最优解，则局部搜索算法步骤如下：

步骤 1：$i=1, \text{cnt}=0$；

步骤 2：在序列 π 中，找到 π_i^b，并记录其位置；

步骤 3：从序列 π 中，取出 π_i^b，插入到 π 中其他所有可能位置，记录得到的最好的序列为 π^*；

步骤 4：若 π^* 优于 π，则 $\pi=\pi^*$，$\text{cnt}=0$；否则 $\text{cnt}=\text{cnt}+1$；

步骤 5：若 $\text{cnt}<n$，则 $i=\begin{cases} i+1, & i<n, \\ 1, & i=n, \end{cases}$ 并返回步骤 2；否则输出 π，算法结束。

8. 基于插入邻域的快速评价算法

若通过总流经时间的计算公式评价一个加工批次序列的所有邻域，则运算量巨大。结合 ELFSP 的特征与插入邻域的快速算法，则该算法根据邻域解的相似性实现了部分加速，虽然计算复杂度仍然为 $O(mn^3)$，但计算量却降低了一半。上述加速算法如下：

(1) 令 $i=1$；

(2) 从序列 π 中将 π_i 移出后剩余序列为 $\pi''=\{\pi_1'',\pi_2'',\cdots,\pi_{n-1}''\}$；

(3) 通过公式(9-14)～公式(9-17)计算得到 $CT_{k,\pi''_z,l_{\pi''_z}}$，其中 $k=1,2,\cdots,m$；$z=1,2,\cdots,n-1$；

(4) 循环以下操作，直到遍历序列 π'' 的所有可能的插入位置 $e\,(e\in\{1,2,\cdots,n\}\wedge e\notin\{i,i-1\})$：

(4.1) 将 π_i 插入到位置 e 从而产生新的序列 π'；

(4.2) 由前面计算得到的 $CT_{k,\pi'_{e-1},l_{\pi'_{e-1}}}$ 和公式(9-14)～公式(9-17)，可以计算 $CT_{k,\pi''_e,l_{\pi''_e}}$，$k=1,2,\cdots,m$，$CT_{k,\pi''_{e+1},l_{\pi''_{e+1}}}$，$\cdots$，$CT_{k,\pi''_n,l_{\pi''_n}}$；

(4.3) π' 的总流经时间如下：

$$TF(\pi)=\sum_{k=1}^{n}CT_{m,\pi'_k,l_{\pi'_k}}\text{；}$$

(5) $i=i+1$，若 $i>n$ 算法终止，输出 $TF(\pi)$；否则返回(2)。

以考虑 5 个加工批次在 3 台机器上根据给定顺序 $\pi=\{1,2,3,4,5\}$ 进行加工为例，取出序列 π 中的加工批次 4 插入到序列的第 3 个位置。各数据如下：$[l_j]_{1\times5}=[2,1,2,2,1]$，$[p_{i,j}]_{3\times5}=\begin{bmatrix}4&3&2&5&2\\2&2&2&3&4\\2&2&3&5&2\end{bmatrix}$，考虑总流经时间指标，采用快速算法计算步骤如下，调度甘特图如图 9-3 所示。

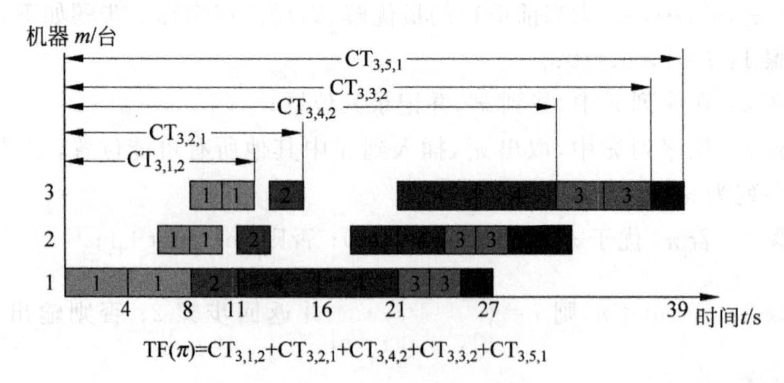

图 9-3　总流经时间加速算法(将工件 4 插入到序列{1,2,3,5}的第 3 个位置)

步骤 1：从序列 π 中将工件 4 移出后剩余序列为 $\pi''=\{1,2,3,5\}$；

步骤 2：通过公式(9-14)～公式(9-17)计算得到

$CT_{1,1,2}=8,CT_{1,2,1}=11,CT_{1,3,2}=15,CT_{1,5,1}=17,$

$CT_{2,1,2}=10,CT_{2,2,1}=13,CT_{2,3,2}=15,CT_{2,5,1}=21,$

$CT_{3,1,2}=12,CT_{3,2,1}=15,CT_{3,3,2}=21,CT_{3,5,1}=23;$

步骤 3：将工件 4 插入第 3 个位置后计算得到

$CT_{1,4,2}=21,CT_{2,4,2}=24,CT_{3,4,2}=31,$

$CT_{1,3,2}=25, CT_{2,3,2}=28, CT_{3,3,2}=37$,

$CT_{1,5,1}=27, CT_{2,5,1}=32, CT_{3,5,1}=39$;

步骤 4：总流经时间为

$TF(\pi)=CT_{3,1,2}+CT_{3,2,1}+CT_{3,4,2}+CT_{3,3,2}+CT_{3,5,1}=12+15+31+37+39=134$;

步骤 5：将工件 4 插入到序列 $\pi''=\{1,2,3,5\}$ 的其他位置，只需重复执行步骤 3 和步骤 4，可得工件 4 取出后的所有插入邻域评价；

步骤 6：序列 π 的其他工件取出所得插入邻域评价计算，重复执行步骤 1～步骤 6 可得序列 π 的所有插入邻域评价。

通过加速算法，总流经时间的插入邻域评价计算可以节省部分运算时间。采用该加速算法可以节省 NEH 和局部搜索算法的运算时间，提高 DABC 算法的求解效率。

9.1.3　DABC 算法流程

基于上述算法设计，给出 DABC 算法的计算步骤和流程图如下：

(1) 初始化参数 PS，NC 和算法停止条件。

(2) 初始化种群，并计算个体的适应值。

(3) 雇佣蜂阶段。对于所有个体执行：

(a) 通过一次插入移动产生一个新解；

(b) 通过“一对一的贪婪选择策略”在新解和原来解中选择较好的解。

(4) 观察蜂阶段。

重复执行 PS 次如下操作：

(a) 采用锦标赛选择方式，为观察蜂选择食物源；

(b) 对选择的解执行一次互换移动产生新解；

(c) 通过“一对一的贪婪选择策略”选择较好的解。

(5) 侦察蜂阶段。

如果一个解连续 NC 次循环都未改进，则抛弃此解，并对生成的最好解执行一次插入移动，一次互换移动得到新解。

(6) 对步骤(3)～步骤(5)中生成的最优解执行局部搜索算法。

(7) 若达到结束条件退出，输出最优解，否则返回(3)。

算法的流程图如图 9-4 所示。

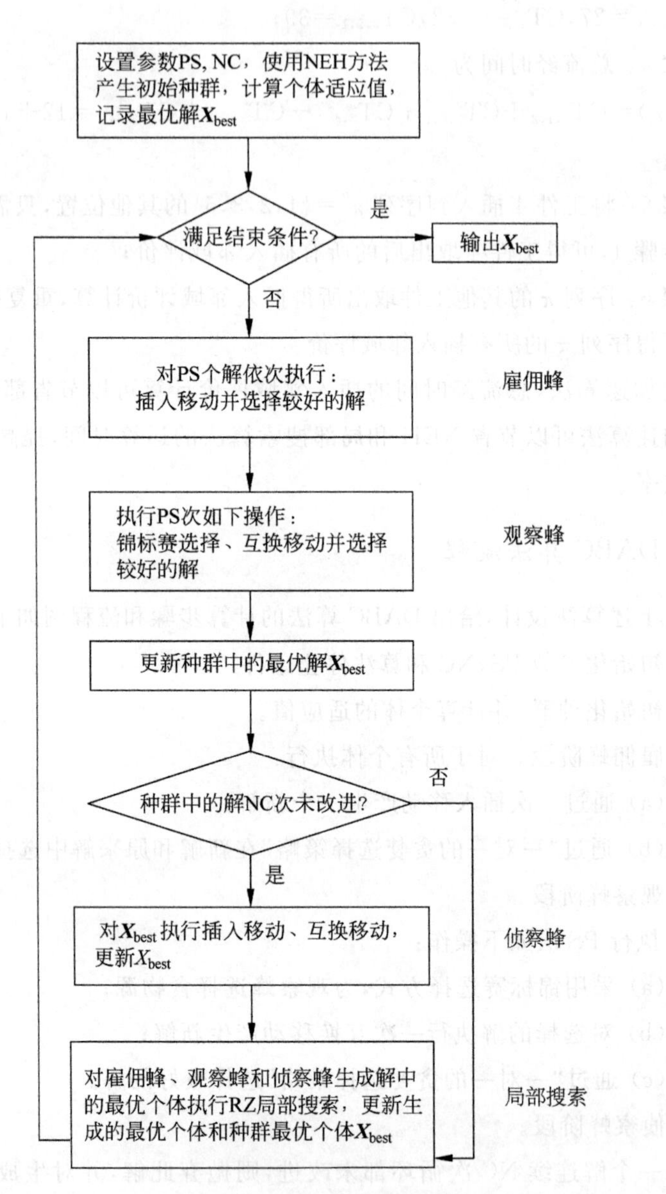

图 9-4 DABC 算法流程图

9.2 基于ABC的零空闲等量分批批量流流水车间调度方法

9.2.1 基于ABC的批次内零空闲等量分批批量流流水车间调度方法

若在同一台机器上加工的属于同一加工批次的相邻两个转移批量之间没有空闲时间,即前一个转移批量加工完毕,后一个必须马上开工,则称该问题为批次内零空闲调度问题(夏桂梅 等,2007)。批次内零空闲 ELFSP 与基本 ELFSP 不同,其问题描述和数学模型分述如下。

9.2.1.1 问题描述

在批次内零空闲 ELFSP 中,有 n 个加工批次的工件按照相同的工艺路径经过 m 台机器加工。每个较大的加工批次可被平均分成若干独立的转移批量。转移批量是最小的生产单元,可视为一个独立工件进行加工和运输。由于批次内零空闲问题的约束,同一加工批次的前一个转移批量加工完毕,后一个转移批量必须马上开工。为了满足这一约束,可能出现前一个转移批量推迟加工的情况,即转移批量到达机器后,即使机器空闲也不能马上开工。同时约定:

(1) 在同一台机器上,一个加工批次的所有工件加工完成后另一加工批次的工件方可开始加工;

(2) 在所有机器上,各加工批次的生产次序完全相同;

(3) 在任何时刻,一台机器只能够加工一个转移批量,一个转移批量也只能够在一台机器上进行加工;

(4) 机器准备时间和批量运输时间均包含在加工时间内;

(5) 不同加工批次之间具有相同的优先级;任何生产批次没有抢先加工的特权;

(6) 所有工件在零时刻都可以被加工;

(7) 所有机器在零时刻均可用。

已知加工批次的转移批量数和各转移批量在各台机器上的加工时间,要求得一个满足上述约束条件的可行调度,使其最大完工时间等性能指标最短。

对比基本 ELFSP 与批次内零空闲 ELFSP,针对 9.1.1 节的例子,所得调度甘特图如图 9-5 所示。

由图 9-5 知,与第一节中的 ELFSP 不同,批次内零空闲 ELFSP 在机器 2 和机器 3 上,每一个加工批次的转移批量之间没有机器空闲时间。为了满足批次内零空闲的要求,在机器 2 上加工加工批次 1 的第一个转移批量时,其开工时

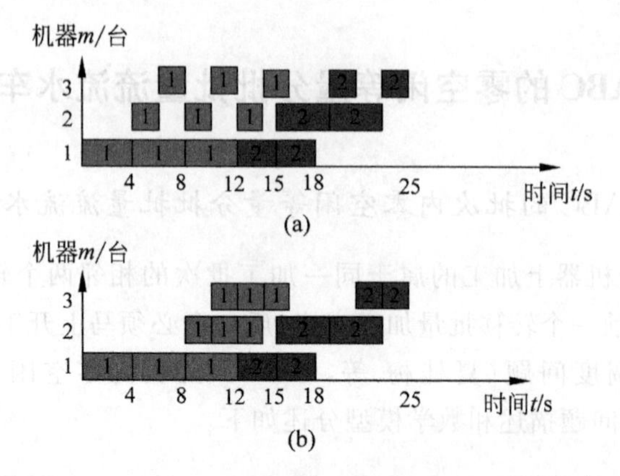

图 9-5　ELFSP 与批次内零空闲 ELFSP 调度比较

(a) ELFSP 调度；(b) 批次内零空闲 ELFSP 调度

间推迟，在机器 3 上加工加工批次 2 的第一个转移批量时，开工时间也要推迟。可见批次内零空闲 ELFSP 不同于基本 ELFSP。

9.2.1.2　数学模型

考虑最大完工时间指标，给出批次内零空闲 ELFSP 的数学规划模型。定义以下符号：

$$X_{j,k}=\begin{cases}1, & \text{工件 } j \text{ 为排列中的第 } k \text{ 个工件},\\ 0, & \text{否则},\end{cases}\quad j,k\in\{1,2,\cdots,n\},$$

$\partial_k=\sum_{j=1}^{n}(X_{j,k}\cdot l_j)$为第 k 个工件的转移批量数；

最大完工时间指标的目标函数为

$$\min(C_{\max})=\min(\max_{k=1}^{n}(C_{m,k,\partial_k}));$$

约束条件：

$$\sum_{k=1}^{n}X_{j,k}=1,j\in\{1,2,\cdots,n\},\tag{9-11}$$

$$\sum_{j=1}^{n}X_{j,k}=1,k\in\{1,2,\cdots,n\},\tag{9-12}$$

$$C_{1,1,1}=\sum_{j=1}^{n}(X_{j,1}\cdot p_{1,j}),\tag{9-13}$$

$$C_{i,k,q+1}=C_{i,k,q}+\sum_{j=1}^{n}(X_{j,k}\cdot p_{i,j}),$$

$$q\in\{1,2,\cdots,\partial_k-1\},k\in\{1,2,\cdots,n\},i\in\{1,2,\cdots,m\},\tag{9-14}$$

$$C_{i,k+1,1} \geqslant C_{i,k,\partial_k} + \sum_{j=1}^{n}(X_{j,k+1} \cdot p_{i,j}),\quad k \in \{1,2,\cdots,n-1\}, i \in \{1,2,\cdots,m\},\tag{9-15}$$

$$C_{i+1,k,q} \geqslant C_{i,k,q} + \sum_{j=1}^{n}(X_{j,k} \cdot p_{i+1,j}),\quad k \in \{1,2,\cdots,n\}, i \in \{1,2,\cdots,m-1\},\tag{9-16}$$

$$C_{i,k,q} \geqslant 0, q \in \{1,2,\cdots,\partial_k\},\quad k \in \{1,2,\cdots,n\}, i \in \{1,2,\cdots,m\},\tag{9-17}$$

$$X_{j,k} \in \{0,1\},\quad j,k \in \{1,2,\cdots,n\}。\tag{9-18}$$

约束条件(9-11)和约束条件(9-12)保证了在排列中各加工批次出现并且只能出现一次。约束条件(9-13)为第一台机器上加工的第一个加工批次的第一个转移批量的完工时间。约束条件(9-14)保证同一加工批次的相邻两个转移批量之间没有空闲时间。约束条件(9-15)和约束条件(9-16)保证了一个转移批量不能同时由多台机器加工和一台机器在同一时刻只能加工一个转移批量。约束条件(9-17)限定所有转移批量的完工时间均大于零。约束条件(9-18)为决策变量的取值范围。

若以总流经时间为优化指标，则只需要将以上数学模型中的目标函数公式替换为

$$\min(\text{TF}) = \min\left(\sum_{k=1}^{n} C_{m,k,\partial_k}\right),\tag{9-19}$$

就可得到优化批次内零空闲 ELFSP 总流经时间的数学模型。

9.2.1.3　离散人工蜂群算法求解 *m/N/E/NI/DV/TF*

采用 DABC 算法求解批次内零空闲 ELFSP 的总流经时间指标，具体过程如下。

1. 编码和解码

采用加工批次序列编码，即 DABC 算法的个体或食物源是一个加工批次序列。采用 9.1.2 节的正向解码方法，将一个个体解码为调度方案。由此调度方案，进一步可求得总流经时间。

2. 插入邻域快速算法

插入邻域用于算法初始化和局部搜索中。若通过总流经时间计算公式评价整个插入邻域，则每个工件的完工时间都需重新计算，运算量巨大。考虑批次内零空闲 ELFSP 特征，可以通过如下算法来降低算法的运算量。

(1) 令 $i=1$；

(2) 从序列 π 中将 π_i 移出后剩余序列为 $\pi''=\{\pi''_1,\pi''_2,\cdots,\pi''_{n-1}\}$；

(3) 通过公式(9-10)～公式(9-13)计算得到 $CT_{k,\pi''_z,l_{\pi''_z}}$，其中 $k=1,2,\cdots,m$；$z=1,2,\cdots,n-1$；

(4) 循环以下操作，直到遍历序列 π'' 的所有可能的插入位置 $e(e\in\{1,2,\cdots,n\}\wedge e\notin\{i,i-1\})$：

(4.1) 将 π_i 插入到位置 e 从而产生新的序列 π'；

(4.2) 由前面计算得到的 $CT_{k,\pi'_{e-1},l_{\pi'_{e-1}}}$ 和公式(9-10)～公式(9～13)，可以计算 $CT_{k,\pi''_e,l_{\pi''_e}}$，$k=1,2,\cdots,m$，$CT_{k,\pi''_{e+1},l_{\pi''_{e+1}}}$，$\cdots$，$CT_{k,\pi''_n,l_{\pi''_n}}$；

(4.3) π' 的总流经时间如下：

$$TF(\pi')=\sum_{k=1}^{n}CT_{m,\pi'_k,l_{\pi'_k}};$$

(5) $i=i+1$，若 $i>n$ 算法终止，输出 $TF(\pi)$，否则返回(2)。

3. DABC 算法的其他操作

DABC 算法的种群初始化、新解的生成方法、雇佣蜂阶段、观察蜂阶段、侦察蜂阶段以及局部搜索方法与 9.1.2 节类似，不再赘述。在初始化中的 NEH 算法和局部搜索方法中可以使用插入邻域快速评价技术节省运算时间。

9.2.1.4 实验设计与分析

考虑批次内零空闲 ELFSP 的生产环境，以总流经时间为指标，设计了 24 种不同规模的 ELFSP 算例，其中 $m\in\{10,30,50,70,90,110\}$，$n\in\{5,10,15,20\}$，每种不同规模的问题随机产生 5 个不同的调度实例，因此共有 120 个调度实例来测试 DABC 算法的性能。各算法的最大运行时间为 $t=\rho\times n\times m\times 0.001s$，$\rho$ 的值分别设置为 10。

为了验证所提出的算法的有效性，将提出的算法与禁忌搜索(tabu search，TS)算法、带有插入邻域的模拟退火(simulated annealing with insertion neighbourhood，SAi)算法、带有互换邻域的模拟退火(simulated annealing with swap neighbourhood，SAs)算法(Marimuthu et al.，2007)、混合遗传算法(hybrid genetic algorithm，HGA)(Martin，2009)、蚁群算法(ant-colony optimization algorithm，ACO)(Marimuthu et al.，2008)、带有插入邻域的阈值接受(threshold accepting with insertion neighbourhood，TAi)算法、带有互换邻域的阈值接受(threshold accepting with swap neighbourhood，TAs)算法(Marimuthu et al.，2009)、离散的粒子群优化算法(discrete particle swarm optimization algorithm，DPSO)(Tseng et al.，2008)和分布式估计算法

(estimation of distribution algorithm,EDA,原文以 EDAsu 表示)(Pan et al.,2012)进行了比较。

对于每个调度实例,执行 5 次独立运算。采用 Visual C++编程,程序在环境为P4CPU、主频 3.0G、内存为 512MB 的个人电脑上运行。每个实验中,统计了每个实例的平均相对百分偏差,该偏差是通过算法中获得的最优结果而计算获得的。

由表 9-1 可知,当 $\rho=10$ 时:

表 9-1　各算法性能比较(ρ=10)

$n\times m$	DABC	ACO	DPSO	HGA	SAi	SAs	TAi	TAs	TS
10×5	**0.00**	0.02	0.03	0.09	0.19	0.34	0.84	1.15	**0.00**
10×10	**0.00**	0.06	**0.00**	0.02	0.08	0.20	0.25	0.33	**0.00**
10×15	**0.00**	0.02	**0.00**	0.07	0.06	0.08	0.08	0.41	**0.00**
10×20	**0.00**	0.02	**0.00**	**0.00**	0.04	0.22	0.09	0.48	**0.00**
30×5	**0.38**	0.99	8.30	1.47	1.38	1.58	2.16	2.23	0.59
30×10	**0.60**	1.04	7.60	1.67	1.52	2.35	2.12	3.19	1.43
30×15	**0.24**	0.91	3.70	1.49	1.05	2.05	1.53	2.51	0.60
30×20	**0.20**	0.68	2.58	1.13	1.11	1.96	1.31	2.53	0.82
50×5	**0.48**	1.33	35.42	5.66	1.01	1.43	1.89	1.99	3.84
50×10	**0.61**	1.51	16.59	3.75	1.22	2.06	2.17	2.95	3.54
50×15	**0.48**	0.81	12.61	2.48	1.57	2.34	2.24	3.25	2.13
50×20	**0.52**	1.06	11.54	2.23	1.49	2.38	1.98	2.64	2.24
70×5	1.20	2.57	38.04	14.88	1.62	**0.97**	2.73	2.15	14.11
70×10	**0.82**	1.69	38.98	9.91	0.83	1.61	2.18	2.37	8.42
70×15	**0.75**	0.88	24.05	7.31	1.02	1.93	1.75	3.01	5.96
70×20	**0.44**	1.05	19.50	5.92	0.73	2.16	1.47	2.64	4.93
90×5	**0.61**	3.41	40.10	23.79	1.22	0.89	2.42	2.22	27.90
90×10	**0.55**	2.32	40.54	19.32	1.05	1.47	1.84	2.55	18.40
90×15	**0.73**	1.59	40.11	15.54	1.04	1.86	1.87	2.57	14.82
90×20	**0.78**	1.58	38.57	13.40	1.13	1.98	1.56	2.86	12.84
110×5	**0.26**	4.83	44.95	32.05	1.16	0.99	3.01	2.10	39.88
110×10	**0.70**	2.72	43.78	28.61	0.94	1.36	1.81	2.38	28.10
110×15	**0.62**	1.94	37.76	22.30	0.82	1.84	1.55	2.46	25.16
110×20	**0.64**	1.76	41.11	21.21	0.85	1.97	1.18	2.65	20.78
平均值	**0.48**	1.45	22.74	9.76	0.96	1.50	1.67	2.23	9.85

(1) 总体看来,DABC 算法取得了最小的平均相对百分偏差 0.48%,该数值远小于 SAi 算法产生的次优平均相对百分偏差 0.96%,其他算法得到了更大的平均相对百分偏差,譬如,DPSO 的平均相对百分偏差为 22.74%。这说明,

就求解以总流经时间为目标的批次内零空闲 ELFSP 而言，DABC 算法的总体优化性能优于所比较的 8 种算法。

(2) 对于所有 24 个规模的测试问题，DABC 算法取得了 23 个最优结果，仅在问题 70×5 上劣于 SAs。在其他问题上，DABC 算法所得平均相对百分偏差明显小于 SAs 算法的计算结果。这充分说明无论是求解小规模问题还是求解大规模问题，总体看来 DABC 算法均具有优越性。

9.2.2　基于 ABC 的机器零空闲等量分批批量流流水车间调度方法

在玻璃、纺织、印刷、集成电路等多种生产过程中，机器一旦运转就不允许停止，此即零空闲调度问题。譬如，采用照相平板印刷法的集成电路生产中使用的分档器是一种十分昂贵的设备，一旦运行则不希望停止。因此，在设备运行时希望是零空闲的(武磊 等，2009)。具有以上工程应用背景的零空闲流水车间(No Idle Flow Shop，NIFS)调度问题是一类十分重要的调度问题，目前研究较为广泛(潘全科 等，2008；Kamburowski，2004；Deng et al.，2012；Tasgetiren et al.，2013)。将零空闲流水车间调度问题扩展到批量流生产环境下，与 9.2.1 节研究的问题不同，以下将考虑在同一台机器上加工的所有转移批量之间均没有空闲时间的 ELFSP，称为机器零空闲 ELFSP。

9.2.2.1　机器零空闲 ELFSP 描述

在机器零空闲 ELFSP 中，有 n 个加工批次的工件按照相同的工艺路径经过 m 台机器加工。每个较大的加工批次可被平均分成若干独立的转移批量。转移批量是最小的生产单元，可视为一个独立工件进行加工和运输。但由于机器零空闲的约束，不仅要求在同一机器上加工的所属同一加工批次的前后两个转移批量之间没有空闲时间，而且要求在同一机器上加工的相邻加工批次之间没有空闲时间，即机器一旦开工，就一直处于生产状态。为了满足这一约束，可能出现前一个加工批次或转移批量推迟加工的情况，即加工批次或转移批量到达机器后，即使机器空闲也不能马上开工。同时约定：

(1) 在同一台机器上，一个加工批次的所有工件加工完成后另一加工批次方可开始加工；

(2) 在所有机器上，各加工批次的生产次序完全相同；

(3) 在任何时刻，一台机器只能够加工一个转移批量，一个转移批量也只能够在一台机器上进行加工；

(4) 机器准备时间和批量运输时间均包含在加工时间内；

(5) 不同加工批次之间具有相同的优先级，任何生产批次没有抢先加工的特权；

(6) 所有工件在零时刻都可以被加工；

(7) 所有机器在零时刻均可用。

已知工件的转移批量数和转移批量在各台机器上所需的加工时间，要求出一个满足上述约束条件的可行调度，使得最大完工时间等生产指标最优。

考虑 9.2.1 节的例子，批次内零空闲 ELFSP 调度和零空闲 ELFSP 调度的甘特图如图 9-6 所示。可以看出，在批次内零空闲的 ELFSP 中，同一加工批次的相邻转移批量之间没有机器空闲时间，但加工批次之间是允许机器空闲时间存在的；而在机器零空闲 ELFSP 中，不仅转移批量之间而且各加工批次之间也不存在机器空闲时间。因此机器零空闲 ELFSP 较批次内零空闲的 ELFSP 调度有更强的约束限制。

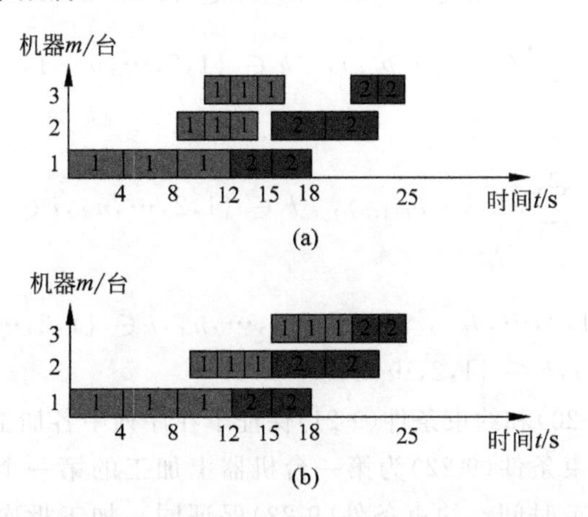

图 9-6　批次内零空闲 ELFSP 与机器零空闲 ELFSP 调度比较

(a) 批量内零空闲 ELFSP 调度；(b) 机器零空闲 ELFSP 调度

9.2.2.2 机器零空闲 ELFSP 数学模型

考虑最大完工时间指标，给出机器零空闲 ELFSP 的数学规划模型。为了描述方便，定义以下符号：

$$X_{j,k}=\begin{cases}1, & \text{工件 } j \text{ 为排列中的第 } k \text{ 个工件}, \\ 0, & \text{其他},\end{cases} \quad j,k\in\{1,2,\cdots,n\},$$

$\partial_k=\sum_{j=1}^{n}(X_{j,k}\cdot l_j)$ 为第 k 个工件的转移批量数；

最大完工时间指标的目标函数为

$$\min(C_{\max})=\min(\max_{k=1}^{n}(C_{m,k,\partial_k}))；$$

约束条件：

$$\sum_{k=1}^{n} X_{j,k} = 1,\quad j \in \{1,2,\cdots,n\}, \tag{9-20}$$

$$\sum_{j=1}^{n} X_{j,k} = 1,\quad k \in \{1,2,\cdots,n\}, \tag{9-21}$$

$$C_{1,1,1} = \sum_{j=1}^{n} (X_{j,1} \cdot p_{1,j}), \tag{9-22}$$

$$C_{i,k,q+1} = C_{i,k,q} + \sum_{j=1}^{n} (X_{j,k} \cdot p_{i,j}),$$
$$q \in \{1,2,\cdots,\partial_k - 1\}, k \in \{1,2,\cdots,n\}, i \in \{1,2,\cdots,m\}, \tag{9-23}$$

$$C_{i,k+1,1} = C_{i,k,\partial_k} + \sum_{j=1}^{n} (X_{j,k+1} \cdot p_{i,j}),\quad k \in \{1,2,\cdots,n-1\}, i \in \{1,2,\cdots,m\}, \tag{9-24}$$

$$C_{i+1,k,q} \geqslant C_{i,k,q} + \sum_{j=1}^{n} (X_{j,k} \cdot p_{i+1,j}),\quad k \in \{1,2,\cdots,n\}, i \in \{1,2,\cdots,m-1\}, \tag{9-25}$$

$$C_{i,k,q} \geqslant 0, q \in \{1,2,\cdots,\partial_k\},\quad k \in \{1,2,\cdots,n\}, i \in \{1,2,\cdots,m\}, \tag{9-26}$$

$$X_{j,k} \in \{0,1\},\quad j,k \in \{1,2,\cdots,n\}。 \tag{9-27}$$

约束条件(9-20)和约束条件(9-21)保证了在序列中各加工批次出现并且只能出现一次。约束条件(9-22)为第一台机器上加工的第一个加工批次的第一个转移批量的完工时间。约束条件(9-23)保证同一加工批次的相邻的两个转移批量之间没有空闲时间。约束条件(9-24)保证同一台机器加工的相邻的两个加工批次之间没有空闲时间。约束条件(9-25)保证了一个转移批量不能同时由多台机器加工。约束条件(9-26)限定所有转移批量的完工时间均大于零。约束条件(9-27)为决策变量的取值范围。

若以总流经时间为优化指标，只需要将以上数学模型中的目标函数公式替换为

$$\min(\mathrm{TF}) = \min\left(\sum_{k=1}^{n} C_{m,k,\partial_k}\right), \tag{9-28}$$

就可得到优化机器零空闲 ELFSP 总流经时间的数学模型。

9.2.2.3　离散人工蜂群算法求解 *m/N/E/NI/DV/TF/no-idle*

采用 DABC 算法求解机器零空闲 ELFSP 的总流经时间。算法采用加工批次序列编码，在解码过程中，采用 9.1.2 节的解码方法，将一个个体解码为调度方案。由此调度方案，进一步可求得总流经时间。DABC 算法的种群初始化、

新解的生成方法、雇佣蜂阶段、观察蜂阶段、侦察蜂阶段以及局部搜索方法与 9.2.1 节类似。

9.2.2.4　实验设计与分析

考虑机器零空闲的生产环境，以总流经时间为指标，采用 9.2.1.4 节的 120 个调度实例测试 DABC 算法的性能，比较 DABC 算法与上节所述 8 种算法。实验结果表明，在不同的终止条件下，DABC 算法均能取得最优结果，且随着时间的增长，DABC 算法取得的计算结果越来越好。这表明，就求解总流经时间指标的机器零空闲 ELFSP 而言，DABC 算法不但优于其他 8 种智能优化方法，而且不易陷入局部最优。表 9-2 给出了 $\rho=10$ 时各算法的计算结果。

表 9-2　各算法性能比较（$\rho=10$）

$n\times m$	DABC	ACO	DPSO	HGA	SAi	SAs	TAi	TAs	TS
10×5	**0.00**	0.38	0.03	0.99	1.39	1.05	1.93	1.20	**0.00**
10×10	**0.00**	0.26	0.05	0.49	0.44	0.84	1.54	1.78	**0.00**
10×15	**0.00**	0.37	0.07	1.43	0.96	0.50	2.30	2.75	**0.00**
10×20	**0.00**	0.44	0.06	0.63	1.04	0.71	2.16	2.36	**0.00**
30×5	**1.82**	2.55	17.23	3.48	2.51	2.44	5.46	4.49	2.48
30×10	**1.85**	1.86	12.62	3.18	2.53	2.70	5.27	4.83	2.55
30×15	**2.97**	3.16	12.18	4.92	3.96	3.78	5.54	6.50	4.60
30×20	**1.95**	4.46	9.73	4.97	4.35	3.50	5.72	6.40	5.52
50×5	1.92	2.73	33.10	6.03	**1.90**	1.25	3.58	3.40	5.85
50×10	**1.78**	3.10	20.93	4.26	2.87	2.28	4.39	4.20	4.68
50×15	**2.27**	3.06	21.89	3.68	3.17	3.18	4.15	4.57	5.29
50×20	**2.09**	2.26	19.24	3.69	3.27	2.84	4.72	4.84	6.33
70×5	2.05	4.95	43.31	15.91	2.20	**1.50**	5.52	4.20	16.91
70×10	**1.87**	2.68	35.29	8.66	2.32	2.03	3.82	3.91	8.74
70×15	**2.74**	2.90	37.95	7.40	2.59	2.85	4.41	4.95	8.58
70×20	**3.04**	3.58	28.38	7.67	4.35	4.04	6.28	5.46	10.67
90×5	2.11	5.59	41.72	22.81	2.22	**1.36**	4.21	3.37	26.35
90×10	**2.12**	6.29	48.28	18.58	2.52	2.63	4.52	4.32	18.71
90×15	**2.07**	3.58	40.25	13.07	2.49	2.17	4.51	3.52	14.18
90×20	**2.17**	3.78	38.83	12.09	2.49	2.66	3.75	4.07	12.34
110×5	3.44	8.77	46.88	30.73	2.51	**1.27**	5.82	4.71	35.51
110×10	2.78	6.11	41.95	22.74	**2.28**	2.42	4.38	3.95	23.69
110×15	2.18	3.95	39.88	18.59	2.04	**1.98**	3.11	3.18	19.89
110×20	**1.66**	4.07	40.50	17.10	2.83	2.50	3.90	4.32	18.77
平均值	**1.87**	3.37	26.26	9.71	2.47	2.19	4.21	4.05	10.49

9.3 基于ABC的零等待等量分批批量流流水车间调度方法

在冶金、食品加工、化工和制药等生产过程中，加工对象一旦进入加工状态就不能中断，直到完成所有操作，这就是零等待调度。例如，在塑料成型过程中，为避免产品缺陷，在产品冷却下来之前必须在各道工序上连续不停地加工处理。零等待流水车间调度问题（常俊林，2005；Espinouse et al.，1999；Davendra et al.，2013；Shabtay，2012；Sriskandarajah et al.，1999）也是一类NP-难问题。本节研究零等待ELFSP($m/N/E$/NI/DV/no-wait)，首先给出问题的数学模型，应用DABC算法优化总流经时间。仿真试验表明了所提算法的有效性。

9.3.1 零等待ELFSP问题描述与数学模型

9.3.1.1 问题描述

零等待ELFSP研究n个加工批次的工件在m台机器上的流水作业加工，即各加工批次按照相同的工艺路径经过m台机器。每个较大的加工批次可被平均分成若干独立的转移批量。由于零等待约束，同一转移批量的前后工序必须连续进行，一旦某一转移批量的前一个工序加工完毕，其后一个工序则需要立刻开工，即转移批量一旦开工就不可中断。为了满足这一约束，可能出现前一个转移批量推迟加工的情况，即转移批量到达机器后，即使机器空闲也不能马上开工。同时约定：

(1) 在同一台机器上，一个加工批次的所有工件加工完成后另一加工批次的工件方可开始加工；

(2) 在所有机器上，各加工批次的生产次序完全相同；

(3) 在任何时刻，一台机器只能够加工一个转移批量，一个转移批量也只能够在一台机器上进行加工；

(4) 机器准备时间和批量运输时间均包含在加工时间内；

(5) 不同加工批次之间具有相同的优先级，任何生产批次没有抢先加工的特权；

(6) 所有工件在零时刻都可以被加工；

(7) 所有机器在零时刻均可用。

已知工件的转移批量数和各转移批量在各台机器上所需的加工时间，要求得一个满足上述约束条件的可行调度，使其最大完工时间或总流经时间等性能指标最优。图 9-7 对比了 ELFSP 与零等待 ELFSP。可以看出,零等待 ELFSP 的每个转移批量在上一台机器上加工完毕后马上开始在下一台机器上进行加工,其加工过程没有中断,在工序间流动时等待时间为零。

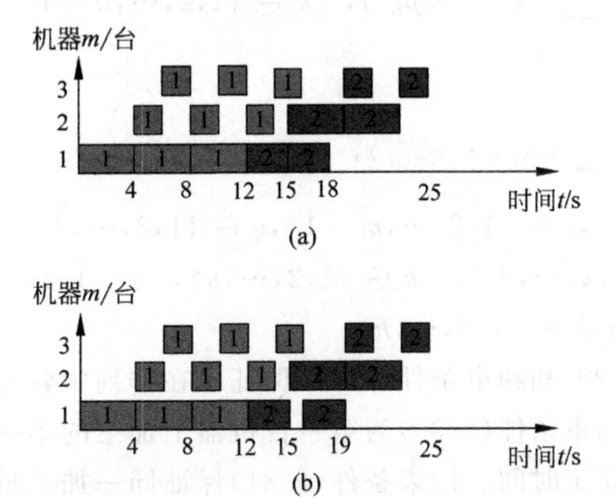

图 9-7　ELFSP 与零等待 ELFSP

(a) ELFSP 调度；(b) NWELFSP 调度

9.3.1.2　数学模型

令

$$X_{j,k}=\begin{cases}1, & \text{工件 } j \text{ 为排列中的第 } k \text{ 个工件,}\\ 0, & \text{其他,}\end{cases}\qquad j,k\in\{1,2,\cdots,n\},$$

$\partial_k=\sum_{j=1}^{n}(X_{j,k}\cdot l_j)$为第 k 个工件的转移批量数,

则 makespan 指标的目标函数为

$$\min(C_{\max})=\min(\max_{k=1}^{n}(C_{m,k,\partial_k})),$$

总流经时间指标的目标函数为

$$\min(\mathrm{TF})=\min\left(\sum_{k=1}^{n}C_{m,k,\partial_k}\right),$$

约束条件:

$$\sum_{k=1}^{n}X_{j,k}=1,\quad j\in\{1,2,\cdots,n\}, \tag{9-29}$$

$$\sum_{j=1}^{n}X_{j,k}=1,\quad k\in\{1,2,\cdots,n\}, \tag{9-30}$$

$$C_{1,1,1}=\sum_{j=1}^{n}(X_{j,1}\cdot p_{1,j}), \tag{9-31}$$

$$C_{i,k,q+1} \geqslant C_{i,k,q} + \sum_{j=1}^{n} (X_{j,k} \cdot p_{i,j}), \quad q \in \{1,2,\cdots,\partial_k - 1\}, \tag{9-32}$$

$$C_{i,k+1,1} \geqslant C_{i,k,\partial_k} + \sum_{j=1}^{n} (X_{j,k+1} \cdot p_{i,j}), \quad k \in \{1,2,\cdots,n-1\}, i \in \{1,2,\cdots,m\}, \tag{9-33}$$

$$C_{i+1,k,q} = C_{i,k,q} + \sum_{j=1}^{n} (X_{j,k} \cdot p_{i+1,j}),$$
$$k \in \{1,2,\cdots,n\}, i \in \{1,2,\cdots,m-1\}, q \in \{1,2,\cdots,\partial_k\}, \tag{9-34}$$

$$C_{i,k,q} \geqslant 0, q \in \{1,2,\cdots,\partial_k\}, \quad k \in \{1,2,\cdots,n\}, i \in \{1,2,\cdots,m\}, \tag{9-35}$$

$$X_{j,k} \in \{0,1\}, \quad j,k \in \{1,2,\cdots,n\}。 \tag{9-36}$$

约束条件(9-29)和约束条件(9-30)保证了在排列中各加工批次出现并且只能出现一次。约束条件(9-30)为第一台机器上加工的第一个加工批次的第一个转移批量的完工时间。约束条件(9-31)保证同一加工批次的相邻的两个转移批量连续加工。约束条件(9-32)和约束条件(9-33)保证一台机器在同一时刻只能加工一个转移批量,一个转移批量在同一时刻只能由一台机器进行加工。约束条件(9-34)保证了同一转移批量在相邻的两道工序之间没有等待时间。约束条件(9-35)限定所有转移批量的完工时间均大于零。约束条件(9-36)为决策变量的取值范围。

9.3.2 离散人工蜂群算法求解 $m/N/E/\mathrm{NI}/\mathrm{DV}/\mathrm{TF}/\text{no-wait}$

鉴于DABC算法在求解ELFSP的总流经时间的优越性,采用DABC算法优化零等待ELFSP的总流经时间。算法设计详述如下:

1. 编码和解码

DABC算法采用加工批次序列编码。在解码过程中,采用9.1.2节的解码方法,将一个个体解码为调度方案。基于上述$E_{\pi_j}(\pi)$和$E_{\pi_j,\pi_{j+1}}(\pi)$的求解,总流经时间可由开工时间差和转移批量在机器上的加工时间求得,即

$$\mathrm{TF}(\pi) = \sum_{j=1}^{n-1} [(n-1) \times (l_{\pi_j} - 1) \times E_{\pi_j}(\pi) + (n-j-1) \times E_{\pi_j,\pi_{j+1}}(\pi)] + (l_{\pi_n} - 1) \times E_{\pi_j}(\pi) + \sum_{j=1}^{n} \sum_{i=1}^{m} p_{i,\pi_j}。 \tag{9-37}$$

由快速计算方法可得$E_{\pi_j,\pi_{j+1}}(\pi)$的计算复杂度为$O(m)$,则总流经时间$\mathrm{TF}(\pi)$的计算复杂度为$O(nm)$。

考虑3个加工批次在3台机器上根据给定的顺序$\pi=\{1,2,3\}$进行加工,各

数据如下：$[l_j]_{1\times3}=[3,2,2]$，$[p_{i,j}]_{3\times3}=\begin{bmatrix}4 & 3 & 10\\ 2 & 4 & 4\\ 2 & 2 & 2\end{bmatrix}$，则零等待 ELFSP 总流经时间的计算过程。具体过程如下：

$E_1(\pi)=4$，　$E_2(\pi)=4$，　$E_3(\pi)=10$，

$E_{1,2}(\pi)=4$，　$E_{2,3}(\pi)=3$，

$$\mathrm{TF}(\pi)=3\times2\times E_1(\pi)+2\times E_{1,2}(\pi)+2\times E_2(\pi)+E_{2,3}(\pi)+E_3(\pi)+\sum_{j=1}^{m}p_{i,1}+\sum_{j=1}^{m}p_{i,2}+\sum_{j=1}^{m}p_{i,3}=3\times2\times4+2\times4+2\times4+3+10+(4+2+2)+(3+4+2)+(10+4+2)=86。$$

2. 其他操作

DABC 算法的种群初始化、新鲜的生成方法、雇佣蜂阶段、观察蜂阶段、侦察蜂阶段以及局部搜索方法与 9.2.1 节类似。

9.3.3　试验设计与分析

针对 9.2.1.4 节的 120 个 ELFSP 调度实例，考虑零等待 LFSP 生产环境，以总流经时间为指标测试 DABC 算法的性能。比较 DABC 算法与上节所述 8 种算法，计算结果如表 9-3 所示。实验结果表明，在不同的终止条件下，DABC 算法所得平均相对百分偏差最小，均能取得最优结果。这表明，就求解总流经时间指标的零等待 ELFSP 而言，DABC 算法优于其他 8 种智能优化方法。

表 9-3　各算法性能比较($\rho=10$)

$n\times m$	DABC	ACO	DPSO	HGA	SAi	SAs	TAi	TAs	TS
10×5	**0.00**	0.01	**0.00**	**0.00**	0.03	0.28	0.07	0.80	**0.00**
10×10	**0.00**	0.03	**0.00**	**0.00**	0.07	0.48	0.35	1.38	0.38
10×15	**0.00**	0.02	0.01	**0.00**	0.09	0.59	0.18	1.09	0.15
10×20	**0.00**	0.11	**0.00**	0.03	0.15	0.70	0.38	1.64	**0.00**
30×5	**0.02**	0.30	**0.02**	0.41	0.50	2.04	0.71	2.30	0.48
30×10	**0.01**	0.61	0.02	0.55	0.76	2.16	0.61	2.65	0.49
30×15	0.06	0.45	**0.00**	0.79	0.74	2.88	1.23	4.57	0.96
30×20	**0.05**	0.69	0.08	0.71	0.94	2.36	1.29	3.04	0.29
50×5	**0.16**	0.71	1.07	0.91	1.05	2.43	1.19	2.56	1.25
50×10	**0.11**	0.88	0.68	1.15	1.07	2.92	1.26	3.43	1.93
50×15	**0.14**	0.89	0.55	1.13	1.41	3.17	1.43	4.17	2.08
50×20	**0.10**	0.84	0.43	1.05	1.08	3.10	1.38	3.52	0.94

续表

$n\times m$	DABC	ACO	DPSO	HGA	SAi	SAs	TAi	TAs	TS
70×5	**0.15**	0.71	5.02	0.95	0.91	2.47	1.15	2.70	1.81
70×10	**0.22**	0.86	4.34	1.25	1.32	3.10	1.44	3.41	2.49
70×15	**0.17**	0.93	3.54	1.15	1.39	3.20	1.53	3.72	2.51
70×20	**0.20**	1.08	3.65	1.49	1.49	3.73	1.79	4.28	2.70
90×5	**0.21**	0.84	10.41	1.13	0.95	2.36	1.15	2.59	1.95
90×10	**0.24**	1.36	8.85	1.40	1.35	3.33	1.45	3.60	2.66
90×15	**0.14**	1.43	10.01	1.53	1.42	3.88	1.51	4.33	3.31
90×20	**0.23**	1.09	7.82	1.43	1.22	3.57	1.63	4.08	3.15
110×5	**0.13**	0.94	15.00	1.38	0.94	2.04	1.02	2.21	1.81
110×10	**0.19**	1.22	13.18	1.21	1.05	3.13	1.32	3.28	3.13
110×15	**0.09**	1.27	13.29	1.36	1.22	3.32	1.41	3.63	2.67
110×20	**0.30**	1.71	14.70	1.75	1.56	3.97	1.76	4.24	3.38
平均值	**0.12**	0.79	4.70	0.95	0.95	2.55	1.14	3.05	1.69

9.4 基于ABC的序列相关准备时间的等量分批批量流流水车间调度方法

在一些生产过程中，准备时间不仅与当前要加工的工件相关，还与刚刚加工完毕的上一个工件有关。如纺织企业中产品在进行染色时，从浅色产品到深色产品连续染色通常只需要一个相对较小的准备时间。然而，当浅色产品在深色产品之后染色时，机器需要清洗，这样就需要一个较长的准备时间，因此这种准备时间被称为序列相关准备时间(sequence-dependent setup time，SDST)(Ciavotta et al.，2013；Tanaka et al.，2013；Eren，2010；Naderi et al.，2010；Kirlik et al.，2012；Arabameri et al.，2013)。序列相关准备时间的ELFSP(m/N/E/II/DV/SDST)(Hamta et al.，2013；Ruiz et al.，2005)是一类具有广泛应用背景的调度问题，也是NP-难问题，具有重要的研究意义和应用价值。

9.4.1 序列相关准备时间的ELFSP描述与数学模型

9.4.1.1 序列相关准备时间的ELFSP描述

在带有序列相关准备时间的ELFSP中，有n个加工批次的工件按照相同的工艺路径经过m台机器加工。每个较大的加工批次可被平均分成若干独立的转移批量。转移批量是最小的生产单元。在一个加工批次的第一个转移批量开始加工之前,需要有一段序列相关的机器准备时间。机器准备时间不仅与当前的加工批次有关,还与上一个加工批次相关。机器准备时间与批次加工时间可以分离,即若机器空闲,在批次到来之前就可以进行相关准备工作。同时约定:

(1) 在同一台机器上,一个加工批次的所有工件加工完成后另一加工批次的工件方可开始加工;

(2) 在所有机器上,各加工批次的生产次序完全相同;

(3) 在任何时刻,一台机器只能够加工一个转移批量,一个转移批量也只能够在一台机器上进行加工;

(4) 同一批次的相邻转移批量之间的机器准备时间包含在加工时间内;

(5) 批量运输时间均包含在加工时间内;

(6) 在同一台机器上加工的相邻转移批量之间,机器可存在空闲时间;

(7) 不同加工批次之间具有相同的优先级;任何生产批次没有抢先加工的特权;

(8) 所有工件在零时刻都可以被加工;

(9) 所有机器在零时刻均可用。

已知工件的转移批量数、序列相关的机器准备时间以及各转移批量在各台机器上所需的加工时间,要求得一个满足上述约束条件的可行调度,使其最大完工时间或总流经时间等生产指标最优。

考虑 2 个加工批次在 3 台机器上按照顺序 $\pi=\{1,2\}$ 加工。数据如下:$[l_j]_{1\times 2}=[3,2]$,$[p_{i,j}]_{3\times 2}=\begin{bmatrix}3 & 2\\ 2 & 4\\ 2 & 2\end{bmatrix}$,加工批次 1 首先加工,在 3 台机器的准备时间分别为 1,2,2,若加工批次 1 加工完毕后加工批次 2 开始加工,则加工批次 2 的序列相关准备时间在 3 台机器上分别为 2,1,2,则 ELFSP 和序列相关准备时间的 ELFSP 调度方法所得调度甘特图如图 9-8 所示。可以看出,序列相关准备时间的 ELFSP 的每个加工批次的第一个转移批量包含有序列相关的准备时间。

9.4.1.2　数学建模

考虑序列相关的机器准备时间,以最大完工时间为优化目标,所建数学模型如下。令

$s_{i,j',j}$——机器 i 上工件 j 在工件 j' 之后加工的准备时间,

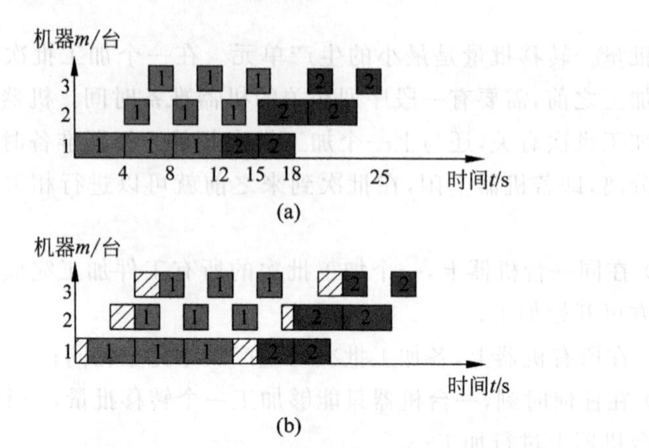

图 9-8　ELFSP 与带有序列相关准备时间的 ELFSP
(a) ELFSP 调度；(b) 序列相关准备时间 ELFSP 调度

$s_{i,j,j}$——机器 i 上第一个加工的工件 j 的准备时间，

$$X_{j,k}=\begin{cases}1, & \text{工件 } j \text{ 为排列中的第 } k \text{ 个工件,}\\ 0, & \text{其他,}\end{cases}\quad j,k\in\{1,2,\cdots,n\},$$

$\partial_k=\sum_{j=1}^{n}(X_{j,k}\cdot l_j)$ 为第 k 个工件的转移批量数，

则 makespan 指标的目标函数为

$$\min(C_{\max})=\min(\max_{k=1}^{n}(C_{m,k,\partial_k})),$$

约束条件：

$$\sum_{k=1}^{n}X_{j,k}=1,\quad j\in\{1,2,\cdots,n\},\tag{9-38}$$

$$\sum_{j=1}^{n}X_{j,k}=1,\quad k\in\{1,2,\cdots,n\},\tag{9-39}$$

$$C_{1,1,1}=\sum_{j=1}^{n}(X_{j,1}\cdot(p_{1,j}+s_{1,j,j})),\tag{9-40}$$

$$C_{i,1,1}=\max\{C_{i-1,1,1},s_{i,1,1}\}+\sum_{j=1}^{n}(X_{j,1}\cdot p_{i,j}),\quad i\in\{1,2,\cdots,m\},\tag{9-41}$$

$$C_{i,k,q+1}\geqslant C_{i,k,q}+\sum_{j=1}^{n}(X_{j,k}\cdot p_{i,j}),\quad q\in\{1,2,\cdots,\partial_k-1\},\tag{9-42}$$

$$C_{i,k+1,1}\geqslant C_{i,k,\partial_k}+s_{i,k,k+1}+\sum_{j=1}^{n}(X_{j,k+1}\cdot p_{i,j}),$$

$$k\in\{1,2,\cdots,n-1\},i\in\{1,2,\cdots,m\},\tag{9-43}$$

$$C_{i+1,k,q} \geqslant C_{i,k,q} + \sum_{j=1}^{n}(X_{j,k} \cdot p_{i+1,j}),$$
$$k \in \{1,2,\cdots,n\}, i \in \{1,2,\cdots,m-1\}, q \in \{1,2,\cdots,\partial_k\}, \tag{9-44}$$
$$C_{i,k,q} \geqslant 0, q \in \{1,2,\cdots,\partial_k\},\quad k \in \{1,2,\cdots,n\}, i \in \{1,2,\cdots,m\}, \tag{9-45}$$
$$X_{j,k} \in \{0,1\},\quad j,k \in \{1,2,\cdots,n\}。\tag{9-46}$$

约束条件(9-38)和约束条件(9-39)保证了在排列中各工件出现并且只能出现一次。约束条件(9-40)为第一台机器上加工的第一个工件的第一个转移批量的完工时间。约束条件(9-41)为其他机器上加工的第一个工件的第一个转移批量的完工时间。约束条件(9-42)保证同一工件的相邻的两个转移批量连续加工。约束条件(9-43)和约束条件(9-44)保证了一个转移批量不能同时由多台机器加工和一台机器在同一时刻只能加工一个转移批量。约束条件(9-45)限定所有转移批量的完工时间均大于零。约束条件(9-46)为决策变量的取值范围。约束条件(9-40)、约束条件(9-41)和约束条件(9-43)充分考虑了工件包含序列相关的准备时间。

若考虑总流经时间指标，则需将上述模型中的目标函数替换为

$$\min(\mathrm{TF}) = \min\left(\sum_{k=1}^{n} C_{m,k,\partial_k}\right)。\tag{9-47}$$

9.4.2　离散人工蜂群算法求解 $m/N/E/\mathrm{II}/\mathrm{DV}/\mathrm{TF}/\mathrm{SDST}$

1. DABC 算法设计

(1) 编码

与9.2.1节的DABC算法相同，采用基于工件序列的表达方式生成调度序列。

(2) 解码

采用加工批次序列编码。为了把个体解码成调度方案，需要考虑机器准备时间的序列相关性、与批量加工时间的分离等问题特征。设 $\pi=\{\pi_1,\pi_2,\cdots,\pi_n\}$ 为待处理的一个工件加工批次序列，π_k 为序列 π 的第 k 个加工批次，$\mathrm{ST}_{i,j,q}$ 为加工批次 j 在机器 i 上第 q 个转移批量的最早开始加工时间，$\mathrm{CT}_{i,j,q}$ 为加工批次 j 在机器 i 上第 q 个转移批量的最早完工时间，$C_{\max}(\pi)$ 为加工批次序列 π 的最大完工时间，$\mathrm{TF}(\pi)$ 为加工批次序列 π 的总流经时间。根据带有序列相关准备时间的ELFSP的特征，提出解码计算公式如下：

$$\begin{cases} \mathrm{ST}_{1,\pi_1,1} = s_{1,\pi_1,\pi_1}, \\ \mathrm{CT}_{1,\pi_1,1} = \mathrm{ST}_{1,\pi_1,1} + p_{1,\pi_1}, \\ \mathrm{ST}_{i,\pi_1,1} = \max\{\mathrm{CT}_{i-1,\pi_1,1}, s_{i,\pi_1,\pi_1}\}, \\ \mathrm{CT}_{i,\pi_1,1} = \mathrm{ST}_{i,\pi_1,1} + p_{i,\pi_1}, \\ i = 2,3,\cdots,m, \end{cases} \tag{9-48}$$

$$\begin{cases}ST_{1,\pi_1,q}=CT_{1,\pi_1,q-1},\\ CT_{1,\pi_1,q}=ST_{1,\pi_1,q}+p_{1,\pi_1},\\ ST_{i,\pi_1,q}=\max\{CT_{i-1,\pi_1,q},CT_{i,\pi_1,q-1}\},\\ CT_{i,\pi_1,q}=ST_{i,\pi_1,q}+p_{i,\pi_1},\\ q=2,3,\cdots,l_{\pi_1};\ i=2,3,\cdots,m,\end{cases}\tag{9-49}$$

$$\begin{cases}ST_{1,\pi_k,1}=CT_{1,\pi_{k-1},l_{\pi_{k-1}}}+s_{1,\pi_{k-1},\pi_k},\\ CT_{1,\pi_k,1}=ST_{1,\pi_k,1}+p_{1,\pi_1},\\ ST_{i,\pi_k,1}=\max\{CT_{i-1,\pi_k,1},CT_{i,\pi_{k-1},l_{\pi_{k-1}}}+s_{i,\pi_{k-1},\pi_k}\},\\ CT_{i,\pi_k,1}=ST_{i,\pi_k,1}+p_{i,\pi_k},\\ k=2,3,\cdots,n;\ i=2,3,\cdots,m,\end{cases}\tag{9-50}$$

$$\begin{cases}ST_{1,\pi_k,q}=CT_{1,\pi_k,q-1},\\ CT_{1,\pi_k,q}=ST_{1,\pi_k,q}+p_{1,\pi_k}\\ ST_{i,\pi_k,q}=\max\{CT_{i-1,\pi_k,q},CT_{i,\pi_k,q-1}\},\\ CT_{i,\pi_k,q}=ST_{i,\pi_k,q}+p_{i,\pi_k},\\ k=2,3,\cdots,n;\ q=2,3,\cdots,l_{\pi_k};\ i=2,3,\cdots,m。\end{cases}\tag{9-51}$$

公式(9-48)计算序列 π 中第一个加工批次 π_1 的第一个转移批量的最早开始加工时间和最早完工时间。公式(9-49)计算第一个加工批次 π_1 的其他转移批量的最早开始加工时间和最早完工时间。公式(9-50)计算加工批次 $\pi_k(k=2,3,\cdots,n)$的第一个转移批量的最早开始加工时间和最早完工时间。公式(9-51)计算加工批次 $\pi_k(k=2,3,\cdots,n)$的其他转移批量的最早开始加工时间和最早完工时间。

将 DABC 算法的一个个体或食物源解释为一个完整调度。根据该调度中各加工批次的完工时间，考虑序列相关准备时间，采用总流经时间计算公式(9-47)可得该调度的总流经时间。

(3) 其他操作

DABC 算法的种群初始化、新解的生成方法、雇佣蜂阶段、观察蜂阶段、侦察蜂阶段、局部搜索方法以及参数设置与 9.1.2 节类似。

2. 试验设计与分析

考虑序列相关准备时间的 ELFSP 生产环境，以总流经时间为指标，根据设置转移批量的加工时间为区间[1,31]上随机整数。考虑序列相关准备时间分别为加工时间的 10%，50%，100%和 125%(Eren，2010；Naderi et al.，2010；

Kirlik et al. ,2012)四种情况，记为 SDST10：$s_{i,j',j} \in [1,3]$，SDST50：$s_{i,j',j} \in [1,15]$，SDST100：$s_{i,j',j} \in [1,3,1]$，SDST125：$s_{i,j',j} \in [1,39]$。其他数据与 9.2.1 节的调度实例数据相同。以此 480 个算例和 4 种准备时间情况测试 DABC 的性能。SDST10 的计算结果如表 9-4 所示。

由表 9-4～表 9-6 可以看出，在不同的终止条件下，DABC 均能取得最优结果，且随着时间的增长，DABC 算法取得的计算结果越来越好。图 9-9 为 ANOVA 分析结果，可以看出 DABC 算法显著优于其他方法。

表 9-4　各算法性能比较(SDST10，$\rho=10$)

$n\times m$	DABC	ACO	DPSO	HGA	SAi	SAs	TAi	TAs	TS
10×5	**0.00**	0.08	0.01	0.30	0.40	0.50	0.65	0.52	**0.00**
10×10	**0.00**	0.08	**0.00**	0.15	0.07	0.45	0.68	1.51	**0.00**
10×15	**0.00**	0.00	**0.00**	0.04	0.05	0.69	0.26	1.30	**0.00**
10×20	**0.00**	0.01	**0.00**	0.00	0.02	0.45	0.06	0.92	0.18
30×5	**0.81**	1.22	19.85	3.67	1.21	1.66	1.83	2.04	2.42
30×10	**0.80**	1.15	17.76	1.95	1.29	2.20	2.07	3.22	2.10
30×15	**0.33**	0.65	13.51	1.21	1.21	2.05	1.70	2.78	1.46
30×20	**0.30**	0.66	7.37	1.26	1.33	2.02	1.60	2.15	1.20
50×5	**0.93**	2.21	32.98	18.17	1.20	1.44	2.15	2.17	15.14
50×10	**0.80**	1.51	28.42	10.81	1.27	1.86	2.05	3.01	9.31
50×15	**0.86**	1.09	23.13	7.43	1.01	2.01	1.57	2.51	6.00
50×20	**0.39**	0.84	21.33	5.59	1.03	1.77	1.52	2.15	4.79
70×5	**0.83**	3.48	35.87	29.91	1.39	1.66	2.94	2.48	32.67
70×10	0.79	2.12	34.65	25.32	**0.61**	1.29	1.67	2.06	25.87
70×15	**0.83**	1.71	29.29	19.79	1.01	1.67	1.60	2.47	19.59
70×20	**0.59**	1.54	31.69	17.03	1.05	1.84	1.47	2.28	16.76
90×5	**0.47**	5.21	37.78	35.34	2.42	2.63	3.81	3.70	44.74
90×10	**0.40**	3.22	36.77	32.83	1.12	2.08	2.32	2.82	35.87
90×15	**0.59**	2.46	36.07	29.73	1.05	1.40	1.72	2.53	31.65
90×20	**0.50**	2.00	33.72	26.23	0.90	1.70	1.70	2.24	28.66
110×5	**0.34**	8.09	41.83	40.61	2.48	2.90	3.79	4.07	51.94
110×10	**0.36**	3.43	40.55	38.50	1.20	2.06	2.32	3.27	40.37
110×15	**0.64**	3.44	34.98	33.57	1.29	2.45	2.30	3.29	39.79
110×20	0.52	2.36	36.84	32.24	1.08	2.15	1.74	2.58	35.56
平均值	**0.50**	2.02	24.77	17.15	1.07	1.70	1.81	2.42	18.59

表 9-5 各算法性能比较(SDST10,$\rho=20$)

$n\times m$	DABC	ACO	DPSO	HGA	SAi	SAs	TAi	TAs	TS
10×5	**0.00**	0.08	0.01	0.13	0.40	0.50	0.65	0.52	**0.00**
10×10	**0.00**	0.08	**0.00**	0.13	0.07	0.45	0.68	1.51	**0.00**
10×15	**0.00**	**0.00**	**0.00**	**0.00**	0.05	0.69	0.26	1.30	**0.00**
10×20	**0.00**	0.01	**0.00**	**0.00**	0.02	0.45	0.06	0.92	0.18
30×5	**0.62**	1.12	19.92	1.98	1.27	1.72	1.90	2.11	1.77
30×10	**0.67**	1.08	11.31	1.75	1.42	2.33	2.20	3.36	1.66
30×15	**0.25**	0.70	4.82	1.27	1.31	2.15	1.80	2.88	1.18
30×20	**0.22**	0.68	4.14	1.28	1.37	2.06	1.64	2.19	0.88
50×5	**0.97**	1.91	33.20	12.01	1.31	1.48	2.24	2.29	8.12
50×10	**0.65**	1.19	28.45	6.17	1.28	1.88	2.04	3.02	4.36
50×15	**0.64**	0.81	23.13	3.82	1.01	2.01	1.57	2.51	2.90
50×20	**0.44**	0.81	14.47	2.99	1.30	2.04	1.78	2.42	3.17
70×5	**0.94**	2.74	36.02	22.85	1.03	1.21	2.73	2.21	22.07
70×10	0.80	1.57	34.82	16.94	**0.55**	1.18	1.58	1.89	14.70
70×15	**0.80**	1.32	29.64	12.15	1.05	1.79	1.73	2.72	9.57
70×20	**0.50**	1.13	31.89	9.69	1.12	1.93	1.54	2.43	7.86
90×5	**0.47**	4.13	37.78	30.35	1.55	1.56	3.19	2.76	37.31
90×10	**0.47**	2.17	36.86	25.95	0.80	1.60	1.93	2.38	26.26
90×15	**0.88**	1.82	36.54	21.58	0.99	1.51	1.80	2.71	20.82
90×20	**0.64**	1.67	34.05	17.97	0.84	1.77	1.65	2.35	17.83
110×5	**0.34**	5.42	41.83	36.44	1.48	1.73	3.09	3.04	44.52
110×10	**0.36**	2.54	40.55	33.23	0.63	1.30	1.73	2.60	32.59
110×15	**0.68**	2.39	35.04	27.80	0.96	1.84	1.95	2.92	32.12
110×20	**0.54**	1.82	36.87	25.63	0.77	1.76	1.47	2.16	25.97
平均值	**0.50**	1.55	23.81	13.00	0.94	1.54	1.72	2.30	13.16

表 9-6 各算法性能比较(SDST10,$\rho=30$)

$n\times m$	DABC	ACO	DPSO	HGA	SAi	SAs	TAi	TAs	TS
10×5	**0.00**	0.08	0.01	0.13	0.40	0.50	0.65	0.52	**0.00**
10×10	**0.00**	0.08	**0.00**	0.13	0.07	0.45	0.68	1.51	**0.00**
10×15	**0.00**	**0.00**	**0.00**	**0.00**	0.05	0.69	0.26	1.30	**0.00**
10×20	**0.00**	0.01	**0.00**	0.00	0.02	0.45	0.06	0.92	0.18
30×5	**0.50**	1.12	17.60	1.69	1.35	1.80	1.97	2.19	1.65
30×10	**0.59**	1.17	6.16	1.83	1.51	2.42	2.29	3.45	1.62
30×15	**0.22**	0.72	2.86	1.28	1.33	2.16	1.81	2.89	0.91
30×20	**0.20**	0.72	2.04	1.31	1.41	2.10	1.68	2.23	0.83
50×5	**0.89**	1.68	33.35	7.99	1.42	1.59	2.34	2.40	5.33

续表

$n\times m$	DABC	ACO	DPSO	HGA	SAi	SAs	TAi	TAs	TS
50×10	**0.51**	1.11	22.95	3.91	1.41	2.01	2.17	3.16	3.12
50×15	**0.69**	0.84	12.21	2.50	1.25	2.25	1.81	2.76	2.67
50×20	**0.39**	0.72	9.81	1.83	1.38	2.12	1.86	2.50	2.57
70×5	**0.90**	2.43	36.09	18.02	0.93	1.12	2.63	2.12	15.76
70×10	0.67	1.15	34.88	12.32	**0.53**	1.21	1.58	1.92	9.22
70×15	**0.80**	1.21	29.88	8.51	1.22	1.97	1.92	2.91	6.19
70×20	**0.39**	0.93	18.34	6.31	1.21	2.03	1.64	2.53	4.94
90×5	**0.47**	3.61	37.78	26.49	1.39	1.37	3.05	2.52	30.39
90×10	**0.41**	1.81	36.93	21.11	0.80	1.52	1.88	2.33	19.37
90×15	**0.79**	1.55	36.69	16.54	1.06	1.56	1.81	2.79	14.25
90×20	**0.63**	1.47	34.23	13.33	0.95	1.90	1.75	2.48	12.24
110×5	**0.36**	4.54	41.85	33.42	1.21	1.37	2.86	2.72	40.73
110×10	**0.48**	2.13	40.72	29.28	0.61	1.24	1.73	2.52	27.61
110×15	**0.66**	2.08	35.07	23.37	0.88	1.72	1.85	2.78	26.56
110×20	**0.49**	1.37	36.89	20.78	0.70	1.71	1.35	2.14	19.40
平均值	**0.46**	1.36	21.93	10.50	0.96	1.55	1.73	2.31	10.23

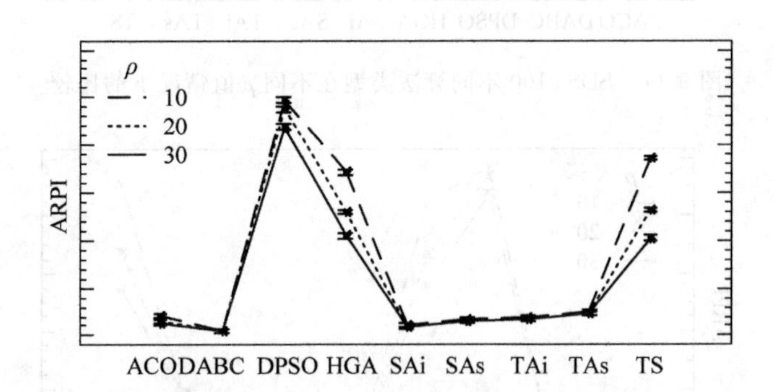

图 9-9　SDST10 不同算法类型在不同 ρ 值情况下的比较

对于 SDST50,SDST100,SDST125 这三种情况,各算法的 ANOVA 对比如图 9-10～图 9-12 所示。可以看出,针对这三种准备时间设置,DABC 算法也显著优于其他方法。

由以上比较试验可知,在求解带有序列相关启动时间的 ELFSP 的总流经时间方面,所提 DABC 算法明显优于参考文献上的方法。由以上可以看出,在不同的终止条件下,DABC 算法均能取得最优结果,且随着时间的增长,DABC 取得的计算结果越来越好。所提 DABC 算法在求解序列相关准备时间 ELFSP 的总流经时间方面具有显著优越性。

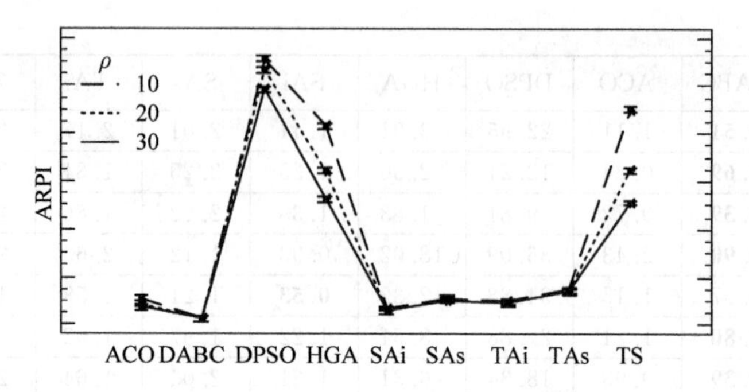

图 9-10　SDST50 不同算法类型在不同 ρ 值情况下的比较

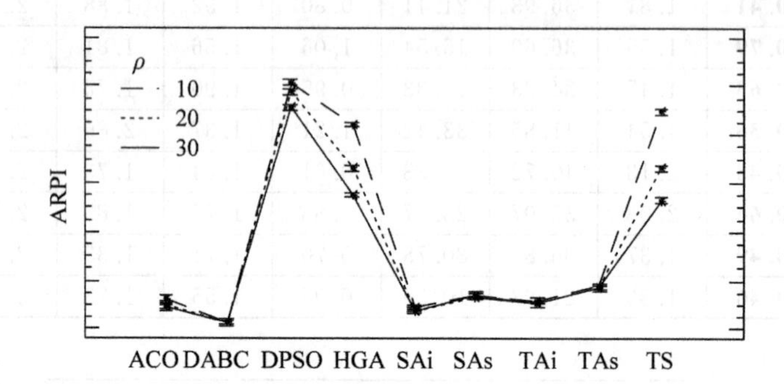

图 9-11　SDST100 不同算法类型在不同 ρ 值情况下的比较

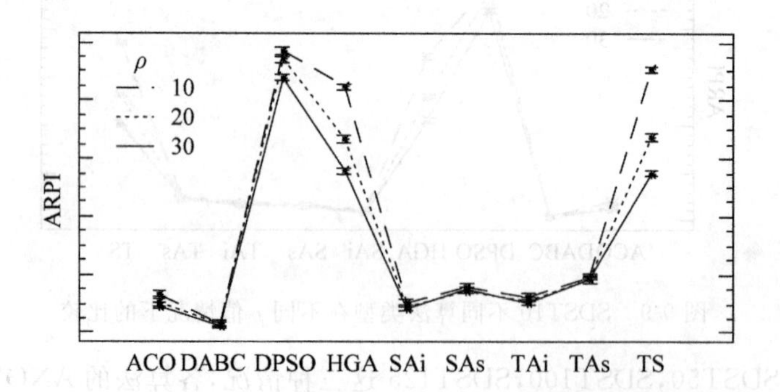

图 9-12　SDST125 不同算法类型在不同 ρ 值情况下的比较

9.5　本章小结

本章主要介绍了 ABC 算法在四种不同批量流流水车间调度中的应用。为了能用其求解 ELFSP，提出了 DABC 算法来优化 ELFSP 的总流经时间指标。在改进的 DABC 算法中，依次对个体矢量编码、解码、初始化、雇佣蜂阶段、观察蜂阶段、侦察蜂阶段、局部搜索算法这几个方面进行了改善。最后还针对以下四种不同的ELPSP，对DABC算法进行了测试，实验结果表明改进的DABC算法可以有效地求解这四类ELPSP。

参考文献

Arabameri S, Salmasi N, 2013. Minimization of weighted earliness and tardiness for no-wait sequence-dependent setup times flowshop scheduling problem [J]. Computers & Industrial Engineering, 64(4): 902-916.

Basturk B, Karaboga D, 2006. An Artificial Bee Colony Algorithm for Numeric function Optimization[C]. Indiana: IEEE Swarm Intelligence Symposium: 3-4.

Ciavotta M, Minella G, Ruiz R, 2013. Multi-objective sequence dependent setup times permutation flowshop: A new algorithm and a comprehensive study [J]. European Journal of Operational Research. 227(2): 301-313.

Davendra D, Zelinka I, Bialic-Davendra M, et al., 2013. Discrete Self-Organising Migrating Algorithm for flow-shop scheduling with no-wait makespan [J]. Mathematical and Computer Modelling, 57(1-2): 100-110.

Deng G, Gu X, 2012. A hybrid discrete differential evolution algorithm for the no-idle permutation flow shop scheduling problem with makespan criterion [J]. Computers & Operations Research, 39(9): 2152-2160.

Eren T, 2010. A bicriteria m-machine flowshop scheduling with sequence-dependent setup times [J]. Applied Mathematical Modelling, 34(2): 284-293.

Espinouse M L, Formanowicz P, Penz B, 1999. Minimizing the makespan in the two-machine no-wait flow-shop with limited machine availability [J]. Computers & Industrial Engineering, 37(1-2): 497-500.

Hamta N, Fatemi Ghomi S M T, Jolai F, et al., 2013. A hybrid PSO algorithm for a multi-objective assembly line balancing problem with flexible operation times, sequence-dependent setup times and learning effect [J]. International Journal of Production Economics, 141(1): 99-111.

Kamburowski J, 2004. More on three-machine no-idle flow shops [J]. Computers & Industrial Engineering, 46(3): 461-466.

Karaboga D, Basturk B, Ozturk C, 2007. Artificial bee colony optimization algorithm for training feed-forward neural networks[C]. Proceeding of the 4th International Conference on Modeling Decisions for Artificial Intelligence, 4617: 318-329.

Karaboga D, Basturk B, 2007a. A powerful and efficient algorithm for numerical function optimization: artificial bee colony algorithm [J]. Journal of Global Optimization, 39(3): 459-471.

Karaboga D, Basturk B, 2007b. Artificial bee colony optimization algorithm for solving constrained optimization problems [C]. Proceedings of the 12th international Fuzzy

Systems Association world congress on Foundations of Fuzzy Logic and Soft Computing, 4529: 789-798.

Karaboga D, Basturk B, 2007c. An artificial bee colony algorithm on training artificial neural networks[C]. 15th IEEE Signal Processing and Communications Applications, SIU Eskisehir, 2: 1-4.

Karaboga D, Basturk B, 2008. On the performance of artificial bee colony algorithm[J]. Applied Soft Computing, 8(1): 687-697.

Karaboga D, 2009. A new design method based on artificial bee colony algorithm for digital iir filters [J]. Journal of the Franklin Institute, 346(4): 328-348.

Kirlik G, Oguz C, 2012. A variable neighborhood search for minimizing total weighted tardiness with sequence dependent setup times on a single machine [J]. Computers & Operations Research, 39(7): 1506-1520.

Marimuthu S, Ponnambalam S G, Jawahar N, 2007. Tabu search and simulated annealing algorithms for scheduling in flow shops with lot streaming[C]. Proceedings of the Institution of Mechanical Engineers Part B-Journal of Engineering Manufacture, 221 (2): 317-331.

Marimuthu S, Ponnambalam S G, Jawahar N, 2008. Evolutionary algorithms for scheduling m-machine flow shop with lot streaming [J]. Robotics and Computer-Integrated Manufacturing, 24(1): 125-139.

Marimuthu S, Ponnambalam S G, Jawahar N, 2009. Threshold accepting and Ant-colony optimization algorithms for scheduling m-machine flow shops with lot streaming[J]. Journal of Materials Processing Technology, 209 (2): 1026-1041.

Martin C H, 2009. A hybrid genetic algorithm/mathematical programming approach to the multi-family flowshop scheduling problem with lot streaming[J]. Omega-International Journal of Management Science, 37 (1): 126-137.

Naderi B, Fatemi Ghomi S M T, Aminnayeri M, 2010. A high performing metaheuristic for job shop scheduling with sequence-dependent setup times [J]. Applied Soft Computing, 10(3): 703-710.

Pan Q K, Ruiz R, 2012. An estimation of distribution algorithm for lot-streaming flow shop problems with setup times[J]. OMEGA, 40(2): 166-180.

Rajendran C, Ziegler H, 1997. An efficient heuristic for scheduling in a flowshop to minimize total weighted flowtime of jobs [J]. European Journal of Operational Research, 103(1): 129-138.

Ruiz R, Maroto C, Alcaraz J, 2005. Solving the flowshop scheduling problem with sequence dependent setup times using advanced metaheuristics [J]. European Journal of Operational Research, 165(1): 34-54.

Shabtay D, 2012. The just-in-time scheduling problem in a flow-shop scheduling system [J]. European Journal of Operational Research, 216(3): 521-532.

Sriskandarajah C, Wagneur E, 1999. Lot streaming and scheduling multiple products in two-machine no-wait flowshops[J]. IIE Transactions, 31 (8): 695-707.

Tanaka S, Araki M, 2013. An exact algorithm for the single-machine total weighted tardiness problem with sequence-dependent setup times [J]. Computers & Operations Research. 40(1): 344-352.

Tasgetiren M F, Pan Q K, Suganthan P N, et al., 2013. A variable iterated greedy algorithm with differential evolution for the no-idle permutation flowshop scheduling problem [J]. Computers & Operations Research, 40(7): 1729-1743.

Tseng, C T, Liao C J, 2008. A discrete particle swarm optimization for lot-streaming flowshop scheduling problem. European Journal of Operational Research, 191 (2): 360-373.

常俊林,2005. 零等待流水车间与并行机调度问题及其在炼钢—连铸过程中的应用研究[D]. 上海：上海交通大学.

董兴业,黄厚宽,陈萍,2008. 多目标同顺序流水线作业的局部搜索算法[J]. 计算机集成制造系统,14(3)：535-542.

潘全科,王凌,赵保华,2008. 解决零空闲流水线调度问题的离散粒子群算法[J]. 控制与决策,23(2)：191-194.

武磊,潘全科,桑红燕,等,2009. 求解零空闲流水线调度问题的和声搜索算法[J]. 计算机集成制造系统,15(10)：1960-1967.

夏桂梅,曾建潮,2007. 基于锦标赛选择遗传算法的随机微粒群算法[J]. 计算机工程与应用,43(4)：51-53.

第10章 入侵性杂草算法及其在批量流流水车间调度中的应用

10.1 入侵性杂草算法的基本原理

10.1.1 入侵性杂草算法的基本理论

入侵性杂草优化算法（invasive weed optimization algorithm，IWO）是Mehrabian和Lucas在2006年提出的一种新型的元启发式算法（Mehrabian et al.，2006），由自然界中杂草入侵原理演化而来。它模仿了杂草入侵的生长繁殖、种子空间扩散和竞争性消亡的基本过程，具有很强的鲁棒性和适应性。IWO算法充分利用种群中的优秀个体来指导群体的进化，在进化过程中，子代个体以正态分布的方式分布在父代个体周围。正态分布的标准差随着进化代数动态的调整变化，兼顾了选择力度和种群的多样性，能够有效克服算法早熟收敛的现象。由于IWO的结构简单、鲁棒性较好，目前已成功应用于数值优化（苏守宝 等，2008）、图像聚类分析（苏守宝 等，2008）、无人机任务分配（Mehrabian et al.，2007）、飞机制造中智能机翼上压电式控制器的最优定位（Mehrabian et al.，2011；Roy et al.，2011）和天线设计配置优化（Rad et al.，2007）等（Sahraei-Ardakani et al.，2008；Mallahzadeh et al.，2009；潘全科 等，2007）实践工程领域。

IWO的基本流程如下（以最大化优化为例）。

1. 初始化种群及参数

IWO随机产生一个初始种群，种群中含有PS_0个个体（解）。每个个体$\boldsymbol{X}_i(i=1,2,\cdots,PS_0)$是一个$n$维的实数向量（$\boldsymbol{X}_i=\{x_{i1},x_{i2},\cdots,x_{in}\}$），其产生方式如下：

$$x_{ij}=\mathrm{MIN}_j+(\mathrm{MAX}_j-\mathrm{MIN}_j)\times r,\quad j=1,2,\cdots,n\quad i=1,2,\cdots,\mathrm{PS}_0 \tag{10-1}$$

式中，r为[0,1]中的随机数，MIN_j和MAX_j分别为第j维的最小值和最大值。

2. 生长繁殖：产生子代

按照适应值大小分配个体产生的子代个体的数目，适应值最大($f_{\max}$)的个体产生的子代数目最多($s_{\max}$)，适应值最小($f_{\min}$)的个体产生的子代数目最少($s_{\min}$)，其余各个体生成的子代个体数目与其适应值服从线性关系。$\boldsymbol{X}_i$ 产生的种子个数 s_i 计算公式如下：

$$s_i = \operatorname{floor}\left(s_{\min} + \frac{s_{\max} - s_{\min}}{f_{\max} - f_{\min}} \times (f_i - f_{\min})\right), \tag{10-2}$$

式中，f_i 表示当前个体 X_i 的适应值，floor(x)为向下取整函数，即能够取得不大于 x 的最大整数。$\boldsymbol{X}_i$ 以下列方式产生种子：

$$x'_{lj} = x_{ij} + F(x), \quad l = 1,2,\cdots,s_i;\ j = 1,2,\cdots,n。 \tag{10-3}$$

$N(0,\sigma^2)$是以0为均值、以 σ 为标准方差的正态分布函数，其分布函数为 $F(x) = \frac{1}{\sqrt{2\pi}\sigma}\int_{-\infty}^{x} \mathrm{e}^{-\frac{y^2}{2\sigma^2}}\mathrm{d}y$。

3. 空间扩散

IWO产生的种子以父代个体为均值，以正态分布的方式散布于父代个体周围。空间扩散体现了算法的随机性和适应性，产生的种子在其双亲附近以正态分布 $N(0,\sigma^2)$随机扩散在 n 维搜索空间中。每一代进化中，σ 将从初始值 σ_0 减小到最终值 σ_f，当代标准差为

$$\sigma_{\text{iter}} = \frac{(\text{iter}_{\max} - \text{iter})^n}{(\text{iter}_{\max})^n} \times (\sigma_0 - \sigma_f) + \sigma_f, \tag{10-4}$$

式中，$\text{iter}_{\max}$是最大代数，n 是非线性调和指数。上式确保了种子扩散到一个较远距离的概率随着迭代次数非线性减小。动态变化有利于产生具有较好适应值的子代和淘汰适应值较差的种子，也代表了生态学上从 r 选择到 k 选择的转换。这种转换保证了IWO能够稳健地收敛到全局最优解。

产生的子代个体作为新种群的个体成员，判断新种群个体数目是否达到最大种群规模($\text{PS}_{\max}$)。

4. 竞争排除

当种群数目超过 $\text{PS}_{\max}$ 时，将父代个体与子代个体按适应值大小一起排序，去掉其中适应值较低的个体，保持种群的规模为 $\text{PS}_{\max}$。这种机制给较低适应值的个体提供了繁殖的机会，如果在其后代中有较好的适应值，则它们能够生存并产生种子。

10.1.2 离散入侵性杂草优化算法设计

基本IWO为解决连续优化问题而设计，它采用加法运算与符合一定正态分布的随机数生成新解。这样的操作显然不能得到一个合法的自然数序列，故不能直接应用于等量分批批量流流水车间问题(equal sublots lot-streaming flow shop scheduling problems，ELFSP)。基于IWO的进化机制和ELFSP的特征，提出一种离散IWO(discrete invasive weed optimization algorithm，DIWO)。DIWO用来优化ELFSP的最大完工时间，具体过程如下。

1. 编码

首先建立个体矢量与调度方案之间的映射关系，对于ELFSP，采用基于加工批次序列的编码(董兴业 等，2008)，也就是用个体矢量的每一维分别表示不同的加工批次，这样个体本身就表示所有加工批次的一个序列，即一个调度序列，如表10-1所示。

表10-1 个体矢量及对应的加工批次序列

个体矢量维数	1	2	3	4	5	6
个体矢量 $\boldsymbol{X}_i$	3	1	2	4	6	5
加工批次序列	3	1	2	4	6	5

2. 解码

解码将一个个体矢量或调度序列解释为一个调度方案。最大完工时间，也称为生产周期，是指所有生产批次的工件全部加工完成的时间，或最后一个加工批次的最后一个转移批量在最后一台机器上的完成时间。设$\pi=\{\pi_1,\pi_2,\cdots,\pi_n\}$为待处理的加工批次序列，$\pi_k$为序列$\pi$的第$k$个加工批次，$\mathrm{ST}_{i,j,q}$为加工批次$j$在机器$i$上第$q$个转移批量的最早开始加工时间，$\mathrm{CT}_{i,j,q}$为加工批次$j$在机器$i$上第$q$个转移批量的最早完工时间，$C_{\max}(\pi)$为加工批次序列$\pi$的最大完工时间。根据ELFSP的特征，提出正向和反向两种解码方法，其中正向解码已在第9章中进行了详细介绍，此处不作赘述，以下仅介绍反向解码。

与正向解码方法不同，反向解码从后向前安排生产。从最后一个加工批次的最后一个转移批量开始，反向解码依次向前计算其他转移批量的最迟完工时间和最迟开工时间。当最后一个加工批次的所有转移批量调度完毕后，再考虑倒数第二个加工批次的所有转移批量、倒数第三个加工批次的所有转移批量等，直到第一个加工批次的所有转移批量调度完毕，得到一个完整调度方案，求出最大完工时间。令$\mathrm{CTb}_{i,j,q}$为加工批次j在机器i上第q个转移批量的反向完工时间，$\mathrm{STb}_{i,j,q}$为加工批次j在机器i上第q个转移批量的反向开始加工时间。反向解码的计算公式如下：

$$\begin{cases}\mathrm{CTb}_{m,\pi_n,l_{\pi_n}}=0,\\ \mathrm{STb}_{m,\pi_n,l_{\pi_n}}=\mathrm{CTb}_{m,\pi_n,l_{\pi_n}}+p_{m,\pi_n},\\ \mathrm{CTb}_{i,\pi_n,l_{\pi_n}}=\mathrm{STb}_{i+1,\pi_n,l_{\pi_n}},\\ \mathrm{STb}_{i,\pi_n,l_{\pi_n}}=\mathrm{CTb}_{i,\pi_n,l_{\pi_n}}+p_{i,\pi_n},\\ i=m-1,m-2,\cdots,1,\end{cases}\tag{10-5}$$

$$\begin{cases}\mathrm{CTb}_{m,\pi_n,q}=\mathrm{STb}_{m,\pi_n,q+1},\\ \mathrm{STb}_{m,\pi_n,q}=\mathrm{CTb}_{m,\pi_n,q}+p_{m,\pi_n},\\ \mathrm{CTb}_{i,\pi_n,q}=\max\{\mathrm{STb}_{i+1,\pi_n,q},\mathrm{STb}_{i,\pi_n,q+1}\},\\ \mathrm{STb}_{i,\pi_n,q}=\mathrm{CTb}_{i,\pi_n,q}+p_{i,\pi_n},\\ q=l_{\pi_n}-1,l_{\pi_n}-2,\cdots,1;\ i=m-1,m-2,\cdots,1,\end{cases}\tag{10-6}$$

$$\begin{cases}\mathrm{CTb}_{m,\pi_k,l_{\pi_k}}=\mathrm{STb}_{m,\pi_{k+1},1},\\ \mathrm{STb}_{m,\pi_k,l_{\pi_k}}=\mathrm{CTb}_{m,\pi_k,l_{\pi_k}}+p_{m,\pi_k},\\ \mathrm{CTb}_{i,\pi_k,l_{\pi_k}}=\max\{\mathrm{STb}_{i+1,\pi_k,l_{\pi_k}},\mathrm{STb}_{i,\pi_{k+1},1}\},\\ \mathrm{STb}_{i,\pi_k,l_{\pi_k}}=\mathrm{CTb}_{i,\pi_k,l_{\pi_k}}+p_{i,\pi_k},\\ k=n-1,n-2,\cdots,1;\ i=m-1,m-2,\cdots,1,\end{cases}\tag{10-7}$$

$$\begin{cases}\mathrm{CTb}_{m,\pi_k,q}=\mathrm{STb}_{m,\pi_k,q+1},\\ \mathrm{STb}_{m,\pi_k,q}=\mathrm{CTb}_{m,\pi_k,q}+p_{m,\pi_k},\\ \mathrm{CTb}_{i,\pi_k,q}=\max\{\mathrm{STb}_{i+1,\pi_k,q},\mathrm{STb}_{i,\pi_k,q+1}\},\\ \mathrm{STb}_{i,\pi_k,q}=\mathrm{CTb}_{i,\pi_k,q}+p_{i,\pi_k},\\ q=l_{\pi_k}-1,l_{\pi_k}-2,\cdots,1;\ i=m-1,m-2,\cdots,1,\\ k=n-1,n-2,\cdots,1,\end{cases}\tag{10-8}$$

$$C_{\max}(\pi)=\mathrm{STb}_{1,\pi_1,1}。\tag{10-9}$$

公式(10-5)的第一行和第三行计算序列 π 中最后一个加工批次 π_n 的最后一个转移批量的反向完工时间，第二和第四行计算该转移批量的反向开始加工时间。公式(10-6)计算加工批次 π_n 的其他转移批量在各机器上的反向完工时间和反向开始加工时间。公式(10-7)计算各机器上加工批次 $\pi_k(k=n-1,n-2,\cdots,1)$ 的最后一个转移批量的反向完工时间和反向开始加工时间。公式(10-8)计算各机器上加工批次 $\pi_k(k=n-1,n-2,\cdots,1)$ 的其他转移批量的反向完工时间和反向开始加工时间。公式(10-9)计算加工批次序列 π 的最大完工时间。

考虑 10.1.3 节例子，采用反向解码方法解码过程如下，所得调度甘特图如图 10-1 所示。

$CTb_{3,3,2} = 0, STb_{3,3,2} = CTb_{3,3,2} + p_{3,3} = 0 + 4 = 4,$

$CTb_{2,3,2} = STb_{3,3,2} = 4, STb_{2,3,2} = CTb_{2,3,2} + p_{2,3} = 4 + 4 = 8,$

$CTb_{1,3,2} = STb_{2,3,2} = 8, STb_{1,3,2} = CTb_{1,3,2} + p_{1,3} = 8 + 10 = 18,$

$CTb_{3,3,1} = STb_{3,3,2} = 4, STb_{3,3,1} = CTb_{3,3,1} + p_{3,3} = 4 + 4 = 8,$

$CTb_{2,3,1} = \max\{STb_{3,3,1}, STb_{2,3,2}\} = \max\{8,8\} = 8,$

$STb_{2,3,1} = CTb_{2,3,1} + p_{2,3} = 8 + 4 = 12,$

$CTb_{1,3,1} = \max\{STb_{2,3,1}, STb_{1,3,2}\} = \max\{12,18\} = 18,$

$STb_{1,3,1} = CTb_{1,3,1} + p_{1,3} = 18 + 10 = 28,$

$CTb_{3,2,1} = STb_{3,3,1} = 8, STb_{3,2,1} = CTb_{3,2,1} + p_{3,2} = 8 + 4 = 12,$

$CTb_{2,2,1} = \max\{STb_{3,2,1}, STb_{2,3,1}\} = \max\{12,12\} = 12,$

$STb_{2,2,1} = CTb_{2,2,1} + p_{2,2} = 12 + 4 = 16,$

$CTb_{1,2,1} = \max\{STb_{2,2,1}, STb_{1,3,1}\} = \max\{16,28\} = 28,$

$STb_{1,2,1} = CTb_{1,2,1} + p_{1,2} = 28 + 4 = 32,$

$CTb_{3,1,2} = STb_{3,2,1} = 12, STb_{3,1,2} = CTb_{3,1,2} + p_{3,1} = 12 + 4 = 16,$

$CTb_{2,1,2} = \max\{STb_{3,1,2}, STb_{2,2,1}\}$

$= \max\{16,16\} = 16, STb_{2,1,2} = CTb_{2,1,2} + p_{2,1} = 16 + 10 = 26,$

$CTb_{1,1,2} = \max\{STb_{2,1,2}, STb_{1,2,1}\} = \max\{26,32\} = 32,$

$STb_{1,1,2} = CTb_{1,1,2} + p_{1,1} = 32 + 4 = 36,$

$CTb_{3,1,1} = STb_{3,1,2} = 16, STb_{3,1,1} = CTb_{3,1,1} + p_{3,1} = 16 + 4 = 20,$

$CTb_{2,1,1} = \max\{STb_{3,1,1}, STb_{2,1,2}\} = \max\{20,26\} = 26,$

$STb_{2,1,1} = CTb_{2,1,1} + p_{2,1} = 26 + 10 = 36,$

$CTb_{1,1,1} = \max\{STb_{2,1,1}, STb_{1,1,2}\} = \max\{36,36\} = 36,$

$STb_{1,1,1} = CTb_{1,1,1} + p_{1,1} = 36 + 4 = 40,$

$C_{\max} = STb_{1,1,1} = 40$。

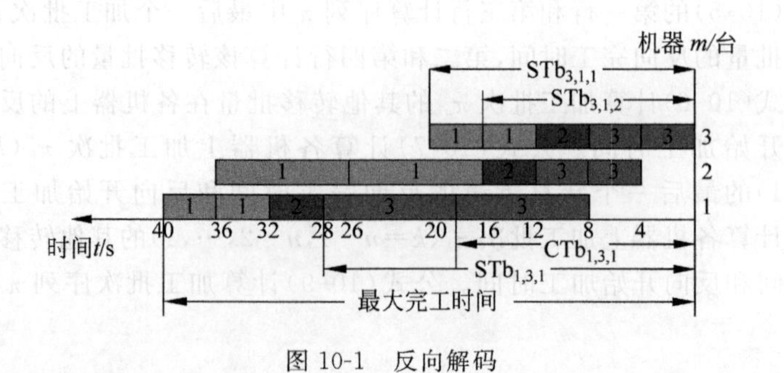

图 10-1　反向解码

正向和反向解码方法具有相同的时间复杂度 $O(mn)$。针对同一加工批次序列,两种解码方法可得到相同的最大完工时间。在算法求解过程中,可选用任何一种解码方法。这两种解码方法为下面的快速评价插入邻域奠定了基础。

3. 种群初始化

初始种群是DIWO搜索的起点,好的初始种群能有效提高算法的性能(董兴业,黄厚宽,陈萍,2008)。为了使初始种群具有一定的质量和分散度,从而有效提高DIWO的收敛速度和搜索质量,因此需要采用NEH(Nawaz,Enscore,Ham,1983)方法产生初始解。NEH方法赋予总加工时间长的工件在序列中插入优先权,是一种高效的构造性算法,也是解决流水线调度问题的一种有效的启发式方法。具体步骤如下:

(1) 计算各工件在所有机器上的加工时间和 $\sum_{i=1}^{m}(l_j \times p_{ij}), j=1,2,\cdots,n$,并按照加工时间和递减的次序产生初始序列 $\pi^0=\{\pi_1^0,\pi_2^0,\cdots,\pi_n^0\}$。

(2) 将 π^0 的前两个工件 π_1^0 和 π_2^0 进行调度,产生两个子序列 $\{\pi_1^0,\pi_2^0\}$ 和 $\{\pi_2^0,\pi_1^0\}$,较好的子序列进行下次迭代。

(3) 取出 π^0 的第三个工件 π_3^0,分别插入到当前子序列的任何可能的位置。从所得子序列中取出最好的一个进入下次迭代。考虑 π^0 的第四个工件,……,直到所有工件调度完毕,得到一个完整的工件序列。

上述算法总共评价 $\frac{(n-1)(n+2)}{2}$ 个邻居解。若对各个邻域解分别评价,则算法的复杂度为 $O(mn^3)$。

DIWO采用上述NEH方法产生一个初始解,其余个体在搜索空间中随机产生。同时为了方便进化操作,所有个体按照目标值由小到大的次序存储。为了提高种群的多样性,避免重复操作,DIWO产生的初始种群中个体均不相同,即 $\boldsymbol{X}_i \neq \boldsymbol{X}_j, i,j \in \{1,2,\cdots,\mathrm{PS}_0\}$。

4. 生长繁殖

在IWO中,个体产生后代的数目与它们的适应值相关。适应值越大,产生的后代越多。ELFSP为最小化问题,因此,个体的目标函数值越小就应该产生越多的后代。则 $\boldsymbol{X}_i$ 产生的种子个数 s_i 可以按下列公式产生:

$$s_i = \mathrm{floor}\left(s_{\max} - \frac{s_{\max}-s_{\min}}{f_{\max}-f_{\min}} \times (f_i - f_{\min})\right), \tag{10-10}$$

式中,$f_{\max}$ 和 $f_{\min}$ 代表了种群中最大和最小的指标值,f_i 表示个体 $\boldsymbol{X}_i$ 的指标值。

5. 空间扩散

IWO 以父代个体为均值，子代个体以正态分布方式分布于父代个体周围。由于 ELFSP 是一个离散问题，它的解不是一个矢向量而是一个加工批次序列，这样公式(10-3)就不能直接使用。DIWO 令子代与父代之间的距离服从均值为 0 的正态分布。定义两个序列的距离是从一个序列到另一个序列所经历的最小的插入移动次数。对于任何两个序列来说，一个序列经过一系列的插入操作后能够得到另一个序列。序列 $\pi=\{\pi_1,\pi_2,\cdots,\pi_n\}$的一次插入移动 $v(\pi,j,k)$，$j,k\in\{1,2,\cdots,n\},k\neq j$ 就是将一个工件从位置 j 取出，插入到另一个位置 k，从而得到一个新的序列 π'。譬如，计算两个工件序列 $\pi_0=\{1,2,3,4,5\}$和 $\pi_d=\{5,4,3,2,1\}$之间的距离。经过以下操作我们可以由 π_0 得到序列 π_d：$\pi_1=v(\pi_0,1,5)=\{2,3,4,5,1\}$，$\pi_2=v(\pi_1,1,4)=\{3,4,5,2,1\}$，$\pi_3=v(\pi_2,1,3)=\{4,5,3,2,1\}$，$\pi_d=v(\pi_3,1,2)=\{5,4,3,2,1\}$。可以看到，一共经历了四次插入操作。因此，$\pi_o$ 和 π_d 距离为 4。

通过研究发现，当公式(10-4)中的非线性调和指数 n 值较大时，虽然收敛速度快，但不能保证求解精度；n 值较小时虽然可以得到更为精确的解，但收敛速度慢且有时会陷入局部最优。在正切函数 $\tan(x)$中，当自变量等于 0.875 时，函数值为 1，函数值随着自变量的减小不断减小且减小速度也随之递减。根据正切函数的特点结合 DIWO 的进化需要，在标准差的变化中引入正切函数，得出以下形式的改进：

$$\sigma_{\text{iter}}=\tan\left(0.875\times\frac{\text{iter}_{\max}-\text{iter}}{\text{iter}_{\max}}\right)\times(\sigma_0-\sigma_f)+\sigma_f,\tag{10-11}$$

式中，$\tan(x)$是正切函数，当 iter=0 时，$\sigma_{\text{iter}}=\tan\left(0.875\times\frac{\text{iter}_{\max}-0}{\text{iter}_{\max}}\right)\times(\sigma_0-\sigma_f)+\sigma_f=\sigma_0$；当 $\text{iter}=\text{iter}_{\max}$时，$\sigma_{\text{iter}}=\sigma_f$。随着迭代次数 iter 的增加，$\sigma_{\text{iter}}$和衰减率是逐渐减小的，这与算法的进化过程是一致的。开始时，较大的 σ_{iter}所产生的后代个体距离它们的父代距离较远，算法偏重于全局搜索。随着算法的进化过程，σ_{iter}开始变小，算法产生的后代个体分布在父代周围，算法的局部开发能力增强。

6. 竞争排除

在 DIWO 中，保持种群的大小不变，将种群中的父代个体及子代个体按照适应值排序，选择较好的没有重复的 $PS(PS=PS_0=PS_{\max})$个个体作为下一代的种群。

7. 局部搜索

在智能优化算法中，基于邻域结构的搜索对于算法搜索能力的改善有着非常重要的作用。为了提高求解质量,DIWO 采用局部搜索来加强开发能力。加工批次的插入移动能够产生较好的邻域结构,在流水车间调度中是经常使用的一种方法。在邻域搜索时,一个加工批次从它的初始位置取出,然后插入到加工批次序列的其他可能位置。在这个过程中若找到优于初始解的新解,则用新解代替初始解,重复这个过程,直到解不再更新为止。DIWO 参考当前最好解进行邻域搜索,对种群初始化后的最优加工批次序列执行基于插入邻域的搜索算法,对种群的子代个体则以概率 p_{is} 执行邻域搜索。以 $\pi=\{\pi_1,\pi_2,\cdots,\pi_n\}$ 作为需要执行邻域搜索的加工批次序列,$\pi^b=\{\pi_1^b,\pi_2^b,\cdots,\pi_n^b\}$ 为当前取得的最优解,则局部搜索算法步骤如下:

步骤 1: $i=1,\text{cnt}=0$;

步骤 2: 在序列 π 中,找到 π_i^b,并记录其位置;

步骤 3: 从序列 π 中,取出 π_i^b,插入到 π 中其他所有可能位置,记录得到的最好的序列为 π^*;

步骤 4: 若 π^* 优于 π,则 $\pi=\pi^*$,$\text{cnt}=0$; 否则 $\text{cnt}=\text{cnt}+1$;

步骤 5: 若 $\text{cnt}<n$,则 $i=\begin{cases} i+1, & i<n \\ 1, & i=n \end{cases}$ 并转向步骤 2; 否则输出 π,算法结束。

8. 插入邻域快速评价算法

为了降低局部搜索算法和 NEH 算法的时间复杂度,需要提出插入邻域快速评价技术。该插入邻域加速算法可使 NEH 算法复杂度降低到 $O(mn^2)$。插入邻域被广泛应用于流水车间调度问题的文献中(Ruiz et al.,2007; Pan et al.,2009)。一个序列 π 的插入邻域是指移动一个加工批次 $\pi_i(i\in\{1,2,\cdots,n\})$ 从原始位置 i 到一个新的位置 $e(e\in\{1,2,\cdots,n\}\wedge e\notin\{i,i-1\})$ 所形成的新的序列 π' 的总和,其规模为 $(n-1)^2$。一个加工批次序列 $\pi=\{1,2,3,4,5\}$ 的插入邻域取得过程如下:取加工批次 1 插入到新的位置得到邻居 π' 为 $\{2,1,3,4,5\}$,$\{2,3,1,4,5\}$,$\{2,3,4,1,5\}$,$\{2,3,4,5,1\}$;取加工批次 2 插入到新的位置得到邻居 π' 为 $\{1,3,2,4,5\}$,$\{1,3,4,2,5\}$,$\{1,3,4,5,2\}$;重复以上过程取加工批次 3,4,5 取出插入到新的位置,共得到序列 π 的 16 个邻居。如果采用正向解码或反向解码评价所有邻居,插入邻域中所有 $(n-1)^2$ 个序列都需要计算以得到相应的指标值,时间复杂度为 $O(mn^3)$,这样的计算量巨大。为了提高效率、降低算法时间复杂度,需要结合最大完工时间的两种计算方法以及插入邻域解的相似性,提出快速算法,步骤如下:

步骤 1: 令 $i=1$;

步骤 2: 从序列 π 中将加工批次 π_i 移出后剩余序列为 $\pi''=\{\pi_1'',\pi_2'',\cdots,\pi_{n-1}''\}$;

步骤 3：通过第 2 章中的正向编码公式计算得到 $CT_{k,\pi''_z,q}$，其中 $k=1,2,\cdots,m$；$z=1,2,\cdots,n-1$；$q=1,2,\cdots,l_{\pi''_z}$；

步骤 4：通过反向编码公式(10-5)～公式(10-8)计算得到 $STb_{k,\pi''_z,q}$，其中 $k=m,m-1,\cdots,1$；$z=n-1,n-2,\cdots,1$；$q=l_{\pi''_z},l_{\pi''_z}-1,\cdots,1$；

步骤 5：循环以下操作，直到遍历序列 π'' 的所有可能的插入位置

$$e(e\in\{1,2,\cdots,n\}\wedge e\notin\{i,i-1\})$$

步骤 5.1：将 π_i 插入到位置 e 从而产生新的序列 π'；

步骤 5.2：由 $CT_{k,\pi'_{e-1},l_{\pi'_{e-1}}}$、最小化总流经时间公式以及公式(10-1)～公式(10-3)，计算 $CT_{k,\pi'_e,q}$，其中 $k=1,2,\cdots,m$；$q=1,2,\cdots,l_{\pi'_e}$，记 $\pi'_e=\pi_i$；

步骤 5.3：π' 的最大完工时间如下(见图 10-2)：

$$C_{\max}(\pi)=\max_{k=1}^{m}(CT_{k,\pi'_e,l_{\pi'_e}}+STb_{k,\pi''_e,1})；$$

步骤 6：$i=i+1$，若 $i>n$ 算法终止，输出 $C_{\max}(\pi)$；否则返回步骤 2。

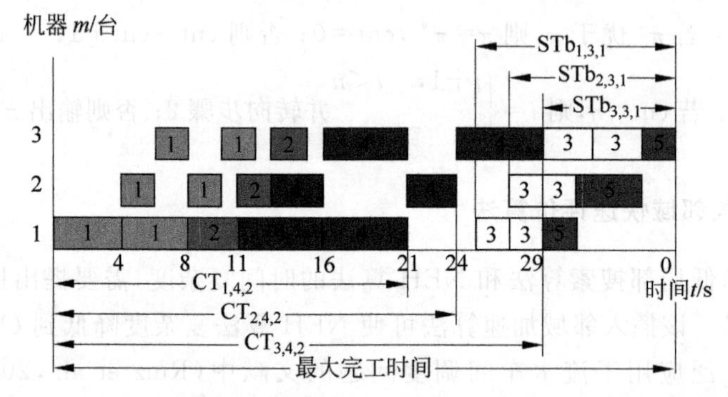

图 10-2 最大完工时间的快速评价(将加工批次 4 插入到序列{1,2,3,5}的第 3 个位置)

考虑 5 个加工批次在 3 台机器上根据给定次序 $\pi=\{1,2,3,4,5\}$ 进行加工，取出序列 π 中的加工批次 4 插入到序列的第 3 个位置。各数据如下：$[l_j]_{1\times5}=[2,1,2,2,1]$，$[p_{i,j}]_{3\times5}=\begin{bmatrix}4&3&2&5&2\\2&2&2&3&4\\2&2&3&5&2\end{bmatrix}$，则快速算法的实现步骤如下，调度甘特图如图 10-2 所示。

步骤 1：从序列 π 中将加工批次 4 移出后剩余序列为 $\pi''=\{1,2,3,5\}$；

步骤 2：通过第 2 章中的正向编码公式计算得到

$CT_{1,1,1}=4$，$CT_{1,1,2}=8$，$CT_{1,2,1}=11$，$CT_{1,3,1}=13$，

$CT_{1,3,2}=15$，$CT_{1,5,1}=17$，

$CT_{2,1,1}=6$，$CT_{2,1,2}=10$，$CT_{2,2,1}=13$，$CT_{2,3,1}=15$，

$CT_{2,3,2}=17$，$CT_{2,5,1}=21$，

$CT_{3,1,1}=8$，$CT_{3,1,2}=12$，$CT_{3,2,1}=15$，$CT_{3,3,1}=18$，
$CT_{3,3,2}=21$，$CT_{3,5,1}=23$；

步骤 3：通过公式(10-5)～(10-8)计算得到

$STb_{3,5,1}=2$，$STb_{3,3,2}=5$，$STb_{3,3,1}=8$，$STb_{3,2,1}=10$，
$STb_{3,1,2}=12$，$STb_{3,1,1}=14$，
$STb_{2,5,1}=6$，$STb_{2,3,2}=8$，$STb_{2,3,1}=10$，$STb_{2,2,1}=12$，
$STb_{2,1,2}=14$，$STb_{2,1,1}=16$，
$STb_{1,5,1}=8$，$STb_{1,3,2}=10$，$STb_{1,3,1}=12$，$STb_{1,2,1}=15$，
$STb_{1,1,2}=19$，$STb_{1,1,1}=23$；

步骤 4：将加工批次 4 插入到 $\pi''=\{1,2,3,5\}$的第 3 个位置计算得到

$CT_{1,4,1}=16$，$CT_{1,4,2}=21$，$CT_{2,4,1}=19$，$CT_{2,4,2}=24$，
$CT_{3,4,1}=24$，$CT_{3,4,2}=29$；

步骤 5：最大完工时间为

$$\begin{aligned}C_{\max}(\pi)&=\max(CT_{1,4,2}+STb_{1,3,1},CT_{2,4,2}+STb_{2,3,1},CT_{3,4,2}+STb_{3,3,1})\\&=\max(33,34,37)=37;\end{aligned}$$

步骤 6：将加工批次 4 插入到序列 $\pi''=\{1,2,3,5\}$的其他位置，只需执行步骤 4 和步骤 5，可得加工批次 4 取出后的所有插入邻域评价；

步骤 7：序列 π 的其他加工批次取出所得插入邻域评价计算，重复执行步骤 1～步骤 6。

采用上述算法，评价整个插入邻域最大完工时间的计算复杂度由 $O(mn^3)$可降为 $O(mn^2)$。

10.1.2.1　DIWO 流程

图 10-3 以伪代码的形式给出 DIWO 的流程。

10.1.2.2　算法参数的标定

参数的选择是影响算法性能的关键因素，通过试验对算法的参数进行标定。可采用方差分析(analysis of variance，ANOVA)(Marimuthu et al.，2008)标定参数，统计显著性试验。方差分析通过数据分析找出参数对该算法有显著影响的因素、各因素之间的交互作用等。本章中，当 ANOVA 中 p 值小于 0.05 表示影响是显著的。采用 Visual C++ 编程，程序在环境为 P4CPU、主频 3.0G、内存为 512MB 的个人电脑上运行。首先确定参数的取值范围，根据有关文献和初期试验，确定参数的取值范围如下：

(1) 最小子代数 $s_{\min}\in\{0,1\}$；

(2) 最大种子数 $s_{\max}\in\{3,4,5\}$；

```
初始化种群 population;
评价 population 中的个体；
对 population 中的个体进行排序；
选取 PS 个最优个体组成种群 population_best;
记录种群中最优个体 MinM;
对种群 population_best 中的个体执行局部搜索；
While 算法终止规则 do
Begin
popcount:=0;
   while popcount<PS do
   begin
     计算产生后代个数 s;
     for(i=0;i<s;i++)
        产生后代 Childi;
        if(rand()<pls)
           对 Childi 执行局部搜索；
     popcount:=popcount+1;
   end
   更新种群 population 并排序；
   选取前 PS 最优个体更新 population_best;
   更新最优个体 MinM;
End
返回 MinM 的 MakeSpan 值；
```

图 10-3 DIWO 流程图

(3) 标准差初始值 $\sigma_0 \in \{3,4,5\}$；

(4) 标准差终值 $\sigma_f \in \{0.01,0.1,0.5\}$；

(5) 种群大小 PS $\in \{20,30,40,50\}$；

(6) 局部搜索概率 $p_{ls} \in \{0.15,0.2\}$。

以上参数共产生 $2\times3\times3\times3\times4\times2=432$ 种组合。以 24 个不同规模的 ELFSP 测试 DIWO 的性能，其中 $m\in\{10,30,50,70,90,110\}$，$n\in\{5,10,15,20\}$，每个不同规模的调度问题随机产生 1 个调度实例，每个调度实例独立计算 5 次。$p_{i,j}$ 为区间[1,31]上随机整数，l_j 为区间[1,6]的随机整数，算法的最大运行时间为 $0.0025\times n\times m$s。按照下列公式计算相对百分偏差(relative percentage increase, RPI)：

$$\mathrm{RPI}(c_i)=\frac{c_i-c^*}{c_i}\times100\%。\tag{10-12}$$

式中，c_i 代表算法第 i 次的计算结果，c^* 为算法中最好的计算结果。在试验过程中，可以得到每个实例的平均相对百分偏差。

对算法的各参数进行多因素方差分析，确定各参数对研究结果影响力的大小。95%置信度的方差分析如表 10-2 所示。

表 10-2　DIWO 各参数方差分析

参数	平方和	自由度	均方差	F 检验值	P 值
PS	1158.12	2	579.058	2189.36	0.0000
s_{max}	2.78161	2	1.3908	5.26	0.0052
s_{min}	5.37687	1	5.37687	20.33	0.0000
σ_0	0.32987	2	0.164935	0.62	0.5360
σ_f	0.0337338	2	0.0168669	0.6	0.9382
p_{ls}	2.84553	1	2.85553	10.76	0.0010

由表 10-2 可以看出，参数 PS，s_{max}，s_{min} 和 p_{ls} 具有较小的 P 值和较大的 F 检验值，表明在所有参数中，这四个参数对算法的性能影响较大，而 σ_0 和 σ_f 则对算法性能的影响不明显。

PS，s_{max}，s_{min} 和 p_{ls} 的 Tukey Honestly 显著性差异测试（Turkey Honest significant difference，HSD）置信区间平均值比较如图 10-4～图 10-7 所示。由图 10-4 可以看出当种群规模为 10 时，算法性能优于 PS＝30 和 PS＝50。可见，随着种群大小的增加，计算时间随之增加，在最大运行时间确定的情况下，算法的搜索质量反而下降，因此 DI 算法中将 PS 设置为 10。同理，由图 10-5～图 10-7，设置 $s_{max}=3$，$s_{min}=1$，$p_{ls}=0.15$。而对于算法性能影响不明显的另外两个参数，设置为 $\sigma_0=5$，$\sigma_f=0.5$。

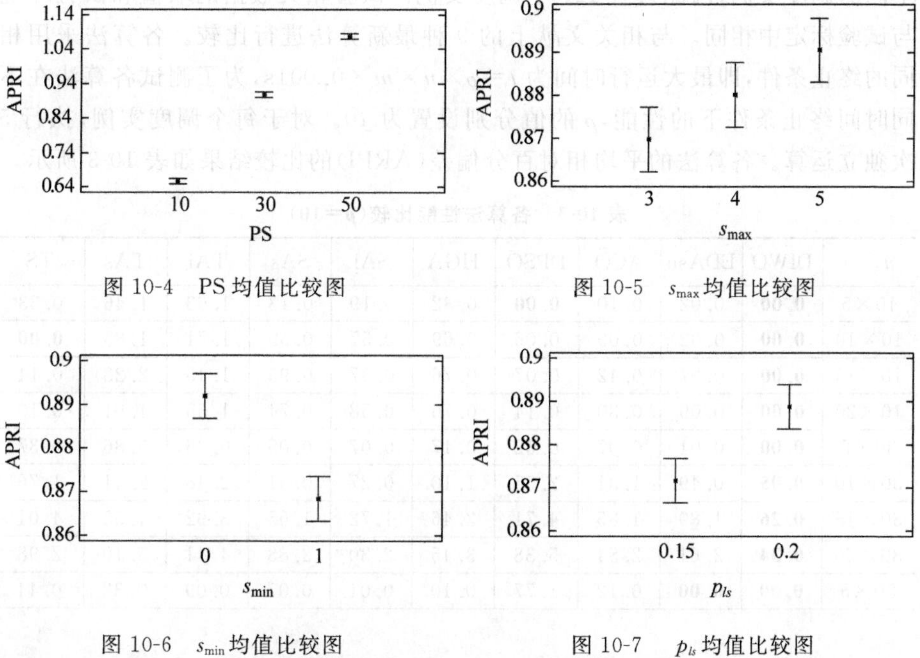

图 10-4　PS 均值比较图

图 10-5　s_{max} 均值比较图

图 10-6　s_{min} 均值比较图

图 10-7　p_{ls} 均值比较图

10.1.2.3 算法性能的试验分析

近年来,为了解决以最大完工时间为目标的 ELFSP,Marimuthu 等(Marimuthu et al.,2008,2009; Martin,2009)提出了若干智能优化算法,包括禁忌搜索(tabu search,TS)算法、带有插入邻域的模拟退火(simulated annealing with insertion neighbourhood,SAi)算法、带有互换邻域的模拟退火(simulated annealing with swap neighbourhood,SAs)算法、混合遗传算法(hybrid genetic algorithm,HGA),蚁群算法(ant-colony optimization algorithm,ACO)、带有插入邻域的阈值接受(threshold accepting with insertion beighbourhood,TAi)算法和带有互换邻域的阈值接受(threshold accepting with swap neighbourhood,TAs)算法,作者进行了相关试验测试,结果表明了所提算法的有效性。Tseng 和 Liao(2008)提出了一种离散的粒子群优化算法(discrete particle swarm optimization algorithm,DPSO),试验表明 DPSO 的算法性能优于混合遗传算法。最近,Pan 和 Ruiz(2012)提出一种分布式估计算法(estimation of distribution algorithm,EDA,原文以 EDAsu 表示),试验结果优于 SA,HGA 和 TA 算法。

为了测试 DIWO 的性能,设计了 24 种不同规模的 ELFSP 算例,其中 $m\in\{10,30,50,70,90,110\}$,$n\in\{5,10,15,20\}$,每种不同规模的问题随机产生 5 个不同的调度实例,因此共有 120 个调度实例。试验相关数据的取值和试验环境与试验标定中相同。与相关文献上的 9 种最新算法进行比较。各算法采用相同的终止条件,即最大运行时间为 $t=\rho\times n\times m\times 0.001\mathrm{s}$,为了测试各算法在不同时间终止条件下的性能,$\rho$ 的值分别设置为 10。对于每个调度实例,执行 5 次独立运算。各算法的平均相对百分偏差(ARPI)的比较结果如表 10-3 所示。

表 10-3 各算法性能比较($\rho=10$)

$n\times m$	DIWO	EDAsu	ACO	DPSO	HGA	SAi	SAs	TAi	TAs	TS
10×5	**0.00**	0.02	0.10	**0.00**	0.32	0.19	0.13	1.63	1.46	0.33
10×10	**0.00**	0.02	0.09	0.06	0.69	0.57	0.59	1.71	1.85	**0.00**
10×15	**0.00**	0.07	0.42	0.07	0.76	0.57	0.95	1.45	2.23	0.14
10×20	**0.00**	0.09	0.30	0.14	0.76	0.58	0.74	1.55	1.91	0.10
30×5	**0.00**	0.01	0.07	0.62	0.17	0.07	0.05	0.26	0.86	0.37
30×10	**0.05**	0.49	1.31	2.55	1.10	0.27	0.51	2.48	2.41	1.76
30×15	**0.26**	1.89	1.85	4.71	2.46	1.72	1.65	3.92	4.55	4.01
30×20	**0.34**	2.61	2.54	5.38	3.45	2.30	2.88	4.41	5.19	2.98
50×5	**0.00**	**0.00**	0.12	1.77	0.10	0.01	0.07	0.09	0.32	0.44

续表

$n\times m$	DIWO	EDAsu	ACO	DPSO	HGA	SAi	SAs	TAi	TAs	TS
50×10	**0.12**	0.36	0.60	4.96	1.70	0.19	0.32	0.95	1.31	1.66
50×15	**0.43**	2.63	3.90	9.86	5.12	2.18	2.26	4.33	4.23	5.05
50×20	**0.29**	2.35	3.39	9.27	4.67	1.87	2.12	4.49	4.31	3.96
70×5	**0.00**	**0.00**	0.17	4.80	1.35	0.15	0.25	0.20	0.32	1.29
70×10	**0.09**	0.38	0.92	7.84	3.42	0.23	0.40	0.75	1.18	3.75
70×15	**0.31**	2.22	3.43	10.80	7.20	1.63	1.87	3.77	3.35	6.93
70×20	**0.36**	2.60	3.96	11.52	7.10	1.73	1.80	4.54	4.36	6.86
90×5	**0.00**	**0.00**	0.33	3.47	1.34	0.09	0.14	0.10	0.17	3.20
90×10	**0.06**	0.60	2.02	10.19	6.89	0.54	0.66	1.68	1.56	7.61
90×15	**0.28**	1.94	2.98	10.68	7.95	1.23	1.46	2.81	2.65	8.26
90×20	**0.20**	1.91	3.89	11.61	8.68	1.38	1.49	3.34	3.51	10.09
110×5	**0.00**	**0.00**	0.29	4.34	1.75	0.13	0.16	0.08	0.14	5.30
110×10	**0.02**	0.16	1.05	7.18	4.96	0.21	0.39	0.56	0.81	6.45
110×15	**0.11**	1.54	3.32	12.33	9.45	1.08	1.25	2.74	2.18	12.25
110×20	**0.17**	2.05	3.71	12.83	10.54	1.41	1.66	3.45	3.23	11.43
平均值	**0.13**	1.00	1.70	6.12	3.83	0.85	0.99	2.14	2.25	4.34

由表 10-3 可知，当 $\rho=10$ 时：

(1) 在所有 10 个算法中，DIWO 取得了最小总体平均相对百分偏差(0.13%)，说明在相同的计算时间下，DIWO 的平均搜索质量优于参考文献上的其他算法。

(2) 对于所有测试问题，DIWO 的平均相对百分偏差均优于或等于其他算法。这充分说明，无论是求解小规模 ELFSP 还是大规模 ELFSP，DIWO 均优于其他算法。

通过上述试验测试，可以看出所提出 DIWO 对求解以最大完工时间为指标的 ELFSP 是有效的，优于现有参考文献上的研究成果。

10.2　基于 IWO 的零空闲等量分批批量流流水车间调度方法

10.2.1　基于 IWO 的批次内零空闲等量分批批量流流水车间调度方法

基于批次内零空闲等量分批批量流流水车间调度问题的相关问题描述与数学建模已在 9.2 节中给出，故此处不作过多赘述。下面考虑最大完工时间为优化目标的离散入侵式算法的求解流程。

10.2.1.1　DIWO算法设计

1. 编码设计

采用加工批次序列编码，但解码方法与具体问题密切相关。批次内零空闲需要考虑同一加工批次相邻的两个转移批量连续加工，它们之间没有空闲时间。根据批次内零空闲ELFSP的问题特征，提出正向和反向两种解码方法。

(1) 正向解码

正向解码从第一个加工批次的第一个转移批量开始，依次向后调度每个转移批量，从而得到一个完整的调度，求出其最大完工时间。正向解码的计算公式如下：

$$\begin{cases} \mathrm{ST}_{1,\pi_1,1} = 0, \\ \mathrm{CT}_{1,\pi_1,l_{\pi_1}} = l_{\pi_1} \times p_{1,\pi_1}, \end{cases} \tag{10-13}$$

$$\begin{cases} \mathrm{ST}_{i,\pi_1,1} = \max\{\mathrm{ST}_{i-1,\pi_1,1} + p_{i-1,\pi_1}, \mathrm{CT}_{i-1,\pi_1,l_{\pi_1}} - (l_{\pi_1} - 1) \times p_{i,\pi_1}\}, \\ \mathrm{CT}_{i,\pi_1,l_{\pi_1}} = \mathrm{ST}_{i,\pi_1,1} + l_{\pi_1} \times p_{i,\pi_1}, \\ i = 2,3,\cdots,m, \end{cases} \tag{10-14}$$

$$\begin{cases} \mathrm{ST}_{1,\pi_k,1} = \mathrm{CT}_{1,\pi_{k-1},l_{\pi_{k-1}}}, \\ \mathrm{CT}_{1,\pi_k,l_{\pi_k}} = \mathrm{ST}_{1,\pi_k,1} + l_{\pi_k} \times p_{1,\pi_k}, \\ k = 2,3,\cdots,n, \end{cases} \tag{10-15}$$

$$\begin{cases} \mathrm{ST}_{i,\pi_k,1} = \max\{\mathrm{ST}_{i-1,\pi_k,1} + p_{i-1,\pi_k}, \mathrm{CT}_{i-1,\pi_k,l_{\pi_k}} - (l_{\pi_k} - 1) \times p_{i,\pi_k}, \mathrm{CT}_{i,\pi_{k-1},l_{\pi_{k-1}}}\}, \\ \mathrm{CT}_{i,\pi_k,l_{\pi_k}} = \mathrm{ST}_{i,\pi_k,1} + l_{\pi_k} \times p_{i,\pi_k}, \\ k = 2,3,\cdots,n;\ i = 2,3,\cdots,m, \end{cases} \tag{10-16}$$

$$C_{\max}(\pi) = \mathrm{CT}_{m,\pi_n,l_{\pi_n}}。 \tag{10-17}$$

公式(10-13)计算序列π中第一个加工批次π_1在第一台机器上的最早开始加工时间和最早完工时间。公式(10-14)计算加工批次π_1在其他机器上的最早开始加工时间和最早完工时间。公式(10-15)计算第一台机器上各加工批次$\pi_k(k=2,3,\cdots,n)$的最早开始加工时间和最早完工时间。公式(10-16)计算其他机器上加工批次$\pi_k(k=2,3,\cdots,n)$的最早开始加工时间和最早完工时间。公式(10-17)计算加工批次序列π的最大完工时间。

(2) 反向解码

反向解码从最后一个加工批次的最后一个转移批量开始，依次向前调度每

个转移批量,直至所有转移批量安排完毕,得到一个完整调度,并得到该调度的最大完工时间。反向解码的计算公式如下:

$$\begin{cases} \mathrm{CTb}_{m,\pi_n,l_{\pi_n}} = 0, \\ \mathrm{STb}_{m,\pi_n,l} = \mathrm{CTb}_{m,\pi_n,l_{\pi_n}} + l_{\pi_n} \times p_{m,\pi_n}, \end{cases} \tag{10-18}$$

$$\begin{cases} \mathrm{CTb}_{m,\pi_k,l_{\pi_k}} = \mathrm{STb}_{m,\pi_{k+1},1}, \\ \mathrm{STb}_{m,\pi_k,1} = \mathrm{CTb}_{m,\pi_k,l_{\pi_k}} + l_{\pi_k} \times p_{m,\pi_k}, \\ k = n-1, n-2, \cdots, 1, \end{cases} \tag{10-19}$$

$$\begin{cases} \mathrm{CTb}_{i,\pi_n,l_{\pi_n}} = \max\{\mathrm{CTb}_{i+1,\pi_n,l_{\pi_n}} + p_{i+1,\pi_n}, \mathrm{STb}_{i+1,\pi_n,1} - (l_{\pi_n} - 1) \times p_{i,\pi_n}\}, \\ \mathrm{STb}_{i,\pi_n,1} = \mathrm{CTb}_{i,\pi_n,l_{\pi_n}} + l_{\pi_n} \times p_{i,\pi_n}, \\ i = m-1, m-2, \cdots, 1, \end{cases} \tag{10-20}$$

$$\begin{cases} \mathrm{STb}_{i,\pi_k,l_{\pi_k}} = \max\{\mathrm{CTb}_{i+1,\pi_k,l_{\pi_k}} + p_{i+1,\pi_k}, \mathrm{STb}_{i+1,\pi_k,1} - (l_{\pi_k} - 1) \times p_{i,\pi_k}, \mathrm{STb}_{i,\pi_{k+1},1}\}, \\ \mathrm{CTb}_{i,\pi_k,1} = \mathrm{STb}_{i,\pi_k,l_{\pi_k}} + l_{\pi_k} \times p_{i,\pi_k}, \\ k = n-1, n-2, \cdots, 1;\ i = m-1, m-2, \cdots, 1, \end{cases} \tag{10-21}$$

$$C_{\max}(\pi) = \mathrm{STb}_{1,\pi_1,1} \tag{10-22}$$

公式(10-18)的计算最后一台机器上序列 π 中最后一个加工批次 π_n 的反向完工时间和反向开始加工时间。公式(10-19)计算最后一台机器上加工批次 $\pi_k(k=n-1,n-2,\cdots,1)$ 的反向完工时间和反向开始加工时间。公式(10-20)计算加工批次 π_n 在其他机器上的反向完工时间和反向开始加工时间。公式(10-21)计算其他机器上加工批次 $\pi_k(k=n-1,n-2,\cdots,1)$ 的反向完工时间和反向开始加工时间。公式(10-22)计算加工批次序列 π 的最大完工时间。

两种最大完工时间计算方法的时间复杂度均为 $O(mn)$。针对同一加工批次序列,两种解码方法可得到相同的最大完工时间。在算法求解过程中,可选用任何一种解码方法。这两种解码方法为下面的快速评价插入邻域奠定了基础。

2. 插入邻域快速评价算法

结合批次内零空闲 ELFSP 的问题特征、正向解码、反向解码以及 10.1.2 节的插入邻域快速算法,得到如下的针对批次内零空闲 ELFSP 的插入邻域快速算法。该方法可以使评价一个插入邻域的时间复杂度均由 $O(mn^3)$ 降低为 $O(mn^2)$。

3. 其他操作

DIWO 的种群初始化、生长繁殖、空间扩散、竞争排除以及局部搜索方法与 10.1.2 节类似，不再赘述。在初始化中的 NEH 算法和局部搜索方法中可以使用插入邻域快速评价技术降低时间复杂度。

10.2.1.2 实验设计与分析

考虑到批次内零空闲的生产环境，采用 9.2.1.4 节中的 120 个调度实例测试算法性能。比较 DIWO 与 ACO，DPSO，HGA，SAi，SAs，TAi，TAs 和 TS 等 8 种算法。所有算法设置相同的最大运行时间为 $t=\rho\times n\times m\times 0.001\mathrm{s}$。考虑 ρ 的值为 10 的情况。对于每个调度实例，执行 5 次独立运算。各算法的平均相对百分偏差(ARPI)如表 10-4 所示。

表 10-4 各算法性能比较($\rho=10$)

$n\times m$	DIWO	ACO	DPSO	HGA	SAi	SAs	Tai	TAs	TS
10×5	**0.00**	0.27	**0.00**	0.48	0.07	0.01	1.22	2.33	**0.00**
10×10	**0.00**	0.02	**0.00**	0.02	0.03	0.16	1.10	3.23	**0.00**
10×15	**0.00**	0.18	**0.00**	0.24	0.17	0.63	1.30	3.06	0.74
10×20	**0.00**	0.05	0.01	0.27	0.16	0.30	0.98	1.50	0.09
30×5	0.10	0.16	0.27	0.16	**0.08**	0.13	0.48	1.28	0.20
30×10	**0.22**	1.04	1.32	0.96	0.42	0.47	2.26	3.08	1.04
30×15	**0.31**	2.08	2.61	2.92	1.59	1.61	4.38	5.03	2.73
30×20	**0.35**	2.63	2.99	3.19	2.55	2.68	4.60	6.15	3.42
50×5	**0.01**	0.02	0.94	0.02	**0.01**	0.06	0.03	0.58	0.26
50×10	0.11	0.61	4.46	1.17	**0.09**	0.50	1.54	2.60	1.66
50×15	**0.47**	3.13	8.35	3.45	1.82	2.07	5.06	5.42	4.24
50×20	**0.29**	2.70	7.19	3.24	2.03	2.22	4.76	5.24	3.79
70×5	**0.00**	0.02	2.82	0.10	**0.00**	0.09	0.19	0.39	0.38
70×10	**0.04**	0.56	5.97	0.97	0.08	0.40	0.88	1.60	1.54
70×15	**0.41**	2.55	10.22	3.63	1.33	1.58	4.05	4.28	3.71
70×20	**0.31**	3.25	11.34	3.90	1.56	1.97	4.87	5.30	5.02
90×5	**0.01**	0.06	2.35	0.18	**0.01**	0.04	0.04	0.37	0.61
90×10	**0.20**	1.12	9.22	3.30	0.27	0.76	1.46	1.97	2.95
90×15	**0.18**	2.35	9.80	4.44	0.56	1.33	2.81	3.33	4.63
90×20	**0.32**	3.36	11.70	5.62	1.02	1.74	4.06	4.23	6.12
110×5	**0.02**	0.03	3.04	0.54	0.05	0.07	0.05	0.24	0.95
110×10	**0.03**	0.54	6.36	2.26	0.07	0.35	0.45	0.91	2.11
110×15	**0.20**	2.40	11.14	5.77	0.54	1.28	2.53	3.14	5.94
110×20	**0.28**	3.05	12.50	6.92	1.24	1.72	3.99	3.64	6.56
平均值	**0.16**	1.34	5.19	2.24	0.66	0.92	2.21	2.87	2.45

由表10-4可知，当$\rho=10$时：

(1) 总体看来，DIWO取得了最小的平均相对百分偏差0.16%。该值远小于ACO的1.34%、DPSO的5.19%、HGA的2.24%、SAi的0.66%、SAs的0.92%、TAi的2.21%、TAs的2.87%和TS的2.45%。这说明，在相同的运行时间内，DIWO的平均求解质量优于其他8种算法。

(2) 对于所有规模的24个测试问题，DIWO取得了22个问题的最优值，远远高于其他算法。这进一步说明了DIWO的优越性。

10.2.2　基于IWO的机器零空闲等量分批批量流流水车间调度方法

基于机器零空闲等量分批批量流流水车间调度问题的相关问题描述与数学建模已在9.2节中给出，故此处不作过多赘述。下面考虑最大完工时间为优化目标的离散入侵式算法的求解流程。

采用DIWO求解机器零空闲ELFSP的最大完工时间，具体内容如下。

10.2.2.1　DIWO算法设计

1. 编码和解码

DIWO采用加工批次序列编码，但解码方法与10.2.1.2节不同。机器零空闲不仅需要考虑同一加工批次的相邻两个转移批量连续加工，它们之间没有空闲时间，而且要考虑同一台机器上加工的相邻加工批次之间没有空闲时间。解码的计算公式如下：

$$\begin{cases}\mathrm{ST}_{1,\pi_1,1}=0,\\ \mathrm{CT}_{1,\pi_1,l_{\pi_1}}=l_{\pi_1}\times p_{1,\pi_1},\end{cases}\tag{10-23}$$

$$\begin{cases}\mathrm{ST}_{1,\pi_k,1}=\mathrm{CT}_{1,\pi_{k-1},l_{\pi_{k-1}}},\\ \mathrm{CT}_{1,\pi_k,l_{\pi_k}}=\mathrm{ST}_{1,\pi_k,1}+l_{\pi_k}\times p_{1,\pi_k},\end{cases}\quad k=2,3,\cdots,n,\tag{10-24}$$

$$\begin{cases}\begin{cases}\begin{cases}\mathrm{ST}_{i,\pi_1,1}=\max\{\mathrm{ST}_{i-1,\pi_1,1}+p_{i-1,\pi_1},\mathrm{CT}_{i-1,\pi_1,l_{\pi_1}}-(l_{\pi_1}-1)\times p_{i,\pi_1}\},\\ \mathrm{CT}_{i,\pi_1,l_{\pi_1}}=\mathrm{ST}_{i,\pi_1,1}+l_{\pi_1}\times p_{i,\pi_1},\end{cases}\\ \begin{cases}\mathrm{ST}_{i,\pi_k,1}=\max\{\mathrm{ST}_{i-1,\pi_k,1}+p_{i-1,\pi_k},\mathrm{CT}_{i-1,\pi_k,l_{\pi_k}}-(l_{\pi_k}-1)\times p_{i,\pi_k},\\ \qquad\mathrm{CT}_{i,\pi_{k-1},l_{\pi_{k-1}}}\},\quad k=2,3,\cdots,n,\\ \mathrm{CT}_{i,\pi_k,l_{\pi_k}}=\mathrm{ST}_{i,\pi_k,1}+l_{\pi_k}\times p_{i,\pi_k},\quad k=2,3,\cdots,n,\end{cases}\end{cases}\\ \begin{cases}\mathrm{CT}_{i,\pi_{k-1},l_{\pi_{k-1}}}=\mathrm{ST}_{i,\pi_k,1},\quad k=n-1,n-2,\cdots,2,\\ \mathrm{ST}_{i,\pi_{k-1},1}=\mathrm{CT}_{i,\pi_{k-1},l_{\pi_{k-1}}}-l_{\pi_{k-1}}\times p_{i,\pi_{k-1}},\quad k=n-1,n-2,\cdots,2;\ i=2,3,\cdots,m,\end{cases}\end{cases}\tag{10-25}$$

$$C_{\max}(\pi) = \mathrm{CT}_{m,\pi_n,l_{\pi_n}} \tag{10-26}$$

公式(10-23)计算序列 π 中第一个加工批次 π_1 在第一台机器上的最早开始加工时间和最早完工时间。公式(10-24)计算第一台机器上各加工批次$\pi_k(k=2,3,\cdots,n)$的最早开始加工时间和最早完工时间。公式(10-25)计算其他机器上加工批次 $\pi_k(k=2,3,\cdots,n)$的最早开始加工时间和最早完工时间。公式(10-26)计算加工批次序列 π 的最大完工时间。

2. 其他操作

DIWO 的种群初始化、生长繁殖、空间扩散、竞争排除以及局部搜索方法与 10.1.2 节类似。

10.2.2.2 实验设计与分析

考虑机器零空闲的生产环境，以最大完工时间为指标，采用 9.2.1.4 节中的 120 个调度实例测试 DIWO 的性能。设置算法的最大运行时间为$t=\rho\times n\times m\times 0.001$s。$\rho$ 的值设置为 10。实验结果表明，DIWO 均能取得总体平均最优值。表 10-5 给出了 $\rho=10$ 的计算结果。

表 10-5 各算法性能比较($\rho=10$)

$n\times m$	DIWO	ACO	DPSO	HGA	SAi	SAs	TAi	TAs	TS
10×5	**0.00**	0.16	**0.00**	0.12	0.19	0.04	0.27	0.73	0.14
10×10	**0.00**	0.45	**0.00**	1.16	0.70	0.92	1.55	2.13	0.56
10×15	**0.00**	0.98	**0.00**	0.61	0.62	0.66	2.52	2.52	**0.00**
10×20	**0.00**	0.39	**0.00**	0.53	1.24	0.62	1.38	2.02	**0.00**
30×5	**0.03**	0.36	0.26	0.27	0.17	0.21	0.95	0.89	0.63
30×10	**0.39**	1.30	1.41	1.62	1.26	0.92	2.53	2.94	2.38
30×15	**0.65**	2.52	3.23	3.43	1.93	2.13	3.77	4.41	3.73
30×20	**0.78**	3.02	2.80	3.42	1.89	2.16	4.37	4.31	3.25
50×5	**0.02**	0.26	1.22	0.17	0.28	0.12	0.32	0.43	0.80
50×10	0.18	0.44	5.20	0.61	0.18	**0.14**	1.09	1.13	1.19
50×15	**0.83**	1.85	9.18	2.11	1.24	0.95	2.82	3.01	3.27
50×20	**1.11**	2.56	9.03	2.22	1.44	1.63	3.87	3.46	3.77
70×5	0.01	0.09	3.51	0.17	**0.00**	0.07	0.14	0.32	0.40
70×10	**0.16**	0.83	6.31	0.96	0.24	0.28	1.08	0.90	1.57
70×15	**0.58**	1.31	13.50	2.24	0.79	0.82	1.95	1.83	2.42
70×20	2.12	2.97	18.94	4.11	**0.96**	1.48	3.96	3.50	4.76
90×5	**0.01**	0.08	3.19	0.46	**0.01**	0.03	0.13	0.22	0.91
90×10	**0.28**	0.82	11.89	2.86	0.39	0.50	0.95	1.08	2.59
90×15	0.50	0.90	13.06	3.15	**0.32**	0.75	1.61	1.77	2.90

续表

$n\times m$	DIWO	ACO	DPSO	HGA	SAi	SAs	TAi	TAs	TS
90×20	1.60	2.12	18.64	5.23	**0.76**	1.19	2.90	2.61	5.29
110×5	**0.00**	0.06	3.18	0.44	0.01	0.03	0.05	0.11	0.80
110×10	**0.10**	0.96	10.50	3.23	0.23	0.36	1.03	0.79	3.86
110×15	**0.42**	1.06	14.52	5.47	0.60	0.62	1.43	1.50	5.52
110×20	**0.68**	1.65	16.88	5.83	0.80	0.84	1.70	2.20	5.07
平均值	**0.44**	1.13	6.94	2.10	0.68	0.73	1.77	1.87	2.33

10.3　基于 IWO 的零等待等量分批批量流流水车间调度方法

基于零等待等量分批批量流流水车间调度问题的相关问题描述与数学建模已在 9.3 节中给出，故此处不作过多赘述。下面考虑最大完工时间为优化目标的离散入侵式算法的求解流程。

10.3.1　DIWO 的设计

鉴于 DIWO 在求解 ELFSP 的最大完工时间的优越性，采用 DIWO 优化零等待 ELFSP 的最大完工时间。算法设计详述如下。

1. 编码和解码

DIWO 采用加工批次序列编码。针对零等待 ELFSP 的最大完工时间指标，给定一个加工批次序列，采用下列方法将其解码为调度方案并得到最大完工时间值。

考虑批次加工序列 $\pi=\{1,2,3\}$，采用普通前向调度方法可得调度甘特图 10-8。可见，由于受到加工过程的零等待约束，相邻转移批量之间在第一台机器上存在开工时间差，记加工批次 π_j 中相邻两个转移批量之间的开工时间差为 $E_{\pi_j}(\pi)$，工件 π_j 的最后一个转移批量和工件 π_{j+1} 的第一个转移批量之间的开工时间差为 $E_{\pi_j,\pi_{j+1}}(\pi)$，则开工时间差计算如下：

$$E_{\pi_j}(\pi)=\max_{1\leqslant i\leqslant m}\{p_{i,\pi_j}\},\tag{10-27}$$

$$E_{\pi_j,\pi_{j+1}}(\pi)=\max\left\{\max_{2\leqslant k\leqslant m}\left\{\sum_{i=1}^{k}p_{i,\pi_j}-\sum_{i=1}^{k-1}p_{i,\pi_{j+1}}\right\},p_{1,\pi_j}\right\},\tag{10-28}$$

则最大完工时间 $C_{\max}(\pi)$ 为

$$C_{\max}(\pi)=\sum_{j=1}^{n-1}((l_{\pi_j}-1)\times E_{\pi_j}(\pi)+E_{\pi_j,\pi_{j+1}}(\pi))+(l_{\pi_n}-1)\times E_{\pi_n}(\pi)+\sum_{i=1}^{m}p_{i,\pi_n}\tag{10-29}$$

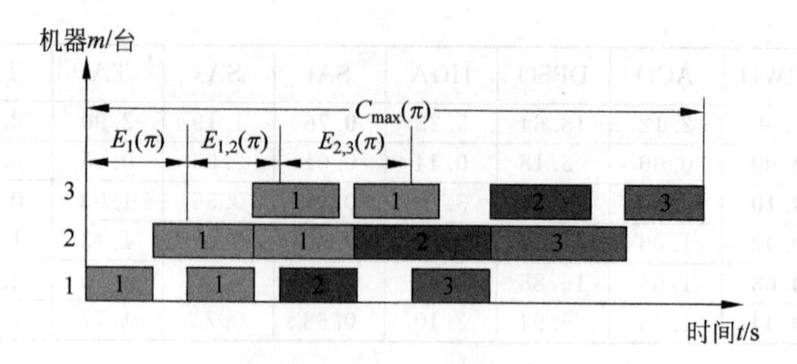

图 10-8　零等待 LFSP 调度甘特图

考虑 3 个加工批次在 3 台机器上根据给定的次序 $\pi=\{1,2,3\}$ 进行加工，各数据如下：$[l_j]_{1\times 3}=[3,2,2]$，$[p_{i,j}]_{3\times 3}=\begin{bmatrix}4 & 3 & 10\\ 2 & 4 & 4\\ 2 & 2 & 2\end{bmatrix}$，则零等待 ELFSP 最大完工时间的计算过程如下，调度甘特图如图 10-9 所示。

$$E_1(\pi)=\max_{1\leqslant i\leqslant m}\{p_{i,1}\}=\max\{p_{1,1},p_{2,1},p_{3,1}\}=\max\{4,2,2\}=4,$$

$$E_2(\pi)=\max_{1\leqslant i\leqslant m}\{p_{i,2}\}=\max\{p_{1,2},p_{2,2},p_{3,2}\}=\max\{3,4,2\}=4,$$

$$E_3(\pi)=\max_{1\leqslant i\leqslant m}\{p_{i,3}\}=\max\{p_{1,3},p_{2,3},p_{3,3}\}=\max\{10,4,2\}=10,$$

$$\begin{aligned}E_{1,2}(\pi)&=\max\{\max\{p_{1,1}+p_{2,1}-p_{1,2},p_{1,1}+p_{2,1}+p_{3,1}-p_{1,2}-p_{2,2}\},p_{1,1}\}\\&=\max\{\max\{4+2-3,4+2+2-3-4\},4\}=4,\end{aligned}$$

$$\begin{aligned}E_{2,3}(\pi)&=\max\{\max\{p_{1,2}+p_{2,2}-p_{1,3},p_{1,2}+p_{2,2}+p_{3,2}-p_{1,3}-p_{2,3}\},p_{1,2}\}\\&=\max\{\max\{3+4-10,3+4+2-10-4\},3\}=3,\end{aligned}$$

$$\begin{aligned}C_{\max}(\pi)&=(l_1-1)\times E_1(\pi)+E_{1,2}(\pi)+(l_2-1)\times E_2(\pi)+E_{2,3}(\pi)+(l_3-1)\times\\&\quad E_3(\pi)+\sum_{i=1}^{3}p_{i,3}=2\times 4+4+4+3+10+(10+4+2)=45。\end{aligned}$$

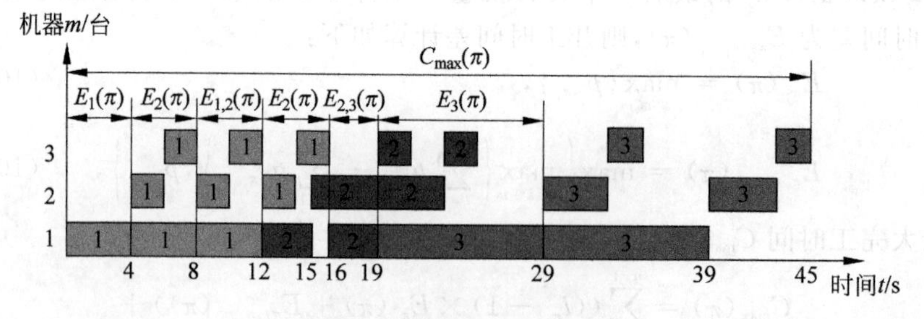

图 10-9　计算最大完工时间

2. 其他操作

DIWO 的种群初始化、生长繁殖、空间扩散、竞争排除以及局部搜索方法与 10.1.2 节类似。

3. 完工时间的快速计算方法

$E_{\pi_j,\pi_{j+1}}(\pi)$和 $C_{\max}(\pi)$的算法复杂度分别为 $O(m^2)$,$O(nm^2)$,使用下列快速计算方法可使 $E_{\pi_j,\pi_{j+1}}(\pi)$复杂度降低为 $O(m)$。令 $\mathrm{ST}_{i,j,q}$和 $\mathrm{CT}_{i,j,q}$为工件 j 在机器 i 上第 q 个转移批量的开始加工时间和完工时间。

(1) $\mathrm{ST}_{1,\pi_{j+1},1}=\mathrm{CT}_{1,\pi_j,l_{\pi_j}}$,$\mathrm{CT}_{1,\pi_{j+1},1}=\mathrm{ST}_{1,\pi_{j+1},1}+p_{1,\pi_{j+1}}$。令 i 从 $2\sim m$,分别计算 $\mathrm{ST}_{i,\pi_{j+1},1}=\max\{\mathrm{CT}_{i,\pi_j,l_{\pi_j}},\mathrm{CT}_{i-1,\pi_{j+1},1}\}$,$\mathrm{CT}_{i,\pi_{j+1},1}=\mathrm{ST}_{i,\pi_{j+1},1}+p_{i,\pi_{j+1}}$。

(2) 令 i 从 $m-1\sim1$,分别调整 $\mathrm{CT}_{i,\pi_{j+1},1}=\mathrm{ST}_{i+1,\pi_{j+1},1}$,$\mathrm{ST}_{i,\pi_{j+1},1}=\mathrm{CT}_{i,\pi_{j+1},1}-p_{i,\pi_{j+1}}$。

(3) $E_{\pi_j,\pi_{j+1}}(\pi)=\mathrm{ST}_{1,\pi_{j+1},1}-\mathrm{ST}_{1,\pi_j,l_{\pi_j}}$。

结合 $E_{\pi_j,\pi_{j+1}}(\pi)$的计算方法可得,计算得 $C_{\max}(\pi)$的时间复杂度为 $O(nm)$。

上述计算最大完工时间的例子采用快速计算方法计算 $E_{\pi_j,\pi_{j+1}}(\pi)$的过程如下:

$\mathrm{ST}_{1,1,2}=0,\quad \mathrm{CT}_{1,1,2}=p_{1,1}=4,$

$\mathrm{ST}_{2,1,2}=\mathrm{CT}_{1,1,2}=4,\quad \mathrm{CT}_{2,1,2}=\mathrm{ST}_{2,1,2}+p_{2,1}=4+2=6,$

$\mathrm{ST}_{3,1,2}=\mathrm{CT}_{2,1,2}=6,\quad \mathrm{CT}_{3,1,2}=\mathrm{ST}_{3,1,2}+p_{3,1}=6+2=8,$

$\mathrm{ST}_{1,2,1}=\mathrm{CT}_{1,1,2}=4,\quad \mathrm{CT}_{1,2,1}=\mathrm{ST}_{1,2,1}+p_{1,2}=4+3=7,$

$\mathrm{ST}_{2,2,1}=\max\{\mathrm{CT}_{2,1,2},\mathrm{CT}_{1,2,1}\}=\max\{6,7\}=7,$

$\mathrm{CT}_{2,2,1}=\mathrm{ST}_{2,2,1}+p_{2,2}=7+4=11,$

$\mathrm{ST}_{3,2,1}=\max\{\mathrm{CT}_{3,1,2},\mathrm{CT}_{2,2,1}\}=\max\{8,11\}=11,$

$\mathrm{CT}_{3,2,1}=\mathrm{ST}_{3,2,1}+p_{3,2}=11+2=13,$

$\mathrm{CT}_{2,2,1}=\mathrm{ST}_{3,2,1}=11,\quad \mathrm{ST}_{2,2,1}=\mathrm{CT}_{2,2,1}-p_{2,2}=11-4=7,$

$\mathrm{CT}_{1,2,1}=\mathrm{ST}_{2,2,1}=7,\quad \mathrm{ST}_{1,2,1}=\mathrm{CT}_{1,2,1}-p_{1,2}=7-3=4,$

$E_{1,2}(\pi)=\mathrm{ST}_{1,2,1}-\mathrm{ST}_{1,1,2}=4-0=4,$

$\mathrm{ST}_{1,2,2}=0,\quad \mathrm{CT}_{1,2,2}=p_{1,2}=3,$

$\mathrm{ST}_{2,2,2}=\mathrm{CT}_{1,2,2}=3,\quad \mathrm{CT}_{2,2,2}=\mathrm{ST}_{2,2,2}+p_{2,2}=3+4=7,$

$\mathrm{ST}_{3,2,2}=\mathrm{CT}_{2,2,2}=7,\quad \mathrm{CT}_{3,2,2}=\mathrm{ST}_{3,2,2}+p_{3,2}=7+2=9,$

$\mathrm{ST}_{1,3,1}=\mathrm{CT}_{1,2,2}=3,\quad \mathrm{CT}_{1,3,1}=\mathrm{ST}_{1,3,1}+p_{1,3}=3+10=13,$

$\mathrm{ST}_{2,3,1}=\max\{\mathrm{CT}_{2,2,2},\mathrm{CT}_{1,3,1}\}=\max\{7,13\}=13,$

$\mathrm{CT}_{2,3,1}=\mathrm{ST}_{2,3,1}+p_{2,3}=13+4=17,$

$\mathrm{ST}_{3,3,1}=\max\{\mathrm{CT}_{3,2,2},\mathrm{CT}_{2,3,1}\}=\max\{9,17\}=17,$

$$\mathrm{CT}_{3,3,1}=\mathrm{ST}_{3,3,1}+p_{3,3}=17+2=19,$$
$$\mathrm{CT}_{2,3,1}=\mathrm{ST}_{3,3,1}=17,\quad \mathrm{ST}_{2,3,1}=\mathrm{CT}_{2,3,1}-p_{2,3}=17-4=13,$$
$$\mathrm{CT}_{1,3,1}=\mathrm{ST}_{2,3,1}=13,\quad \mathrm{ST}_{1,3,1}=\mathrm{CT}_{1,3,1}-p_{1,3}=13-10=3,$$
$$E_{2,3}(\pi)=\mathrm{ST}_{1,3,1}-\mathrm{ST}_{1,2,2}=3-0=3。$$

10.3.2　试验设计与分析

针对9.2.1.4节的120个ELFSP调度实例，考虑零等待生产环境，测试DIWO的性能。比较DIWO与ACO,DPSO,HGA,SAi,SAs,TAs,Tai和TA等8种算法。算法最大运行时间为$t=\rho\times n\times m\times 0.001\mathrm{s}$,$\rho$取值为10。每个调度实例执行5次独立运算。各算法的平均相对百分偏差(ARPI)如表10-6所示。

表10-6　各算法性能比较($\rho=10$)

$n\times m$	DIWO	ACO	DPSO	HGA	SAi	SAs	TAi	TAs	TS
10×5	**0.00**	0.09	0.01	0.05	0.22	0.55	0.52	1.01	0.15
10×10	**0.00**	0.02	**0.00**	0.01	0.12	0.81	0.48	1.54	**0.00**
10×15	**0.00**	0.18	0.01	0.18	0.28	0.72	0.52	2.00	**0.00**
10×20	**0.00**	0.09	0.03	0.05	0.19	0.90	1.07	2.95	**0.00**
30×5	**0.06**	0.61	0.34	0.68	0.78	1.55	1.13	1.81	0.35
30×10	**0.02**	0.62	0.33	0.81	0.96	1.85	1.35	2.53	0.34
30×15	**0.00**	0.98	0.34	0.74	1.31	2.44	1.59	3.18	0.28
30×20	**0.03**	0.71	0.27	0.82	1.14	2.33	1.53	3.12	0.33
50×5	**0.10**	0.66	1.13	0.76	0.74	1.18	1.07	1.46	0.39
50×10	**0.10**	0.81	1.64	1.05	1.06	2.07	1.50	2.69	0.70
50×15	**0.07**	0.88	1.66	1.06	1.21	2.38	1.53	2.79	0.61
50×20	**0.07**	0.92	1.81	1.29	1.37	2.65	1.81	3.36	0.65
70×5	**0.11**	0.68	2.35	0.81	0.65	0.98	0.98	1.42	0.39
70×10	**0.09**	0.74	2.70	1.14	1.03	1.91	1.42	2.59	0.58
70×15	**0.10**	0.72	2.88	1.24	1.11	2.34	1.58	2.82	0.69
70×20	**0.10**	0.88	3.13	1.47	1.35	2.67	1.86	3.37	0.66
90×5	**0.11**	0.78	3.85	0.74	0.58	0.83	0.93	1.32	0.27
90×10	**0.10**	0.87	4.04	1.01	0.76	1.59	1.10	1.95	0.52
90×15	**0.13**	0.86	4.58	1.50	1.14	2.21	1.50	2.79	0.73
90×20	**0.05**	0.96	4.09	1.31	1.21	2.40	1.60	3.05	0.84
110×5	**0.13**	0.87	4.86	0.79	0.45	0.62	0.86	1.06	0.21
110×10	**0.08**	1.06	5.73	1.04	0.68	1.53	1.12	2.07	0.62
110×15	**0.10**	0.91	5.54	1.10	0.85	1.95	1.14	2.57	0.78
110×20	**0.13**	1.28	6.35	1.50	1.11	2.58	1.55	3.08	0.82
平均值	**0.07**	0.72	2.40	0.88	0.85	1.71	1.24	2.36	0.45

由表 10-6 总体看来，DIWO 所得平均相对百分偏差最小，远小于其他 8 种算法的计算结果，并且对所有的 24 个不同规模的问题全部取得最优解。表明了针对零等待 ELFSP 的最大完工时间问题，所提 DIWO 具有优越性。

10.4 基于 IWO 的序列相关准备时间的等量分批批量流流水车间调度方法

基于序列相关准备时间的等量分批批量流流水车间调度问题的相关问题描述与数学建模已在 9.4 节中给出，故此处不作过多赘述。下面考虑最大完工时间为优化目标的离散入侵式算法的求解流程。

10.4.1 DIWO 的设计

1. 编码和解码

采用 DIWO 优化序列相关准备时间的 ELFSP。DIWO 采用加工批次序列编码。为了把个体解码成调度方案，需要考虑机器准备时间的序列相关性、与批量加工时间的分离等问题特征。设 $\pi=\{\pi_1,\pi_2,\cdots,\pi_n\}$ 为待处理的一个工件加工批次序列，π_k 为序列 π 的第 k 个加工批次，$\mathrm{ST}_{i,j,q}$ 为加工批次 j 在机器 i 上第 q 个转移批量的最早开始加工时间，$\mathrm{CT}_{i,j,q}$ 为加工批次 j 在机器 i 上第 q 个转移批量的最早完工时间，$C_{\max}(\pi)$ 为加工批次序列 π 的最大完工时间，$\mathrm{TF}(\pi)$ 为加工批次序列 π 的总流经时间。根据带有序列相关准备时间的 ELFSP 的特征，提出解码计算公式如下：

$$\begin{cases}\mathrm{ST}_{1,\pi_1,1}=s_{1,\pi_1,\pi_1},\\ \mathrm{CT}_{1,\pi_1,1}=\mathrm{ST}_{1,\pi_1,1}+p_{1,\pi_1},\\ \mathrm{ST}_{i,\pi_1,1}=\max\{\mathrm{CT}_{i-1,\pi_1,1},s_{i,\pi_1,\pi_1}\},\\ \mathrm{CT}_{i,\pi_1,1}=\mathrm{ST}_{i,\pi_1,1}+p_{i,\pi_1},\\ i=2,3,\cdots,m,\end{cases}\tag{10-30}$$

$$\begin{cases}\mathrm{ST}_{1,\pi_1,q}=\mathrm{CT}_{1,\pi_1,q-1},\\ \mathrm{CT}_{1,\pi_1,q}=\mathrm{ST}_{1,\pi_1,q}+p_{1,\pi_1},\\ \mathrm{ST}_{i,\pi_1,q}=\max\{\mathrm{CT}_{i-1,\pi_1,q},\mathrm{CT}_{i,\pi_1,q-1}\},\\ \mathrm{CT}_{i,\pi_1,q}=\mathrm{ST}_{i,\pi_1,q}+p_{i,\pi_1},\\ q=2,3,\cdots,l_{\pi_1};\ i=2,3,\cdots,m,\end{cases}\tag{10-31}$$

$$\begin{cases} ST_{1,\pi_k,1} = CT_{1,\pi_{k-1},l_{\pi_{k-1}}} + s_{1,\pi_{k-1},\pi_k}, \\ CT_{1,\pi_k,1} = ST_{1,\pi_k,1} + p_{1,\pi_1}, \\ ST_{i,\pi_k,1} = \max\{CT_{i-1,\pi_k,1}, CT_{i,\pi_{k-1},l_{\pi_{k-1}}} + s_{i,\pi_{k-1},\pi_k}\}, \\ CT_{i,\pi_k,1} = ST_{i,\pi_k,1} + p_{i,\pi_k}, \\ k = 2,3,\cdots,n;\ i = 2,3,\cdots,m, \end{cases} \tag{10-32}$$

$$\begin{cases} ST_{1,\pi_k,q} = CT_{1,\pi_k,q-1}, \\ CT_{1,\pi_k,q} = ST_{1,\pi_k,q} + p_{1,\pi_k}, \\ ST_{i,\pi_k,q} = \max\{CT_{i-1,\pi_k,q}, CT_{i,\pi_k,q-1}\}, \\ CT_{i,\pi_k,q} = ST_{i,\pi_k,q} + p_{i,\pi_k}, \\ k = 2,3,\cdots,n;\ q = 2,3,\cdots,l_{\pi_k};\ i = 2,3,\cdots,m, \end{cases} \tag{10-33}$$

$$C_{\max}(\pi) = CT_{m,\pi_n,l_{\pi_n}}。 \tag{10-34}$$

公式(10-30)计算序列 π 中第一个加工批次 π_1 的第一个转移批量的最早开始加工时间和最早完工时间。公式(10-31)计算第一个加工批次 π_1 的其他转移批量的最早开始加工时间和最早完工时间。公式(10-32)计算加工批次 $\pi_k(k=2,3,\cdots,n)$ 的第一个转移批量的最早开始加工时间和最早完工时间。公式(10-33)计算加工批次 $\pi_k(k=2,3,\cdots,n)$ 的其他转移批量的最早开始加工时间和最早完工时间。公式(10-34)计算工件序列 π 的最大完工时间。

2. 其他操作

DIWO 的种群初始化、生长繁殖、空间扩散、竞争排除以及局部搜索方法与 10.1.2 节类似。

10.4.2 试验设计与分析

设置转移批量的加工时间为区间[1,31]上随机整数。考虑序列相关准备时间分别为加工时间的 10%，50%，100%和 125%(Ruiz et al.，2005；Ruiz et al.，2006；Ruiz et al.，2008)四种情况，记为 SDST10：$S_{i,j',j}\in[1,3]$，SDST50：$S_{i,j',j}\in[1,15]$，SDST100：$S_{i,j',j}\in[1,31]$，SDST125：$S_{i,j',j}\in[1,31]$。其他数据与 9.2.1.3 节的调度实例数据相同。各算法所得 SDST10 的平均相对百分偏差(ARPI)如表 10-7 所示。

表 10-7　各算法性能比较($\rho=10$)

$n\times m$	DIWO	ACO	DPSO	HGA	SAi	SAs	TAi	TAs	TS
10×5	**0.00**	0.12	0.01	0.18	0.17	0.38	1.22	1.46	**0.00**
10×10	**0.00**	0.20	0.04	0.33	0.44	0.77	1.15	2.56	**0.00**
10×15	**0.00**	0.35	0.05	0.58	0.52	0.79	1.26	2.30	0.02
10×20	**0.00**	0.28	0.06	0.52	0.51	0.72	1.73	1.83	0.21
30×5	**0.06**	0.28	2.92	0.66	0.26	0.62	0.74	1.50	1.33
30×10	**0.06**	1.47	5.15	1.50	0.85	1.12	2.85	2.73	2.07
30×15	**0.37**	2.16	6.63	2.93	2.53	2.96	3.93	4.94	3.45
30×20	**0.33**	2.58	5.94	3.20	2.54	3.16	4.78	5.26	2.97
50×5	**0.00**	0.21	5.27	1.18	0.11	0.28	0.22	0.40	1.08
50×10	**0.07**	0.98	7.64	2.72	0.51	1.06	1.41	1.83	2.73
50×15	**0.18**	3.13	11.15	4.74	1.86	2.27	3.93	3.70	5.05
50×20	**0.24**	3.03	10.10	4.48	2.19	2.56	4.17	3.96	3.68
70×5	**0.01**	0.42	8.05	3.08	0.91	1.17	0.53	0.61	2.73
70×10	**0.07**	1.69	11.17	5.40	0.59	1.07	1.57	1.47	5.02
70×15	**0.20**	3.33	12.39	7.85	1.73	1.89	3.48	3.34	7.53
70×20	**0.25**	3.62	12.83	7.80	2.03	2.39	4.20	3.60	6.80
90×5	**0.02**	0.42	5.85	3.15	1.48	1.55	0.30	0.43	4.67
90×10	**0.12**	2.54	13.14	8.77	1.21	1.66	1.79	1.93	8.58
90×15	**0.19**	3.15	12.67	9.12	1.49	1.76	2.84	2.49	8.65
90×20	**0.27**	3.99	13.80	10.07	1.82	2.52	3.95	3.47	10.64
110×5	**0.01**	0.69	6.25	3.57	1.88	1.98	0.38	0.53	6.64
110×10	**0.09**	1.72	9.88	6.93	1.13	1.57	1.14	1.33	7.79
110×15	**0.26**	3.38	14.09	10.85	1.59	1.95	2.69	2.34	12.69
110×20	**0.29**	3.32	14.38	11.47	1.86	2.41	3.46	3.29	11.38
平均值	**0.13**	1.79	7.89	4.63	1.26	1.61	2.24	2.39	4.82

由表知，DIWO 取得了最小总体平均相对百分偏差和所有 24 类算例的最小平均相对百分偏差。表明 DIWO 优于其他方法。

10.5　基于 IWO 的批量流流水车间集成调度方法

10.5.1　问题描述

考虑等量分批条件下的流水车间集成调度问题。有 n 个加工批次的工件按照相同的工艺路径经过 m 台机器加工。每个较大的加工批次可被平均分成若干独立的转移批量。每个转移批量可视为一个独立工件安排生产。在转移批量开始加工之前，需要有一段机器准备时间。机器准备时间与批次加工时间可以分离，即若机器空闲，在批次到来之前就可以进行相关准备工作。每个加工批次的分批数由调度方案确定。与前面问题类似，考虑以下约束条件：

(1) 在同一台机器上，一个加工批次的所有工件加工完成后另一加工批次的工件方可开始加工；

(2) 在所有机器上，各加工批次的生产次序完全相同；

(3) 在任何时刻，一台机器只能够加工一个转移批量，一个转移批量也只能够在一台机器上进行加工；

(4) 批量运输时间均包含在加工时间内；

(5) 在同一台机器上加工的相邻转移批量之间，机器可存在空闲时间；

(6) 不同加工批次之间具有相同的优先级；任何生产批次没有抢先加工的特权；

(7) 所有工件在零时刻都可以被加工；

(8) 所有机器在零时刻均可用。

已知各加工批次所包含的工件数量、单个工件在各台机器上所需加工时间和转移批量的生产准备时间，要求确定各加工批次的最优分批及投产次序，使得最大完工时间或总流经时间等生产指标最优。

批量流流水车间集成调度需要确定加工批次的批量分割和投产次序。批量分割和调度优化都会对生产指标产生影响，同一问题若分批不同、调度序列不同则生产指标亦可能不同。适当的批量分割可以有效减少机器的空闲等待时间，提高生产效率，缩短生产周期。加工批次的批量分割与最大完工时间存在U形关系，过大或过小的转移批量都会导致长的生产周期(Edis，Ornek. 2009)。当转移批量过小时，加工批次的转移批量数相应增大，导致批量准备时间增加，问题的搜索空间也将增加，造成算法的搜索效率下降，求得结果质量也会相应下降；当转移批量过大时，较大的转移批量占有当前机器，会使后续机器长期处于闲置等待状态，从而降低工作效率，起不到分批的效果(白俊杰，龚毅光，王宁生，2010)。对于调度优化问题，合适的调度序列可以得到较好的生产指标值。前面几章研究在批量分割确定的基础上如何得到最佳的调度方案，而本章将批量分割和调度优化问题同时考虑。

考虑2个加工批次在3台机器上进行加工。生产数据如下：各加工批次所包含的工件数$[T_j]_{1\times 2}=[30,10]$，单个工件在各机器上的加工时间$[p_{i,j}]_{3\times 2}=\begin{bmatrix}2 & 3\\1 & 2\\2 & 1\end{bmatrix}$，转移批量在机器上的准备时间$[s_{i,j}]_{3\times 2}=\begin{bmatrix}1 & 1\\2 & 2\\2 & 1\end{bmatrix}$，若按照传统流水车间

调度方法大的加工批次不分批，则所得调度甘特图如图 10-10 所示。其最大完工时间为 164，总流经时间为 317。

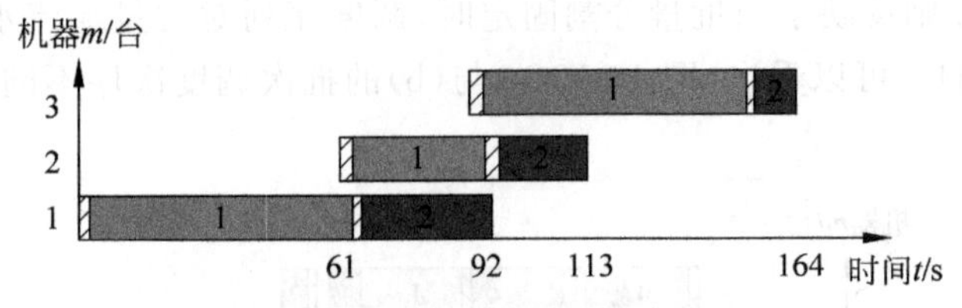

图 10-10　传统流水车间调度甘特图

批量流流水车间集成调度要同时确定加工批次的转移批量数、转移批量包含的工件数量以及调度次序。图 10-11 给出了加工批次 1 的转移分批数量分别为 2,10 和 3、加工批次 2 的转移分批数量为 2 时的调度甘特图。

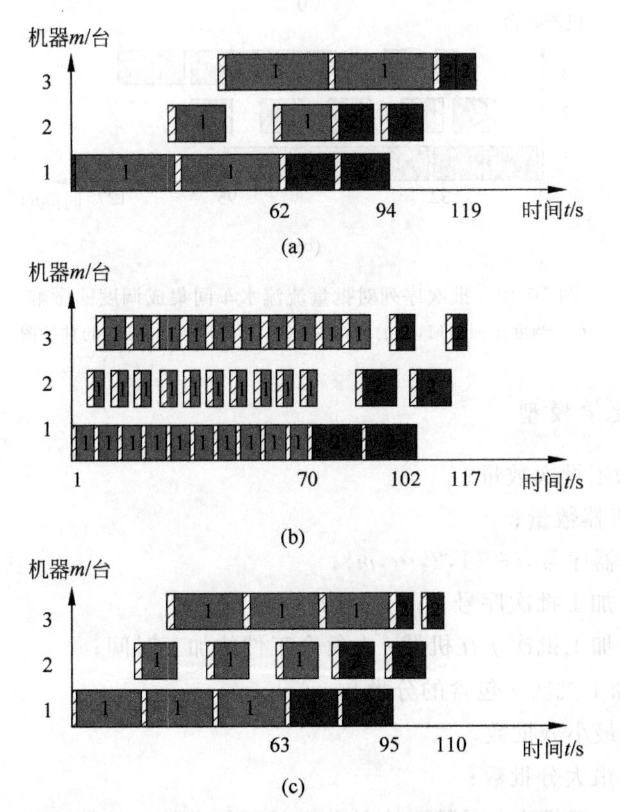

图 10-11　批量分割对批量流流水车间集成调度的影响

(a) 分批数为 2 时调度甘特图；(b) 分批数为 10 时调度甘特图；(c) 分批数为 3 时调度甘特图

由图 10-11 可以看出，当分批数为 2 时最大完工时间为 119，总流经时间为 227。当分批数为 10 时，最大完工时间为 117，总流经时间为 205。当分批数为

3时,最大完工时间为110,总流经时间为205。可以看到,当转移分批数过小或过大时结果并不理想,而合适的转移分批数能够得到较优的结果。

图10-12则反映了当批量分割固定时,调度序列对批量流流水车间集成调度问题的影响。可以看出,图10-12(a)与(b)的批次调度次序不同,最大完工时间也不一样。

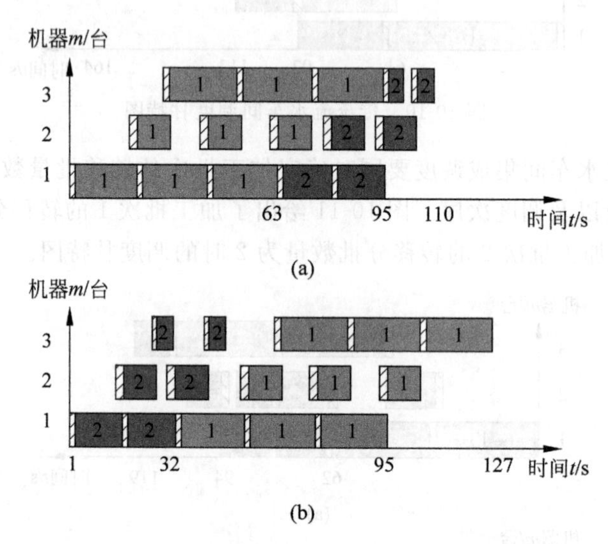

图10-12　批次序列对批量流流水车间集成调度的影响

(a) 调度序列为{1,2}的甘特图；(b) 调度序列为{2,1}的甘特图

10.5.2　数学模型

n——加工批次数量；

m——机器数量；

i——机器序号,$i\in\{1,2,\cdots,m\}$；

j,k——加工批次序号,$j,k\in\{1,2,\cdots,n\}$；

$p_{i,j}$——加工批次j在机器i上每个工件的加工时间；

l_j——加工批次j包含的分批数；

$l_{\min}$——最小分批数；

$l_{\max}$——最大分批数；

$b_{j,k}$——加工批次j的第k个转移批量所包含的工件数,$k\in\{1,2,\cdots,l_j\}$；

T_j——加工批次j包含的总工件数；

$T_{\min}$——最小总工件数；

$T_{\max}$——最大总工件数；

$C_{i,k,q}$——机器 i 上第 k 类工件的第 q 个转移批量的完工时间；

$s_{i,j}$——加工批次 j 在机器 i 上批量准备时间；

$C_{\max}$——最大完工时间。

令

$$X_{j,k}=\begin{cases}1, & \text{生产批次 } j \text{ 为排列中的第 } k \text{ 个加工批次}, \\ 0, & \text{其他},\end{cases} \quad j,k\in\{1,2,\cdots,n\},$$

$\partial_k=\sum_{j=1}^{n}(X_{j,k}\cdot l_j)$ 为第 k 个加工批次的转移批量数，

则 makespan 指标的目标函数为

$$\min(C_{\max})=\min(\max_{k=1}^{n}(C_{m,k,\partial_k}))。$$

约束条件：

$$\sum_{k=1}^{n}X_{j,k}=1,\quad j\in\{1,2,\cdots,n\}, \tag{10-35}$$

$$\sum_{j=1}^{n}X_{j,k}=1,\quad k\in\{1,2,\cdots,n\}, \tag{10-36}$$

$$\sum_{k=1}^{l_j}b_{j,k}=T_j,\quad j\in\{1,2,\cdots,n\}, \tag{10-37}$$

$$C_{1,1,1}=\sum_{j=1}^{n}(X_{j,1}\cdot(p_{1,j}\cdot b_{j,1}+s_{1,j})), \tag{10-38}$$

$$C_{i,k,q+1}\geqslant C_{i,k,q}+\sum_{j=1}^{n}(X_{j,k}\cdot(p_{i,j}\cdot b_{j,q+1}+s_{i,j})),$$
$$q\in\{1,2,\cdots,\partial_k-1\},k\in\{1,2,\cdots,n\},i\in\{1,2,\cdots,m\}, \tag{10-39}$$

$$C_{i,k+1,1}\geqslant C_{i,k,\partial_k}+\sum_{j=1}^{n}(X_{j,k+1}\cdot(p_{i,j}\cdot b_{j,1}+s_{i,j})),$$
$$k\in\{1,2,\cdots,n-1\},i\in\{1,2,\cdots,m\} \tag{10-40}$$

$$C_{i,k,q}\geqslant C_{i,k,q}+\sum_{j=1}^{n}(X_{j,k}\cdot(p_{i+1,j}\cdot b_{j,p}+s_{i+1,j})),$$
$$k\in\{1,2,\cdots,n\},i\in\{1,2,\cdots,m-1\}, \tag{10-41}$$

$$C_{i,k,q}\geqslant 0,\quad q\in\{1,2,\cdots,\partial_k\},k\in\{1,2,\cdots,n\},i\in\{1,2,\cdots,m\}, \tag{10-42}$$

$$X_{j,k}\in\{0,1\},\quad j,k\in\{1,2,\cdots,n\}, \tag{10-43}$$

$$\partial_k\in[l_{\min},l_{\max}],\quad k\in\{1,2,\cdots,n\}, \tag{10-44}$$

$$b_{j,k}\in[1,T_j],\quad j\in\{1,2,\cdots,n\},k\in\{1,2,\cdots,l_j\}。 \tag{10-45}$$

约束条件(10-35)和(10-36)保证了在序列中各加工批次出现并且只能出

现一次。约束条件(10-37)保证了同一加工批次包含的工件总数不变。约束条件(10-38)为第一台机器上加工的第一个加工批次的第一个转移批量的完工时间。约束条件(10-39)保证同一加工批次的两个相邻转移批量连续加工。约束条件(10-40)和约束条件(10-41)保证了一个转移批量不能同时由多台机器加工和一台机器在同一时刻只能加工一个转移批量。约束条件(10-42)限定所有转移批量的完工时间均大于零。约束条件(10-43)～约束条件(10-45)为决策变量的取值范围。

若考虑总流经时间指标，则需将上述模型中的目标函数替换为

$$\min(\mathrm{TF}) = \min\left(\sum_{k=1}^{n} C_{m,k,\partial_k}\right)。\tag{10-46}$$

与前几章所研究的批量流调度问题不同，本节问题除了需要决定 $X_{j,k}$ 以外，还需要决定∂_k 和 $b_{j,k}$。问题的解空间为$(l_{\max}-l_{\min}+1)^n \cdot (n!)$，远远大于一般批量流流水车间调度问题的解空间 $n!$。

10.5.3 改进 DIWO 求解批量流流水车间集成调度问题

基于 DIWO 的进化机制和批量流流水车间集成调度的特征，提出一种改进 DIWO。改进 DIWO 用来优化 ELFSP 集成调度问题的最大完工时间，具体过程如下。

10.5.3.1 DIWO 集成调度算法设计

根据批量流流水车间集成调度的特点，设计了 DIWO 集成调度算法，同时优化批量分割与批次次序。

1. 编码

由于需要确定生产批次的划分，因此前面章节所用的编码方法不再适用于本章问题。本章提出一种分段编码方法，即编码由两部分组成，分别代表批量流流水车间集成调度问题的批量分割与调度优化两个子问题，两部分编码的长度都等于 n，其编码结构如图 10-13 所示。

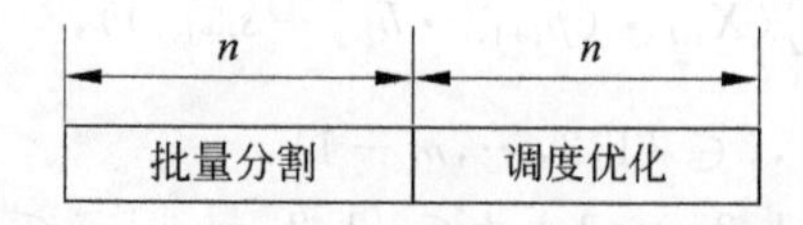

图 10-13 批量流流水车间集成调度问题编码结构

批量分割部分：该部分染色体长度为 n。每位编码用整数表示，每个整数表示该位所对应加工批次的分批数量，即转移批量的数量。

加工批次 j 的分批数量 l_j 受到准备时间和生产管理等的限制，只能在

$[l_{\min}, l_{\max}]$范围内选择。若加工批次 j 所包含的总工件数能够整除分批数量，则每个转移批量所包含的工件数相同；否则，各转移批量需要进行微调。加工批次 j 的各转移批量的规模 $b_{j,k}$ 的产生方式如图 10-14 所示。

设有三个加工批次的待加工工件，加工批次 1，2 和 3 所包含的总工件数分别是 20，16 和 24。若个体编码如图 10-15(a)所示，个体的批量分割部分依次是加工批次 1，2 和 3 的分批数量，即加工批次 1 分成 4 批，加工批次 2 分成 2 批，加工批次 3 分为 3 批，则加工批次 1 的各转移批量所包含的工件数量为 20÷4=5；加工批次 2 的各转移批量所包含的工件数量为 16÷2=8；则加工批次 3 的各转移批量所包含的工件数量为 24÷3=8。

若个体编码如图 10-15(b)所示，加工批次 1 分成 3 批，加工批次 2 分成 5 批，加工批次 3 分为 5 批。这时，在进行批量分割时不能整除，可根据上述转移批量的产生方法，计算如下：加工批次 1 的各转移批量所包含的工件数量为 7，7，6；加工批次 2 的各转移批量所包含的工件数量为 4，3，3，3，3；加工批次 3 的各转移批量所包含的工件数量为 5，5，5，5，4。

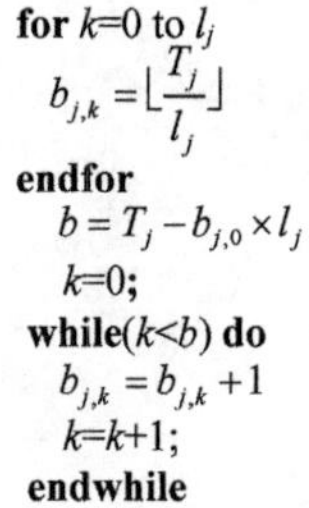

图 10-14　转移批量规模产生方式

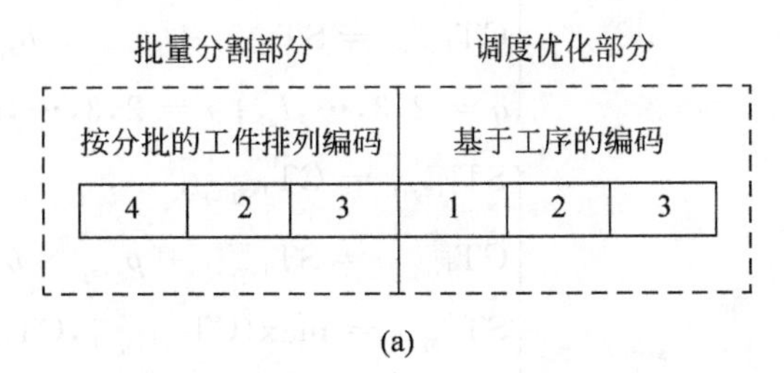

批量分割部分　调度优化部分

按分批的工件排列编码　基于工序的编码

3	5	5	1	2	3

(b)

图 10-15　批量流流水车间集成调度问题个体编码

(a) 批量分割能整除情况下；(b) 批量分割不能整除情况下

调度优化部分：批量分割完毕后，对车间调度进行优化就是一般的批量流流水车间调度问题。采用基于工件序列的编码，工件号出现的次序表示该加工批次在机器上的先后加工次序。基于工件序列的编码可满足调度规模变化，而且任意置换染色体中的次序后总能得到可行调度。

如图 10-15 所示，调度优化部分为 1，2，3，则表示依次加工加工批次 1、加工批次 2 和加工批次 3。

2. 解码

根据批量流流水车间集成调度的特征，考虑最大完工时间指标，提出如下的解码计算公式：

$$\begin{cases} ST_{1,\pi_1,1} = 0, \\ CT_{1,\pi_1,1} = p_{1,\pi_1} \times b_{\pi_1,1} + s_{1,\pi_1}, \\ ST_{i,\pi_1,1} = CT_{i-1,\pi_1,1}, \\ CT_{i,\pi_1,1} = ST_{i,\pi_1,1} + p_{i,\pi_1} \times b_{\pi_1,1} + s_{i,\pi_1}, \\ i = 2,3,\cdots,m, \end{cases} \tag{10-47}$$

$$\begin{cases} ST_{1,\pi_1,q} = CT_{1,\pi_1,q-1}, \\ CT_{1,\pi_1,q} = ST_{1,\pi_1,q} + p_{1,\pi_1} \times b_{\pi_1,q} + s_{1,\pi_1}, \\ ST_{i,\pi_1,q} = \max\{CT_{i-1,\pi_1,q}, CT_{i,\pi_1,q-1}\}, \\ CT_{i,\pi_1,q} = ST_{i,\pi_1,q} + p_{i,\pi_1} \times b_{\pi_1,q} + s_{i,\pi_1}, \\ q = 2,3,\cdots,l_{\pi_1};\ i = 2,3,\cdots,m, \end{cases} \tag{10-48}$$

$$\begin{cases} ST_{1,\pi_k,1} = CT_{1,\pi_{k-1},l_{\pi_{k-1}}}, \\ CT_{1,\pi_k,1} = ST_{1,\pi_k,1} + p_{1,\pi_k} \times b_{\pi_k,1} + s_{1,\pi_k}, \\ ST_{i,\pi_k,1} = \max\{CT_{i-1,\pi_k,1}, CT_{i,\pi_{k-1},l_{\pi_{k-1}}}\}, \\ CT_{i,\pi_k,1} = ST_{i,\pi_k,1} + p_{i,\pi_k} \times b_{\pi_k,1} + s_{i,\pi_k}, \\ k = 2,3,\cdots,n;\ i = 2,3,\cdots,m, \end{cases} \tag{10-49}$$

$$\begin{cases} ST_{1,\pi_k,q} = CT_{1,\pi_k,q-1}, \\ CT_{1,\pi_k,q} = ST_{1,\pi_k,q} + p_{1,\pi_k} \times b_{\pi_k,q} + s_{1,\pi_k}, \\ ST_{i,\pi_k,q} = \max\{CT_{i-1,\pi_k,q}, CT_{i,\pi_k,q-1}\}, \\ CT_{i,\pi_k,q} = ST_{i,\pi_k,q} + p_{i,\pi_k} \times b_{\pi_k,q} + s_{i,\pi_k}, \\ k = 2,3,\cdots,n;\ q = 2,3,\cdots,l_{\pi_k};\ i = 2,3,\cdots,m, \end{cases} \tag{10-50}$$

$$C_{\max}(\pi) = CT_{m,\pi_n,l_{\pi_n}}。 \tag{10-51}$$

公式(10-47)计算序列 π 中第一个加工批次 π_1 的第一个转移批量在各机器上的最早开始加工时间和最早完工时间。公式(10-48)计算加工批次 π_1 的其他转移批量在各机器上的最早开始加工时间和最早完工时间。公式(10-49)计算各机器上加工批次 $\pi_k(k=2,3,\cdots,n)$ 的第一个转移批量的最早开始加工时间和最早完工时间。公式(10-50)计算各机器上加工批次 $\pi_k(k=2,3,\cdots,n)$ 的其他转移批量的最早开始加工时间和最早完工时间。公式(10-51)计算加工批次序列 π 的最大完工时间。

3. 初始化

为了使初始种群具有一定的分散性,采用均匀分布随机产生初始种群,随机产生调度优化序列和加工批次的分批数量。批量分割部分执行步骤如下:

步骤 1:选择第一个加工批次;

步骤 2:在$[l_{\min}, l_{\max}]$区间内按照均匀分布产生一个随机数作为该加工批次的分批数量,将产生的随机数设置为批量分割部分相应的值;

步骤 3:选择下一个加工批次,重复执行步骤 2 到步骤 3,直到工件集中的所有工件被选择完毕。

每个个体的调度优化部分采用随机的方法生成。为了提高种群的多样性,初始种群的个体均不相同,且按照性能指标值由小到大进行存储。

4. 生长繁殖阶段

生长繁殖阶段确定每个个体产生后代的数量。后代个数和目标函数值呈现线性关系,目标函数值越小即越优的个体产生的后代数目越多。按照公式(10-10),分别计算每个个体的后代数目。

5. 空间扩散

DIWO 集成调度算法令子代与父代之间的距离 setp 以均值 0、方差 σ 服从正态分布,其中方差随着迭代次数 iter 的增加而减小,具体计算如下式:

$$\sigma_{\text{iter}} = \tan\left(0.875 \times \frac{\text{iter}_{\max} - \text{iter}}{\text{iter}_{\max}}\right) \times (\sigma_0 - \sigma_f) + \sigma_f 。\qquad (10\text{-}52)$$

对当前个体进行 setp 次变异操作得到邻域解,并在当前解和邻域解中选择适应度较好的解。

变异操作通过对个体进行扰动而生成新的邻域解,增加了种群的多样性。

批量分割部分:为了保持优良个体,增加算法的局部搜索性能,结合批量流流水车间集成调度问题特点,设计如下两种批量分割的变异方法:

(1) 随机变异

步骤 1:在个体的批量分割部分随机选择第 r 个位置,设该位置对应的批量分割数为 x。

步骤 2:在$[l_{\min}, l_{\max}]$区间内按照均匀分布产生一个不同于 x 的随机数,将该随机数代替 x,作为该加工批次的新的分批数。

设当前个体编码为{3,5,2,2,6 | 3,1,2,4,5},若随机选择的位置为第 2 个

位置，该位置对应的批量分割数为 5，在批量分割数范围内产生一个不同于 5 的随机数为 7，则随机变异如图 10-16 所示。

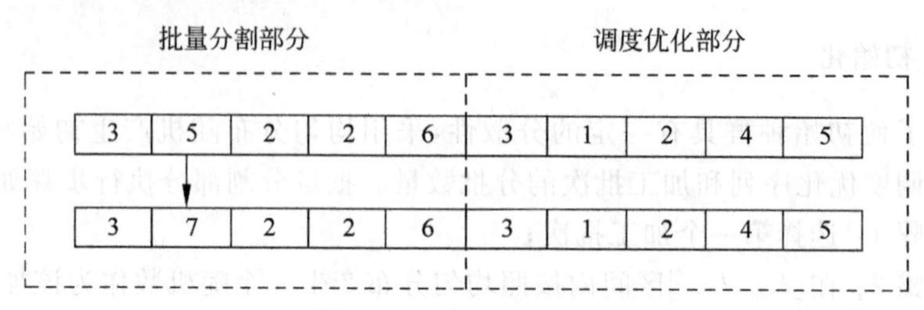

图 10-16　随机变异示意图

(2) ±1 变异

步骤 1：在变异个体的批量分割部分随机选择第 r 个位置，设该位置对应的批量分割数为 x。

步骤 2：在区间[0,1]内产生一个随机数 a，若 $a<0.5$，则令 $x=x+1$；否则，令 $x=x-1$。若 x 大于分批数量的最大值则令分批数量等于分批数量的最大值。若 x 小于分批数量的最小值则令分批数量等于分批数量的最小值。

在当前个体中，若随机选择的位置为第 2 个位置，在[0,1]区间内产生的随机数为 0.65，则±1 变异如图 10-17 所示。

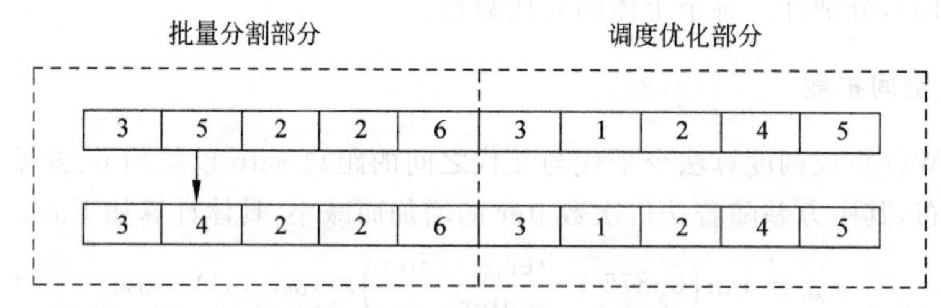

图 10-17　±1 变异示意图

调度优化部分：采用插入操作、互换操作或者随机选择操作。

(1) 插入操作

步骤 1：随机在$[1,n]$中产生两个相异的位置 r 和 $h(r<h)$。

步骤 2：将 h 位置上的加工批次插入到 r 位置的加工批次前面形成新的加工序列。

若在当前个体中，随机产生两个位置 2 和 4，则插入操作如图 10-18 所示。

(2) 互换操作

步骤 1：随机在$[1,n]$中产生两个相异的位置 r 和 h。

步骤 2：将 r 和 h 位置上的加工批次互换形成新的加工序列。

若在当前个体中，随机产生两个位置 2 和 4，则互换操作如图 10-19 所示。

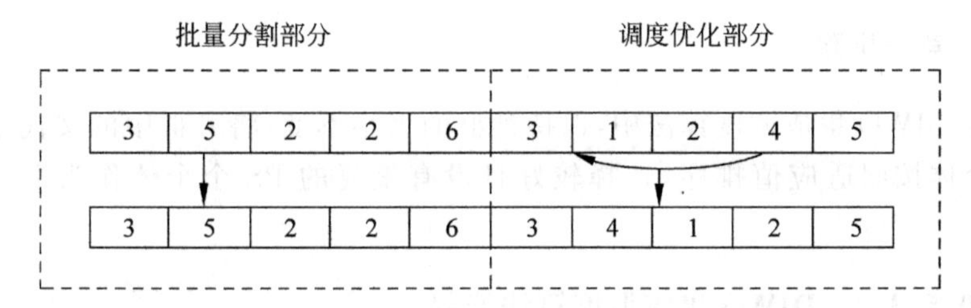

图 10-18　插入操作示意图

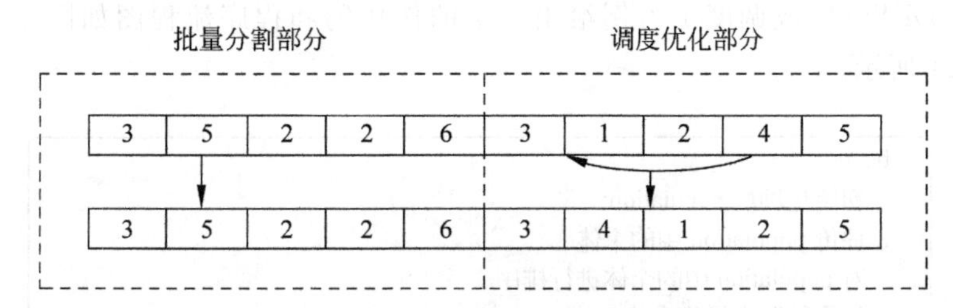

图 10-19　插入操作示意图

(3) 随机选择操作

在区间[0,1]上按照均匀分布产生一个随机数 a，若 $a<0.5$，则选择插入操作；否则采用互换操作。

邻域解的生成：将批量分割变异算子和调度优化变异算子组合，可得到六种不同的邻域解产生方式。在算法执行过程中，随机选择对批量分割或调度优化部分进行变异操作，即在区间[0,1]上按均匀分布产生的随机数，若该随机数小于 0.5，则执行批量分割变异操作；否则，执行调度优化变异操作。基于邻域解的生成方式不同，共可产生六种 DIWO 集成调度算法。

表 10-8　六种 DIWO 集成调度算法

DIWO 集成调度 1	批量分割部分：执行随机变异； 调度优化部分：执行插入操作
DIWO 集成调度 2	批量分割部分：执行随机变异； 调度优化部分：执行互换操作
DIWO 集成调度 3	批量分割部分：执行加 1 变异； 调度优化部分：执行插入操作
DIWO 集成调度 4	批量分割部分：执行加 1 变异； 调度优化部分：执行互换操作
DIWO 集成调度 5	批量分割部分：执行随机变异； 调度优化部分：执行随机选择操作
DIWO 集成调度 6	批量分割部分：执行加 1 变异； 调度优化部分：执行随机选择操作

6. 竞争排除

在DIWO集成调度算法中，保持种群的大小不变，将种群中的父代个体及子代个体按照适应值排序，选择较好且没有重复的PS个个体作为下一代的种群。

10.5.3.2 DIWO集成调度算法流程

以DIWO集成调度1为例给出算法的伪代码和程序流程图如图10-20和图10-21所示。

```
begin
  初始化种群 population;
  评价 population 中的个体；
  对 population 中的个体进行排序；
  记录种群中最优个体 MinM;
  while 算法终止规则 do
    popcount:=0;
    while popcount<PS do
      计算产生后代个数 s;
      for(i=0;i<s;i++)
        设置 step;
        for(j=0;j<step;j++)
          if(rand()%2==0)
            对调度优化执行插入操作产生 Childpopcount;
          else
            对批量分割热行随机变异；
          endif
        endfor
        if(Childpopcount 优于当前解)
          更新当前解；
      endfor
      popcount:=popcount+1;
    endwhile
    选取前 PS 最优个体更新 population;
    更新更优个体 MinM;
  endwhile
end
返回 MinM 的 MakeSpan 值；
```

图10-20 DIWO集成调度算法伪代码

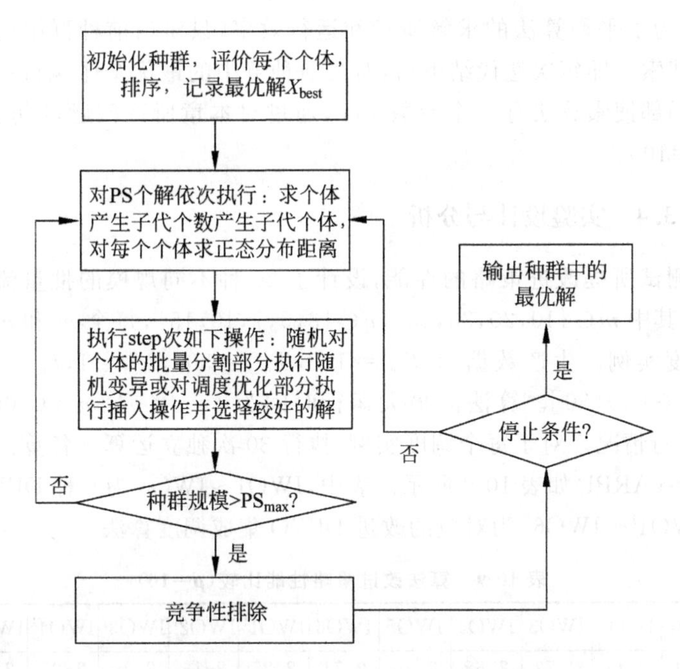

图 10-21　DIWO 集成调度 1 算法流程图

10.5.3.3　改进 DIWO 集成调度算法

为了增强算法的局部逼近能力，考虑在 DIWO 集成调度算法搜索框架内嵌入局部搜索算法。考虑到 DIWO 集成调度算法的个体分为批量分割与调度优化两部分，采用以下局部搜索算法强化算法的性能，如图 10-22 所示。

```
LocalSearch(ind,Len)
nCnt=0;
while (nCnt<Len) do
    if (rand()%2=0)
        Child:=Insert(ind);//对调度优化执行插入操作
  else
      Child:=Randchange(ind);//对批量分割执行随机变异
    endif
    if(Evaluate_individual(Child)<Evaluate_individual(ind))
        ind:=Child;
    endif;
  nCnt:= nCnt+1;
endwhile
```

图 10-22　局部搜索伪代码

同时，为了平衡算法的求解质量和运行效率，只对当前种群中的最优个体执行局部搜索。即每次迭代结束后，对当前种群中的最优个体执行一次局部搜索算法。局部搜索算法有一个参数 Len，通过对本章所选问题的仿真实验，确定了 Len=100。

10.5.3.4　实验设计与分析

为了测试所提改进策略的性能，设计了 20 种不同规模的批量流流水车间调度问题，其中 $m\in\{10,20,30,40\}$，$n\in\{3,5,7,10,15\}$，每个 m 和 n 的组合产生一个调度实例。生产数据为 $T_{\min}=100$，$T_{\max}=300$，$l_{\min}=1$，$l_{\max}=10$，$p_{i,j}\in[1,10]$，$s_{i,j}\in[10,30]$。算法的最大运行时间为 $t=\rho\times n\times m\times 0.001$s。考虑 $\rho=10$ 时运行情况。对于每个调度实例，执行 30 次独立运算。各算法的平均相对百分偏差(ARPI)如表 10-9 所示。表中，IWO1～IWO6 为 6 种 DIWO 集成调度算法，$\text{IWO1}^{\text{I}}\sim\text{IWO6}^{\text{I}}$ 为对应的改进 DIWO 集成调度算法。

表 10-9　算法改进策略性能比较($\rho=10$)

$n\times m$	IWO1	IWO2	IWO3	IWO4	IWO5	IWO6	IWO1^{I}	IWO2^{I}	IWO3^{I}	IWO4^{I}	IWO5^{I}	IWO6^{I}
10×3	2.64	2.44	2.73	2.68	2.30	2.71	2.25	2.15	2.36	2.25	2.18	2.64
10×5	2.96	3.66	3.00	3.14	3.31	3.24	2.14	2.03	2.10	2.43	2.45	2.96
10×7	2.42	2.34	2.26	2.41	2.51	2.52	1.96	2.00	1.97	2.05	1.95	2.42
10×10	3.44	3.20	3.43	3.61	3.94	3.56	3.62	3.74	3.74	3.74	3.43	3.44
10×15	6.44	6.41	6.60	6.29	6.28	6.41	6.56	6.47	6.53	6.45	6.37	6.44
20×3	2.25	2.40	2.45	2.33	2.26	2.20	2.22	1.92	2.19	1.85	1.91	2.25
20×5	3.10	3.77	3.43	3.36	3.61	3.46	2.01	2.22	2.08	2.24	2.31	3.10
20×7	4.29	4.11	3.13	3.56	3.49	3.71	1.80	1.97	1.95	1.83	1.64	4.29
20×10	2.92	3.61	3.53	3.50	3.78	3.46	1.99	2.02	2.07	2.01	2.12	2.92
20×15	6.10	6.77	5.95	6.32	5.56	5.70	5.61	5.04	5.12	5.32	5.15	6.10
30×3	1.76	1.82	1.71	1.63	1.99	1.70	1.58	1.35	1.59	1.39	1.53	1.76
30×5	3.48	3.58	3.50	3.78	3.81	3.66	1.69	1.85	1.91	1.83	1.83	3.48
30×7	3.04	3.95	3.13	3.16	3.40	3.22	1.76	1.60	1.57	1.53	1.83	3.04
30×10	4.98	4.57	4.08	4.62	4.70	4.17	2.13	2.54	2.55	2.36	2.08	4.98
30×15	5.52	6.30	5.28	5.77	5.43	5.00	4.87	5.04	4.96	4.83	4.84	5.52
40×3	1.81	1.68	1.79	1.70	1.63	1.65	1.26	1.37	1.31	1.37	1.35	1.81
40×5	3.70	3.56	3.65	3.18	3.40	3.61	1.47	1.61	1.55	1.47	1.38	3.70
40×7	3.02	3.96	3.81	3.36	3.26	3.04	1.72	1.45	1.65	1.61	1.72	3.02
40×10	3.89	3.92	3.77	4.02	4.22	3.85	1.61	1.34	1.37	1.34	1.62	3.89
40×15	5.10	5.68	4.55	5.22	4.56	4.45	4.26	4.38	3.93	3.82	4.00	5.10
平均值	3.64	3.89	3.59	3.68	3.67	3.57	2.63	2.60	2.63	2.59	2.58	3.64

由表 10-9 可知：

(1) IWO1～IWO6 所得计算结果各不相同，说明了邻域解的生成方式影响 DIWO 集成调度算法的性能。因此，针对具体调度问题，探索合适的邻域解生成方式是改进 DIWO 集成调度算法性能的一种重要途径。

(2) 各改进算法均优于所对应的基本算法，说明了在 DIWO 集成调度算法中嵌入局部搜索算法的有效性。

10.6 本章小结

本章主要介绍了 IWO 并用来求解批量流流水车间调度问题。在第 9 章求解的四种批量流流水车间调度问题的基础上，加入了求解批量流流水车间集成调度方法。为了适用于 ELFSP 的特征，在编码、解码、种群初始化、生长繁殖、空间扩散、竞争排除、局部搜索、插入邻域快速评价技术这几个方面对 IWO 进行了改善。实验结果表明，改进的 IWO 可高效地求解这四种批量流流水车间调度问题。此外，在 DIWO 集成调度算法中嵌入局部搜索算法是有效的。

参考文献

Edis R S, Ornek M A, 2009. A tabu search-based heuristic for single-product lot streaming problems in flow shops [J]. International Journal of Advanced Manufacturing Technology, 43 (11-12): 1202-1213.

Mallahzadeh A R, Es'haghi S, Alipour A, 2009. Design of an e-shaped MIMO antenna using IWO algorithm for wireless application at 5.8GHz[J]. Progress In Electromagnetics Research, 90: 187-203.

Marimuthu S, Ponnambalam S G, Jawahar N, 2008. Evolutionary algorithms for scheduling m-machine flow shop with lot streaming [J]. Robotics and Computer-Integrated Manufacturing, 24(1): 125-139.

Marimuthu S, Ponnambalam S G, Jawahar N, 2009. Threshold accepting and Ant-colony optimization algorithms for scheduling m-machine flow shops with lot streaming[J]. Journal of Materials Processing Technology, 209 (2): 1026-1041.

Martin C H, 2009. A hybrid genetic algorithm/mathematical programming approach to the multi-family flowshop scheduling problem with lot streaming[J]. Omega-International Journal of Management Science, 37(1): 126-137.

Mehrabian A R, Koma A Y, 2011. A novel technique for optimal placement of piezoelectric actuators on smart structures[J]. Journal of The Franklin Institute, 348(1): 12-23.

Mehrabian A R, Koma A Y, 2007. Optimal positioning of piezoelectric actuators on a smart fin using bio-inspired algorithms[J]. Aerospace Science Technology, 11(2-3): 174-182.

Mehrabian A R, Lucas C, 2006 A. novel numerical optimization algorithm inspired from weed colonization[J]. Ecological Informatics, 1(4): 355-366.

Nawaz M, Enscore E E J R, Ham I, 1983. A heuristic algorithm for the m-machine, n-job flow shop sequencing problem[J]. Omega, 11(1): 91-95.

Pan Q K, Ruiz R, 2012. An estimation of distribution algorithm for lot-streaming flow shop problems with setup times[J]. Omega-International Journal of Management Science, 40(2): 166-180.

Pan Q K, Wang L, Qian B, 2009. A novel differential evolution algorithm for bi-criteria no-wait flow shop scheduling problems[J]. Computers and Operations Research, 36(8): 2498-2511.

Rad H S, Lucas C, 2007. A recommender system based on invasive weed optimization algorithm[C]. IEEE Congress on Evolutionary Computation: 4297-4304.

Reiter S, 1996. System for Managing Job-Shop Production[J]. Journal of Business, 39(3): 371-393.

Roy G G, Das S, Chakraborty P, et al., 2011. Design of non-uniform circular antenna arrays using a modified invasive weed optimization algorithm[J]. IEEE Transactions on Antennas and Propagation, 59(1): 110-118.

Ruiz R, Maroto C, Alcaraz J, 2005. Solving the flowshop scheduling problem with sequence dependent setup times using advanced metaheuristics[J]. European Journal of Operational Research, 165(1): 34-54.

Ruiz R, Maroto C, 2006. A genetic algorithm for hybrid flowshops with sequence dependent setup times and machine eligibility[J]. European Journal of Operational Research, 68(3): 781-800.

Ruiz R, Stutzle T, 2007. A simple and effective iterated greedy algorithm for the permutation flowshop scheduling problem[J]. European Journal of Operational Research, 177(3): 2033-2049.

Ruiz R, Stutzle T, 2008. An Iterated Greedy heuristic for the sequence dependent setup times flowshop problem with makespan and weighted tardiness objectives[J]. European Journal of Operational Research, (187): 1143-1159.

Sahraei-Ardakani M, Roshanaei M, Rahimi-Kian A, et al., 2008. A study of electricity market dynamics using invasive weed colonization optimization[C]. IEEE Symposium on Computational Intelligence and Games: 276-282.

Sarin S C, Jaiprakash P, 2007. Flow shop lot streaming problems[M]. New York: Springer-Verlag.

Tseng C T, Liao C J, 2008. A discrete particle swarm optimization for lot-streaming flowshop scheduling problem[J]. European Journal of Operational Research, 191(2): 360-373.

白俊杰，龚毅光，王宁生，2010. 多目标柔性作业车间分批优化调度[J]. 计算机集成制造系统，16(2): 396-403.

董兴业，黄厚宽，陈萍，2008. 多目标同顺序流水线作业的局部搜索算法[J]. 计算机集成制造系统，14(3)：535-542.
潘全科，赵保华，屈玉贵，2007. 一类解决无等待流水车间调度问题的蚁群算法[J]. 计算机集成制造系统，13(9)：1801-1804.
苏守宝，方杰，汪继文，等，2008. 基于入侵性杂草克隆的图像聚类方法[J]. 华南理工大学学报，36(5)：95-99.

第11章 粒子群优化算法及其在柔性作业车间调度中的应用

11.1 广义粒子群优化算法与元胞粒子群优化算法

11.1.1 广义粒子群优化算法

11.1.1.1 基本粒子群优化算法

粒子群优化(particle swarm optimization,PSO)算法是由Kennedy和Eberhart于1995年提出的(Kennedy et al.,1995),它源于对鸟群运动行为的研究。生物学家Frank Heppner建立了这样的鸟群运动模型:一群小鸟在空中漫无目的地飞行,当群体中的一只小鸟发现栖息地时,它会飞向这个栖息地,同时也会将它周围的小鸟吸引过来,而它周围的这些鸟也将影响群体中其他的小鸟,最终将整个鸟群引向这个栖息地。Kennedy和Eberhart从这个模型中得到启发,将模型中的栖息地类比为所求问题解空间中可能解的位置,群体中的小鸟被抽象为一个个没有质量和形状的粒子,通过这些粒子之间的相互协作和信息共享,引导整个粒子群向可能解的方向移动,从而在复杂的解空间中寻找最优的解。

粒子群优化算法是一种基于种群的智能优优方法,系统初始化为一组随机解,称之为粒子。每个粒子都有一个由被优化的函数决定的适应值,每个粒子通过一个速度来决定它们飞翔的方向和距离。在每一次迭代中,粒子通过跟踪两个极值来更新自己,第一个极值是粒子自身所找到的最优解,称为个体极值;另一个极值是整个种群目前找到的最优解,称为全局极值。粒子群优化算法的基本概念定义如下。

定义1:粒子

类似于遗传算法中的染色体,PSO中粒子为基本的组成单位,代表解空间的一个候选解。设解向量为d维变量,则当算法迭代次数为t时,第i个粒子$\boldsymbol{x}_i(t)$可表示为$\boldsymbol{x}_i(t)=[x_{i1}(t),x_{i2}(t),\cdots,x_{id}(t)]$。其中$x_{ik}(t)$表示第$i$个粒子

在第 d 维解空间中的位置。

定义 2：种群

种群由 n 个粒子组成,代表 n 个候选解。经过 t 次迭代产生的种群表示为 $\text{pop}(t)=[\boldsymbol{x}_1(t),\boldsymbol{x}_2(t),\cdots,\boldsymbol{x}_i(t),\cdots,\boldsymbol{x}_n(t)]$,其中 $\boldsymbol{x}_i(t)$ 为种群中的第 i 个粒子。

定义 3：粒子速度

粒子速度表示为 $\boldsymbol{v}_i(t)=[v_{i1}(t),v_{i2}(t),\cdots,v_{id}(t)]$,代表粒子在单次迭代中位置的变化。其中,$v_{ik}(t)$ 为第 i 个粒子在 d 维空间中第 k 个方向上的速度值。

定义 4：适应值

适应值由优化目标决定,用于评价粒子的搜索性能,指导整个种群的搜索。算法迭代停止时适应值最优的解变量即为优化搜索的最优解。

定义 5：个体极值

个体极值 $\boldsymbol{p}_i=(p_{i1},p_{i2},\cdots,p_{id})$ 表示第 i 个粒子从搜索开始到当前迭代时找到的适应值最优的解。

定义 6：全局极值

全局极值 $\boldsymbol{g}=(\boldsymbol{g}_1,\boldsymbol{g}_2,\cdots,\boldsymbol{g}_d)$ 是整个种群从搜索开始到当前迭代时找到的适应值最优的解。

在每一次迭代中,粒子通过个体极值与全局极值更新自身的速度和位置,迭代公式如下：

$$\boldsymbol{v}_i = \boldsymbol{v}_i + c_1 \times \text{rand}() \times (\boldsymbol{p}_i - \boldsymbol{x}_i) + c_2 \times \text{Rand}() \times (\boldsymbol{p}_g - \boldsymbol{x}_i), \quad (11\text{-}1)$$

$$\boldsymbol{x}_i = \boldsymbol{x}_i + \boldsymbol{v}_i。 \quad (11\text{-}2)$$

其中,rand()和 Rand()是在[0,1]上服从均匀分布的随机数,c_1 和 c_2 是学习因子(Shi,Eberhart,1998),通常 $c_1=c_2=2$。粒子在每一维飞行的速度不能超过算法设定的最大速度值 $v_{\max}$,设置较大的 $v_{\max}$ 可以保证粒子种群的全局搜索能力,$v_{\max}$ 较小则粒子种群的局部搜索能力加强。

11.1.1.2　粒子群优化机理分析

传统的 PSO 算法适合于处理连续优化问题,它在离散以及复杂组合优化问题上的应用有限。Parsopoulos 等以标准函数为例测试粒子群优化算法解决整数规划问题的能力(Parsopoulos et al.,2002)。Salman 等将任务分配问题抽象为整数规划模型并提出基于粒子群优化的解决方法(Salman et al.,2002)。两者对迭代产生的连续解均进行舍尾取整后评价其质量,但是 PSO 算法生成的连续解与整数规划问题的目标函数之间存在多对一的映射,以整型变量表示的目标函数不能准确反映算法中连续解的质量,而由此导致的冗余解空间与相应的冗余搜索降低了算法的收敛效率。Kennedy 提出二进制 PSO 算法

(Kennedy et al.,1997),通过优化可连续变化的二进制概率达到间接优化二进制变量的目的。但是该间接优化策略根据概率而非算法本身确定二进制变量,未能充分利用粒子群优化算法的性能。已有学者利用PSO算法来解决旅行商问题(黄岚 等,2003)和单机调度问题(Tasgetiren et al.,2004),但所采用的方法都是先通过映射技术把离散问题转化为连续问题,然后再利用PSO算法对连续问题进行优化。从本质上讲PSO算法还是在处理连续问题,并没有实质性的突破。综合相关文献可知,粒子群优化算法如何推广到离散及组合优化领域,已成为限制其发展的瓶颈问题。

传统的PSO算法局限于速度-位移更新模型,不能有效地拓展到离散及组合优化领域。速度-位移模型中粒子采用实数编码,其位置和速度的每一维都代表独立的变量,迭代过程中并不能反映出这些变量之间的顺序或者其他约束关系。该模型的本质为粒子所代表的解在连续空间内跟随个体以及邻域极值以矢量运算的形式进行更新,因此并不适合处理作业车间调度之类的复杂组合优化问题。算法应用于整数规划问题时仅通过简单的截断法将连续解映射到离散空间,处理单机调度问题时则是通过一种启发式规则将连续解转换为工序的排列(Carey et al.,1976)。

公式(11-1)和公式(11-2)代表单次迭代中粒子的更新,为传统算法的核心实现方案,体现了粒子群优化机理。本章以速度-位移更新模型为基础,分析传统PSO算法的优化机理,并在此基础上提出了广义粒子群优化算法模型。

根据速度-位移迭代公式,粒子的更新按照以下步骤进行:

步骤1:粒子从其个体极值获取部分信息。

公式(11-1)中$c_1 \times \text{rand}() \times (p_i d - x_i d)$代表粒子从个体极值获得更新信息,其中$c_1 \times \text{rand}()$表示粒子从个体极值$\boldsymbol{p}_i$的信息继承度。

步骤2:粒子从种群中获取部分信息。

公式(11-1)中$c_2 \times \text{Rand}() \times (p_g d - x_i d)$代表粒子从全局极值中获得更新信息,其中$c_2 \times \text{Rand}()$代表粒子从全局极值$\boldsymbol{p}_g$的信息继承度。需要指出的是,粒子根据全局极值来更新只是其从种群中获取信息的一种具体形式。

步骤3:粒子进行局部或随机搜索。

粒子从个体与全局极值获得更新信息之后,进行自身的更新操作$w \times \boldsymbol{v}_i d$,其中$\boldsymbol{v}_i$在初始化阶段的随机性使得粒子具有在解空间的全局搜索能力,惯性权重w具有平衡算法全局搜索和局部搜索的能力,较大的w可以加强PSO算法的全局搜索能力,而较小的w则能加强其局部搜索。

由以上分析可知,粒子群优化的本质为粒子从其个体极值以及种群中获得更新信息,并在此基础上进行自身的局部或随机搜索。速度-位移更新模型仅为符合此优化机理的具体实现之一，而这种更新方法本质上更适合于连续优化问题的求解。传统的 PSO 算法采用速度-位移更新模型，该模型本身的局限性限制了 PSO 算法在离散以及组合优化问题上的应用。

11.1.1.3　广义粒子群优化模型

基于以上对传统 PSO 算法核心优化机理的分析，忽略粒子的具体更新策略，可以总结出广义粒子群优化模型，其基本流程如图 11-1 所示。

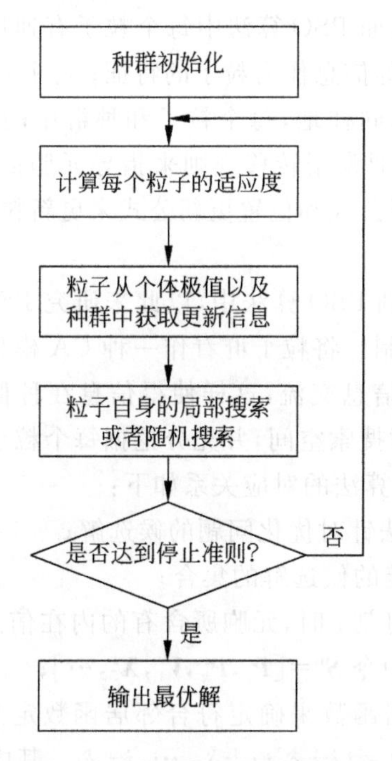

图 11-1　广义粒子群优化模型

模型中粒子的更新仅为抽象概念，基于该模型的算法需要设计具体的更新算子。粒子可以通过多种形式从其个体极值以及种群中获取更新信息。以遗传操作为例，粒子可通过与个体极值及全局极值的交叉来获取更新信息，而变异操作则可以作为粒子的随机搜索策略。粒子的局部搜索也可以采用禁忌搜索、模拟退火等多种形式来实现。那么对于离散以及组合优化问题，可以选择更加适合问题本身的方式来实现粒子群优化机理。

11.1.2　元胞粒子群优化算法

元胞自动机(cellular automata,CA)，是一种时间和空间都离散的动力学模型(Wolfram,1986)。散布在规则格网中的每个元胞取有限的离散状态，在离散的时间维上依据确定的局部规则作同步更新。大量元胞通过简单的相互作用,构成了动态系统的演化,模拟复杂的宏观现象(Wolfram,1994)。

CA 和 PSO 算法来源于不同的领域,所以它们存在本质的区别。CA 是一种进行复杂计算的离散计算模型,而 PSO 算法是应用于优化领域的一种优化工具。然而,比较 CA 模型和 PSO 算法,可以发现它们有很多相似的特征。首先,它们都是由很多个体的集合组成,CA 中的个体叫做元胞,PSO 算法中的个体叫做粒子;每个个体都有区别于其他个体的内在特征,元胞自动机中每个元胞都有自身的元胞状态,而 PSO 算法中每个粒子有速度、位置、适应度、个体最优位置和全局最优位置等信息作为粒子的特征;每个元胞通过与其邻居的信息交流来改变其当前状态,同样地,每个粒子和种群中的其他粒子交流来更新它的内在特征;在 CA 中,通常用转移规则来指导元胞的演化更新,而在 PSO 算法中,粒子根据速度更新公式和位置更新公式来更新粒子;另外,它们都是在离散的时间维里运行。

将 CA 的思想应用到 PSO 算法中,以此来研究 PSO 算法中种群的交流结构和信息传递与继承机制。将粒子群看作一种 CA 模型,每个粒子只与通过邻域函数确定的邻居进行信息交流,这样使得信息在种群中的传播较慢,有助于保持种群的多样性,探索搜索空间,并充分挖掘每个粒子的局部信息。

应用 CA 研究 PSO 算法的对应关系如下:

(1) 元胞:PSO 算法针对优化问题的候选解;

(2) 元胞空间:选定的候选解的集合;

(3) 元胞状态:在时刻 t 时,元胞所含有的内在信息,如第 i 个元胞的信息 $\boldsymbol{P}_i$,$\boldsymbol{P}_g$ 和 $\boldsymbol{X}_i$ 等,在本章中令 $\boldsymbol{S}_i^t=[\boldsymbol{P}_i^t,\boldsymbol{P}_g^t,\boldsymbol{V}_i^t,\boldsymbol{X}_i^t,\cdots]$;

(4) 邻居:根据邻居函数来确定符合邻居函数定义的粒子的集合,第 i 个元胞的邻居表示为 $N(i)=\{i+\delta_1,i+\delta_2,\cdots,i+\delta_l\}$,其中 l 表示邻居的数目;

(5) 转移规则:$\boldsymbol{S}_i^{t+1}=f(\boldsymbol{S}_i^t\cup\boldsymbol{S}_{N(i)}^t)=f(\boldsymbol{S}_i^t,\boldsymbol{S}_{i+\delta_1}^t,\boldsymbol{S}_{i+\delta_2}^t,\cdots,\boldsymbol{S}_{i+\delta_l}^t)$;

(6) 离散时间 t:PSO 算法中的迭代次数。

根据以上定义,Shi 等人(2011)提出了元胞粒子群优化(cellular particle swarm optimization,CPSO)算法,算法的总体框架如图 11-2 所示。

该框架具有初始化、应用 CA 机制和应用粒子群优化机制三个主要部分。其中“应用 CA 机制”即应用 CA 的概念和特点确定元胞的状态表示,构造信息交流结构,确定信息传递机制;“应用粒子群优化机制”即 PSO 算法中的速度更新和位置更新。该框架具有很好的普遍性,可以用于解释很多改进的 PSO 版本的机制。

元胞粒子群优化算法的总体框架

```
    初始化种群规模和PSO算法中的参数
    初始化种群中各粒子的位置和速度
    Loop
        识别每个粒子的状态
        应用CA机制
        进行速度更新
        进行位置更新
        如果条件符合，跳出循环
    End loop
```

图 11-2　元胞粒子群优化算法的总体框架

在该框架下，本章提出了两个版本的 CPSO，即内元胞粒子群优化算法(CPSO-inner)和外元胞粒子群优化算法(CPSO-outer)。

11.1.2.1　内元胞粒子群优化算法(CPSO-inner)

在 CPSO-inner 中，定义 PSO 算法中每一代种群中的粒子为元胞，元胞的个数即为种群的大小。粒子之间交流和继承的信息来自于种群内部的其他粒子。CPSO-inner 分别采用正方形、三角形和六边形的网格结构来构造元胞空间，元胞邻居的结构如图 11-3 所示，黑色圆点代表元胞(粒子)，浅灰色的网格代表该元胞的邻居，深灰色的网格代表两个元胞之间共有的邻居部分，共有的邻居是两个粒子进行信息交流的途径。根据种群的大小，创建相同数目的网格来"装载"粒子。在初始化阶段，粒子随机产生，然后每一个粒子被随机无重复地安排到网格中。在整个迭代过程中，粒子保持在网格结构中的相对位置不变。

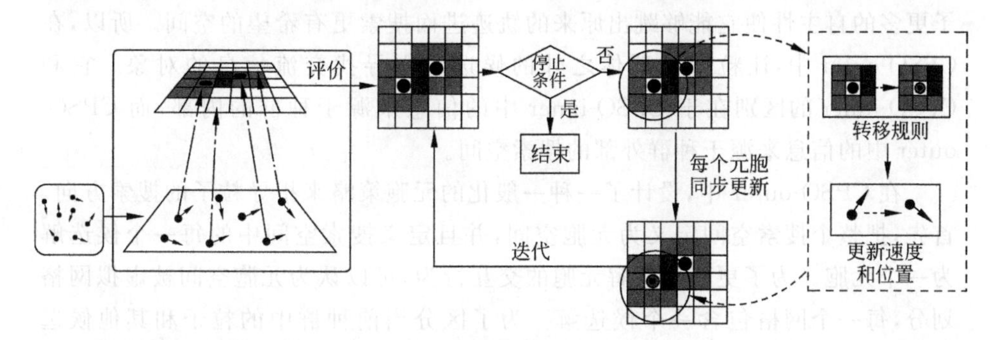

图 11-3　CPSO-inner 的流程图

在 CPSO-inner 中，粒子的两方面的信息(粒子的个体最优位置 $\boldsymbol{P}_i^t$)和邻居最优位置 $\boldsymbol{P}_n^t$ 被定义为元胞状态，即 $\boldsymbol{S}_i^t=[\boldsymbol{P}_i^t,\boldsymbol{P}_n^t]$，这两种信息分别由 $\boldsymbol{S}_i^t(\boldsymbol{P}_i)$ 和 $\boldsymbol{S}_i^t(\boldsymbol{P}_n)$ 表示。转移规则如公式(11-3)所示：

$$\begin{aligned} \boldsymbol{S}_i^{t+1}(\boldsymbol{P}_n) &= f(\boldsymbol{S}_i^t(\boldsymbol{P}_i), \boldsymbol{S}_{i+\delta_1}^t(\boldsymbol{P}_{i+\delta_1}), \boldsymbol{S}_{i+\delta_2}^t(\boldsymbol{P}_{i+\delta_2}), \cdots, \boldsymbol{S}_{i+\delta_l}^t(\boldsymbol{P}_{i+\delta_l})) \\ &= \min(\text{fitness}(\boldsymbol{S}_i^t(\boldsymbol{P}_i)), \text{fitness}(\boldsymbol{S}_{i+\delta_1}^t(\boldsymbol{P}_{i+\delta_1})), \text{fitness}(\boldsymbol{S}_{i+\delta_2}^t(\boldsymbol{P}_{i+\delta_2})), \cdots, \\ &\quad \text{fitness}(\boldsymbol{S}_{i+\delta_l}^t(\boldsymbol{P}_{i+\delta_l})))。 \end{aligned} \tag{11-3}$$

CPSO-inner 是一种 lbest 模型，公式(11-3)表示每个元胞通过识别其邻居的个体最优位置来更新它的邻居最优位置。为了更好地平衡全局搜索和局部搜索，速度更新时采用线性递减的惯性权重，如公式(11-4)：

$$\boldsymbol{V}_i^{t+1} = \omega^t \boldsymbol{V}_i^t + c_1 r_1 (\boldsymbol{S}_i^t(\boldsymbol{P}_i) - \boldsymbol{X}_i^t) + c_2 r_2 (\boldsymbol{S}_i^t(\boldsymbol{P}_n) - \boldsymbol{X}_i^t)。 \tag{11-4}$$

其中，$\omega^t = \omega_{\max} - \frac{\omega_{\max} - \omega_{\min}}{T} \times t$，$T$ 是最大迭代次数。图 11-3 形象地描述了 CPSO-inner 的流程。

CPSO-inner 的伪代码如图 11-4 所示。不同的网格结构代表种群的不同拓扑结构，可以实现不同的信息交互方式。总体来说，对于 PSO 算法种群邻居拓扑结构的研究都可以归为 CPSO 总体框架下的不同版本，因为这方面的研究都是关注于粒子个体之间的交流，多个粒子的集合如何影响单个粒子，以及粒子如何影响种群系统。所以，在 CPSO 总体框架下，研究元胞的邻居构成方式，可以设计出不同的 CPSO 版本。

11.1.2.2 外元胞粒子群优化算法(CPSO-outer)

当粒子在搜索空间中运动，它会受到个体最优位置和全局最优位置的影响，这两方面的外力使它发生振荡。并且每个粒子只是沿着它上一步的轨迹，按照衰减的正弦波的轨迹运动。为了提高 PSO 算法的搜索能力，粒子应当赋予更多的自主性使它能够跳出原来的轨迹进而搜索更有希望的空间。所以，在 CPSO-outer 中，让粒子在群体之外的候选解中寻找交流信息的对象。它和 CPSO-inner 的区别在于 CPSO-inner 中的信息来源于种群的内部，而 CPSO-outer 中的信息来源于种群外部的搜索空间。

在 CPSO-outer 中，设计了一种一般化的元胞策略来指导粒子的搜索方向。首先，把整个搜索空间定义为元胞空间，并且定义搜索空间中的每一个候选解为一个元胞。为了更好地理解元胞的交互行为，可以认为元胞空间被虚拟网格划分，每一个网格包含一个候选解。为了区分当前种群中的粒子和其他候选解，本章定义了“智能元胞”(smart-cell)来指导搜索行为。智能元胞表示当前种群中的粒子。非智能元胞是在搜索空间中没有被任何粒子所采样的候选解。每个智能元胞可以通过一个邻居函数智能地构建它的邻居。这样，粒子的运动轨迹不但受到其个体最优位置和全局最优位置的影响，还会受到种群外的信息的影响。

CPSO-inner

1: 选择网格结构(正方形, 三角形或六边形);

2: 种群规模=网格结构中网格的数目;

3: //初始化:

4: **for** i=1 **to** 种群大小**do**

5: 在($\boldsymbol{X}_{\min}, \boldsymbol{X}_{\max}$) 范围内随机初始化$\boldsymbol{X}_i$;

6: 在($\boldsymbol{V}_{\min}, \boldsymbol{V}_{\max}$) 范围内随机初始化$\boldsymbol{V}_i$;

7: $\boldsymbol{P}_i = \boldsymbol{X}_i$;

8: **end for**

9: 评价每个粒子;

10: 识别每个粒子的状态$\boldsymbol{S}_i$;

11: //循环:

12: **While** (停止准则不满足 & 迭代次数小于最大迭代次数) **do**

13: **for** i=1 **to** 种群大小 **do**

14: $\boldsymbol{V}_i^{t+1} = \omega^t \boldsymbol{V}_i^t + c_1 r_1 (\boldsymbol{S}_i^t(\boldsymbol{P}_i) - \boldsymbol{X}_i^t) + c_2 r_2 (\boldsymbol{S}_i^t(\boldsymbol{P}_n) - \boldsymbol{X}_i^t)$,

15: $\boldsymbol{X}_i^{t+1} = \boldsymbol{X}_i^t + \boldsymbol{V}_i^{t+1}$

16: $\boldsymbol{S}_i^{t+1}(\boldsymbol{P}_i) = \boldsymbol{S}_i^t(\boldsymbol{P}_i)$

17: $\boldsymbol{S}_i^{t+1}(\boldsymbol{P}_n) = \boldsymbol{S}_i^t(\boldsymbol{P}_n)$

18: 评价 fitness($\boldsymbol{X}_i^{t+1}$);

19: **if** $\text{fitness}(\boldsymbol{S}_i^{t+1}(\boldsymbol{P}_i)) < \text{fitness}(\boldsymbol{X}_i^{t+1})$ **then**

20: 更新$\boldsymbol{S}_i^{t+1}(\boldsymbol{P}_i)$;

21: **end if**

22: **for** k=1 **to** 邻居数(l) **do**

23: **if** $\text{fitness}(\boldsymbol{S}_i^{t+1}(\boldsymbol{P}_n)) < \text{fitness}(\boldsymbol{S}_{i+\delta_k}^{t+1}(\boldsymbol{P}_{i+\delta_k}))$ **then**

24: 更新$\boldsymbol{S}_i^{t+1}(\boldsymbol{P}_n)$;

25: **end if**

26: **end for**

27: **end for**

28: **end while**

图 11-4 CPSO-inner 的伪代码

CPSO-outer 的示意图如图 11-5 所示。在图 11-5 中，假设搜索空间是一个平面，所有的候选解分布在该平面上，虚拟网格把该平面划分成每个网格只包含一个候选解。其中，带有黑点标记的网格为智能元胞，也是当前种群中的所有粒子。粒子 i 的当前位置 $\boldsymbol{X}_i^t$ 定义为元胞状态，在进行 CPSO-outer 操作时，只有智能元胞参与更新过程。

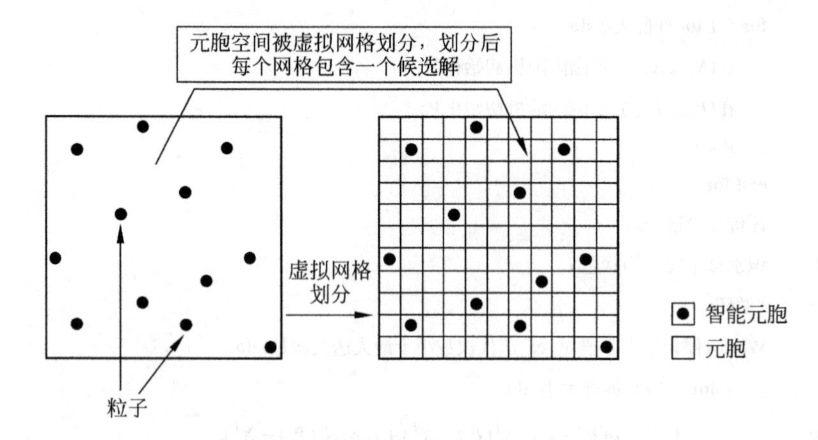

图 11-5 CPSO-outer 的示意图

CPSO-outer 中的邻居函数如公式(11-5)所示：

$$N(i)=\begin{cases}\boldsymbol{X}_i^t+\dfrac{\text{fitness}(P_g^t)}{\text{fitness}(X_i^t)}\boldsymbol{R}_3\circ\boldsymbol{V}_i^t, & \text{fitness}(\boldsymbol{X}_i^t)\neq 0,\text{fitness}(\boldsymbol{P}_g^t)\geqslant 0,\\ \boldsymbol{X}_i^t+\left|\dfrac{\text{fitness}(X_i^t)}{\text{fitness}(P_g^t)}\right|\boldsymbol{R}_3\circ\boldsymbol{V}_i^t, & \text{fitness}(\boldsymbol{X}_i^t)\neq 0,\text{fitness}(\boldsymbol{P}_g^t)<0,\\ \boldsymbol{X}_i^t+\left(\dfrac{\mathrm{e}^{\text{fitness}(\boldsymbol{P}_g^t)}}{\mathrm{e}^{\text{fitness}(\boldsymbol{X}_i^t)}}\right)^2\boldsymbol{R}_3\circ\boldsymbol{V}_i^t, & \text{fitness}(\boldsymbol{X}_i^t)=0。\end{cases}\tag{11-5}$$

其中，$\boldsymbol{R}_3$ 是由 d 个在$[-1,1]$上均匀分布的随机数组成的一个 $1\times d$ 的矩阵，“$\circ$”是哈马达积运算符。$\boldsymbol{R}_3$ 叫做方向系数，用来调整邻居的方向和距离。如图 11-6 所示，对于 $\boldsymbol{X}_i^t$ 的第 j 维$(j=1,2,\cdots,d)$，$N(i)$随机取距离 $\boldsymbol{X}_{ij}^t$ 在 $\left\|\dfrac{\text{fitness}(\boldsymbol{P}_g^t)}{\text{fitness}(\boldsymbol{X}_i^t)}\boldsymbol{R}_{3j}v_{ij}^t\right\|$，$\left\|\dfrac{\text{fitness}(\boldsymbol{X}_i^t)}{\text{fitness}(\boldsymbol{P}_g^t)}\boldsymbol{R}_{3j}v_{ij}^t\right\|$ 或 $\left\|\left(\dfrac{\mathrm{e}^{\text{fitness}(\boldsymbol{P}_g^t)}}{\mathrm{e}^{\text{fitness}(\boldsymbol{X}_i^t)}}\right)^2\boldsymbol{R}_{3j}v_{ij}^t\right\|$ 半径范围内的点，同理，$\boldsymbol{X}_i^t$ 的第 k 维也可以得到相应的邻居空间。

CPSO-outer 区别于 CPSO-inner 和很多 lbest 模型的 PSO 版本，CPSO-outer 中的粒子可以更加独立和动态地选择邻居进行交流。公式(11-5)可以简

化为 $N(i)=\boldsymbol{X}_i^t+\boldsymbol{\xi}_i^t\circ\boldsymbol{V}_i^t$，在算法搜索的初期阶段，当粒子的适应度值和全局最优位置的适应度值相差相对较大时，$\boldsymbol{\xi}_i^t$的变化范围很小，随着粒子逐渐的收敛，二者之间差距逐渐减小，此时$\boldsymbol{\xi}_i^t$会在很大的范围内变化，最后，当所有粒子都收敛到平衡点时，$\boldsymbol{\xi}_i^t$将会在[−1,1]的区间内均匀分布。

CPSO-outer 的转移规则设计如公式(11-6)和公式(11-7)所示：

$$f(\varphi)=\min(\text{fitness}(N(i)),\text{fitness}(N(i+\delta_1)),\cdots,\text{fitness}(N(i+\delta_m)),\cdots,\text{fitness}(N(i+\delta_l))),\tag{11-6}$$

其中

$$\varphi=\begin{cases}i, & f(\varphi)=\text{fitness}(N(i)),\\ i+\delta_m, & f(\varphi)=\text{fitness}(N(i+\delta_m)),\end{cases}\quad s_i^{t+1}=s_\varphi^t。\tag{11-7}$$

公式(11-6)表示由公式(11-7)产生的第 i 个粒子的 l 个邻居被评价，适应度值最好的邻居被选取替换第 i 个粒子。转移规则使得粒子能智能地跳跃，可以有效地搜索解空间中的局部信息，所以 CPSO-outer 会有更大的搜索最优解的能力。为了进一步说明，图 11-7 给出了示意图，假设解空间中两个粒子，其元胞状态分别为 $\boldsymbol{S}_i^t$ 和 $\boldsymbol{S}_j^t$。每个粒子可以产生两个邻居，其中，第 i 个元胞产生两个邻居，状态分别为 $\boldsymbol{S}_{i+\delta_1}^t$ 和 $\boldsymbol{S}_{i+\delta_2}^t$，根据转移规则，$\boldsymbol{S}_i^{t+1}=\boldsymbol{S}_{i+\delta_1}^t$，该转移规则使得粒子从一个局部最优区域跳到具有更好适应度值的另一个局部最优区域，同理可得到 $\boldsymbol{S}_j^{t+1}=\boldsymbol{S}_{j+\delta_1}^t$，第 j 个粒子从一个局部最优区域跳到了全局最优区域。

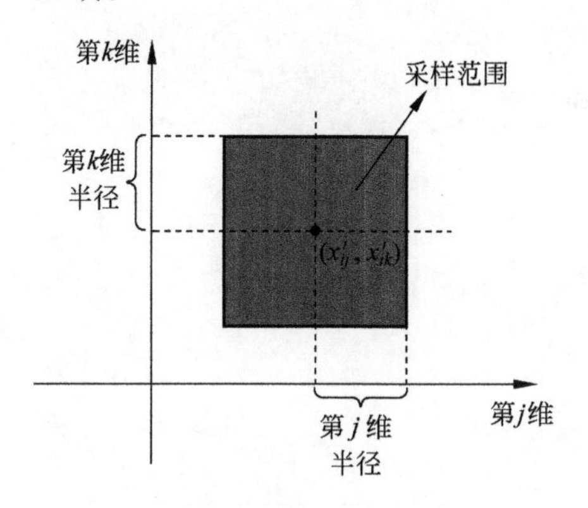

图 11-6　X_i^t 的第 j,k 维的邻居

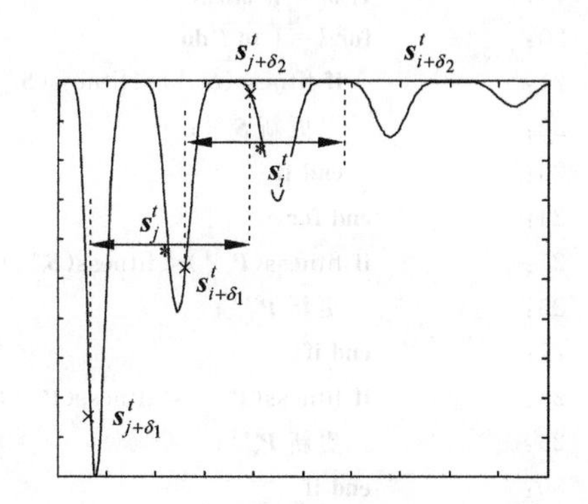

图 11-7　CPSO-outer 的转移规则示意图

多数版本会把粒子的交流信息限制于种群内部，例如，在 CLSPO 算法(Liang et al.,2006)中，粒子向自身学习或以一定的概率向其他粒子的个体最优位置学习，但是该方法增加了额外的参数需要根据经验确定；在 FIPS 算法

(Mendes et al. ,2004)中,所有的粒子参与到更新,由于搜索空间中有用的信息不是被种群中的每个粒子采样,所以该算法可能会使得优化过程中的重要优化信息弱化和丢失。另外,粒子的信息都没有从种群之外获得。

根据如上所述,CPSO-outer 的伪代码如图 11-8 所示。

CPSO-outer

1: //初始化:
2: **for** $i=1$ to 种群大小 **do**
3: 在$(\boldsymbol{X}_{\min},\boldsymbol{X}_{\max})$范围内随机初始化 $\boldsymbol{X}_i$;
4: 在$(\boldsymbol{V}_{\min},\boldsymbol{V}_{\max})$范围内随机初始化 $\boldsymbol{V}_i$;
5: $\boldsymbol{P}_i=\boldsymbol{X}_i$;
6: **end for**
7: 评价每个粒子;
8: 识别全局最优位置 $\boldsymbol{P}_g$;
9: 令每个粒子的初始化位置为每个粒子的状态;
10: //循环:
11: **While**(停止准则不满足 & 迭代次数小于最大迭代次数) **do**
12: **for** $i=1$ **to** 种群大小 **do**
13: $\boldsymbol{V}_i^{t+1}=\omega^t\boldsymbol{V}_i^t+c_1r_1(\boldsymbol{P}_i^t-\boldsymbol{S}_i^t)+c_2r_2(\boldsymbol{P}_g^t-\boldsymbol{S}_i^t)$
14: $\boldsymbol{S}_i^{t+1}=\boldsymbol{S}_i^t+\boldsymbol{V}_i^{t+1}$
15: $\boldsymbol{P}_i^{t+1}=\boldsymbol{P}_i^t$
16: $\boldsymbol{P}_g^{t+1}=\boldsymbol{P}_g^t$
17: 评价 fitness(S_i^{t+1});
18: 使用式(11-6)产生 l 个邻居;
19: 评价 l 个邻居;
20: **for** $k=1$ **to** l **do**
21: **if** fitness$(\boldsymbol{S}_i^{t+1})<$fitness$(\boldsymbol{S}_{i+\delta_k}^{t+1})$ **then**
22: 更新 $\boldsymbol{S}_i^{t+1}$;
23: **end if**
24: **end for**
25: **if** fitness$(\boldsymbol{P}_i^{t+1})<$fitness$(\boldsymbol{S}_i^{t+1})$ **then**
26: 更新 $\boldsymbol{P}_i^{t+1}$;
27: **end if**
28: **if** fitness$(\boldsymbol{P}_g^{t+1})<$fitness$(\boldsymbol{P}_i^{t+1})$ **then**
29: 更新 $\boldsymbol{P}_g^{t+1}$;
30: **end if**
31: **end for**
32: **end while**

图 11-8 CPSO-outer 的伪代码

11.2　基于 CPSO 的柔性作业车间调度方法

11.2.1　粒子的编码

由于柔性作业车间调度问题为离散的组合优化问题，所以元胞粒子群优化算法需要离散化，以适应针对该问题的优化。粒子的编码形式是算法的关键，也是有效求解 FJSP 的关键。本章采用了张国辉(2009)提出的分段的整数编码方法，该编码方法易于操作，不会产生非法解，无须修补措施，同时适用于 T-FJSP 和 P-FJSP 两种类型。在该方法中，解的编码由两部分组成，即机器选择部分和工序排序部分，如图 11-9 所示。

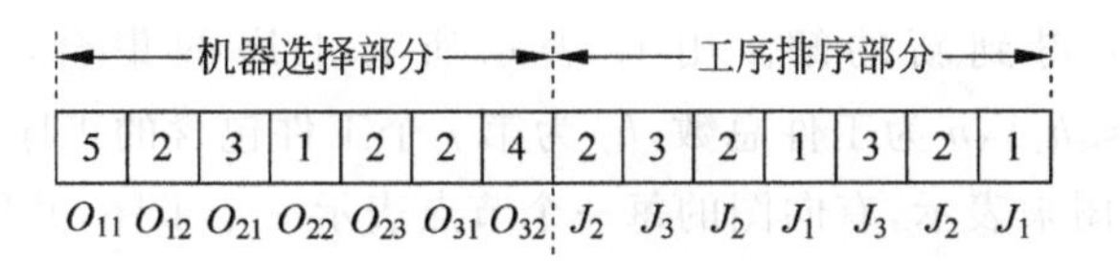

图 11-9　粒子的编码形式

在该编码形式中，机器选择部分的长度和工序排序部分的长度相等，等于所有工件的各道工序数目之和。在机器选择部分，每一位置按照工件顺序和工件的工序顺序进行排列，每一位上对应的数字表示该工序的可选加工机器集合中机器的序号(按照工件顺序排列)。例如，工序 O_{11} 的可选加工机器集合为$\{M_1, M_2, M_3, M_4, M_5\}$，该编码位置上的 5 表示选择第五台可选机器加工，即 M_5；工序的 O_{12} 的可选加工机器集合为$\{M_2, M_4\}$，则该编码位置上对应的 2 表示选择第二台可选机器加工，即 M_4；工序的 O_{21} 的可选加工机器集合为$\{M_1, M_3, M_5\}$，则该编码位置上对应的 3 表示选择第三台可选机器加工，即 M_5。工序排序部分的每一位用工件序号直接编码，工件号出现的顺序表示工件包含的工序之间的先后顺序，如图 11-9 中的工序排序顺序为 $O_{21}—O_{31}—O_{22}—O_{11}—O_{32}—O_{23}—O_{12}$。

11.2.2　粒子速度和位置的更新操作

传统的粒子群优化算法以及元胞粒子群优化算法适用于连续问题的优化。在求解 FJSP 时，应针对 FJSP 的特点，需要设计离散化的元胞粒子群优化算法。从第 2 章和第 3 章可以看到，CPSO-outer 具有很好的优化效果，本节应用 CPSO-outer 的思想，针对 FJSP，设计了算法的求解模型。

将粒子的速度更新由当前速度与其个体最优值及全局最优值进行交叉运算，粒子的位置更新由粒子的当前位置和更新的速度交叉得到。则速度更新和位置更新可表示如下：

$$\boldsymbol{V}_i^{t+1} = \boldsymbol{V}_i^t \otimes \boldsymbol{P}_i^t \otimes \boldsymbol{P}_g^t, \tag{11-8}$$

$$\boldsymbol{X}_i^{t+1} = \boldsymbol{X}_i^t \otimes \boldsymbol{V}_i^{t+1}。 \tag{11-9}$$

其中$\otimes$表示遗传算法中的交叉操作，在本章中，粒子的机器选择部分选择均匀交叉(Davis，1991)，工序排序部分选择 POX 交叉(Kacem，2003)。由公式可以看出，与传统粒子群优化算法相同，该离散算法中粒子也是追随个体最优值和全局最优值运动。

11.2.3 粒子的邻域结构与局部搜索

本章引入文献(Mastrolilli et al.，2000)提出的邻域函数，构造每个粒子的邻域结构。通过移动每个粒子的调度方案中关键路径上的一个工序在机器链表中的位置来得到新的解。用 O 表示所有工序的集合，$O=\{O_{jh} \mid j=1,\cdots,n;\ 1\leqslant h\leqslant h_j\}$，$n$ 为工件总数，h_j 为第 j 个工件包含的工序总数。FJSP 的解可以用有向图来表示，有向图的每一个节点表示一个工序，并用两个虚节点 0(源)和 $*$(汇)表示有向图的开始和结束。每个节点有一个权重，对应于相应工序的加工时间，$p_0=p_*=0$。工序之间的先后约束关系通过有向弧表示，对于一对节点$(O_{jh},O_{j(h+1)})$，其中 $j=1,2,\cdots,n$ 并且 $1\leqslant h\leqslant h_j-1$，都有一个有向弧$(O_{jh},O_{j(h+1)})$与之对应。如果两个工序 u 和 v 在同一台机器上加工，并且 u 在 v 之前加工，则会有一个机器有向弧(u,v)与之对应。令有向图由 $G(V,A')$表示，其中 $V=O\cup\{0,*\}$，A'包含所有的机器有向弧、优先约束有向弧及两个虚拟弧$(0,v)$和$(v,*)$。每一个有向弧$(u,v)\in A'$用来表示工序加工的约束关系 $s_v\geqslant s_u+p_{i,u}$。节点 i 与节点 j 之间的最长路径用 $l(i,j)$表示，则一个粒子对应的完工时间是从源节点 0 到汇节点 $*$ 的距离 $l(0,*)$，这条路径称为关键路径。则该邻域结构是通过工序节点 v 在关键路径上的如下操作得到：

步骤 1：删除节点 v 与同一台机器上其他节点的弧连接，设置节点 v 的权值为 0；

步骤 2：从 v 的可选加工机器集合中选择一台机器 i，将 v 分配给机器 i，并且选择合适的插入位置，设置节点 v 的权值为 $p_{i,v}$。

建立邻域结构后，需要产生粒子的邻居，与连续问题产生邻居方法不同，离散问题的邻居产生较为复杂。本章引入禁忌搜索(Glover，1986)来产生邻居并确定粒子的转移规则。禁忌搜索的基本过程是从一个初始可行解 s 开始，根据设定好的邻域 $N(s)$，从中找到一个与 s 相邻的可行解 s^*，从 s 移动到 s^*，接下来从 s^* 按照同样的方式搜索。禁忌表的长度设置为 L，禁忌长度是在不考虑特赦准则情况下禁忌对象在禁忌表中的任期，则禁忌表中记录解最近进行的 L 次移动。(v_i)表示禁忌的元素，其中 v 是移动的工序，i 是在 v 移动前加工的机器。本章中禁忌表的长度 L 等于关键路径的工序数目与加工工序 v 的可选机器数目的和。

在该算法中，元胞状态为粒子的位置 $\boldsymbol{X}_i^t$，则邻居函数记为

$$N(i) = \text{tabusearch}(\boldsymbol{X}_i^t)。 \tag{11-10}$$

在搜索过程中，粒子的速度更新和位置更新可以在搜索空间进行广度探索，然后对于每个粒子，从邻居函数中应用禁忌搜索来进行局部挖掘。本章已入自适应调整禁忌搜索强度的禁忌步长：

$$\text{TabuStep}(i) = (\text{initTabuStep} + (\text{fitness}(\boldsymbol{X}_i^t) - \text{fitness}(\boldsymbol{P}_g^t)))。 \tag{11-11}$$

其中 initTabuStep 是初始步长，公式(11-11)使得粒子根据自身适应度和全局最好适应度的差值自适应调整禁忌步长，从而调整禁忌搜索的强度。

CPSO 算法中局部搜索的步骤为：

步骤 1：设置初始步长 initTabuStep，令 IterNum$=0$，$T=\varnothing$，$s=s^*$，$\text{fitness}_{\max}=\text{fitness}(s^*)$，$\text{TabuStep}(i)=(\text{initTabuStep}+(\text{fitness}(\boldsymbol{X}_i^t)-\text{fitness}(\boldsymbol{P}_g^t)))$；

步骤 2：得到邻居集合 $V(s)$，IterNum$=$IterNum$+1$；

步骤 3：通过邻域结构找到当前最好解 s^*，更新禁忌表 T'；

步骤 4：如果 $\text{fitness}(s^*)<\text{fitness}_{\max}$，则设置 $\text{fitness}_{\max}=\text{fitness}(s^*)$，$s^*=s$；

步骤 5：如果 IterNum$<$TabuStep(i)，转步骤 2；否则停止迭代，返回新解 s^*。

11.2.4　CPSO 算法求解 FJSP 的流程

步骤 1：初始化种群规模 N，迭代次数 T，禁忌搜索步长 initTabuStep，并随机初始化种群。

步骤 2：评价种群中粒子的适应值，确定个体极值和全局极值，按照公式(11-10)～公式(11-11)进行粒子更新。

步骤 3：以当前种群中的每一个粒子作为初始解在邻域结构中进行局部搜索，用局部搜索得到解更新粒子。

步骤 4：返回步骤 2。

11.2.5　实验结果分析

本实验中，取种群规模 $N=200$，CPSO 算法最大迭代次数 $T=300$，禁忌搜索步长 iniTabuStep$=300$。本章采用 Dauzere-Pere 等(1997)的测试问题进行测试。对于每组数据，程序独立运行 10 次。表 11-1 给出了 CPSO 算法和其他一些算法的比较结果。在该表的第一栏中，LB 表示最优解的下界，D&P 表示由 Dauzere-Peres 和 Paulli 得到的最优结果，Kacem 表示由 Kacem 等(2003)得

到的最优结果，SA 表示 Najid 等(2002)得到的最优解，Gao 表示由 Gao 等(2008)求解的结果。C^* 表示 CPSO 算法在迭代中找到的最优值，Average 表示运行的平均结果。另外，本章利用相对偏差 dev$=100\times(C_{\text{comp}}-C_{\max}^*)/C_{\text{comp}}$ 与其他文献中最好的结果进行比较，其中 C_{comp} 表示本章比较的所有文献中对应问题的最好解。

表 11-1　CPSO 算法求解 FJSP 的比较结果

问题	LB	SA	D&P	Kacem	Gao	CPSO		
						C^*	Average	dev
01a	2505	2576	2530	2650	*2518	*2518	2539	0
02a	2228	2259	2244	2323	2231	***2230**	2243.2	0.04%
03a	2228	2241	2235	2287	*2229	2230	2233	−0.04%
04a	2503	2555	2565	2646	2515	*2510	2514.6	0.20%
05a	2189	2258	2229	2353	*2217	*2217	2221	0
06a	2162	2222	2216	2260	*2196	2200	2211	−0.18%
07a	2180	2396	2408	2543	2307	*2306	2316	0.04%
08a	2061	2083	2093	2183	2073	*2069	2073	0.19%
09a	2061	2098	2074	2118	*2066	*2066	2068	0
10a	2198	2397	2362	2465	2315	*2300	2311.4	0.65%
11a	2010	2092	2078	2124	2071	*2067	2071	0.19%
12a	1969	2077	2047	2120	*2030	2034	2040	−0.20%
13a	2161	2343	2302	2492	*2257	2259	2268	−0.09%
14a	2161	2188	2183	2319	*2167	2169	2173	−0.09%
15a	2161	2179	2171	2259	*2165	2166	2169	−0.05%
16a	2148	2349	2301	2608	*2256	2267	2274.6	−0.49%
17a	2088	2170	2168	2296	*2140	*2140	2147	0%
18a	2055	2159	2139	2238	*2127	2137	2144	−0.47%

从表 11-1 中可以看出，与 SA，D&P 和 Kacem 的结果相比，在 18 个问题中全部优于这三种方法；而与 Gao 的结果比较，其中有 4 个结果相同，6 个结果优于该方法，并且每个问题的相对偏差都小于 1%，其中，对于 02a 问题，本章提出的方法求到了更好的解。所以，CPSO 算法是求解 FJSP 的非常有效的方法。

11.3　本章小结

本章首先介绍了基本 PSO 算法，将 CA 的思想引入到了 PSO 算法中，探索了 PSO 算法中种群的交流结构和信息传递与继承机制，从而提出了两个版本的 CPSO，即 CPSO-inner 和 CPSO-outer。接着，针对 FJSP，应用 CPSO-outer 的思想，采用分段的整数编码方法；速度更新为粒子当前速度与其个体最优值及全局最优值进行交叉运算，位置更新为粒子的当前位置和更新的速度的交叉；同时还引入了每个粒子关键路径上的邻域结构，和自适应调整禁忌搜索强度的禁忌步长的禁忌搜索来产生邻居并确定粒子的转移规则。最后，用具体实例证明了 CPSO 算法在求解 FJSP 时的可行性和有效性。

参考文献

Carey M R, Johnson D S, Sethi R, 1976. The Complexity of flowshop and job-shop scheduling [J]. Mathematics of Operations Research, 1(2): 117-129.

Dauzere-Peres S, Paulli J, 1997. An integrated approach for modeling and solving the general multiprocessor job-shop scheduling problem using tabu search[J]. Annals of Operations Research, 70(0): 281-306.

Davis L, 1991. Handbook of genetic algorithm[M]. New York: Van Nostrand Reinhold.

Eberhat R, Kennedy J, 1995. A new optimizer using particle swarm theory[C]. Proceedings of the Sixth International Symposium on Micro Machine and Human Science: 39-43.

Gao J, Sun L, Gen M, 2008. A hybrid genetic and variable neighborhood descent algorithm for flexible job shop scheduling problems[J]. Computers & Operations Research, 35(9): 2892-2907.

Glover F, 1986. Future paths for integer programming and links to artificial intelligence[J]. Computer & Operations Research, 13(5): 533-549.

Kacem I, 2003. Genetic algorithm for the flexible job shop scheduling problem[C]. IEEE International Conference on Systems, Man and Cybernetics, 4: 3464-3469.

Kennedy J, Eberhart R, 1995. Particle Swarm Optimization [C]. Proceedings of IEEE International Conference on Neural Networks: 1942-1948.

Kennedy J, Eberhart R, 1997. A discrete binary version of the particle swarm algorithm[C]. Proceedings of the International Conference on Systems, Man and Cybernetics: 4104-4108.

Liang J J, Qin A K, Suganthan P N, et al., 2006. Comprehensive learning particle swarm optimizer for global optimization of multimodal functions[J]. IEEE Transactions on Evolutionary Computation, 10(3): 281-295.

Mastrolilli M, Gambardella L M, 2000. Effective neighborhood functions for the flexible job shop problem[J]. Journal of Scheduling, 3(1): 3-20.

Mendes R, Kennedy J, Neves J, 2004. The fully informed particle swarm: Simpler, maybe better[J]. IEEE Transactions on Evolutionary Computation, 8(3): 204-210.

Najid N M, Dauzere-Peres S, Zaidat A, 2002. A modified simulated annealing method for Flexible Job Shop Scheduling Problem[C]. Proceedings of the 2002 International Conference on Systems, Man and Cybernetics: 6-12.

Parsopoulos K E, Vrahatis M N, 2002. Recent approaches to global optimization problems through Particle Swarm Optimization[J]. Natural Computing, 12(1): 235-306.

Salman A, Ahmad I, AI-Madani S, 2002. Particle swarm optimization for task assignment problem[J]. Microprocessors and Microsystems, 26(8): 363-371.

Shi Y, Eberhart R, 1998. Parameter selection in particle swarm optimization[C]. Proceedings of the 7th International Conference on Evolutionary Programming VII: 591-600.

Shi Y, Liu H C, Gao L, et al., 2011. Cellular particle swarm optimization[J]. Information Sciences, 181(20): 4460-4493.

Tasgetiren M F, Sevkli M, Liang Y C, 2004. Particle swarm optimization algorithm for single machine total weighted tardiness problem [C]. Proceedings of the Congress on Evolutionary Computation: 1412-1419.

Wolfram S, 1986. Theory and applications of cellular automata [M]. Singapore: World Scientific Publishing Company.

Wolfram S, 1994. Cellular automata and complexity [M]. New Jersey: Addison-Wesley Publishing Company.

Zribi N, Imed Kacem I, Kamel A E, et al, 2007. Assignment and Scheduling in Flexible Job-Shops by Hierarchical Optimization [J]. IEEE Transactions on Systems, Man, and Cybernetics—Part C: Applications and Reviews, 37(4): 652-661.

黄岚,王康平,周春光,等,2003.粒子群优化算法求解旅行商问题[J].吉林大学学报,41(4): 477-480.

张国辉,2009.柔性作业车间调度问题方法研究[D].武汉:华中科技大学.

第12章　基因表达式编程及其在车间动态调度中的应用

12.1　基因表达式编程的基本原理

12.1.1　基因表达式编程

基因表达式编程(gene expression programming,GEP)是Ferreira(2001)在GA和GP基础上提出的一种新的进化算法,与GA和GP一样是以"优胜劣汰、适者生存"为基本原则、人工模拟自然界生物进化过程求解问题的优化技术。GEP成功地综合了GA和GP的优点,克服了两者的缺陷,在解决复杂问题的时候显现出强大的解决问题能力和广大的发展空间。自2001年GEP提出以来,国内外迅速掀起了对其进行理论方法研究和应用技术开发的热潮。在这10年里,GEP取得了长足的进步。关于GEP的研究正沿着两个方向进行:一是不断扩展GEP的应用领域;二是不断提高GEP的性能。

关于GEP在函数发现上的应用研究非常广泛。段磊等(2004)研究了函数发现中数据带有噪声干扰的问题;曾涛等(2007)研究了多维离散数据的函数挖掘问题;Liu等(2006)对常数项的发现问题进行了研究。除了发现用代数表达式表示的函数外(Ferreira,2004a),Ferreira(2002a)还利用GEP发现进行逻辑运算的布尔函数。Zuo等(2002)利用GEP挖掘谓词关联规则。关于GEP在分类问题上的应用研究也非常广泛。Zhou等(2002,2003)利用GEP挖掘分类规则;彭京等(2007)提出了基于层次距离计算的聚类算法。在时间序列预测问题上GEP也有用武之地。Zuo等(2004)用GEP方法从时间序列数据中挖掘微分方程,然后求微分方程数值解的方法在太阳黑子预测上取得了很好的效果;廖勇(2005)利用GEP对股票指数进行了分析与预测;钱晓山和阳春华(2010)在此基础上提出了基于动态变异算子的改进GEP算法对股票指数进行了分析与预测。除了上述这些应用之外,GEP还被用来设计神经网络(Ferreira,2004b)、电路设计(Yan et al.,2006)、组合优化(Ferreira,2002b)等问题。在这些问题的求解上GEP都表现出较GA和GP更强的学习能力。

针对不同领域的具体问题，许多学者在原创 GEP 的基础上，提出了很多效率更高和适应性更强的算法。Zhang 等(2006)提出动态变异算子，分别对搜索算子进行了改进；陆昕为等(2005)在 GEP 进化过程中采用了动态变异策略和基于精英保留的大变异策略；钟文啸等(2006)借鉴了生物界的"返祖现象"，在 GEP 进化过程中增加了回溯过程；Karakasis 等(2006)、张欢等(2004)和 Zeng 等(2006)分别在 GEP 中引进了生物工程中克隆、转基因和免疫等技术；向勇(2007)设计了多目标优化算法 GEPMO。

12.1.2 GEP 与 GA,GP 的关系

GA 是 John Holland 在 20 世纪 60 年代提出的一种进化算法(Holland, 1975)，是生物进化理论在计算机系统中的一种应用。与所有人工进化系统一样，GA 对生物进化机理作了过度的简化。它通常将问题的解编码为 0-1 字符串(染色体)，包含有多个这种字符串的种群通过进化和演化得到特定问题的解。每代染色体经历遗传与变异后，根据其适应度被择优选作下代的进化种子。染色体的修改操作主要是由变异、交叉等遗传算子引入。GA 中的个体同时扮演着基因型和表现型的角色，即它们既是被选择的对象，又是基因信息的守卫者，而这些基因信息经过遗传和变异后传递给下代的个体。因此，染色体的整体结构决定了其功能，也决定了其适应度。在 GA 里，染色体的某一段区域不可能单独地构成问题的解，只有染色体的全部才能构成问题的可行解。

GP 是由 Cramer 于 1985 年发明的另一种进化算法，Koza(1992)在其基础上进行了发展。它采用不同形状和大小的非线性结构(解析树)来代表个体，从而克服了 GA 中对染色体长度是定值的限制。构造这种树形结构的字符集也相应地更加多样化，从而能够创建出数量更多、功能更全的表达体系。然而和 GA 中的线性染色体一样，GP 的非线性树结构染色体依然将基因型和表现型功能集于一身，使得其优越性的发挥受到严重的束缚。虽然解析树可以体现出丰富多样的功能，但问题是，只能在解析树上进行的遗传与变异操作受到很大的限制。GP 中的主要遗传算子有交叉和变异操作。交叉操作就是从两棵解析树上分别随机选一个分枝，并互换它们，从而产生两个新的后代个体。变异操作就是在解析树中随机选择一个节点，将以这个节点为根节点的树枝剪切掉，再接上随机生成的新树枝。可以看出，变异后的解析树整体结构不会发生根本上的改变，特别是当解析树的底层节点被选作变异点的时候，这种情况尤为明显。

GEP 是在 GA 和 GP 的基础上提出的一种新的进化算法，它融合了 GA 中定长、线性的字符串和 GP 中形状、大小可变的树形结构的特征。从形式上讲，

GEP 和 GA 类似，采用等长线性符号编码。由于编码特别巧妙，使得遗传操作非常简单。从功能上讲，GEP 和 GP 类似，能够发现揭示问题本质和规律的规则、公式，或者描述问题解答过程的策略等。可以这样说，GEP 真正地将基因型和表现型的功能分割开来，这种改进带来了很大的优越性。GEP 与 GA 和 GP 的关系如图 12-1 所示。

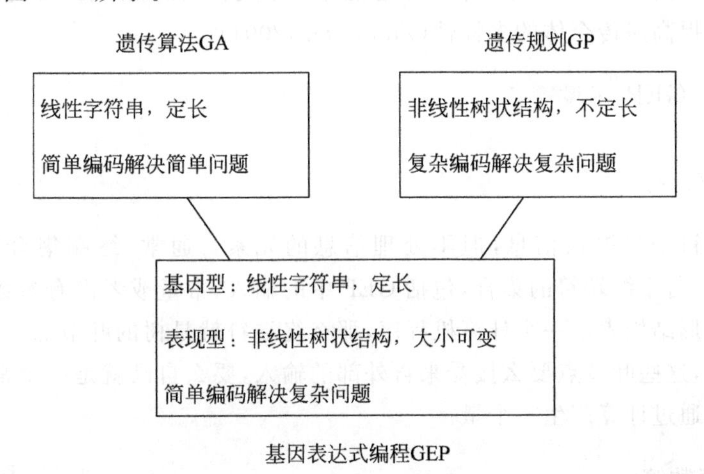

图 12-1　GEP 与 GA 和 GP 的关系图

12.1.3　GEP 的基本流程

作为进化算法，GEP 的寻优流程和 GA 与 GP 相似：首先，开始于随机生成的含有一定数量个体的染色体集合（初始种群）；然后，评价这些染色体的适应度；接着，依据个体的适应度选择个体，并将被选的个体作为下一代种群的种子；对被选中的个体进行遗传操作，生成具有新特性的后代；新个体进入下一轮的生存迭代过程：评价适应度、被选择、经历遗传操作等。这一过程反复进行下去，直到迭代终止条件满足为止，其步骤如下（Ferreira，2001）：

步骤 1：初始化种群（population）。

步骤 2：评价种群中每个个体（individual）的适应度（fitness）。

步骤 3：判断终止条件是否满足。如果满足，则算法停止；否则，转至步骤 4。

步骤 4：按照一定的选择方式（select scheme）选择个体，并复制到下一代。

步骤 5：对随机选择的个体按照一定概率进行变异（mutation）操作。

步骤 6：对随机选择的个体按照一定概率进行移项（transportation）操作。

步骤 7：对随机选择的两个个体按照一定概率进行重组（recombination）操作。

步骤 8：经过上述遗传操作后的种群形成新种群，转至步骤 2。

与 GA 和 GP 相比较，GEP 的不同及优势就在于其基因结构和解读染色体中编码信息的 Karva 语言。这种简单又极具可塑性的结构不但能够为任何可能的计算机程序编码，还能够很容易地执行一系列功能强大地遗传算子，高效地搜索解空间。GEP 中的搜索算子总能保证生成合法的新个体，因此它们非常适合用来提高遗传个体的多样性(Zuo et al.，2004)。

12.1.4 GEP 环境

1. 终端符

终端符是只提供信息，但不处理信息的元素。通常，终端集合(terminal set，TS)是若干终端符的集合，包括 GEP 中的输入、常量或者没有参数的函数。如果用树形结构表示一个计算机程序，那么终端符就是树的叶节点。当程序运行的时候，这些叶节点要么接受来自外部的输入，要么自己就是一个常量，要么自己就能通过计算产生一个量。

2. 函数符

函数是指系统中的其他任何非终端符的中间结构。函数集合(function set，FS)是若干函数符的集合，可以包括与应用有关问题领域的运算符号，也可以包括程序设计语言中的程序构件，甚至可以是表示系统中间层次的一种符号。对于以函数发现为目标的应用，常见的函数符号有：算术运算符、初等数学函数符、布尔运算符、关系运算符和条件运算符，以及用户自定义函数运算符。在用树形结构表示的计算机程序中，函数符是树中的非叶节点。根据问题空间的描述不同，它要么接受来自子节点传递的信息，并进行处理，要么仅仅代表一种抽象中间层次的结构。

12.1.5 染色体的结构

1. Karva 语言

树形结构，GEP 中称为表达式树，是表达式最直观、最本质的表达方式。Ferreira 设计了 Karva 语言，将表达式树线性化为符号序列。

定义 12.1 K-表达式(K-expression)(Ferreira，2001) 按照一定方法将一个表达式树线性化所得到的符号序列称为该表达式树对应的 K-表达式。

常用的获得 K-表达式方法有，宽度优先遍历法(Ferreira，2001)，即从表达式树的根节点开始，从上到下、从左往右依次遍历表达式树的每个节点，即可将表达式树转化为符号序列；深度优先遍历法，即从表达式树的根节点开始，从上到下、从左往右依次遍历以每个节点为根节点的子树，即可将表达式树转化为符号序列，这是个递归过程。

下面一个简单的例子可以帮助理解宽度优先遍历法和深度优先遍历法的区别。图 12-2 (a)所示的是算术表达式 $\sin((a+b)c^2)$的表达式树，图 12-2(b)、(c)分别为按照深度优先遍历法和宽度优先遍历法获得的该表达式树的 K-表达式。图中 S 表示 sin 函数，∧表示乘方运算。可见分别用两种方法得到的 K-表达式在字符的排列顺序上有所不同。图 12-2 (a)所示表达式树中用阴影显示的子树在图 12-2(b)中对应着一个连续的字符串片段，而在图 12-2(c)中分散开来。可见，按照深度优先遍历法线性化后的 K-表达式可以保持表达式树的子树结构不被破坏，这有利于在进化过程中逐渐形成优质解的子结构，故这里采用深度优先遍历法。

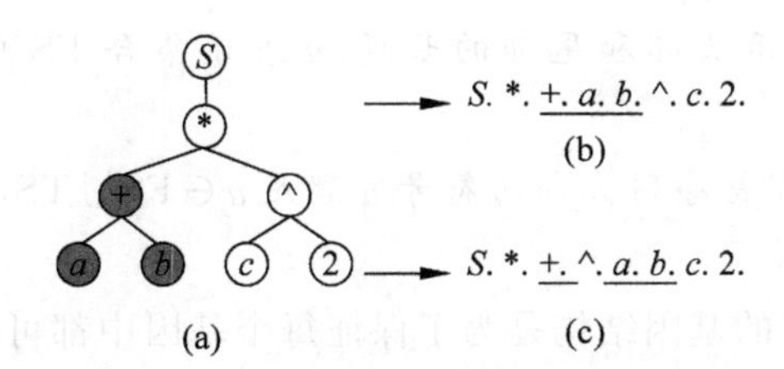

图 12-2　表达式树映射为 K-表达式

采用深度优先遍历表达式树的逆过程，由 K-表达式可以非常容易解码为表达式树。K-表达式的第一个元素对应着表达式树的根节点。如果表达式树的节点是 FS 的元素，那么该节点下面生成几个子节点，节点的个数等于该函数元素的参数个数；如果节点是 TS 的元素，则这个节点不生长子节点。如果表达式树的一个分枝的最后一个节点是终端元素，则这个分枝就停止生长。图 12-3 显示了将图 12-2(b)中所示的 K-表达式解码为图 12-2(a)所示表达式树的过程。

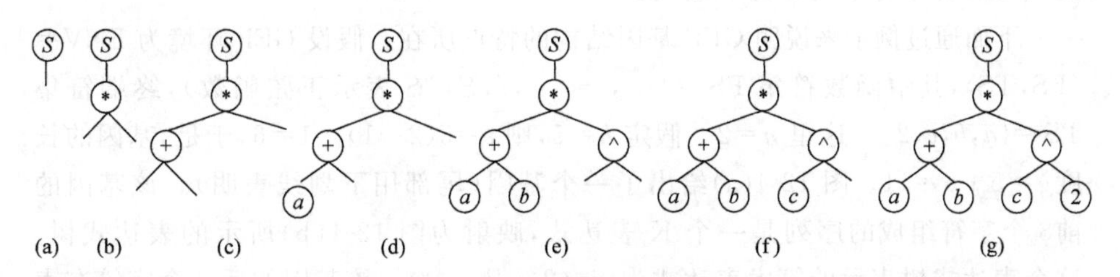

图 12-3　K-表达式解码为表达式树

从上面的描述可见K-表达式和表达式树是一一对应的关系。在GEP中，基因是固定长度的线形字符序列。为了使基因能够表达各种长短不定、形状各异的表达式，定义基因的起始点为K-表达式的起始点，但K-表达式终止点却并不一定与基因的最后一个位置重合。为了保证每个基因都能包含一个完整的K-表达式，基因必须保持其特殊的结构。

2. 基因的结构

GEP中的基因是一个固定长度的线性字符序列，Ferreira对其结构作了如下规定。

定义12.2 基因 在给定ENV=〈FS,TS〉下，满足下列条件的线性字符序列称为GEP的基因：

(1) 线性字符序列由头部和尾部组成，头部和尾部的长度满足式(12-1)：

$$t = h \times (n - 1) + 1, \tag{12-1}$$

其中h和t分别表示头部和尾部的长度，n表示集合FS中函数的最大参数个数；

(2) 组成线性字符序列头部的符号α满足$\alpha \in \mathrm{FS} \cup \mathrm{TS}$，组成尾部的符号$\beta$满足$\beta \in \mathrm{TS}$。

如此规定GEP的基因结构是为了保证每个基因中都可以包含一个完整的K-表达式。这样任何一个基因都能够解码为一个表达式树而不会出问题。然而，尽管GEP中基因的起始点与K-表达式起始点重合，但K-表达式终止点却不一定总与基因的终止点相重合。因此，在GEP的基因中，经常可以看到在K-表达式终止点后面存在一段非编码区域。这样做的目的是为了实现利用固定长度的线形字符序列表达各种长短不定、形状各异的表达式树。也正是基因的这种柔性结构，使得遗传算子可以在基因上进行无限制的修改，并总是生成语法正确的程序。

定义12.3 非编码区域(Zuo et al.,2004) 在GEP的基因中，紧随K-表达式之后的字符序列称为非编码区域。

下面通过例子来说明GEP基因结构的特点所在。假设GEP环境为ENV=〈FS,TS〉，其中函数符集FS={+,−,∗,/,S}(S表示正弦函数)，终端符集TS={a,b,c,2}。这里n=2。假定h=5，则t=5(2−1)+1=6，于是，基因的长度g=5+6=11。图12-4(a)给出了一个基因(尾部用下划线表明)。该基因的前8个字符组成的序列是一个K-表达式，映射为图12-4(b)所示的表达式树。这个表达式树表示的算术表达式为$\sin(2(a/b+c))$。该基因的后3个字符在表达式树的映射中没有起任何作用，是该基因的非编码区域。

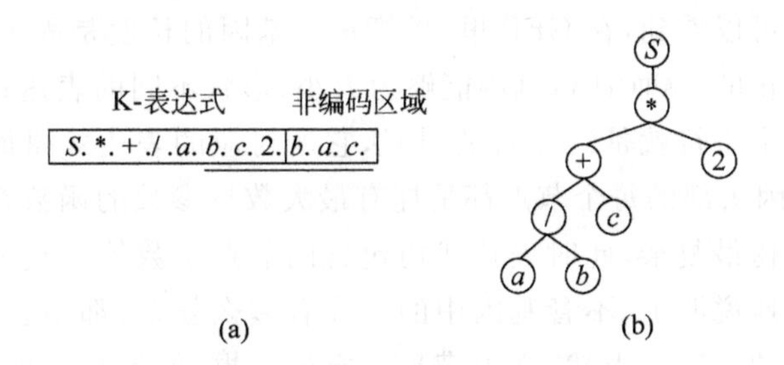

图 12-4　基因与表达式树示意图

(a) 基因；(b) 表达式树

假设图 12-4(a)所示基因的位置 1 发生了变异，“S”变成了“+”，即变成图 12-5(a)所示的基因，那么其对应的表达式树如图 12-5(b)所示。它表示的数学表达式变为 $2(a/b+c)+b$。变异后的 K-表达式的终止点向右移了 1 个位置(位置 9)，位置 9 以后的字符序列是非编码区域。

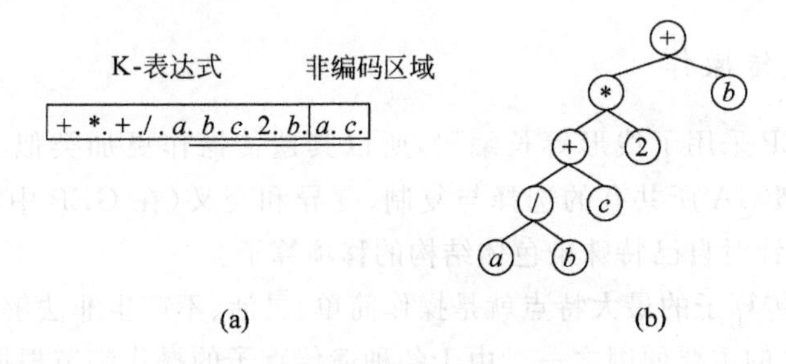

图 12-5　变异后的基因与表达式树

(a) 基因；(b) 表达式树

假设图 12-4(a)所示基因的位置 4 处发生了变异，“/”变成了“b”，即变成图 12-6(a)所示的基因，那么其对应的表达式树如图 12-6(b)所示。它表示的数学表达式成为 $\sin(b(a+b))$。在这里，K-表达式结束于位置 6，表达树比变异前减少了 2 个节点。位置 6 以后的字符序列为非编码区域。

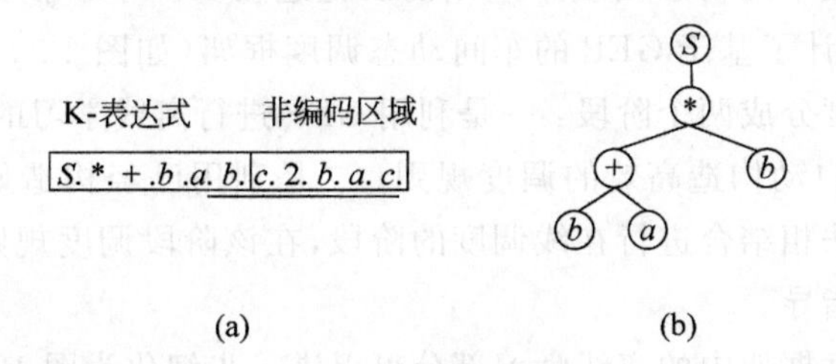

图 12-6　变异后的基因与表达式树

(a) 基因；(b) 表达式树

从该例子可以看到，在GEP里，尽管每个基因的长度是固定的，但K-表达式的长度是变化的，从而使得基因能够为大小、形状不同的表达式树进行编码。当基因的第一个字符就是终端符的时候，它所对应的表达式树最简单，只有一个节点；当基因头部的每个节点都是拥有最大数目参数的函数符的时候，它所对应的表达式树最复杂，此时表达式树包含的节点个数等于整个基因的长度。该例子也清楚地说明了，不管基因中的修改有多么复杂，都不会影响基因生成新的结构正确的程序。当然，必须满足一定的前提，就是必须划清基因头部和基因尾部的界线。

3. 染色体的结构

GEP的染色体由基因组成。通常情况下，染色体含有一个基因，有些情况下也可以含有多个基因。本章后续部分将根据待解决的具体问题采用待定的染色体结构，并进行相应的描述，这里不再赘述。

12.1.6 遗传操作

由于GEP采用了线形等长编码，所以其遗传操作更加类似于GA。GEP除了具有一般GA所共有的选择与复制、变异和交叉(在GEP中称为重组)等算子，还具有针对自己特殊染色体结构的移项算子。

GEP遗传算子的最大特点就是操作简单、灵活、不产生非法解，这也是其优于GA和GP的主要原因之一。由于各种遗传算子的操作细节根据染色体结构略有不同，在后续各节中将分别进行具体描述，这里不再赘述。

12.2 基于GEP的车间动态调度框架

GEP在函数发现和时间序列预测等诸多问题上的应用得到了广泛的研究，但目前关于其在车间动态调度中应用的研究还较少。本节根据车间动态调度问题的特点，设计了基于GEP的车间动态调度框架(如图12-7所示)。该框架将车间动态调度分成两个阶段：一是利用GEP进行离线学习的阶段，在该阶段GEP通过学习自动构造高效的调度规则；二是利用已经构造好的调度规则与在线启发式算法相结合进行在线调度的阶段，在该阶段调度规则为任何时刻的调度决策提供指导。

该动态调度框架中的离线学习部分可以进一步细化为图12-8所示的结构。该部分包含两个模块：学习模块和评价模块。评价模块是根据待解决的动态调度问题的车间配置和加工条件建立的评价模型，在GEP的学习过程中充当评

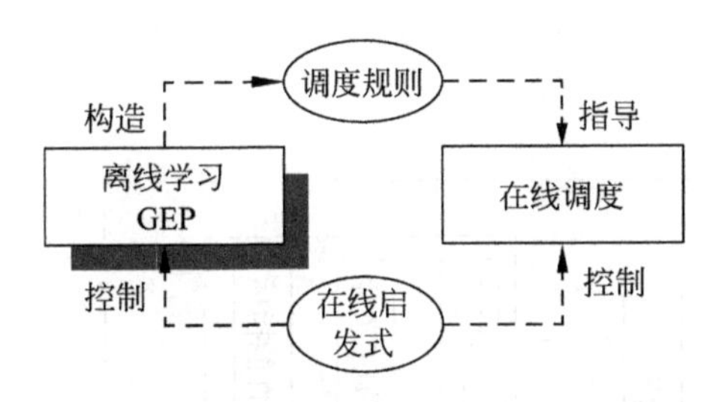

图 12-7　基于 GEP 的动态调度框架

价器的角色，用来评价 GEP 构造的调度规则在该评价模型上的性能，然后将评价结果反馈给学习模块。学习模块的推理机制是 GEP 根据评价模块反馈的评价结果判断当前所构造的调度规则的优劣，并将性能较优的调度规则看作是优良的父代个体，利用它们构造出具有新特征的子代个体，即新的调度规则。整个学习过程为：首先生成一个 GEP 初始种群，该种群是由一些随机生成的个体组成，每个个体代表一个调度规则。这些候选调度规则被传递到评价模块，评价模块根据指定的一个或多个定量的性能评价指标评价这些调度规则的性能。然后，这些调度规则的性能评价结果被传递回学习模块中。学习模块根据反馈结果，对种群中的个体进行选择、复制、变异、移项和重组等一系列遗传操作，从而将原种群演变成新一代种群。新种群中的个体又被传递到评价模块进行性能评价。如此反复，直到满足终止条件，学习过程结束。这时，种群中性能最高的个体即为所求得的调度规则。由此可见，在该离线学习阶段，调度规则的构造问题被归结为搜索问题，GEP 作为学习推理机制对调度规则空间进行搜索，从而最终寻找到性质最优或近优的调度规则。在利用 GEP 构造调度规则中有两个重要的问题需要解决：一是如何用 GEP 的染色体个体表达要构造的调度规则；二是如何对染色体的适应度进行评价。

12.2.1　编码方式

通过对目前已有的构造调度规则的研究发现，调度规则可以通过一定的组合方式将系统元素（主要是机器和工件）的某些属性组合而形成。鉴于此，抽取系统元素的某些属性构成 GEP 的 TS，同时将这些属性之间可能存在的函数关系构成 GEP 的 FS，让 TS 和 FS 中的元素按照 GEP 基因的结构要求组合成字符串。这种编码方式实际上是将调度规则与 GEP 的个体对应起来。这样，GEP 对染色体的修改相当于对调度规则空间进行直接搜索。同时，由于调度规则在与在线启发式算法的结合下可以为不同的问题实例生成在线调度方案，而每个调度方案实际上是某个问题实例的解空间的某个点，所以 GEP 对染色体的修改又相当于对多个问题实例的解空间同时进行间接搜索。该编码方法为间接编码方法，其原理图如图 12-9 所示。

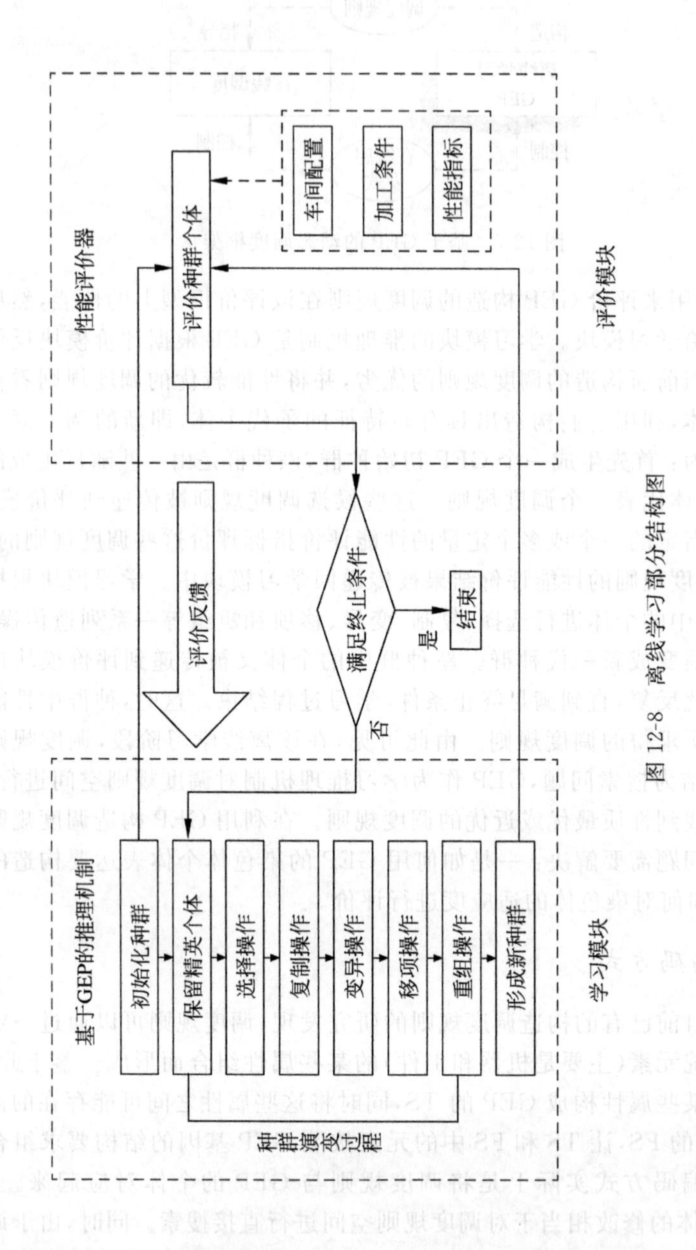

图 12-8 离线学习部分结构图

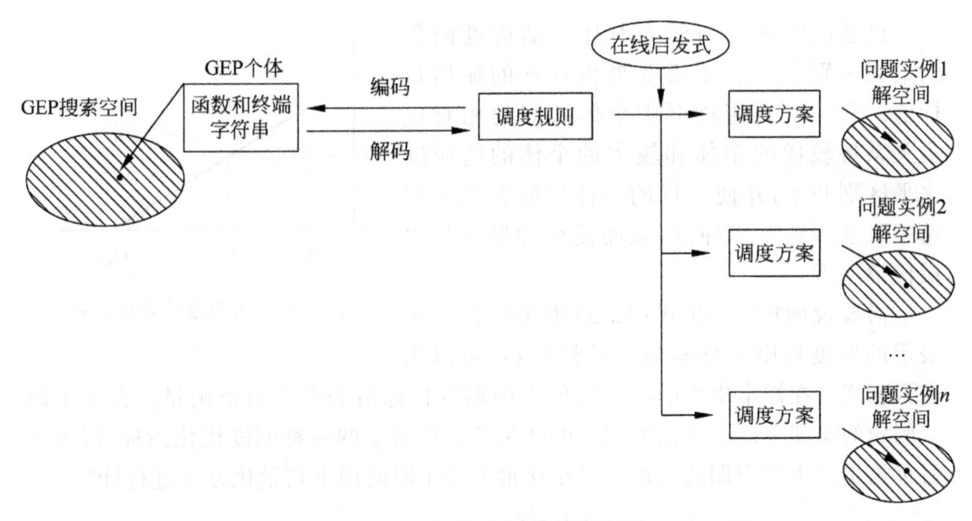

图 12-9　间接编码方法原理图

图 12-9 为这种间接编码方法的原理图。该编码方式具有以下优点：第一，染色体的长度不受问题规模的影响，无论是小规模问题，还是大规模问题，都可以用简约的计算机程序表达；第二，在对调度规则空间进行搜索时相当于对多个问题实例的解空间进行搜索，从而使得同样编码的 GEP 染色体可以同时用于多个不同问题实例上。

12.2.2　适应度函数

假设有 t 个调度问题实例作为样本供 GEP 学习。染色体 i 的适应度值可以按照式(12-2)来确定：

$$f_i=\begin{cases}\dfrac{1}{n}, & (\bar{O}_{\max}-\bar{O}_{\min})<\varepsilon,\\ \dfrac{\bar{O}_{\max}-\bar{O}_i}{\bar{O}_{\max}-\bar{O}_{\min}}, & \text{其他。}\end{cases}\tag{12-2}$$

其中，f_i 表示染色体 i 的适应度值，n 表示种群中染色体的个数，ε 为指定的误差范围，$\bar{O}_i$ 表示染色体 i 所表示的调度规则在样本集上的性能，$\bar{O}_{\max}$ 和 $\bar{O}_{\min}$ 分别是当前种群中最差个体和最优个体所表示的调度规则在样本集上的性能。

可见，当种群的所有个体所表示的调度规则的性能趋向于一致时，每个个体以相同的概率被选择进行遗传操作，这样可以增加种群的多样性，避免陷入局部最优。如果种群中的个体所表示的调度规则的性能有一定差距，则将这些染色体的适应度值按比例压缩到区间[0,1]上，同时保证优秀的个体适应度值较劣质的个体适应度值大，且最优的个体的适应度值为 1。反之，最差的个体的适应度值为 0。图 12-10 显示了该适应度函数的定标方法。

该适应度函数与前面所述的适应度函数的最大区别在于它不需要提供样本的输出目标值。它仅仅利用种群中个体之间的相对优劣关系将较优的个体和较劣的个体的适应度水平区别开来，并使较优的个体以较大概率被选中且遗传到下代种群，从而使得种群逐步向最优解逼近。

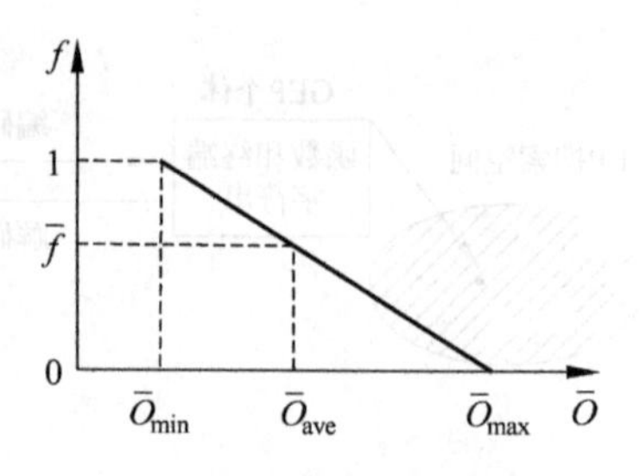

图 12-10　适应度函数的定标

需要说明的是，在式(12-3)中染色体 i 所表示的调度规则在样本集上的性能 $\bar{O}_i$ 可以用该调度规则在样本集中的问题实例上的调度目标值的平均值来衡量。在关于调度问题的研究中最小化最大完工时间是考虑得最多的一种调度优化指标，因为该目标衡量了生产周期的长短。最小化最大完工时间用下列量化方法进行计算：

$$\bar{O}_i - |C_{\max}| = \frac{1}{t}\sum_{j=1}^{t}\max c_{ij}, \quad i = 1, 2, \cdots, n_j。 \tag{12-3}$$

其中，$\bar{O}_i - |C_{\max}|$ 表示染色体 i 所表示的调度规则在最大完工时间，c_{ij} 表示实例 j 中工件 i 的完工时间，t 表示一个训练集合或验证集合中问题实例的个数。很明显，$\bar{O}_i - |C_{\max}|$ 越小的调度规则其鲁棒性较强。

12.3　基于 GEP 的柔性作业车间动态调度方法研究

在经典作业车间调度模型中，规定了每个工件的每道工序必须在指定的一台机器上加工(Pinedo，1995)。然而，实际上，车间里通常会配备多台关键机器，以减轻由于长工序或瓶颈机器带来的拥塞。因此，一道工序可以在多台功能相同或相近的机器上加工，由此产生了一个更加复杂的问题，通常称为柔性作业车间调度问题(flexible job shop scheduling problem，FJSP)(Ho et al.，2007)。柔性作业车间调度问题是作业车间调度问题的推广，明显复杂于作业车间调度问题。本节重点研究带有工件动态到达的柔性作业车间动态调度问题(dynamic flexible job shop scheduling problem，DFJSP)。

12.3.1　柔性作业车间动态调度问题描述

带有工件动态到达的柔性作业车间动态调度问题(下文在不引起歧义的情况下简写为 DFJSP)可以描述如下。

车间里有 m 台机器可以使用，有 n 个工件需要加工。每个工件的加工由一组工序组成，且这些工序必须按照一定的先后顺序依次在相应的机器上加工。每道工序可以在其可选机器集合中的任何一台机器上加工。需要加工的工件随着时间推移陆续到达车间，且工件的属性(如技术路径、到达时间、交货期、各工序加工时间及可选机器集合等)并非事先可知,只能随着时间的推移而逐渐获得。

有以下一些假设:

(1) 工件在机器上加工时不能被其他工件抢占;

(2) 工件同一时刻只能在一台机器上加工;

(3) 机器同一时刻至多加工一个工件;

(4) 机器一直都可用,并且在时刻 0 时机器就处于空闲状态;

(5) 机器前有无限缓存;

(6) 工件之间没有加工次序的约束;

(7) 机器之间没有运输时间,工件在某台机器上完成相应工序后,就立即被运往后道工序的加工机器或离开车间;

(8) 工序的安装时间已作为工序加工时间的一部分;

(9) 工件的技术路径是固定的,不可变化的。

对于 DFJSP 需要合理地为各个工件的各道工序指派合适的加工机器,并安排它们在各台机器上加工的先后顺序,使得一个或多个调度目标得到优化。由于在柔性作业车间中机器具有一定的加工柔性,所以它可以分解为路径子问题和排序子问题。路径子问题即为将工件指派到合格的机器上等待加工;排序子问题即为从同时等待使用机器的多个工件中选择一个工件优先在机器上加工(Pezzella et al.,2008)。

12.3.2　编码与解码方式

1. 编码方式

针对 DFJSP 问题,将 GEP 环境 ENV=〈FS,TS〉定义如下。

FS:包含算术运算加“+”、减“−”和乘“*”,以及保护性除法“/”。保护性除法在除数为零时返回 1。

TS:分为两个子集合 TS-R 和 TS-S。TS-R 中包含表示候选机器的属性和当前状态的元素,TS-S 中包含候选工件的属性和当前状态的元素。它们总结于表 12-1 和表 12-2。TS-R 和 FS 一起用于构造路径子问题的机器指派规则,TS-R 和 FS 一起用于构造排序子问题的工件派遣规则。

表 12-1　TS-R 的定义

元　素	意　义
twk_f	机器上已处理完工序的加工时间之和
nop_f	机器上已处理完工序的个数
twk_w	机器上等待加工工序的加工时间之和
nop_w	机器上等待加工工序的个数
pt	工序在机器上的加工时间

表 12-2 TS-S 的定义

元　素	意　义
at	工件到达时间
dd	工件交货期
sl	松弛时间，max{dd-ct- twk_r，0}，ct 表示当前时刻
pt	工件在机器上的加工时间
qt	工件当前工序的停滞时间
wt	机器等待时间
twk_r	工件剩余加工时间
nop_r	工件剩余工序数

需要注意的是，在柔性作业车间中每个工序可以在多台可供选择的机器中的任何一台上加工，因此工序的平均加工时间的定义如式(12-4)所示：

$$\bar{p}_{ij} = \frac{\sum_{n(F(O_{ij}))} p_{ijk}}{n(F(O_{ij}))}。 \tag{12-4}$$

其中，$\bar{p}_{ij}$ 表示工件 J_i 的工序 O_{ij} 的平均加工时间，p_{ijk} 表示工件 J_i 的工序 O_{ij} 在机器 M_k 上的加工时间，$n(F(O_{ij}))$表示工件 J_i 的工序 O_{ij} 的可选择机器的台数。那么，当前工序为第 j 道工序的工件 J_i 的剩余加工时间的定义如式(12-5)所示：

$$\mathrm{twk}_r = \sum_{k=j}^{n_i} \bar{p}_{ik}。 \tag{12-5}$$

其中，twk_r 表示工件 J_i 的剩余加工时间，n_i 表示工件 J_i 的工序个数。

柔性作业车间动态调度问题中需要解决的两个子问题，即路径子问题和排序子问题(Pezzella et al.，2008)，这里提出二元组染色体结构，即每个染色体包含两个子染色体。一个子染色体是解决路径子问题的机器指派规则的编码，称为染色体的路径部分；另一个子染色体是解决排序子问题的工件派遣规则的编码，称为染色体的排序部分。二元组染色体具有如下优点：分别用路径部分和排序部分为柔性作业车间调度问题的两个子问题的解进行编码，一方面方便不同的信息分开来处理。另一方面有利于两个部分作为一个整体协同进化，从而可以构造互相匹配的机器指派规则和工件派遣规则。另外，二元组染色体结构很好地继承了单基因和多基因染色体结构的特征，方便已有的遗传算子(包括变异、移项和重组)只做较小的修改就可以直接使用，并保证不会产生非法解，从而确保了 GEP 种群的多样性，以及搜索的高效性。

二元组染色体的编码方式如下：每个子染色体由若干个基因组成，每个的基因的结构如 12.1.5 节所述分为头部和尾部，头部和尾部的长度都满足式(12-1)

的规定。每个基因的头部和尾部的组成元素满足下列要求：在路径部分的子染色体内，基因的头部由 FS 和 TS-R 中的元素组成，尾部由 TS-R 中的元素组成；在排序部分的子染色体内，基因的头部由 FS 和 TS-S 中的元素组成，尾部由 TS-S 中的元素组成。

图 12-11(a)是在本节定义的 GEP 环境中随机生成的一个二元组染色体。其中"‖"将路径部分和排序部分分割开，下划线标示出每个部分的各个基因的尾部。该二元组染色体的路径部分只含有一个基因，排序部分包含两个基因。

2. 解码方式

对于二元组染色体的两个部分分别映射为表达式树。如图 12-11(b)所示，路径部分对应的表达式树为 ET-R，排序部分对应的表达式树为 ET-S。从图中可知，该染色体对应的机器指派规则和工件派遣规则分别为式(12-6)和式(12-7)：

$$\mathrm{pt} \times \mathrm{nop}_f \times (\mathrm{pt} + \mathrm{twk}_w - \mathrm{nop}_f), \tag{12-6}$$

$$\mathrm{nop}_r + \frac{\mathrm{wt}}{\mathrm{dd} \times (\mathrm{pt} + \mathrm{qt})} + \frac{\mathrm{dd} \times \mathrm{twk}_r}{\mathrm{pt} - \mathrm{sl}}。 \tag{12-7}$$

12.3.3　遗传操作

1. 选择与复制

本章采用根据染色体适应度值的比例确定个体的选择概率的轮盘赌方案与复制最佳个体的择优策略相结合的方案，图 12-12 为该操作的示意图。一方面，种群中的最优个体直接复制到下一代种群；另一方面，种群中每个个体按照被选中的概率为其自身的适应度值与所有个体的适应度值总和的比值来确定是否被选中。从图中可以看到，适应度值越大的个体，在赌轮上占的比例越大，被选中的概率也就越大。轮盘旋转的次数与每代种群中的个体数目相等，以保证每一代种群的规模不变。Ferreira(2001)已证明相对于其他选择与复制算子，该操作具有更好的或相当的收敛性。

2. 变异

变异可以在染色体的任何位置发生。但是由于染色体的路径部分和排序部分的组成元素集合不同，因此规定如下：染色体的路径部分的基因头部中的任何符号可以变成 FS 和 TS-R 的并集中的另外一个元素，而基因尾部中的终端符只能变成 TS-R 中的另一个终端符；染色体的排序部分的基因头部中的任何符号可以变成 FS 和 TS-S 的并集中的另外一个元素，而基因尾部中的终端符只能变成 TS-S 中的另一个终端符。这样规定是为了保证染色体两个部分的界限不被破坏，也保证基因的头部和尾部的界限不被破坏，可以维持新生解的合法性。

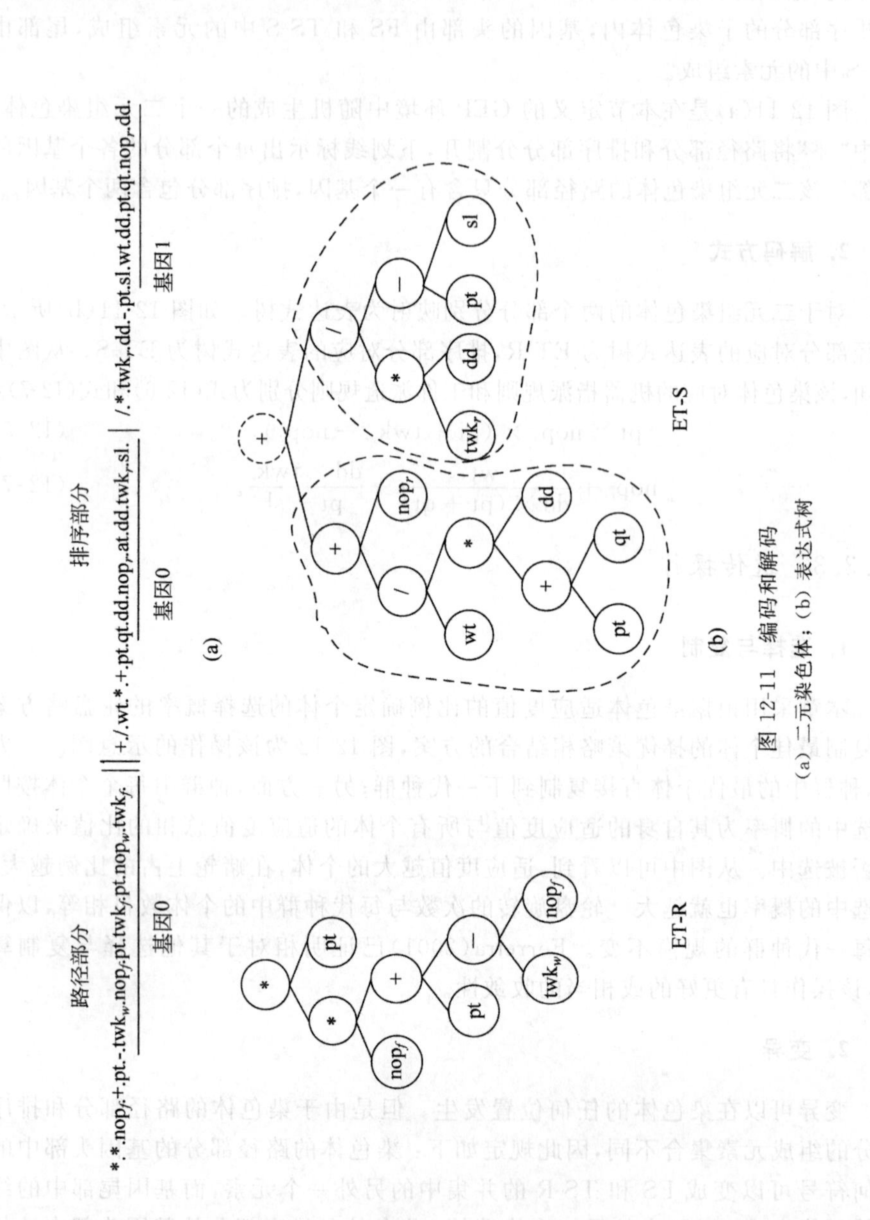

图 12-11 编码和解码

(a) 二元染色体；(b) 表达式树

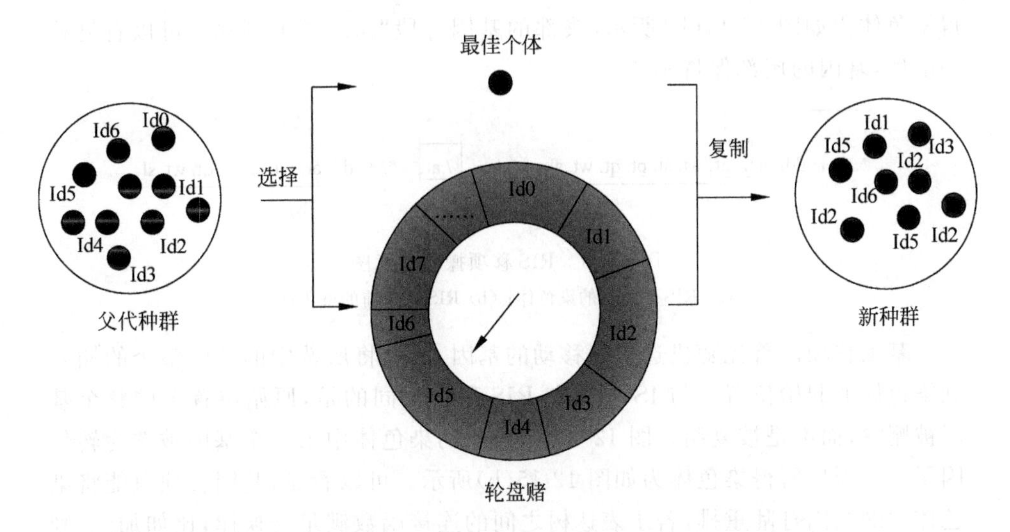

图 12-12　选择与复制操作示意图

3. 移项

移项操作是将染色体中的某个基因片段激活，激活的基因片段称为转位因子，将转位因子跳转到染色体的另一个位置，形成新染色体。有三种移项：IS 移项、RIS 移项和基因移项。

IS 移项。在基因中随机地选择 IS 因子(任意基因片段)，将其副本插入到除了首位置之外的基因头部的任何位置，同时基因头部的末端删除与转位因子同样数目的符号，以保证头部和尾部的分割线不被破坏。图 12-13(a)所示的染色体中基因片段“wt. sl.”被选为 IS 因子，且其副本的插入点选为第二个位置之后。移项所得染色体为如图 12-13(b)所示，头部的基因片段“pt. /.”被删除。可以看见移项前后，基因的尾部保持不变。

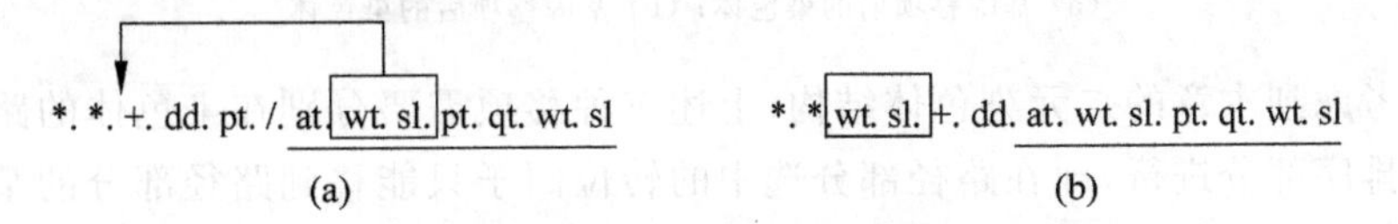

图 12-13　IS 移项操作示意图

(a) IS 移项前的染色体；(b) IS 移顶前的染色体

RIS 移项。在基因中随机地选择 RIS 因子(以函数开头的任意基因片段)，其副本插入到基因头部的首位置，同时基因头部的末端删除与转位因子同样数目的符号，以保证头部和尾部的分割线不被破坏。图 12-14(a)所示的染色体中基因片段“/. at.”被选为 RIS 因子，且其副本的插入到基因的首位置。移项所得染色体为如图 12-14(b)所示，头部的基因片段“pt. /.”被删除。可以看见移项前后，基因的尾部保持不变。

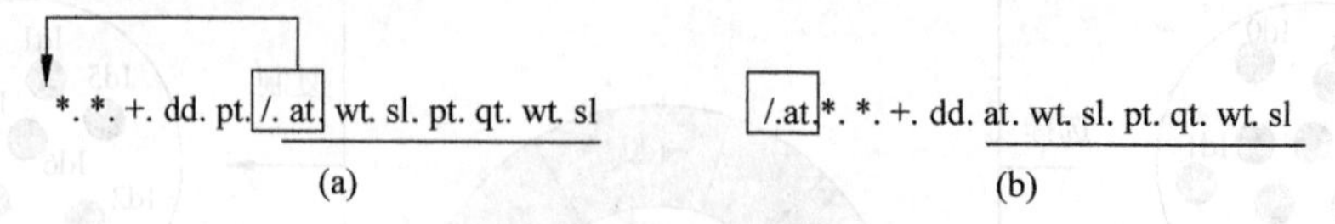

图 12-14　RIS 移项操作示意图

(a) RIS 移项前的染色体；(b) RIS 移项前的染色体

基因移项。首先随机选择要移动的基因，然后将所选中的基因整个的插入到染色体的起始位置。与 IS 移项和 RIS 移项不同的是，原始位置上的整个基因被删除，而不是被复制。图 12-15(a)所示的染色体中第三个基因被选为转位因子。移项后所得染色体为如图 12-15(b)所示。可以看见，基因移项只能将染色体中的基因打乱重排，若子表达树之间的连接函数满足交换律，比如加法，则从短期来看基因移项对染色体的改进不起什么作用。但是如果连接子树的函数对参数的顺序敏感，比如减法，那么基因移项就相当于一个宏变异算子。另外，如果当基因移项的作用与重组的作用互相结合起来，它的作用就大了，不仅可以复制基因，而且能够对基因或基因片段进行更广泛的重排。

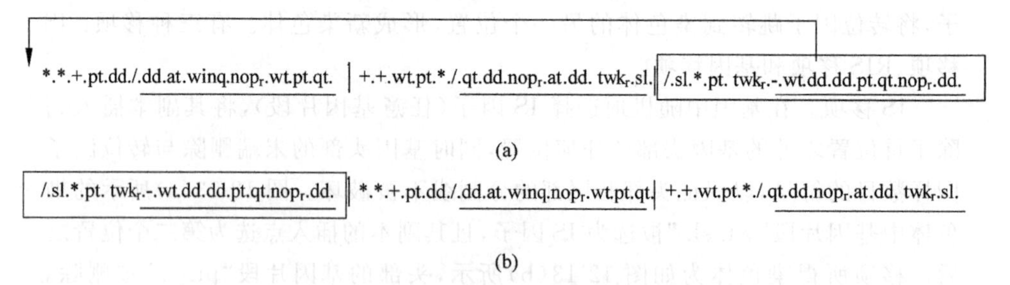

图 12-15　基因移项操作示意图

(a) 基因移项前的染色体；(b) 基因移项后的染色体

考虑到本章的二元染色体结构，上述三种移项需要分别在染色体的路径部分和排序部分进行，即在路径部分选中的转位因子只能移到路径部分的某个位置，在排序部分选中的转位因子只能移到排序部分的其他位置。

4. 重组

重组操作是将两个染色体配成对，并互换部分物质，形成两个新的染色体。有三种重组：单点重组、两点重组和基因重组。

在单点重组里，两个父辈染色体构成一对然后在同一位置被切开。切开位置后面的物质进行互换。图 12-16(a)显示第四个位置后被选为交叉点,则两个父代染色体都在该处切开,并且互换交叉点后面的物质,形成如图 12-16(b)所示的两个子代个体。

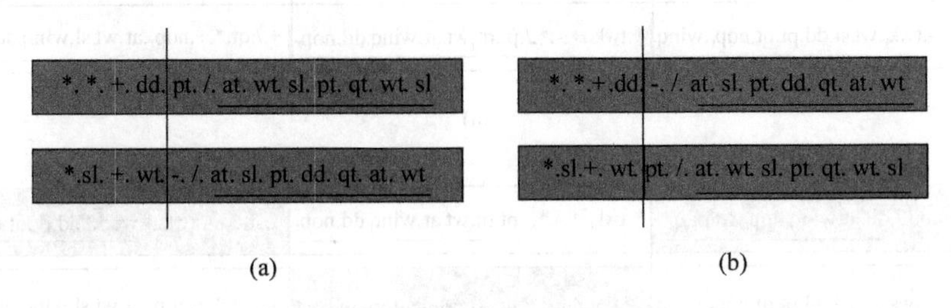

图 12-16　单点重组操作示意图

(a) 父代染色体;(b) 子代染色体

在两点重组中,两个父辈染色体结对后随机地选择两个交叉点,随后交叉点之间的物质在两个父辈染色体之间互换,生成两个新的子代染色体。图 12-17(a)显示第四个位置后和第十一个位置后被选为交叉点,则两个父代染色体都在这两处切开,并且互换两个交叉点之间的物质,形成如图 12-17(b)所示的两个子代个体。

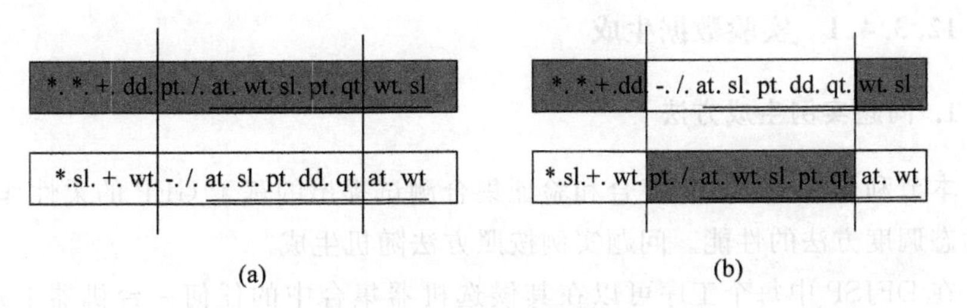

图 12-17　两点重组操作示意图

(a) 父代染色体;(b) 子代染色体

不同于单点重组和两点重组,在基因重组中,配对染色体的互换部分物质是整个基因。参与互换的基因被随机选取并且在指定位置上交换。图 12-18(a)所示的父代染色体的第二个基因被选为交换物质。重组之后所得的子代染色体为如图 12-18(b)所示。可以看见,基因重组不能产生新的基因,经过基因重组产生的个体只是原有基因的重新组合。如果把基因重组作为向种群引入多样性的唯一算子是不能满足复杂问题解决方法建模的需要的。但是和其他一些遗传操作共同作用,则可以为 GEP 种群产生很多新的物质,有效避免陷入最优。

值得注意的是,交叉的切点可以选择染色体的任何位置,而不受路径部分和排序部分界线的限制。

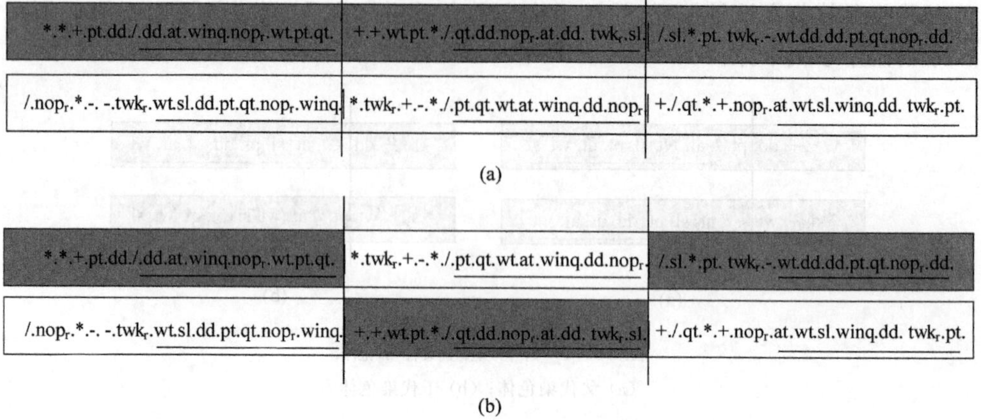

..+.pt.dd./.dd.at.winq.nop$_r$.wt.pt.qt.	+.+.wt.pt.*./.qt.dd.nop$_r$.at.dd. twk$_r$.sl.	/.sl.*.pt. twk$_r$.-.wt.dd.dd.pt.qt.nop$_r$.dd.
/.nop$_r$.*.-. -.twk$_r$.wt.sl.dd.pt.qt.nop$_r$.winq.	*.twk$_r$.+.-.*./.pt.qt.wt.at.winq.dd.nop$_r$	+./.qt.*.+.nop$_r$.at.wt.sl.winq.dd. twk$_r$.pt.

(a)

..+.pt.dd./.dd.at.winq.nop$_r$.wt.pt.qt.	*.twk$_r$.+.-.*./.pt.qt.wt.at.winq.dd.nop$_r$	/.sl.*.pt. twk$_r$.-.wt.dd.dd.pt.qt.nop$_r$.dd.
/.nop$_r$.*.-. -.twk$_r$.wt.sl.dd.pt.qt.nop$_r$.winq.	+.+.wt.pt.*./.qt.dd.nop$_r$.at.dd. twk$_r$.sl.	+./.qt.*.+.nop$_r$.at.wt.sl.winq.dd. twk$_r$.pt.

(b)

图 12-18　基因重组操作示意图

(a) 父代染色体；(b) 子代染色体

12.3.4　实验结果与分析

12.3.4.1　实验数据生成

1. 问题实例生成方法

本节利用一系列训练集合和验证集合测试提出的基于 GEP 的柔性作业车间动态调度方法的性能。问题实例按照方法随机生成。

在 DFJSP 中每个工序可以在其候选机器集合中的任何一台机器上加工。柔性为 $f\%$ 的 DFJSP 意味着整个车间的所有机器中至多有 $f\%$ 可以用来加工某个工序。在本节的仿真试验中设置了三个不同水平的柔性，分别为 100%，50%和 20%。

仿真实验中柔性作业车间包含有 10 台机器。有 50 个工件需要在这个车间里加工。每个工件的加工路径不同，且每个机器以相同概率被选为工序的加工机器。每个工件的工序数目一致分布于离散区间[4,10]。每个工序的加工时间一致分布于离散区间[1,100]。

工件的到达时间间隔按照指数分布生成。工件到达的平均间隔时间按照式(12-8)计算：

$$\alpha = \frac{\mu_p \mu_g}{um}。 \tag{12-8}$$

其中，α 表示工件到达的平均间隔时间，u 表示车间利用率，μ_p 表示工序的平均加工时间，μ_g 表示工件的平均工序数，m 表示车间中机器的台数。实验中使用了三种车间利用率水平，即 60%，75%和 90%。

工件的交货期设置采用了 TWK（total work-content）方法（Blackstone et al.，1982），计算如式(12-9)所示：

$$\mathrm{dd} = at + c \times \mathrm{twk}。\tag{12-9}$$

其中，twk 是工件的总加工时间；c 是紧张度因子，在实验中分布取值为 0.1，0.3 和 0.5。

总之，有 3 种机器加工柔性水平、3 种车间利用率水平和 3 种交货期设置，表 12-3 总结了仿真参数的设置。

表 12-3　仿真参数设置

参　数	水　平	参　数　值
机器台数	—	10
工件个数	—	50
工序个数	—	U[4,10]*
加工时间	—	U[1,100]*
机器柔性(f)	小	20%
	中	50%
	大	100%
车间利用率(u)	低	60%
	中	75%
	高	90%
交货期紧张度因子(c)	紧	0.1
	中	0.3
	松	0.5

*U 表示一致分布。

2. 训练集合和验证集合的生成方法

根据上述的参数设置生成 27 个仿真实验数据集合（3 种机器加工柔性水平、3 种车间利用率水平和 3 种交货期设置一共构成 27 种参数组合）。每个仿真实验数据集合包含随机生成 20 个问题实例，它们被随机平均分成 2 组，其中一组用于训练 GEP 构造适合的调度规则（记作 TSet1-27），另一组用于验证 GEP

每次运行的最好调度规则(记作 VSet1-27)。每次仿真实验在某个数据集合上独立运行 5 次,并记录 5 次运行的平均结果。表 12-4 总结了代表不同加工条件的训练集合和验证集合包含的问题实例仿真参数值。

表 12-4　训练集合和验证集合包含的问题实例仿真参数值

<table>
<tr><th>TSet/
VSet</th><th>f</th><th>c</th><th>u</th><th>TSet/
VSet</th><th>f</th><th>c</th><th>u</th><th>TSet/
VSet</th><th>f</th><th>c</th><th>u</th></tr>
<tr><td>1</td><td>20%</td><td rowspan="3">0.1</td><td rowspan="9">60%</td><td>10</td><td>20%</td><td rowspan="3">0.1</td><td rowspan="9">75%</td><td>19</td><td>20%</td><td rowspan="3">0.1</td><td rowspan="9">90%</td></tr>
<tr><td>2</td><td>50%</td><td>11</td><td>50%</td><td>20</td><td>50%</td></tr>
<tr><td>3</td><td>100%</td><td>12</td><td>100%</td><td>21</td><td>100%</td></tr>
<tr><td>4</td><td>20%</td><td rowspan="3">0.3</td><td>13</td><td>20%</td><td rowspan="3">0.3</td><td>22</td><td>20%</td><td rowspan="3">0.3</td></tr>
<tr><td>5</td><td>50%</td><td>14</td><td>50%</td><td>23</td><td>50%</td></tr>
<tr><td>6</td><td>100%</td><td>15</td><td>100%</td><td>24</td><td>100%</td></tr>
<tr><td>7</td><td>20%</td><td rowspan="3">0.5</td><td>16</td><td>20%</td><td rowspan="3">0.5</td><td>25</td><td>20%</td><td rowspan="3">0.5</td></tr>
<tr><td>8</td><td>50%</td><td>17</td><td>50%</td><td>26</td><td>50%</td></tr>
<tr><td>9</td><td>100%</td><td>18</td><td>100%</td><td>27</td><td>100%</td></tr>
</table>

12.3.4.2　GEP 控制参数设置

通过大量的前期实验确定了 GEP 的控制参数,总结于表 12-5。基于 GEP 的动态调度方法用 VC++实现,并且运行在主频为 2.00GHz,内存为 2.00GB 的 PC 上。

表 12-5　GEP 控制参数设置

参　数	参　数　值
种群大小	20
终止条件	最优解连续 20 次迭代没有改进
染色体长度	染色体总长度为 42,每个子染色体长 21(都只包括 1 个基因,基因头部长 10)
初始化方式	随机方式
变异	变异概率 0.05
移项	IS 和 RIS 移项的概率分别为 0.1 和 0.1 IS,RIS 串长不超过 3
重组	单点和两点重组的概率分别为 0.2 和 0.5

12.3.4.3 比较对象

为了评价本节提出的基于GEP的动态调度方法的有效性，从文献中选择了几个具有代表性的方法进行比较。对于路径问题，Ho和Tay(2005)提出了机器指派规则LWT规则。当工序有多台机器可供选择时，LWT规则将工序指派到等待工序的加工时间之和最小的机器上。该规则的主要作用是平衡机器负荷(Ho et al.,2004)。对于排序问题，除了经典的调度规则以外，Tay等(2008)在指定机器指派规则为LWT规则的前提下，利用GP构造了五个工件派遣规则(这里将它们表示为GPRules)。他们的研究结果显示GPRules和五个经典调度规则相比具有一定优势。这五个所选调度规则是FIFO(Blackstone et al.,1982),SPT(Smith,1956),EDD(Jayamohan et al.,2000),MDD(Kanet et al.,2004)和MST(Panwalkar et al.,1977)。鉴于此，选择了上述的五个经典的工件派遣规则和GPRules，将它们与LWT机器指派规则结合起来与GEP构造的调度规则进行比较。

本节利用GEP进行两类仿真实验。一类是在指定机器指派规则为LWT规则的前提下，仅仅利用GEP为排序问题构造工件派遣规则，这类实验的结果表示为(LWT; GEPRule)。另一类是利用GEP同时为路径问题和排序问题构造机器指派规则和工件派遣规则，这类实验的结果表示为(GEPRule; GEPRule)。

12.3.4.4 实验结果分析

表12-6～表12-8显示了GEP构造的调度规则与其他调度规则在最小化最大完工时间目标下的性能。表中最后一行是GEP构造的调度规则(GEPRules; GEPRules)的性能相对于其他调度规则性能的改进率，其定义如式(12-10)。

$$\frac{O_{\mathrm{CR}}^{\min}-O_{\mathrm{GEP}}}{O_{\mathrm{CR}}^{\min}}\times 100\%。\tag{12-10}$$

其中，$O_{\mathrm{CR}}^{\min}$表示在某验证集合上所有经典调度规则的性能指标值的最小值，O_{GEP}表示GEP构造的调度规则在同样的验证集合上的性能指标值。图12-19显示了(GEPRules; GEPRules)在各个集合上的改进率。从结果发现，(GEPRule; GEPRule)的性能明显优于其他的调度规则。(LMT; GEPRule)的性能其次，(LMT; SL)的性能第三。从结果还可以发现，当机器加工柔性低时，(LMT; GPRule)的性能不及(LMT; SL)，但当机器加工柔性高时，(LMT; GPRule)的性能逐渐升高，并和(LMT; SL)的性能相近。

表 12-6　最小化最大完工时间目标下各调度规则的性能比较(1)

VSet	1	2	3	4	5	6	7	8	9
(LWT；FIFO)	3509.55	3322.65	3521.25	3419.45	3261.35	3444.50	3403.70	3297.60	3461.45
(LWT；SPT)	3472.20	3310.45	3520.65	3416.05	3277.80	3432.80	3366.45	3321.15	3455.45
(LWT；EDD)	3486.20	3326.80	3525.10	3447.05	3248.50	3450.70	3388.75	3309.15	3455.55
(LWT；MDD)	3528.85	3331.65	3517.90	3433.45	3267.35	3439.55	3435.70	3316.30	3450.85
(LWT；SL)	3464.05	3296.75	3533.70	3381.45	3255.75	3434.15	3365.50	3311.65	3462.10
(LWT；GPRule)	3517.62	3323.32	3527.58	3438.51	3255.28	3432.43	3412.28	3313.79	3461.17
(LWT；GEPRule)	3421.77	3296.75	3511.43	3310.96	3226.06	3424.50	3282.99	3294.54	3450.76
(GEPRule；GEPRule)	3278.44	2968.68	3084.14	3136.09	2905.51	3020.48	3126.43	2979.12	3019.96
改进率/%	5.36	9.95	12.33	7.26	10.56	12.00	7.10	9.66	12.49

表 12-7　最小化最大完工时间目标下各调度规则的性能比较(2)

VSet	10	11	12	13	14	15	16	17	18
(LWT；FIFO)	2944.25	2930.45	2844.10	3134.85	2850.30	2909.90	3144.35	2858.20	2805.95
(LWT；SPT)	2933.35	2899.35	2829.95	3083.85	2836.25	2916.85	3089.40	2811.90	2794.25
(LWT；EDD)	2953.80	2963.20	2844.15	3145.85	2874.30	2923.20	3132.40	2858.00	2796.60
(LWT；MDD)	2981.75	2944.10	2838.85	3167.35	2863.50	2921.85	3176.65	2880.20	2792.00
(LWT；SL)	2879.70	2908.10	2843.40	3053.90	2828.15	2914.75	3069.75	2820.40	2784.65
(LWT；GPRule)	2965.28	2940.81	2845.75	3121.85	2863.35	2917.82	3143.79	2857.56	2793.24
(LWT；GEPRule)	2772.01	2873.49	2808.40	2946.05	2800.87	2899.60	2996.80	2781.32	2764.19
(GEPRule；GEPRule)	2603.55	2505.69	2382.90	2789.35	2453.43	2478.68	2825.18	2427.57	2340.47
改进率/%	9.59	13.58	15.80	8.66	13.25	14.82	7.97	13.67	15.95

表 12-8　最小化最大完工时间目标下各调度规则的性能比较(3)

VSet	19	20	21	22	23	24	25	26	27
(LWT; FIFO)	2763.35	2528.10	2578.00	2781.10	2539.05	2448.20	2781.50	2528.75	2551.00
(LWT; SPT)	2747.75	2514.20	2540.95	2726.95	2544.20	2430.60	2722.35	2527.80	2547.85
(LWT; EDD)	2765.05	2519.05	2557.35	2773.15	2555.85	2433.90	2772.20	2561.00	2554.65
(LWT; MDD)	2815.20	2596.00	2572.50	2848.20	2567.80	2461.45	2818.70	2521.05	2555.35
(LWT; SL)	2654.45	2500.60	2554.10	2676.95	2517.70	2437.55	2670.30	2500.65	2559.30
(LWT; GPRule)	2780.97	2553.76	2589.23	2790.71	2566.12	2454.86	2802.37	2548.98	2547.54
(LWT; GEPRule)	2518.24	2414.34	2491.97	2504.85	2458.17	2385.94	2491.90	2444.52	2492.54
(GEPRule; GEPRule)	2316.02	1996.86	2010.70	2292.01	2090.79	1943.11	2294.61	2059.59	2030.13
改进率/%	12.75	20.14	20.87	14.38	16.96	20.06	14.07	17.64	20.31

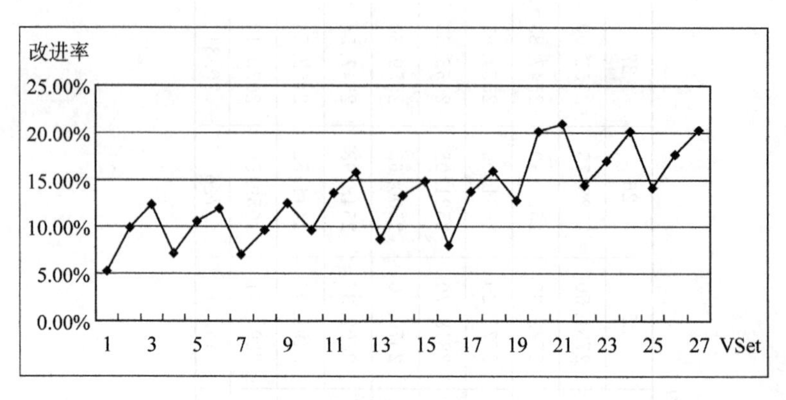

图 12-19 最小化最大完工时间目标下(GEPRules; GEPRules)的改进率

12.3 本章小结

本章从总体上对基于 GEP 的车间动态调度方法进行了简单的阐述。结合 GEP 的基本原理,根据车间动态调度问题的特点,提出了基于 GEP 的车间动态调度框架。在该框架中,为了有效地克服直接编码中存在的不足,提出了一种将调度规则编码为 GEP 串行染色体的间接编码方式。为了克服复杂调度问题先验知识获取困难的问题,提出了一种适用于非监督学习的适应度函数。结合柔性作业车间动态调度问题的特点,设计了利用 GEP 的自动构造柔性作业车间动态调度规则的方法。为了同时处理柔性作业车间动态调度问题中的两个子问题,设计了二元组染色体结构,该结构将两个子问题的信息分开来处理,同时又保证了两部分的协同进化。通过仿真实验在最小化最大完工时间的目标下将基于 GEP 的动态调度方法与其他方法进行比较。实验结果表明,GEP 能够同时为柔性作业车间动态调度问题构造高效的机器指派规则和工件派遣规则。即使在指定机器指派规则的情况下,GEP 也能构造高效的工件派遣规则。GEP 构造的调度规则与 GP 构造的调度规则和其他经典的调度规则相比优越性明显。

参考文献

Blackstone J H, Phillips D T, Hogg G L, 1982. State-of-the-art survey of dispatching rules for manufacturing job shop operations[J]. International Journal of Production Research, 20(1): 27-45.

Ferreira C, 2001. Gene expression programming: a new adaptive algorithm for solving problems[J]. Complex Systems, 13(2): 87-129.

Ferreira C, 2002b. Combinatorial Optimization by Gene Expression Programming: Inversion Revisited[C]. Proceedings of the Argentine Symposium on Artificial Intelligence: 160-174.

Ferreira C, 2004a. Gene Expression Programming and the Evolution of Computer Programs [M]. New Youk: Idea Group Publishing.

Ferreira C, 2004b. Designing Neural Networks Using Gene Expression Programming[C]. Proceeding of Ninth Online World Conference on Soft Computing in Industrial Applications: 517-535.

Ferreiral C, 2002a. Discovery of the boolean functions to the best density classification rules using gene expression programming[C]. Proceeding of the 4th European Conference on Genetic Programming (EuroGP 2002): 151-160.

Ho N B, Tay J C, Lai E M K, 2007. An effective architecture for learning and evolving flexible job-shop schedules[J]. European Journal of Operational Research, 179(2): 316-333.

Ho N B, Tay J C, 2004. GENACE: An efficient cultural algorithm for solving the flexbile job-shop problem [C]. proceedings of the congress on evolutionary computation CEC: 1759-1766.

Ho N B, Tay J C, 2005. Evolving dispatching rules for solving the flexible job shop problem [C]. Corne D (eds) Proceedings of The 2005 IEEE Congress on Evolutionary Computation: 2848-2855.

Holland J H, 1975. Adaptation in natural and artificial systems[M]. Ann Arbor: University of Michigan Press. Panwalkar S, Wafik I. 1977. A Survey of Scheduling Rules [J]. Operations Research, 25(1): 45-61.

Jayamohan M S, Rajendran C, 2000. New dispatching rules for shop scheduling: A step forward[J]. International Journal of Production Research, 38(3): 563-586.

Kanet J J, Li X M, 2004. A weighted modified due date rule for sequencing to minimize weighted tardiness[J]. Journal of Scheduling, 7(4): 261-276.

Karakasis V K, Stafylopatis A, 2006. Data Mining based on Gene Expression Programming and Clonal Selection [C]. Proceedings of the IEEE World Congress on Evolutionary Computation: 514-521.

Koza J R, 1992. Genetic Programming: On the Programming of Computers by Means of Natural Selection[M]. MA: MIT Press.

Liu Y, Gao L, Dong Y, Pan B, 2006. A New Method for Finding Constant Terms in the Context of Gene Expression Programming [C]. Proceedings of the International Conference Bio-Inspired Computing Theory and Applications: 195-200.

Pezzella F, Morganti G, Ciaschetti G, 2008. A genetic algorithm for the flexible job-shop scheduling problem[J]. Computers & Operations Research, 35(10): 3202-3212.

Pinedo M, 1995. Scheduling theory, algorithms, and systems[M]. N J: Prentice-Hall.

Smith W E, 1956. Various optimizers for single-stage production[J]. Naval Research Logistics Quarterly, 3(1-2): 59-66.

Tay J C, Ho N B, 2008. Evolving dispatching rules using Genetic Programming for solving multi-objective flexible job-shop problem[J]. Computer & Industrial Engineering, 54(3):

453-473.

Yan X, Wei W, Liu R, et al., 2006. Designing Electronic Circuits by Means of Gene Expression Programming [C]. Proceedings of the First NASA/ESA Conference on Adaptive Hardware and Systems: 194-199.

Zeng T, Tang C, Liu Y, et al., 2006. Mining h-Dimensional Enhanced Semantic Association Rule Based on Immune-Based Gene Expression Programming [C]. Web Information Systems WISE 2006 Workshops: 49-60.

Zhang K, Hu Y L, 2006. An Improved Gene Expression Programming for Solving Inverse Problem [C]. Proceedings of the Sixth World Congress on Intelligent Control and Automation: 3371-3375.

Zhou C, Nelson P C, Xiao W, et al, 2002. Discovery of classification rules by using gene expression programming [C]. Proceedings of the International Conference on Artificial Intelligence: 1355-1361.

Zhou C, Xiao W, Tirpak T M, 2003. Evolving Accurate and Compact Classification Rules With Gene Expression Programming [J]. IEEE Transactions on Evolutionary Computation, 7(6): 519-531.

Zuo J, Tang C J, Li C, et al., 2004. Time Series Prediction based on Gene Expression Programming[C]. International Conference for Web Information: 55-64.

Zuo J, Tang C, Zhang T, 2002. Mining Predicate Association Rule by Gene Expression Programming[C]. Proceedings of the Third International Conference on Advances in Web-Age Information Management: 92-103.

段磊,唐常杰,左劼,等,2004. 基于基因表达式编程的抗噪声数据的函数挖掘方法[J]. 计算机研究与发展,41(10): 1684-1689.

廖勇,2005. 基于基因表达式编程的股票指数和价格序列分析[D]. 成都: 四川大学.

陆昕为,蔡之华,陈昌敏,等,2005. 基因表达式程序设计在信息系统建模预测中的应用[J]. 微计算机信息,21(11-2): 185-186.

彭京,唐常杰,程温泉,等,2007. 一种基于层次距离计算的聚类算法[J]. 计算机学报,30(5): 786-795.

钱晓山,阳春华,2010. 改进基因表达式编程在股票中的研究与应用[J]. 智能系统学报,5(4): 303-307.

向勇,唐常杰,曾涛,等,2007. 基于基因表达式编程的多目标优化算法[J]. 四川大学学报(工程科学版),39(4): 124-129.

曾涛,唐常杰,刘齐宏,等,2007. 一种基于频繁 k 元一阶元规则的多维离散数据挖掘模型[J]. 四川大学学报(工程科学版). 39(5): 127-131.

张欢,唐常杰,余弦,2004. 基于转基因技术的基因表达式编程[OL]. 中国科技论文在线, http://www.paper.edu.cn.

钟文啸,唐常杰,陈宇,等,2006. 提高基因表达式编程发现知识效率的回溯策略[J]. 四川大学学报(自然科学版),43(2): 299-304.

Panwalkar S, Wafik I, 1977. A Survey of Scheduling Rules[J]. Operations Research, 25(1): 45-61.

第三部分

集成式工艺规划与车间调度的智能算法

第13章　遗传变邻域搜索算法及其在IPPS中的应用

13.1　变邻域搜索算法的基本原理

在求解组合优化问题的过程中，其全局最优解、局部最优解和邻域结构之间的关系具备以下几个特点：(1)对于不同的邻域结构不一定具备共同的局部最优解；(2)针对所有的邻域结构，全局最优解必定是某些邻域结构的局部最优解；(3)对于多数组合优化问题来说，局部最优解具有聚集性，即某几个邻域结构之间的局部最优解的距离可能较近。

根据组合优化问题以上的几个特点，Mladenović et al.(1997)提出了一种新的且高效的局部搜索算法，即变邻域搜索(variable neighborhood search，VNS)算法。VNS算法的基本思想是：为了扩展解的搜索范围达到更好地获取局部最优解的目的，在搜索的过程中系统化地改变其多个邻域结构。该算法利用贪婪接受的原理，从给定的初始解出发，利用给定的邻域结构，不断地在当前解的邻域中进行搜索，若搜索到的邻域解优于现有的解，则将现有的解进行更新，重复这样的行为直到满足算法的终止准则。VNS算法区别于其他大多数局部搜索的地方在于其有多个邻域结构，而很多局部搜索一般只有一到两个邻域结构，这使得其有更大可能搜索到更好解。VNS算法原理简单且参数少，因此其非常容易实现，尤其在求解复杂的组合优化问题时优势更加明显。

一般的VNS算法流程相对比较简单，其简要流程图如图13-1所示。

本节主要介绍四种常用的作业车间调度问题的邻域结构，依次为N5邻域、随机全邻域、随机插入邻域和两点互换邻域。

1. N5邻域

N5邻域结构是由Nowicki et al.(1996)提出的。其主要操作步骤为：选择一条关键路径，对于关键路径中的首个关键块，仅仅对换块尾的两个关键工序；对于关键路径中的末位关键块，仅仅对换其块首的两个关键工序；对于关键路径中的中间关键块，同时对其首块和尾块紧邻的两个关键工序进行对换，关键

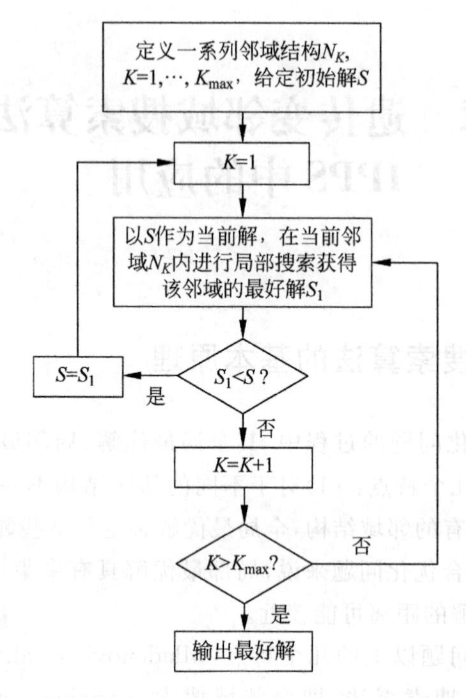

图 13-1　VNS 基本流程图

块内部的工序无需进行任何操作，如果关键块中的工序仅由一个工序构成，则无需对工序进行任何操作；为了防止不可行解的产生，若在进行交换操作的过程中发现需交换的两个关键工序所在的工件是相同的，则保留这两个关键工序的原有位置，这是因为进行交换就会生成不可行解。其中，关键块是指关键路径上连续由同一台加工机器加工的工序集合。

如图 13-2 所示是一个简要实例的调度方案甘特图，其由 4 个工件组成的 20 道加工工序和 3 台加工机器构成，在其调度甘特图中对其进行 N5 邻域操作。通过 N5 邻域操作后，由图可知所选关键块中工序产生的移动为{($O_{42}\to O_{22}$)，($O_{23}\to O_{13}$)，($O_{15}\to O_{44}$)，($O_{45}\to O_{36}$)}。

2. 随机全邻域

这种邻域的设计来源于 Cheng(1997)所提出的基于邻域搜索的变异操作，在基于工序的编码方式下，评价染色体上 λ 个不同基因的全排列所形成的邻域。其具体的操作步骤为：首先在被选染色体上随机选择 λ 个不同的基因，然后生成这些被选基因全排列后的所有可能邻域，最后对生成的所有邻域染色体进行评价并进行相互比较(包括与原染色体比较)，选择适应度值最好的个体作为新的当前解。

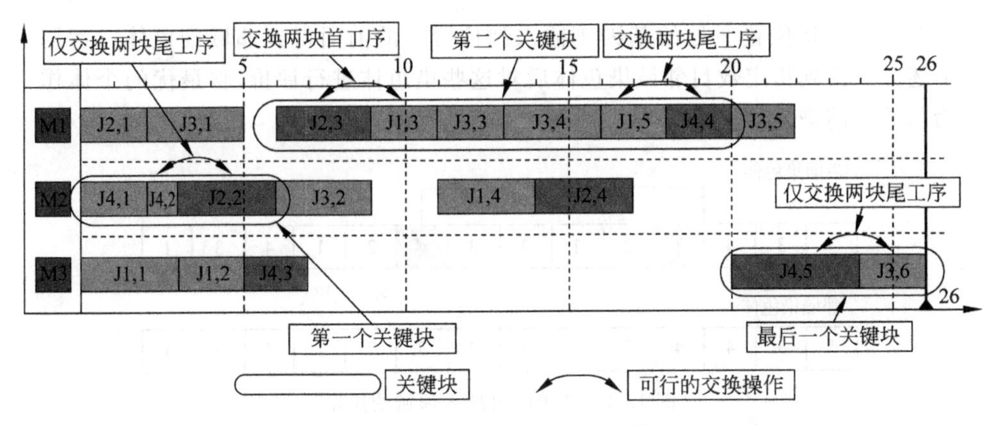

图 13-2　基于 N5 邻域的操作

如图 13-3 所示是以 4 个工件组成的一个染色体的全邻域搜索过程。它在当前染色体中随机选择了第 6、8 位置和第 12 位置上的基因，它们依次是 1，3 和 4，然后通过上述的操作方法生成可能的邻域染色体，对当前染色体和生成的邻域染色体进行适应度值评价，最后选出最优的染色体替代当前解。

当前染色体

1	3	4	2	2	1	3	3	4	2	1	4	3	1

λ = 3时的邻域染色体

1	3	4	2	2	1	3	4	4	2	1	3	3	1
1	3	4	2	2	3	3	1	4	2	1	4	3	1
1	3	4	2	2	3	3	4	4	2	1	1	3	1
1	3	4	2	2	4	3	1	4	2	1	3	3	1
1	3	4	2	2	4	3	3	4	2	1	1	3	1

图 13-3　基于随机全邻域的操作

3. 随机插入邻域

随机插入邻域由简单的随机插入变异演变而来，是一种比较简单的邻域操作过程。随机插入邻域也就是在当前染色体上随机选择一个或多个基因，然后随机性的将其插入到染色体的其他某个位置，从而形成新的染色体，与原染色体比较后选择最优的保留下来。

如图 13-4 所示是以 4 个工件组成的一个染色体的随机插入邻域搜索过程。在当前染色体中随机选择了第 4 位置和第 9 位置上的基因，它们的值分别是

2 和 4，然后将位置 9 处的基因 4 插入到位置 4 的前面得到邻域染色体。运用上述方式得到指定数目邻域染色体后对这些染色体进行评价，将最优的个体作为新的当前染色体保留下来。

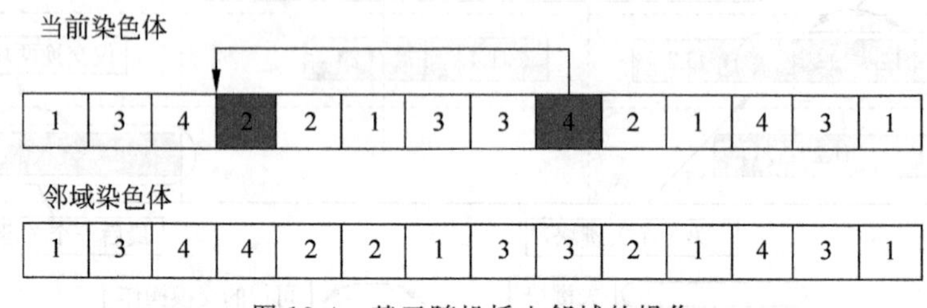

图 13-4　基于随机插入邻域的操作

4. 两点互换邻域

两点互换邻域也是由简单的两点互换变异演变而来的，是一种比较简单的邻域操作过程。两点互换邻域也就是在当前染色体上随机选择两个工序基因，然后交换两个基因的位置且保持其他基因的位置不变，从而形成新的染色体，与原染色体比较后选择最优的保留下来。

如图 13-5 所示是以 4 个工件组成的一个染色体的两点互换邻域搜索过程。在当前染色体中随机选择了第 4 位置和第 9 位置上的基因，它们的值分别是 2 和 4，然后将位置 9 处的基因 4 与位置 4 处的基因 2 进行交换得到邻域染色体。运用上述方式得到指定数目邻域染色体后对这些染色体进行评价，将最优的个体作为新的当前染色体保留下来。

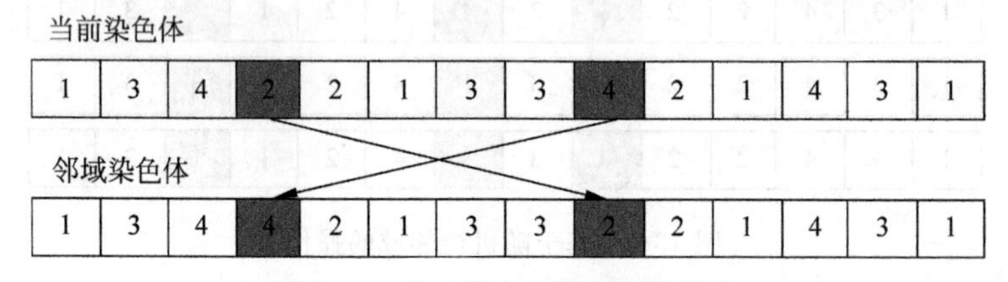

图 13-5　基于两点互换邻域的操作

13.2 基于 GAVNS 的 IPPS 方法

13.2.1　混合 GAVNS 算法流程设计

传统的遗传算法（genetic algorithm，GA）的局部搜索能力较差，这使得其在求解复杂的集成式工艺规划与车间调度（integrated process planning and scheduling,IPPS)问题时消耗时间长且难以获取高质量的解，同时拥有较强局部搜索能力的变邻域搜索算法对初始解和邻域结构的质量也有很高的依赖性。如果能将遗传算法和变邻域搜索算法有效的结合在一起，设计出一种混合GAVNS算法，不仅能充分发挥两者的优势，而且能使两者的劣势通过优势互补得到削弱。这样算法的全局搜索能力和局部搜索能力都得到了很大提升，平衡了算法在搜索过程中的广泛性和集中性，对具有复杂解空间的IPPS问题尤其有效。

基于以上思想，设计了一种混合GAVNS算法(李新宇，2009)。其中，在工艺规划系统中采用第2章中的改进遗传算法进行优化，在车间调度系统中采用混合GAVNS算法进行优化。

混合GAVNS算法的详细流程图如图13-6所示，具体操作步骤如下：

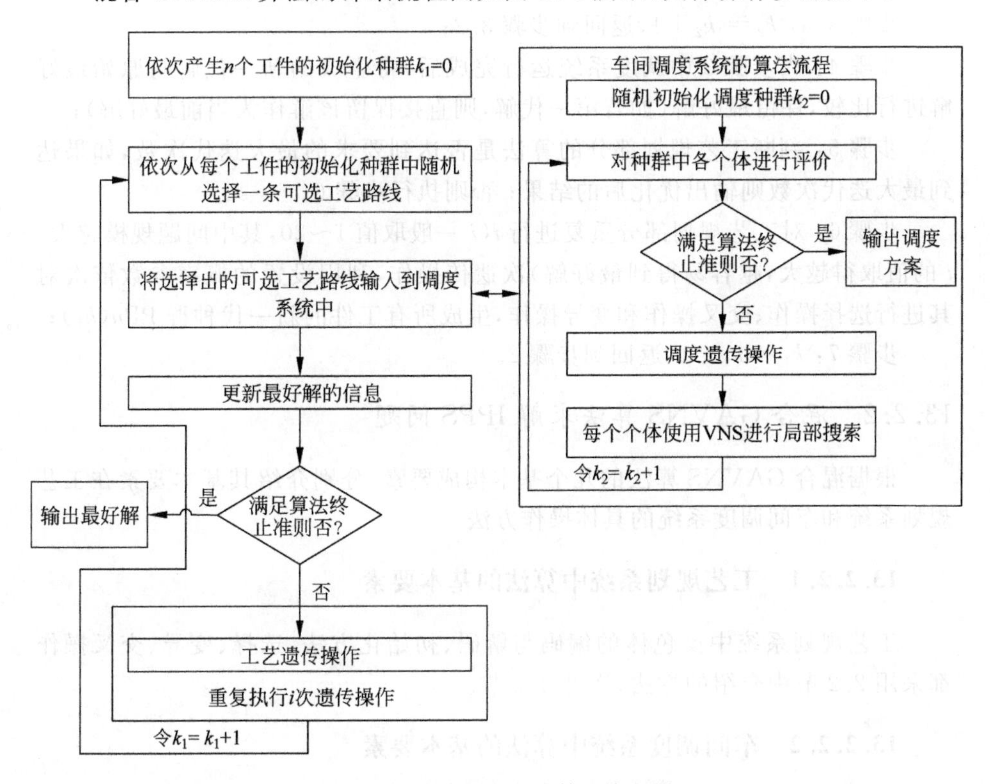

图13-6　混合GAVNS算法流程图

步骤1：随机初始化n个工件，依次产生n个工件的初始化种群，记为PPn(0)，令$k_1=0$；

步骤2：对于每个工件，依次从其产生的初始化种群中随机选择一条可选工艺路线，输入到调度系统中；

步骤 3：利用混合 GAVNS 算法，将输入到调度系统中的可选工艺路线进行调度优化：

步骤 3.1：利用工艺规划部分选择出的可选工艺路线，在调度系统中对调度种群进行随机初始化，调度初始化种群记为 SP(0)，令 $k_2 = 0$；

步骤 3.2：计算调度种群 $SPn(k)$中每个个体的适应度函数值；

步骤 3.3：判断车间调度部分的算法是否达到要求的最大迭代次数，如果达到最大迭代次数则输出优化后的结果；否则执行步骤 3.4；

步骤 3.4：对车间调度部分进行遗传操作，利用设置的概率参数依次对其进行选择操作、交叉操作和变异操作，生成新一代的种群 $SP(k_2)$；

步骤 3.5：运用 VNS 算法对新生成的种群中每个个体进行局部搜索，如若个体有更新则取代原有个体；

步骤 3.6：$k_2 = k_2 + 1$，返回到步骤 3.2；

步骤 4：当步骤 3 中调度系统运行完成后，将生成的新一代解与原始最好解进行比较，保留最好解(如若第一代解，则直接保留该解作为当前最好解)；

步骤 5：判断工艺规划部分的算法是否达到要求的最大迭代次数，如果达到最大迭代次数则输出优化后的结果；否则执行步骤 6；

步骤 6：对工艺规划部分重复进行 i(i 一般取值 1～20，其中问题规模越大，i 的值取得越大，越容易得到最好解)次遗传操作，利用设置的概率参数依次对其进行选择操作、交叉操作和变异操作，生成所有工件的新一代种群 $PPn(k_1)$；

步骤 7：$k_1 = k_1 + 1$，返回到步骤 2。

13.2.2　混合 GAVNS 算法求解 IPPS 问题

根据混合 GAVNS 算法的几个基本构成要素，分别介绍其基本要素在工艺规划系统和车间调度系统的具体操作方法。

13.2.2.1　工艺规划系统中算法的基本要素

工艺规划系统中染色体的编码与解码、初始化方法、选择、变异、交叉操作都采用 2.2 节中介绍的方法，详见 2.2 节。

13.2.2.2　车间调度系统中算法的基本要素

车间调度系统中染色体的编码和解码采用基于工序的编码方法，见 11.2 节，在此不作介绍。

1. 初始化和适应度值

本部分提出的混合 GAVNS 算法中，是对遗传算法产生的种群中的每个个体依次采用 VNS 算法进行局部搜索。在遗传算法中，采用的是基于工序的编码方法产生种群的初始解，因此 VNS 算法的初始解就是遗传算法过程中产生的基于工序编码的染色体个体。

适应度值是用来评价产生的染色体个体优劣的一种方式，通常情况下目标函数可以直接通过某些变换后作为适应度函数使用。在车间调度系统的优化过程中，遗传算法和 VNS 算法都将采用最大完工时间作为适应度函数值的评价标准。

2. 选择操作

本部分采用的选择操作主要有锦标赛选择法和最佳个体保存法。

3. 交叉操作

采用 JOX 交叉操作和张超勇(2006)提出的 POX 交叉操作，在交叉操作的过程中，根据概率设置随机选择一种进行交叉操作。POX 交叉操作可以简要表述如下(张超勇，2006)：

步骤 1：如图 13-7 所示，随机将工件集{1，2，…，n}划分为两个非空的子集：JobSet1 和 JobSet2；

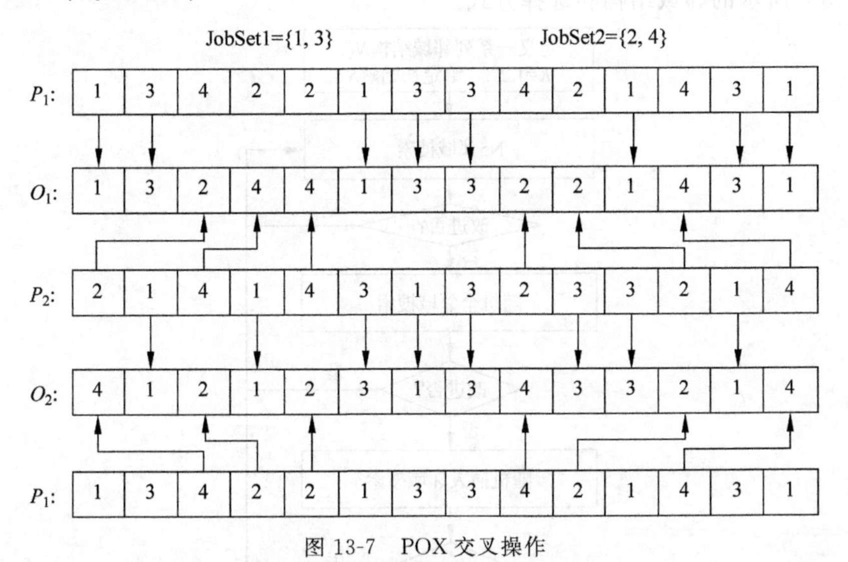

图 13-7　POX 交叉操作

步骤 2：复制父代 1 中包含在 JobSet1 的工件到子代 1，父代 2 中包含在 JobSet1 的工件到子代 2，保留它们的位置；

步骤 3：复制父代 2 中包含在 JobSet2 的工件到子代 1，父代 1 中包含在 JobSet2 的工件到子代 2，保留它们的先后顺序。

4. 变异操作

车间调度系统采用的变异操作是两点互换变异和两片段互换变异。在变异操作过程中,根据概率设置随机选择一种进行变异操作。两点互换变异操作的步骤详见 13.1.1 节。两片段互换变异是随机在父代染色体中选择两段基因片段,然后将这两段基因片段互换得到子代。

5. VNS 的邻域结构

邻域结构是通过对已知的一个解产生一次小的移动而产生另一个新解的方法。在 VNS 算法中最核心的要素就是邻域结构,它设计的好坏直接影响算法的搜索效率和搜索解的质量。在 VNS 算法的邻域结构设计中,采用主次邻域设计的方式,将搜索效果最好的 N5 邻域作为第一主要搜索邻域,搜索时将其放在最先操作位置,然后依次为随机全邻域、随机插入邻域和两点互换邻域。另一方面,为了平衡算法的时间和解的质量的关系,规模较小的问题由于搜索到好解相对容易点,只选取搜索效率最高的 2～3 个邻域进行操作,对于大规模问题将选取所有邻域按主次邻域关系进行操作。本节的 GAVNS 算法采用如图 13-8 所示的邻域结构和选择方式。

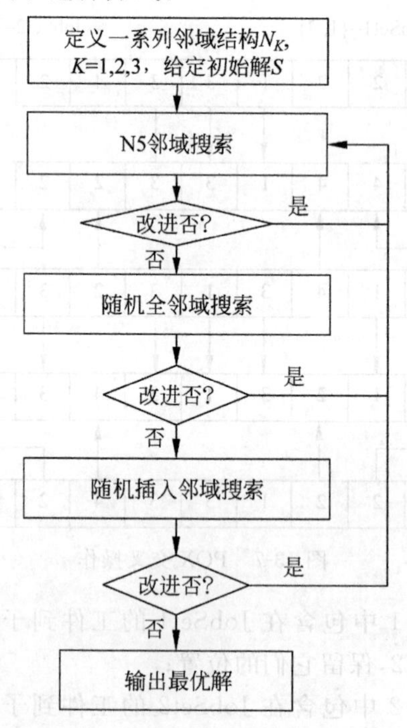

图 13-8 VNS 算法流程设计图

13.2.3 实验结果与分析

上述GAVNS算法采用Visual C++编程，程序运行的计算机为Pentium (R) Dual-Core CPU E5300 @ 2.60 GHz，安装内存为2.00GB。

为了验证混合GAVNS算法对求解IPPS问题的可行性和高效性，将通过IPPS领域最权威的KIM测试集对其进行验证。目标函数为最大完工时间；同时，为了验证求出的解的质量，本部分将GAVNS算法算出的结果与其他相关文献算出的比较好的结果进行比较。如表13-1所示为提出的算法在测试实例中的相关参数值。其中，工艺规划部分每次迭代时遗传操作的重复次数 i 根据问题的规模在1～20之间取值。

表13-1 GAVNS算法的参数设置

参数(工艺规划部分)	参数值	参数(车间调度部分)	参数值
PPopSize	100	SPopSize	100
PMaxGen	100	SMaxGen	100
PP_r	0.02	SP_r	0.02
PP_c	0.80	SP_c	0.70
PP_m	0.10	SP_m	0.30

本实验的实例源自于Kim(2003,2010)。这个问题由18个工件和15台机器组成，然后将工件和机器通过不同的组合方式构成了24个算例问题。实例的详细数据信息可参见Kim(2010)。在实验中，工件数是6,9,12,15和18的问题 i 的取值依次为3,7,10,12和15，VNS邻域结构中选择的邻域个数依次为2,3,3,4,4。GAVNS算法的结果以及和其他优化算法运算后获得的解的对比如表13-2所示。算例中问题23和24的具体调度方案所对应的甘特图依次如图13-9和图13-10所示。

从表13-2中的实验结果可知，将混合GAVNS算法求得的最大完工时间与SEA(Kim et al.,2003)、ICA(Lian et al.,2012)、HA(Li et al.,2010)和IGA(Qiao et al.,2012)结果进行对比，其绝大部分解都明显优于其他算法的解。在24个问题的解中，GAVNS算法的解优于或等于所有其他所列算法解的问题个数有20个，其中达到最优解的个数为12个。

因此，结果可以表明提出的GAVNS算法能较容易地获得问题的近优甚至最优解，该算法能有效地解决IPPS问题。

表 13-2　实验试验结果

问题	工件数	工　件	SEA	ICA	HA	IGA	GAVNS	已知下限
1	6	1—2—3—10—11—12	428	427	427	427	**427**	427
2	6	4—5—6—13—14—15	343	343	343	343	**343**	343
3	6	7—8—9—16—17—18	347	345	345	344	**344**	344
4	6	1—4—7—10—13—16	306	306	306	306	**306**	306
5	6	2—5—8—11—14—17	319	319	322	304	318	304
6	6	3—6—9—12—15—18	438	435	429	427	**427**	427
7	6	1—4—8—12—15—17	372	372	372	372	**372**	372
8	6	2—6—7—10—14—18	343	343	343	342	343	342
9	6	3—5—9—11—13—16	428	427	427	427	**427**	427
10	9	1—2—3—5—6—10—11—12—15	443	440	430	427	**427**	427
11	9	4—7—8—9—13—14—16—17—18	369	367	369	368	**351**	344
12	9	1—4—5—7—8—10—13—14—16	328	327	327	312	319	306
13	9	2—3—6—9—11—12—15—17—18	452	457	436	429	**427**	427
14	9	1—2—4—7—8—12—15—17—18	381	390	380	386	**379**	372
15	9	3—5—6—9—10—11—13—14—16	434	432	427	427	**427**	427
16	12	1—2—3—4—5—6—10—11—12—13—14—15	454	466	446	433	**427**	427
17	12	4—5—6—7—8—9—13—14—15—16—17—18	431	443	423	415	**405**	344
18	12	1—2—4—5—7—8—10—11—13—14—16—17	379	384	377	364	**353**	306
19	12	2—3—5—6—8—9—11—12—14—15—17—18	490	490	476	450	455	427
20	12	1—2—4—6—7—8—10—12—14—15—17—18	447	440	432	429	**421**	372
21	12	2—3—5—6—7—9—10—11—13—14—16—18	477	466	446	433	**427**	427
22	15	2—3—4—5—6—8—9—10—11—12—13—14—16—17—18	534	529	518	491	**479**	427
23	15	1—4—5—6—7—8—9—11—12—13—14—15—16—17—18	498	495	470	465	**452**	372
24	18	1—2—3—4—5—6—7—8—9—10—11—12—13—14—15—16—17—18	587	577	544	532	**514**	427

图 13-9　实验五中问题 23 的车间调度甘特图

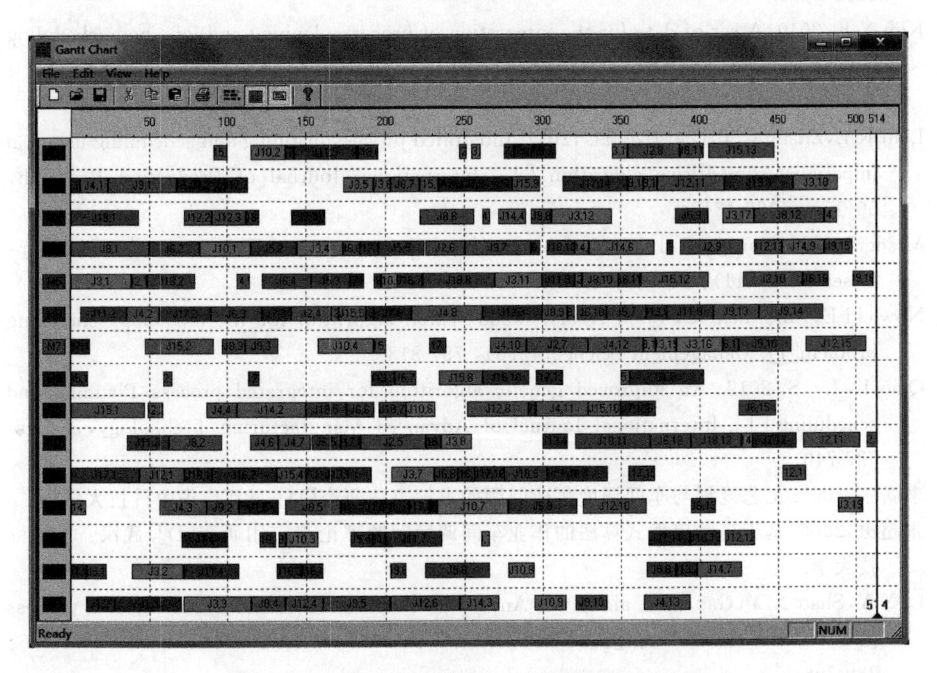

图 13-10　实验五中问题 24 的车间调度甘特图

13.3 本章小结

针对IPPS问题,本章提出了一种混合算法,即GAVNS算法。该算法兼具全局搜索能力和局部搜索能力,弥补了两种单一算法的劣势,使其在求解复杂的IPPS问题中变得更加高效。同时,在设计算法的流程时,结合IPPS问题的特性,将VNS算法合理的嵌入到改进遗传算法中,构成了新的混合GAVNS算法。通过实例对混合GAVNS算法进行测试,将搜索到的最优解与其他文献获取的优秀解进行比较,结果表明混合GAVNS算法对求解复杂IPPS问题具有更好的效果。

参考文献

Cheng R, 1997. A study on genetic algorithms-based optimal scheduling techniques[D]. Tokyo: Tokyo Institute of Technology.

Kim Y K, Park K, Ko J, 2003. A symbiotic evolutionary algorithm for the integration of process planning and job shop scheduling [J]. Computer & Operation Research, 30(8): 1151-1171.

Kim Y K, 2010. A set of data for the integration of process planning and job shop scheduling [OL]. Available at: http://syslab. chonnam. ac. kr/links/ data-pp&s. doc, Accessed 4 Oct 2010.

Lian K L, Zhang C Y, Gao L, et al., 2012. Integrated process planning and scheduling using an imperialist competitive algorithm [J]. International Journal of Production Research, 50(15): 4326-4343.

Mladenović N, Hansen P, 1997. Variable neighborhood search [J]. Computers & Operations Research, 24(11): 1097-1100.

Nowicki E, Smutnicki C, 1996. A fast taboo search algorithm for the job shop scheduling problem[J]. Management Science, 42(6): 797-813.

Qiao L, Lv S, 2012. An improved genetic algorithm for integrated process Planning and scheduling [J]. International Journal of Advanced Manufacturing Technology, 58(5): 727-740.

李新宇,2009. 工艺规划与车间调度集成问题的求解方法研究[D]. 武汉:华中科技大学.

张超勇,2006. 基于自然启发式算法的作业车间调度问题理论与应用研究[D]. 武汉:华中科技大学.

Li X Y, Shao X Y, Gao L, et al., 2010. An effective hybrid algorithm for integrated process planning and scheduling [J]. International Journal of Production Economics, 126: 289-298.

索　　引

N5 邻域　N5 neighborhood　277

NEH 算法　NEH algorithm　12

编码　encode　2

变邻域搜索　variable neighborhood search　10

变异　mutation　11

布谷鸟算法　cuckoo search　8

部分枚举法　partial enumeration method　5

插入邻域快速算法　insertion neighborhood fast algorithm　165

车间调度　job-shop scheduling　1

车间动态调度　dynamic shop scheduling　12

多代理系统　multi-agent system　7

多目标优化算法　multi-objective optimization algorithm　113

分布式置换流水车间调度　distributed displacement flow shop scheduling　12

分解方法　decomposition method　5

分支定界法　branch and bound method　5

干涉矩阵　interference matrix　11

工具集合　tool set　104

工艺规划　process planning　1

工艺优先关系矩阵　process priority relation matrix　104-106

构造性方法　constructive method　6

和声搜索算法　harmony search algorithm　8

基因表达式编程　gene expression programming　9

基于瓶颈的启发式方法　heuristic method based on bottleneck　6

集成式工艺规划与车间调度　11

交叉　crossover　1

解码　decode　11

近似方法　approximation method　5

精确方法　exact method　5

局部搜索　local search　8

拉格朗日松弛法　Lagrangian relaxation　5

类电磁机制算法　electromagnetism-like mechanism algorithm　9

粒子群优化算法　particle swarm optimization algorithm　7

连接矩阵　connection matrix　104

邻域搜索　neighborhood search　10

零等待等量分批批量流流水车间调度　no wait equal batch lot streaming flow shop scheduling　171

零空闲等量分批批量流流水车间调度　no idle equal batch lot streaming flow shop scheduling　161

流水车间调度　flow shop scheduling　4

蜜蜂交配优化算法　honey bees mating optimization algorithm　11

免疫算法　immunity algorithm　7

批量流流水车间调度　lot streaming flow shop scheduling　12

人工蜂群算法　artificial bee colony algorithm　9

人工智能　artificial intelligence　6

柔性工艺规划　flexible process planning　11

柔性作业车间调度　flexible job shop scheduling　12

入侵性杂草算法 invasive weed optimization algorithm 188
神经网络 neural network 7
适应度函数 fitness function 11
数学规划 mathematical programming 4
随机键 random key 128
随机全邻域 random full neighborhood 277
序列相关准备时间的等量分批批量流流水车间调度 integrated process planning and scheduling 211
遗传规划 genetic programming 8
遗传算法 genetic algorithm 2
蚁群算法 ant colony optimization 3
优先分配规则 priority dispatch rules 6
元胞粒子群优化算法 cellular particle swarm optimization 230
智能算法 intelligent algorithm 1
置换流水车间调度 replacement flow shop scheduling 12
专家系统 expert system 7
装配序列规划 assembly sequence planning 1
最大完工时间 makespan 3

附录A 英汉排序与调度词汇

(2019年5月版)

《排序与调度丛书》编委会汇编

1. activity	活动
2. agent	代理
3. agreeability	一致性
4. agreeable	一致的
5. algorithm	算法
6. approximate algorithm	近似算法
7. approximation algorithm	逼近算法
8. arrival time	就绪时间,到达时间
9. assembly scheduling	装配排序
10. asymmetric linear cost function	非对称线性损失
11. asymptotic	渐近的
12. asymptotic optimality	渐近最优性
13. availability constraint	(机器)可用性约束
14. basic (classical) model	基本(经典)模型
15. batching	分批,成批
16. batching machine	批加工机器,批处理机
17. batching scheduling	分批排序,批调度,批量排序
18. bi-agent	双代理
19. bi-criteria	双目标
20. block	阻塞,块
21. classical scheduling	经典排序
22. common due date	共同交付期,相同交付期
23. competitive ratio	竞争比
24. completion time	完工时间
25. complexity	复杂性
26. continuous sublot	连续子批
27. controllable scheduling	可控排序
28. cooperation	合作,协作
29. cross-docking	过栈,中转库,越库,交叉理货
30. deadline	截止期(时间)

31. dedicated machine	专用机,特定的机器
32. delivery time	送达时间
33. deteriorating job	恶化工件,退化工件
34. deterioration effect	恶化效应,退化效应
35. deterministic scheduling	确定性排序
36. discounted rewards	折扣报酬
37. disruption	干扰
38. disruption event	干扰事件
39. disruption management	干扰管理
40. distribution center	配送中心
41. dominance	优势,占优
42. dominance rule	优势规则,占优规则,支配规则
43. dominant	优势的,占优的,控制的
44. dominant set	优势集,占优集
45. doubly constrained resource	双重受限资源,使用量和消耗量都受限制的资源
46. due date	交付期,应交付期限
47. due date assignment	交付期指派,与交付期有关的指派(问题)
48. due date scheduling	交付期排序,与交付期有关的排序(问题)
49. due window	交付时间窗,窗时交付期,宽容交付期
50. due window scheduling	窗时交付期排序,宽容交付期排序
51. dummy activity	虚活动
52. dynamic policy	动态策略
53. dynamic scheduling	动态排序,动态调度
54. earliness	提前
55. early job	非误工工件,提前工件
56. efficient algorithm	有效算法
57. feasible	可行的
58. family	族
59. flow shop	流水作业,流水(生产)车间
60. flow time	流程时间
61. forgetting effect	遗忘效应
62. game	博弈
63. greedy algorithm	贪婪算法
64. group	组,成组
65. group technology	成组技术
66. heuristic algorithm	启发式算法
67. identical machine	同型机,同型号机,等同机,同速机
68. idle time	空闲时间

69. immediate predecessor 紧前工件,紧前工序
70. immediate successor 紧后工件,紧后工序
71. in-bound logistics 内向物流,进站物流,入场物流,入厂物流
72. integrated scheduling 集成排序
73. intree (in-tree) 内向树,内收树,内放树,入树
74. inverse scheduling problem 排序逆问题,排序反问题
75. item 项目
76. JIT scheduling 准时排序
77. job 工件,任务
78. job shop 异序作业,单件(生产)车间,作业车间
79. late job 误期工件
80. late work 误工损失
81. lateness 延迟,迟后,滞后
82. list policy 列表排序策略
83. list scheduling 列表排序
84. logistics scheduling 物流排序,物流调度
85. lot-size 批量
86. lot-sizing 批量化
87. lot-streaming 批量平滑化
88. machine 机器
89. machine scheduling 机器排序
90. maintenance 维护,维修
91. major setup 主要设置,主安装,主要准备,主准备,大准备
92. makespan 最大完工时间,工期
93. max-npv (NPV) project scheduling 净现值最大项目排序,最大净现值的项目排序
94. maximum 最大,最大的
95. milk run 循环联运,循环取料,循环送货
96. minimum 最小,最小的
97. minor setup 次要设置,次要安装,次要准备,次准备,小准备
98. multi-criteria 多目标
99. multi-machine 多台同时加工的机器
100. multi-machine job 多机器加工工件,多台机器同时加工的工件
101. multi-mode project scheduling 多模式项目排序
102. multi-operation machine 多工序(处理)机器
103. multiprocessor 多台同时加工的机器
104. multiprocessor job 多机器加工工件,多台机器同时加工的工件
105. multipurpose machine 多功能机器,多用途机器
106. net present value 净现值

107. nonpreemptive 不可中断的
108. nonrecoverable resource 不可恢复(的)资源,消耗性资源
109. nonrenewable resource 不可恢复(的)资源,消耗性资源
110. nonresumable (工件加工)不可继续的,(工件加工)不可恢复的
111. nonsimultaneous machine 不同时开工的机器
112. nonstorable resource 不可储存(的)资源
113. nowait (前后两个工序)加工不允许等待
114. NP-complete NP-完备,NP-完全
115. NP-hard NP-难
116. NP-hard in the ordinary sense 普通NP-难(的)
117. NP-hard in the strong sense 强NP-难(的)
118. offline scheduling 离线排序
119. online scheduling 在线排序
120. open problem 未解问题,(复杂性)悬而未决的问题,尚未解决的问题,开放问题,公开问题
121. open shop 自由作业,开放(作业)车间
122. operation 工序,作业
123. optimal 最优的
124. optimality criterion 优化目标,最优化的目标
125. ordinarily NP-hard 普通NP-难的,一般NP-难的
126. ordinary NP-hard 普通NP-难,一般NP-难
127. out-bound logistics 外向物流
128. outsourcing 外包
129. outtree(out-tree) 外向树,外放树,出树
130. parallel batch 平行批,并行批
131. parallel machine 平行机,并联机,并行机,通用机
132. parallel scheduling 并行排序,并行调度
133. partial rescheduling 部分重排序,部分重调度
134. partition 划分
135. peer scheduling 对等排序
136. performance 性能
137. permutation flow shop 同顺序流水作业,同序作业,置换流水作业
138. PERT 计划评审技术
139. polynomially solvable 多项式时间可解的
140. precedence constraint 前后约束,先后约束,优先约束
141. predecessor 前工件,前工序
142. predictive reactive scheduling 预案反应式排序,预案反应式调度
143. preempt 中断

144. preempt-repeat　重复(性)中断,中断-重复
145. preempt-resume　可续(性)中断,中断-恢复
146. preemptive　中断的,可中断的
147. preemption　中断
148. preemption schedule　可以中断的排序,可以中断的时间表
149. proactive　前摄的
150. proactive reactive scheduling　前摄反应式排序,前摄反应式调度
151. processing time　加工时间,工时
152. processor　机器,处理机
153. production scheduling　生产排序,生产调度
154. project scheduling　项目排序
155. pseudopolynomially solvable　伪多项式时间可解的
156. public transit scheduling　公共交通调度
157. quasi-polynomially　拟多项式时间
158. randomized algorithm　随机化算法
159. re-entrance　重入
160. reactive scheduling　反应式排序,反应式调度
161. ready time　就绪时间,准备完毕时刻,准备终结时间
162. real-time　实时
163. recoverable resource　可恢复(的)资源
164. reduction　归约
165. regular criterion　正则目标
166. related machine　同类机,同类型机
167. release time　就绪时间,释放时间,放行时间,投料时间
168. renewable resource　可恢复(再生)资源
169. rescheduling　重新排序,重新调度,滚动排序
170. resource　资源
171. resource-constrained scheduling　资源受约束排序,资源受限调度
172. resumable　(工件加工)可继续的,(工件加工)可恢复的
173. robust　鲁棒的
174. schedule　时间表,调度表,进度表,作业计划
175. schedule length　时间表长度,作业计划期
176. scheduling　排序,调度,安排时间表,编排进度,编制作业计划
177. scheduling a batching machine　批处理机器排序
178. scheduling game　排序博弈,博弈排序
179. scheduling multiprocessor jobs　多台机器同时对工件进行加工的排序
180. scheduling with an availability constraint　机器可用受限排序问题

181. scheduling with batching 批处理排序
182. scheduling with batching and lot-sizing 成组批量排序,成组分批排序
183. scheduling with deterioration effects 退化效应排序
184. scheduling with learning effects 学习效应排序
185. scheduling with lot-sizing 批量排序,分批排序
186. scheduling with multipurpose machine 多用途机器排序
187. scheduling with non-negative time-lags (前后工件结束加工和开始加工之间)带非负时间滞差的排序
188. scheduling with nonsimultaneous machine available time 机器不同时开工排序
189. scheduling with outsourcing 可外包排序
190. scheduling with rejection 可拒绝排序
191. scheduling with time windows 窗时交付期排序
192. scheduling with transportation delays 考虑运输延误的排序
193. selfish 自利的,理性的,自私的
194. semi-online scheduling 半在线排序
195. semi-resumable (工件加工)半可继续的,(工件加工)半可恢复的
196. sequence 次序,序列,顺序
197. sequence dependent 与次序有关
198. sequence independent 与次序无关
199. sequencing 安排次序
200. sequencing games 排序博弈,博弈排序
201. serial batch 串行批,继列批
202. setup cost 设置费用,安装费用,调整费用,准备费用
203. setup time 设置时间,安装时间,调整时间,准备时间
204. shop machine 串联机、多工序机器
205. shop scheduling 车间调度,多工序排序,串行排序,多工序调度,串行调度
206. single machine 单台机器,单机
207. sorting 数据排序,整序
208. splitting 拆分的
209. static policy 静态排法
210. stochastic scheduling 随机排序,随机调度
211. storable resource 可储存(的)资源
212. strong NP-hard 强 NP-难
213. strongly NP-hard 强 NP-难的

214. sublot　子批
215. successor　后继工件,后工件,后工序
216. tardiness　延误,拖期
217. tardiness problem i. e. scheduling to minimize total tardiness　总延误排序问题,总延误最小排序问题,总延迟时间最小化问题
218. tardy job　延误工件
219. task　工件,任务
220. the number of early jobs　不误工工件数
221. the number of tardy jobs　误工工件数,误工数,误工件数,拖后工件数
222. time window　时间窗
223. time varying scheduling　时变排序
224. time/cost trade-off　时间/费用权衡
225. timetable　时间表,时刻表
226. timetabling　编制时刻表,安排时间表
227. total rescheduling　完全重排序,完全重调度
228. tri-agent　三代理
229. [two-agent]　双代理
230. unit penalty　单位罚金
231. uniform machine　同类机,同类别机,恒速机
232. unrelated machine　非同类型机,非同类机,无关机,变速机
233. waiting time　等待时间
234. weight　权,权值,权重
235. worst-case analysis　最坏情况分析
236. worst-case (performance) ratio　最坏(情况的)(性能)比

注：20 世纪 60 年代越民义就注意到排序(Scheduling)问题的重要性和在理论上的难度。1960 年他编写国内第一本排序理论讲义,20 世纪 70 年代初他和韩继业研究同顺序流水作业排序问题,开创中国研究排序论的先河(越民义,韩继业. n 个零件在 m 台机床上的加工顺序问题[J]. 中国科学,1975(5)：462-470)。在他们两位的倡导和带动下,国内排序的理论研究和应用研究有较大的发展。国内最早把 Scheduling 译为调度是在 1983 年(周荣生. 汉英综合科学技术词汇[M]. 北京：科学出版社,1983)。正如排序与调度领域国际著名专家 Potts 等所说："排序论的进展是巨大的。这些进展得益于研究人员从不同的学科(例如,数学、运筹学、管理科学、计算机科学、工程学和经济学)所做出的贡献。排序论已经成熟,有许多理论和方法可以处理问题；排序论也是丰富的(例如,有确定性或者随机性的模型、精确的或者近似的解法、面向应用的或者基于理论的)。尽管排序论取得了进展,但是在这个令人兴奋并且值得研究的领域,

许多挑战仍然存在。”经过 50 多年的发展，国内排序与调度的术语正在逐步走向统一。这是学科正在成熟的标志，也是学术交流的需要。

我们提倡术语要统一。我们把“排序”“调度”“scheduling”这三者视为含义完全相同，完全可以相互替代的 3 个中英文词汇，只不过是这三者使用的场合和学科(英语、运筹学、自动化)不同而已。这次提出的“英汉排序与调度词汇(2019 年 5 月版)”收入 236 条词汇，就考虑到不同学科的不同用法。如同以前的版本不断地在修改和补充，这次 2019 年 5 月版也需要进一步修改和补充，还需要补充医疗调度、低碳调度等新词汇。我们欢迎不同学科提出不同的术语，经过讨论和比较，使用比较适合本学科的术语。